Lutz Hering
Heike Hering

Technische Berichte

Lutz Hering
Heike Hering

Technische Berichte

Verständlich gliedern, gut gestalten, überzeugend vortragen

5., überarbeitete und erweiterte Auflage

Unter Mitarbeit von Klaus-Geert Heyne

Viewegs Fachbücher der Technik

vieweg

Bibliografische Information Der Deutschen Nationalbibliothek
Die Deutsche Nationalbibliothek verzeichnet diese Publikation in der Deutschen Nationalbibliografie; detaillierte bibliografische Daten sind im Internet über <http://dnb.d-nb.de> abrufbar.

1. Auflage 1996
2., überarbeitete und erweiterte Auflage 2000
3., verbesserte Auflage Februar 2002
4., überarbeitete und erweiterte Auflage 2003
5., überarbeitete und erweiterte Auflage März 2007

Lektorat: Thomas Zipsner

Der Vieweg Verlag ist ein Unternehmen von Springer Science+Business Media.
www.vieweg.de

Umschlaggestaltung: Ulrike Weigel, www.CorporateDesignGroup.de
Druck und buchbinderische Verarbeitung: MercedesDruck, Berlin
Gedruckt auf säurefreiem und chlorfrei gebleichtem Papier.
Printed in Germany

ISBN 978-3-8348-0195-1

Vorwort

Technische Berichte werden i. Allg. nach Regeln erstellt, die einerseits den DIN-Normen und „Hausregeln" der jeweiligen Hochschule oder Firma entstammen und andererseits auf Logik und langjähriger Praxis beruhen. Diese Regeln sind bei vielen in der Berufspraxis stehenden Ingenieuren zu wenig bekannt. Es gibt hierfür zahlreiche Ratgeber allgemeiner Art. Ein Buch, das speziell für die Gestaltung *Technischer* Berichte geschrieben ist und sich dabei auch an verwandte Berufsgruppen wie Naturwissenschaftler, Informatiker usw. wendet, fehlte jedoch bisher auf dem Buchmarkt. Diese Lücke ist mit dem vorliegenden Buch geschlossen worden.

Die Autoren waren beide langjährig in der Ingenieurausbildung an der FH Hannover tätig. Sie haben viele Lehrveranstaltungen betreut, in denen „Berichte" geschrieben werden müssen, und haben alle positiven und negativen Sachverhalte notiert, die beim Konstruieren, im Labor, in Referaten und bei Diplomarbeiten wiederholt aufgetreten sind. Frau Dr. Hering arbeitet inzwischen bei der TÜV NORD Akademie und betreut dort E-Learning-Projekte, Diplomarbeiten und Internetseiten.

Mitarbeiter seit der zweiten Auflage ist Prof. Dr.-Ing. Klaus-Geert Heyne, der das Vortrags- bzw. Präsentationskapitel erweitert und neu gestaltet hat. Prof. Heyne bringt hier die Erfahrung seiner Industriezeit, seiner Professorentätigkeit an der FH Wiesbaden und zahlreicher eigener Rhetorik- und Visualisierungsseminare in Rüsselsheim und Mannheim ein.

Das vorliegende Buch soll dem Studenten und dem in der Praxis stehenden Ingenieur, Informatiker oder Naturwissenschaftler am PC die Fragen beantworten, die bei der Erstellung von Technischen Berichten und Präsentationen auftreten. Diese Fragen betreffen sowohl inhaltliche als auch formale Aspekte. Solche Fragen treten vom Anfang bis zum Ende während der gesamten Erarbeitung des Berichtes und der Präsentation bzw. des Vortrags auf. Deshalb ist das Buch als **Leitfaden bzw. Handbuch zur Erstellung Technischer Berichte und zu deren Präsentation konzipiert worden.**

Es ist nach dem **zeitlichen Ablauf** bei der Erstellung Technischer Berichte in die drei **Phasen Planung, Ausarbeitung und Fertigstellung** gegliedert worden.

Persönliche Notiz: Mein Vater ist im März 2004 gestorben, meine Mutter im August 2006. Dies hinterlässt eine große Lücke. Ich werde gemeinsam mit Prof. Heyne versuchen, das vorliegende Buch in dem von meinem Vater geprägten Sinne als verständliche Anleitung mit vielen Beispielen und Bezug zur Praxis im Technischen Schreiben weiterzuentwickeln. Hierfür waren uns auch Ihre zahlreichen Zuschriften eine große Hilfe. Bitte teilen Sie uns weiterhin Ihre Vorschläge, Wünsche und Meinungen mit, gern auch Beispieltexte und Abbildungen, die wir veröffentlichen dürfen! Schreiben Sie an heike.hering@gmx.de. Neu ist eine Homepage zum Buch: www.technischeberichte.de. Oder schauen Sie bei www.vieweg.de nach. An dieser Stelle möchte ich mich auch für die langjährige gute Zusammenarbeit mit dem Vieweg Verlag bedanken, insbesondere bei unserem Lektor Herrn Zipsner.

In der 5. Auflage wurden neben zahlreichen Ergänzungen wieder Layoutänderungen vorgenommen und neue Hinweise aus Leserreaktionen eingearbeitet.

Hannover, Februar 2007 *Heike Hering*

Inhalt

1 Einleitung

Im Freizeitbereich und auch im Arbeitsleben findet zwischen verschiedenen Menschen Kommunikation statt. Dies kann mündliche oder schriftliche Kommunikation sein. Gehören die Objekte oder Sachverhalte zum Bereich „Technik“, dann wird dies technische Kommunikation genannt. Ist sie schriftlich, dann handelt es sich um „Technische Berichte“. Ist sie mündlich, dann wird der Technische Bericht als Report beim Chef bzw. als Vortrag, Referat oder Präsentation vor einer Gruppe von Zuhörern dargeboten.

Die ISO 5966 „Documentation – Presentation of scientific and technical reports“ definiert, dass ein **wissenschaftlicher oder ein Technischer Bericht einen Forschungsprozess oder Forschungsergebnisse oder den Stand der Technik zu einem wissenschaftlichen oder technischen Problem beschreibt**. Daher sind alle im Folgenden aufgezählten Dokumente „Technische Berichte“, soweit in ihnen über ein technisches Thema berichtet wird:

- Laborberichte
- Projektierungs- und Konstruktionsberichte
- Mess- und Versuchsberichte
- Praktikumsberichte
- Studien- und Diplomarbeiten, Magisterarbeiten, Masterarbeiten usw. je nach Studiengang
- Doktorarbeiten und Habilitationsschriften
- Fachartikel in Fachzeitschriften
- Forschungsberichte
- Projektberichte
- Businesspläne
- Gutachten usw.

Ein Technischer Bericht kann folgendermaßen definiert werden:

Technischer Bericht =
- Bericht über technische Sachverhalte
- geschrieben in der „Fachsprache der Technik“ (Fachwörter, Darstellungsregeln usw.)

Ganz allgemein gilt für Technische Berichte Folgendes:

☞ *Technische Berichte erfordern stets ein hohes Maß an Systematik, Ordnung, innerer Logik, Konsistenz usw.*

Der Technische Bericht soll also **Klarheit** beim Leser hervorrufen! Dies bedeutet, dass der Leser die im Technischen Bericht beschriebenen Sachverhalte exakt in der vom Autor beabsichtigten Weise ohne Rückfragen verstehen muss. Das lässt sich folgendermaßen prüfen:

☞ *Begeben Sie sich als Ersteller gedanklich in die Position des späteren Lesers, der zwar technisches Grundwissen besitzt, aber keine Detailkenntnisse des im Bericht beschriebenen Themas bzw. Projekts. Dieser fiktive Leser sollte Ihren Technischen Bericht ohne Rückfragen verstehen können!*

Das vorliegende Buch wendet sich in erster Linie an technisch vorgebildete bzw. in der Technik tätige Leser aus den Hochschulen und der Wirtschaft. Dies sind hauptsächlich Ingenieure und Techniker, Naturwissenschaftler, Informatiker usw.

Das **positive, professionelle Vermarkten der eigenen Ideen und Arbeitsergebnisse** vor Fachkollegen, aber auch in interdisziplinären Teams, gegenüber Geldgebern und der interessierten Öffentlichkeit in Form von Technischen Berichten und Präsentationen wird heute immer wichtiger. Gerade damit haben Ingenieure und Naturwissenschaftler manchmal Schwierigkeiten. Sie sind oft zu wenig gute Verkäufer, sie arbeiten meist viel lieber an der Technik-Front. Dabei ist es gar nicht so schwer, seine Arbeitsergebnisse logisch gegliedert, klar nochvollziehbar und interessant darzustellen und so den Eindruck zu hinterlassen, dass da ein Profi am Werk war.

Auf vermeidbare Fehler, die andere – auch die Autoren – schon einmal gemacht haben, können Sie getrost verzichten, wenn Sie das vorliegende Buch durcharbeiten oder bei auftretenden Fragen zu Rate ziehen.

Es beginnt bereits mit dem „In die Hand Nehmen“ eines schriftlichen Berichtes. Ist er sauber geheftet? Ist ein neuer Hefter oder Ordner verwendet worden? Gibt es ein aussagefähiges Titelblatt? Bei der inhaltlichen Prüfung tritt die Frage auf: Gibt der Titel ausreichende und sachgerechte Information über den Inhalt des Technischen Berichts?

Beim weiteren Durchsehen können u. a. folgende Fragen auftreten. Ist ein Inhaltsverzeichnis vorhanden? Hat es auch Seitenzahlen? Ist das Inhaltsverzeichnis logisch gegliedert, ist der *„rote Faden“* erkennbar? Ist die Ausgangssituation verständlich formuliert? Hat sich der Ersteller am Ende kritisch mit der Aufgabenstellung auseinander gesetzt? Sind Literaturquellen angegeben? Existiert ein Literaturverzeichnis usw.? Sind Tabellen, Bilder und Literaturzitate leicht auffindbar und nach den gängigen Regeln gestaltet? Wenn solche formalen Anforderungen nicht erfüllt sind, irritieren Sie Ihre Leser. Ihre Leser haben dann unnötige Schwierigkeiten beim Lesen und Verstehen Ihrer Botschaft. Das hat auch Einfluss auf die Beurteilung Ihres Projekts, Ihrer Arbeitsergebnisse und – mindestens indirekt – Ihrer Person.

Für das Erstellen der Technischen Berichte werden **Textverarbeitungs-Systeme** – meistens **Microsoft Word**, in zunehmendem Maße aber auch **Open Office Writer** und andere lizenzfreie Software – verwendet. An den jeweils passenden Stellen im Buch finden Sie Hinweise, wie Sie Microsoft Word arbeitssparend und elegant einsetzen können. Die Hinweise zu Open Office Writer sind an einer separaten Stelle zusammengefasst.

Für das Erstellen von Präsentationen werden **Präsentations-Grafikprogramme**, meistens **Microsoft PowerPoint** verwendet. An den jeweils passenden Stellen im Buch, vor allem im Kapitel 5 finden Sie Hinweise, wie Sie Präsentationen bzw. Folien mit Microsoft PowerPoint erstellen können, Hinweise zur Erstellung von Folien mit **Open Office Impress** finden Sie ebenfalls in einem eigenen Abschnitt.

Dieses **Buch ist dazu gedacht, dass es neben dem PC liegend verwendet wird**. Das Buch ist platzsparend gestaltet, um die Produktionskosten niedrig zu halten. Dennoch kann es als Vorlage für die Gestaltung Ihrer eigenen Berichte verwendet werden. Zur Erläuterung von Fachbegriffen aus der Drucktechnik verweisen wir auf das Kapitel 9 „Glossar – Fachbegriffe der Drucktechnik".

Sie als Leser können sich im Selbststudium die Kenntnisse aneignen, die sie während der Ausarbeitung von Technischen Berichten und Präsentationen benötigen. Das vorliegende Buch wurde so konzipiert, dass es konsequent **Fragen beantwortet und nicht neue Fragen hervorruft**. Damit der Text übersichtlich bleibt, sprechen wir mit Begriffen wie „Leser“, „Schreibende“ oder „Studenten“ gleichermaßen weibliche und männliche Personen an.

Hinweise zur Arbeit mit dem vorliegenden Buch

Bereits im Vorwort wurde gesagt, dass das vorliegende Buch ein **Leitfaden bzw. Handbuch zur Erstellung Technischer Berichte** sein will. Wie ist das zu verstehen? Ein Benutzer eines erklärungsbedürftigen technischen Produkts, z. B. eines Videorecorders, verwendet sein Benutzer-Handbuch, um das zugehörige technische Produkt sachgerecht bedienen zu können. Im Benutzer-Handbuch sind alle Funktionen genau beschrieben. Dort sind aber auch alle erforderlichen Warnhinweise gegeben, die ein sicheres Arbeiten mit diesem Produkt ermöglichen.

Sie als Autor können das vorliegende Buch ganz analog als Autoren-Handbuch verwenden. Zusätzlich erhalten Sie wichtige Hinweise, die die Vermeidung von Fehlern bei der Präsentation Ihres Technischen Berichtes betreffen. Außerdem werden viele wichtige Regeln und Checklisten zur Text-, Tabellen- und Bilderstellung sowie zur Literaturarbeit vorgestellt, die dazu führen, dass Ihre Technischen Berichte für Ihre Zielgruppe verständlich und gedanklich nachvollziehbar werden.

Entsprechend dem Handbuch-Charakter des vorliegenden Buches werden Sie – unsere Leser – oft persönlich angesprochen, damit die gegebenen Informationen möglichst leseleicht und motivierend bei Ihnen ankommen. Im Zweifelsfall ist der Verständlichkeit immer der Vorrang gegeben worden gegenüber komplizierten Satzstrukturen.

Außerdem haben wir im Layout mehrere **Regeln** eingehalten, die Ihnen die Orientierung erleichtern sollen:

- Handlungsanweisungen, Merkregeln, Zwischenzsammenfassungen usw. erscheinen in kursiver Schrift mit vorangestellter Hand: ☞.
- Menüfolgen sind in der Klickreihenfolge aufgeführt, getrennt durch Bindestrich, Beispiel: Format – Zeichen.
- Bloße Illustrationen zum aktuellen Text werden ohne Bildunterschrift verwendet.
- Beispiele erscheinen oft eingerückt.
- Wichtige Stichworte im laufenden Text sind durch Fettdruck hervorgehoben, damit Sie beim Nachschlagen die benötigte Information schneller finden.
- Die Nummerierung von Tabellen, Bildern und Checklisten, die auch im jeweiligen Verzeichnis erscheinen, erfolgt nach dem Schema <Kapitelnummer>-<laufende Nummer>. In den dargestellten Beispielen wird das Schema <laufende Nummer> angewendet.

Wenn Sie das Buch einmal von vorn bis hinten durcharbeiten, dann wird Ihnen auffallen, dass **einige Informationen mehrfach dargestellt** sind. Das ist absichtlich so geschehen. Alle Informationen zur Erstellung Technischer Berichte sind eng miteinander verwoben. Damit **jeder einzelne Abschnitt** aber **in sich möglichst vollständig** ist und nicht zu viele den Lesefluss störende Querverweise auftreten, werden die jeweils benötigten Informationen an der jeweiligen Stelle möglichst vollständig dargeboten.

☞ *All jenen, die noch nicht erfahren im Abfassen Technischer Berichte sind, empfehlen wir, wenigstens Kapitel 2 „Planung des Technischen Berichts" und Unterkapitel 3.7 „Der Einsatz von Textverarbeitungs-Systemen" bis zu Ende durchzulesen, bevor Sie mit dem Erstellen des Technischen Berichts beginnen.*

Alles, was im vorliegenden Buch an Problemen der Schreibenden vorgestellt wird, ist in von Studenten eingereichten Technischen Berichten vorgekommen oder bei der Betreuung von Diplom- oder Doktorarbeiten aufgetreten. Auch die tägliche Berufserfahrung der Autoren und viele Hinweise von unseren Lesern sind in die Buchgestaltung mit eingeflossen. Das vorliegende Buch ist deshalb realitätsnah und berichtet somit **„aus der Praxis für die Praxis"**.

2 Planen des Technischen Berichts

Technische Berichte sollen zielgruppenwirksam geschrieben werden. Dies erfordert ein hohes Maß an Systematik, Ordnung, Logik und Klarheit. Bereits bei der Planung der erforderlichen Arbeitsschritte müssen diese für die Verständlichkeit wichtigen Gesichtspunkte beachtet werden. Nur so kann sicher gestellt werden, dass alle Schritte sachgerecht ausgeführt werden. Dies ist dann der Fall, wenn alle Fakten über die beschriebenen Gegenstände bzw. Vorgänge und die Überlegungen des Erstellers eines Technischen Berichts für den Leser ohne Rückfragen unmissverständlich klar werden.

Im Rahmen einer technischen Ausbildung wird an Technikerschulen, Berufsakademien, Fachhochschulen und Universitäten eine systematische Vorgehensweise gelehrt, mit der Aufgaben und größere Projekte zu bearbeiten sind. Übertragene Aufgaben werden bei dieser systematischen Vorgehensweise mit den aufeinander folgenden Arbeitsschritten *Planung*, *Realisation* und *Kontrolle* gelöst.

Diese bewährte Vorgehensweise sollte sinngemäß auch beim Erstellen Technischer Berichte angewendet werden. Auch hier lassen sich die erforderlichen Arbeitsschritte in die entsprechenden Phasen *Planung, Ausarbeitung und Fertigstellung (mit Kontrollen)* unterteilen. Vor der Diskussion von Einzelmaßnahmen soll jedoch erst einmal eine Gesamtübersicht über alle erforderlichen Arbeitsschritte gegeben werden.

2.1 Gesamtübersicht über die erforderlichen Arbeitsschritte

Die erforderlichen Arbeitsschritte zeigt die folgende **Checkliste 2-1**.

Checkliste 2-1 Erforderliche Arbeitsschritte zur Erstellung von Technischen Berichten

- Entgegennahme und Analyse des Auftrags
- Prüfung bzw. Erarbeitung des Titels
- 4-Punkt-Gliederung erstellen
- 10-Punkt-Gliederung erstellen
- Suchen, lesen und zitieren von Literatur
- Formulieren des Textes (auf dem Computer)
- Erstellen bzw. Auswählen der Bilder und Tabellen
- Feingliederung mitwachsen lassen
- Endcheck durchführen
- Kopieroriginale oder PDF-Datei erstellen
- Kopieren und Binden der Arbeit
- Verteilen der Arbeit an den festgelegten Verteiler

(Suchen, lesen und zitieren von Literatur bis Feingliederung mitwachsen lassen:) Arbeitsschritte teilweise parallel bzw. überlappend

Diese Aufzählung ist zwar vollständig; die Übersichtlichkeit lässt sich aber noch weiter verbessern. Dafür wird hier die Netzplantechnik verwendet, eine grafische Darstellungstechnik der Ablauforganisation.

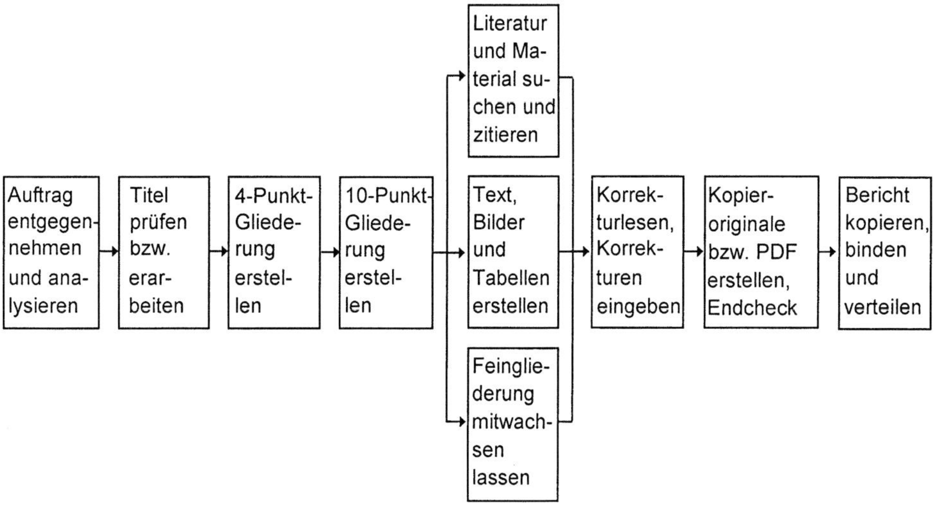

Bild 2-1 Netzplan zur Erstellung Technischer Berichte

Dieser Netzplan wird bei den verschiedenen Stufen der Erarbeitung des Technischen Berichts stets erneut dargestellt, wobei die jeweilige Bearbeitungsstufe grau gerastert ist.

Bereits an dieser Stelle sollten Sie berücksichtigen, dass der Arbeitsumfang für das Erstellen eines Technischen Berichtes regelmäßig *völlig* unterschätzt wird. Um dies zu vermeiden, machen Sie eine realistische Zeitabschätzung und nehmen Sie das Ergebnis mal zwei! Beginnen Sie deshalb rechtzeitig damit, die schriftliche Ausarbeitung zu erstellen – spätestens nach 1/3 der Laufzeit Ihres Projektes.

2.2 Entgegennahme und Analyse des Auftrags

Beim Schreiben eines Technischen Berichts existiert praktisch immer ein Auftrag, der entweder selbst gesucht oder in den meisten Fällen vorgegeben ist. Diesen Auftrag muss der Ersteller nun bei der Planung des Berichts genauer analysieren, **Checkliste 2-2.**

Checkliste 2-2 Analyse des Auftrags zur Erstellung des Technischen Berichts

- Von wem kommt der Auftrag?
  - von einem Professor oder Assistenten (bei Berichten im Studium)
  - von einem Vorgesetzten
  - von der Entwicklungsabteilung
  - von einem Consulting-Unternehmen
  - von einem Kunden
  - selbstgesucht (z. B. Schreiben eines Artikels für eine Fachzeitschrift)
- Habe ich die Aufgabenstellung richtig verstanden?

- Wer gehört zur Zielgruppe? Für wen schreibe ich den Bericht?
  Bitte machen Sie sich entsprechende Notizen!
- Was ist inhaltliches Ziel meines Berichts? Formulieren Sie dies schriftlich!
- Beinhaltet die Aufgabenstellung bereits einen korrekten bzw. ausformulierten Titel?
- Welche Arbeitsschritte sind erforderlich?
- Welche Hilfen benötige ich?
  - Hilfen durch Personen, z. B. *ratgebende Fachleute*
  - Hilfen durch Sachmittel, z. B. *Farb-Laserdrucker*
  - Hilfen durch Informationen, z. B. *Fachliteratur*

Dieser Arbeitsschritt heißt im Netzplan „Auftrag entgegennehmen und analysieren" und wird hier grau dargestellt.

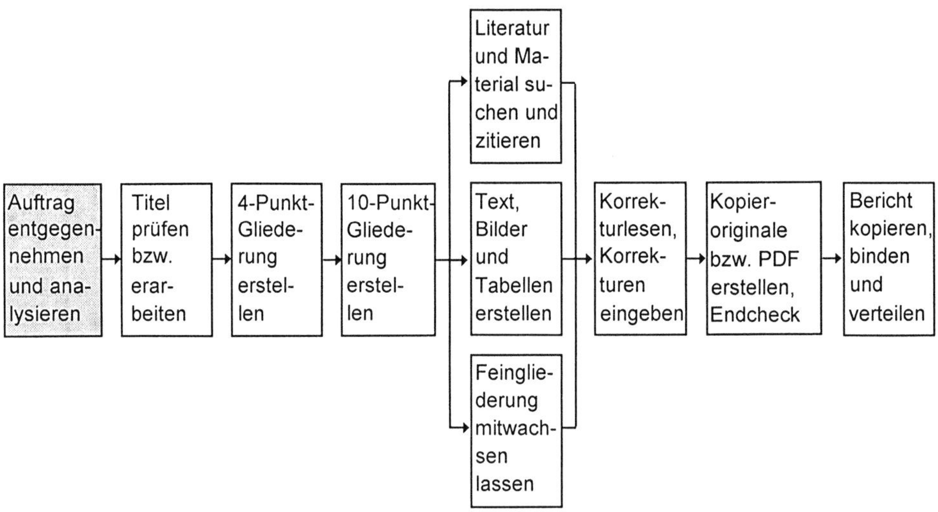

Darüber hinaus müssen im Rahmen der Planung des Berichts noch folgende Punkte geklärt werden:

- Wie soll der Titel des Berichts lauten?
  (Vorschlag erarbeiten und ggf. mit dem Auftraggeber abstimmen)
- Welche weiteren Arbeitsschritte sind noch zu erledigen?
- Welche Vorkenntnisse, Interessen und Erwartungen haben die Leser des Technischen Berichts?
- Wie organisiere ich die benötigte Hilfestellung?
- Welche Hilfen bzw. Tätigkeiten sind zeitkritisch?

2.3 Prüfung bzw. Erarbeitung des Titels

Im nächsten Schritt, siehe Netzplan, wird nun der i. Allg. vom Auftraggeber stammende Arbeitstitel geprüft und gegebenenfalls ein eigener Titel erarbeitet.

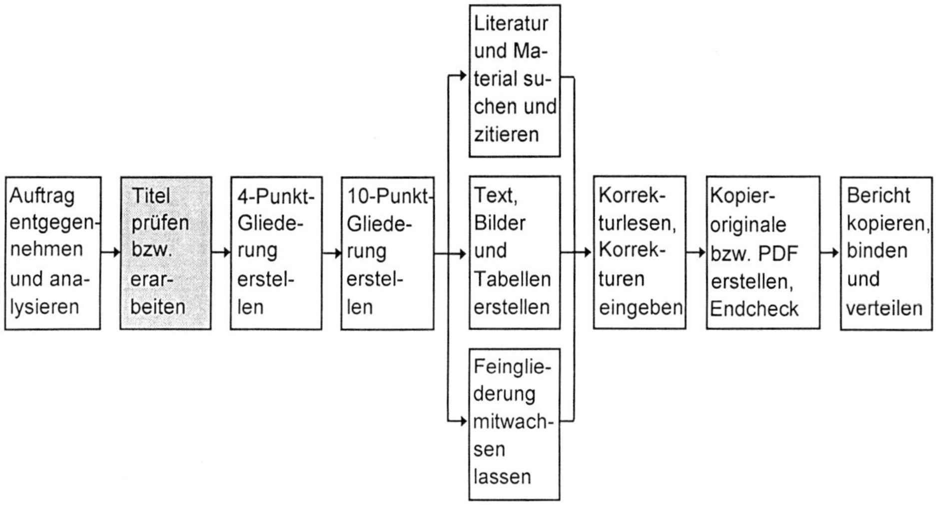

Der Titel eines Technischen Berichts ist das Erste, was ein Leser von dem Bericht sieht. Dementsprechend sollte der Titel Interesse wecken und – in seriöser Weise – neugierig machen auf den Inhalt des Technischen Berichts, die Bilder, die Sachaussagen usw.

Der Titel sollte das Kernthema bzw. die Kernbegriffe der Arbeit enthalten, kurz, prägnant und wahrheitsgemäß sein, eine gute Satzmelodie haben und Interesse wecken. Erläuternde bzw. ergänzende Aspekte können auch in einem Untertitel erscheinen. Auf jeden Fall sollte der Titel (ggf. zusammen mit dem Untertitel) den Inhalt des Berichts treffend beschreiben und beim Leser weder unbeabsichtigte Assoziationen hervorrufen noch falsche Erwartungen wecken.

☞ *Diese Anforderungen an den Titel eines Technischen Berichts gelten sinngemäß auch für alle anderen Titel bzw. Überschriften von Textabschnitten, Bildern, Tabellen usw.*

Oft ist eine Aufgabenstellung bzw. ein Auftrag bereits als Titel des Technischen Berichts verwendbar. Hier einige Beispiele für derartige Aufträge:

- Konstruktion einer Bohrvorrichtung
- Projektierung einer Spraydosen-Shredder-Anlage
- Untersuchung von Komponenten-Kombinationen zur Verkaufsoptimierung
- Ausstattung eines Tagungsraums mit Funktechnik

Selbst wenn ein Auftrag bereits als Titel verwendbar erscheint, ist es dennoch zweckmäßig, mögliche Titelvarianten systematisch zu erarbeiten. Danach kann dann (ggf. gemeinsam mit dem Auftraggeber) entschieden werden, welcher Titel verwendet werden soll. Es ist auch möglich, dass erst einmal mit dem Auftrag als Arbeitstitel gearbeitet wird.

Danach kann dann ohne Zeitdruck die endgültige Entscheidung über den Titel getroffen werden. Zusammenfassend noch einmal alle Anforderungen an den Titel eines Technischen Berichts, **Checkliste 2-3**.

Checkliste 2-3 Anforderungen an den Titel des Technischen Berichts

- Klarheit
- Wahrheit
- Ehrlichkeit
- Kernthema bzw. Kernbegriffe der Arbeit in den Titel aufnehmen (für Datenbankrecherchen!)
- Kürze
- Prägnanz
- Satzmelodie
- Interesse wecken
- ggf. erläuternder Untertitel

☞ *Schreiben Sie sich die Kernworte zur Charakterisierung des Berichts handschriftlich auf, verbinden Sie diese Kernworte sprachlich zu einem Titel, bilden Sie mehrere Titelvarianten durch Variation der Kernworte, und wählen Sie den „besten“ Titel aus.*

Nachfolgend wird die vorgestellte Vorgehensweise zur Titelerarbeitung an einem Beispiel gezeigt.

Beispiel für die Erarbeitung eines Titels

Gesucht wird der Titel einer Dissertation. Im Dissertationsprojekt ist ein Computerprogramm entwickelt worden, das eine anforderungsabhängige Werkstoffwahl erlaubt. Der Konstrukteur gibt also die Anforderungen ein, die der Werkstoff erfüllen muss, und das System antwortet aus seiner Datenbank heraus mit den Werkstoffen, die diese Anforderungen erfüllen können. Bereits früh wurde von dem Entwickler des Systems, dem Doktoranden, der Begriff „**CAMS**“ = **C**omputer **A**ided **M**aterial **S**election geprägt.

Der Doktorand beginnt nun, einen Titel für seine Dissertation entsprechend der vorgestellten Vorgehensweise zu entwerfen. Er überlegt sich zuerst die **Schlüsselwörter**, die im Titel enthalten sein sollten, und **schreibt** sich diese Schlüsselwörter **auf**.

- *Werkstoffwahl*
- *Konstruktion*
- *Ausbildung*
- *CAMS*
- *mit Computer*

Schon der erste Blick auf die große Anzahl von Schlüsselwörtern lässt erkennen, dass neben dem Titel vermutlich auch ein Untertitel erforderlich ist, da sonst der eigentliche Titel für Technische Berichte zu lang werden würde. Der Doktorand beginnt nun, die **Schlüsselwörter** zu **kombinieren**, um verschiedene Titel zu erhalten:

Beitrag zur computergestützten Werkstoffwahl

Beitrag zur computergestützten Werkstoffwahl im Konstruktionsbereich

Beitrag zur computergestützten Werkstoffwahl in der Konstruktionsausbildung

Computergestützte Werkstoffwahl im Konstruktionsbereich

Computergestützte Werkstoffwahl in der Konstruktionsausbildung

Computer Aided Material Selection = CAMS

CAMS in der Konstruktionsausbildung

Unterstützung der Werkstoffwahl mit dem Rechner

Computeranwendung zur Werkstoffwahl

CAMS in der Konstruktion

Konstruktion mit CAMS

Rechnerunterstützung bei der Werkstoffwahl

Beitrag zur computergestützten Werkstoffwahl

Werkstoffwahl mit dem Computer

CAMS in Design Education

Für **Datenbankrecherchen** sollen unbedingt auch **englische Suchwörter im Titel** auftreten. Da der Doktorand den Begriff CAMS selbst geprägt hat, möchte er ihn auch im Dissertationstitel erscheinen lassen. Es soll **daher mit Untertitel**, in dem dann der Begriff CAMS erscheint, gearbeitet werden. Schließlich entscheidet sich der Doktorand für folgenden Titel:

Computergestützte Werkstoffwahl in der Konstruktionsausbildung
– CAMS (Computer Aided Material Selection) in Design Education –

Der englische Untertitel erfüllt hier zwei Ziele: einerseits erscheint darin der erwünschte Begriff CAMS, andererseits wird bei Datenbankrecherchen aus dem englischen Sprachraum heraus auch der Begriff „Design Education“ gefunden, der dem deutschen Wort Konstruktionsausbildung entspricht.

☞ *Verwenden Sie also folgende bewährte Vorgehensweise zur Titelerarbeitung:*

- *vorgegebene Aufgabenstellung aufschreiben*
- *Kernworte zur Charakterisierung des Berichts aufschreiben*
- *diese Kernworte sprachlich zu einem Titel verbinden*
- *neue Titel bilden durch Variation dieser Kernworte*
- *mögliche Titel laut lesen, um die Satzmelodie zu optimieren*
- *Auswahl des „besten“ Titels*

Nachdem der Titel nun vorliegt, folgt anschließend die **Erarbeitung der Gliederung**.

2.4 Die Gliederung als „roter Faden“

In unserem Netzplan zur Erstellung Technischer Berichte sind wir damit bei den beiden letzten Tätigkeiten der Planung des Berichts angekommen, der Erstellung der 4-Punkt- und der 10-Punkt-Gliederung, die in 2.4.4 und 2.4.5 detailliert vorgestellt werden.

Da das Erstellen der **Gliederung** der **zentrale Schritt der Planung** des Technischen Berichts ist, wird diese wichtige Tätigkeit in den folgenden Unterabschnitten detailliert beschrieben.

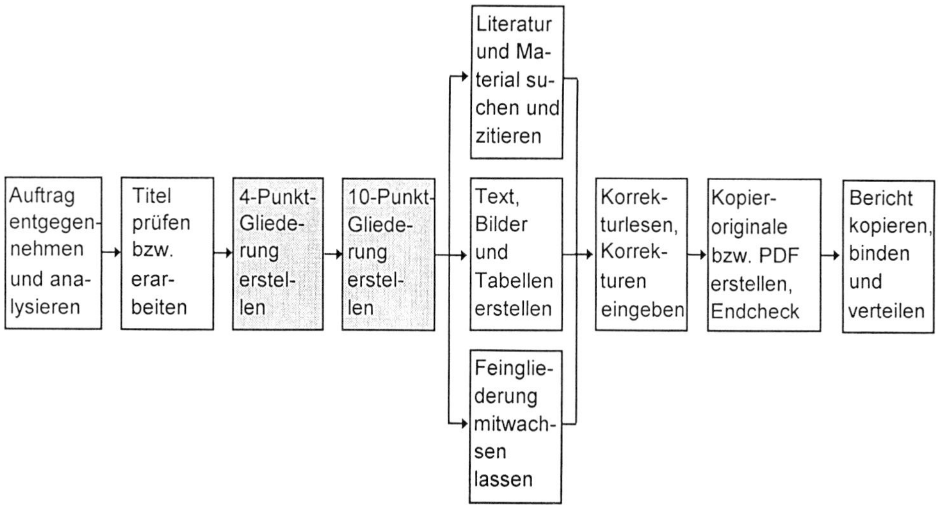

Die inhaltliche Abgrenzung der beiden Begriffe „Gliederung“ und „Inhaltsverzeichnis“ wird sprachlich oft nicht sauber gehandhabt. Deshalb hier folgende Definition:

Gliederung:	*ohne* Seitenzahlen,	enthält Logik,	ist **Zwischenergebnis;**
Inhaltsverzeichnis:	*mit* Seitenzahlen,	ermöglicht Suchen,	ist **Endergebnis**.

Die typografische Gestaltung bzw. das Layout des Inhaltsverzeichnisses ist kein Planungsschritt, sondern dieser Arbeitsschritt fällt unter „Erstellung“ des Technischen Berichts und ist deshalb im Abschnitt 3.1.2 beschrieben.

2.4.1 Allgemeines zu Gliederung und Inhaltsverzeichnis

Die **Gliederung** (während der Erstellung des Technischen Berichts) bzw. das Inhaltsverzeichnis (nach Fertigstellung des Technischen Berichts) ist die **„vordere Eingangstür“** in Ihren Technischen Bericht. Sie ist nach Titelblatt und ggf. Vorwort und/oder Danksagung das Nächste, was bei größeren Dokumenten wie z. B. Büchern, Forschungs-Anträgen, Forschungs-Abschlussberichten, Konstruktionsberichten u. ä. gelesen wird.

☞ *Eine gute Gliederung ist so wichtig für die Verständlichkeit und Nachvollziehbarkeit von Texten – auch von kurzen Texten wie z. B. E-Mails –, dass Sie sich zur Regel machen sollten, alle von Ihnen selbst geschriebenen Sachtexte, die ca. eine Seite Umfang übersteigen, durch Zwischenüberschriften zu gliedern.*

Die Gliederung ermöglicht den **schnellsten und besten Überblick**

- zum Hineinfinden in den Technischen Bericht,
- zur Hilfestellung durch den Betreuer und
- zur Beurteilung/Zensierung.

☞ *Darum sollten Sie zur Durchsprache des Arbeitsfortschrittes bei Ihrem Auftraggeber (Chef, Assistent, Professor usw.) stets die Gliederung dabei haben. Es wird fast immer danach gefragt!*

Auch weitere nur eventuell erforderliche Unterlagen (z. B. wichtige oder schwer beschaffbare Literaturquellen) sollten ebenfalls bereitgehalten werden.

☞ *Für jeden Leser eines Technischen Berichts ist die Gliederung der wichtigste Schlüssel zum Erfassen des Inhalts. Deshalb sollten Sie bei der Erstellung der Gliederung keine Kompromisse mit sich selbst eingehen! Dies gilt prinzipiell auch für den gesamten Technischen Bericht. Da, wo man als Autor selbst nicht zufrieden ist, kritisiert später fast immer der Auftraggeber den nicht gelungenen Teil der eigenen Arbeit.*

Die Informationen, mit denen Sie Ihren Bericht füllen, werden im Prinzip nur noch in die Schubladen einsortiert, die die Gliederung festlegt. Die Erstellung der Gliederung ist damit die eigentliche kreative Arbeit. Das spätere Ausformulieren des Textes ist dann nur noch „Handwerk“, was allerdings auch entsprechende Routine erfordert.

2.4.2 Vorschriften und Regeln für die Gliederung aus DIN 1421 und ISO 2145

Wenn man den Begriff **Gliederung** erläutert, dann muss man auch **Über- und Unterordnungen von Abschnittsüberschriften** besprechen. Hier existieren in der Praxis Begriffe wie „Kapitel, Unterkapitel, Abschnitt, Unterabschnitt, Hauptpunkt, Punkt, Unterpunkt, Absatz, Aufzählung“ usw. Diese Begriffe werden im deutschsprachigen Raum nicht mit einheitlicher Bedeutung benutzt.

Schaut man in die für dieses Problem relevante DIN 1421 „Gliederung und Benummerung in Texten“, dann stellt man fest, dass hier eine ganz andere Terminologie verwendet wird. In der DIN 1421 heißen alle Textblöcke, die eine Abschnittsüberschrift beliebiger Hierarchiestufe aufweisen, einheitlich „Abschnitt“.

Die Benennung ist dabei unabhängig von der Größe des betrachteten Textblocks. Ob dieser Textblock zur ersten Hierarchiestufe des betrachteten Textes gehört (z. B. 1, 2, 3) oder zur letzten (z. B. 3.2.5.4, 3.2.5.5), ist ohne Einfluss. Der Textblock heißt nach DIN 1421 in jedem Fall „Abschnitt“.

Die ISO 2145 „Documentation – Numbering of divisions and subdivisions in written documents“ verwendet die Begriffe „main division“, „subdivision“ und „further levels of subdivision“.

Diese Festlegung in beiden Normen entspricht aber nicht dem üblichen Sprachgebrauch der Menschen, für die umfangreiche Dokumente in Kapitel unterteilt sind. Deshalb wird im vorliegenden Buch das nachfolgend dargestellte Terminologie-System basierend auf dem Begriff „Kapitel“ verwendet. Die Literatur für viele Wissensgebiete der Technik liegt auch in englischer Sprache vor. Daher wurde das Terminologie-System den entsprechenden englischen Begriffen gegenübergestellt.

Titel (gesamter Bericht)	*title (whole report)*	
Kapitel	*chapter*	Dokumentteil-Überschriften
Unterkapitel	*subchapter*	*document part headings*
Abschnitt	*section*	
Unterabschnitt	*subsection*	

Wenn die Gesamtheit aller Abschnittsüberschriften angesprochen werden soll, verwenden wir den Begriff **Dokumentteil-Überschriften**.

Damit sind die aus der DIN 1421 bzw. ISO 2145 stammenden Terminologie-Probleme behoben und die Textblöcke auf den in beiden Normen empfohlenen drei (bis vier) unterschiedlichen Hierarchiestufen jeweils mit ihrer eigenen Benennung eindeutig ansprechbar.

Wird die oben eingeführte Hierarchie weiter verfeinert, dann ergibt sich folgende **Fortsetzung** der Darstellung auf **Textebene**.

Absatz	*paragraph*
Satz	*sentence*
Wort	*word*
Zeichen	*character*

Die Dokumentteile können neben Text auch andere Objekte zur Illustration der Aussagen enthalten. Häufig kommen z. B. die folgenden, den Absätzen gleichwertige Elemente vor.

Tabelle	*table*
Bild	*figure*
Gleichung	*equation*

Trotz der oben stehenden kritischen Anmerkungen ist die DIN 1421 „Gliederung und Benummerung in Texten" nach wie vor die wichtigste Norm für die Erstellung von Gliederungen im deutschen Sprachraum. Sie ist gültig für alle Arten von Schriftwerken, also für technische, kaufmännische, geisteswissenschaftliche, juristische, medizinische Texte usw. In der DIN 1421 von Januar 83 sind u. a. die folgenden Festlegungen enthalten:

- Anwendungsbereich und Zweck der Norm
- Begriffsdefinitionen (Text, Abschnitt, Absatz, Aufzählung)
- Festlegungen zu Abschnitten
  - Abschnittsnummern (sie sollten höchstens dreistufig sein)
  - Punkte in Abschnittsnummern (sie erscheinen nur *zwischen* den Gliederungsstufen, also „1 Einleitung" und nicht „1. Einleitung"; bei Kapitelnummern wird in der Praxis allerdings teilweise trotzdem noch hinter der Zahl ein Punkt gesetzt)
  - Die Kapitelnummer „0" darf verwendet werden für eine Präambel
  - Die Unterkapitelnummer „n.0" darf verwendet werden für ein einleitendes Unterkapitel im jeweiligen Kapitel usw.

Die **Nummerierung der Dokumentteile** erfolgt **dekadisch** nach DIN 1421. Die Dokumentteile erhalten hierbei **arabische Nummern**. Die Dokumentteil-Hierarchien werden durch einen **Punkt als Gliederungszeichen** ausgedrückt. Kapitel erhalten dabei stets eine Dokumentteil-Nummer ohne Punkt.

Hierarchisch tiefer liegende Dokumentteile haben Punkte zwischen den Nummern der verschiedenen Hierarchiestufen. Die **Unterteilung** soll **möglichst in der dritten Stufe enden**, damit die Dokumentteil-Nummern noch übersichtlich bleiben, leicht aussprechbar und leicht im Gedächtnis zu behalten sind. Also soll eine Unterteilung z. B. von 2 über 2.1, 2.2 bis auf 2.1.1, 2.1.2 usw. erfolgen. Innerhalb einer Hierarchiestufe sollten die **Zählnummern möglichst nicht größer als 9** werden. Auch das hilft, die Dokumentteil-Nummern übersichtlich zu halten.

☞ *Die DIN 1421 hat nur vier Seiten. Sie ist aber von so großer Bedeutung für die Erstellung einer guten Gliederung, dass Sie sich diese Norm in einer Normenauslagestelle in Ruhe durchlesen und die wichtigsten Inhalte herausschreiben oder zur eigenen Anwendung kopieren sollten! Die Regeln der DIN 1421 können Sie dann bei der Erstellung jedes weiteren Berichts anwenden.*

Technische Berichte erfordern ein hohes Maß an Ordnung und Logik. Diese Logik muss sich natürlich auch in der Gliederung widerspiegeln. Bei der Erstellung von Gliederungen muss deshalb die **Beibehaltung der inneren Logik vom ersten Gliederungsentwurf bis zur fertigen Gliederung** ständig beachtet werden. Die in 2.4.4 „Zweckmäßige Vorgehensweise zur Erstellung von Gliederungen“ empfohlene Vorgehensweise ermöglicht es Ihnen fast automatisch, gute und logisch aufgebaute Gliederungen zu erstellen. Vorweg sollen jedoch wichtige Regeln für Dokumentteil-Nummern und Dokumentteil-Überschriften erläutert werden, weil diese Regeln in 2.4.4 beim Entwerfen von Gliederungen bereits angewendet werden.

2.4.3 Sprachlogische und formale Gestaltung von Dokumentteil-Nummern und Dokumentteil-Überschriften

In den Dokumentteil-Nummern und Dokumentteil-Überschriften drückt sich die Ablauflogik (der „rote Faden“) des Technischen Berichtes aus. Für viele Menschen hat „Logik“ stets etwas mit Mathematik und ihren Gesetzen zu tun. Es gibt aber auch die Sprachlogik, die z. B. in vielen Intelligenztests neben der mathematischen Logik ebenfalls geprüft wird.

☞ *Sie sollten Ihre eigenen Gliederungen sachgerecht optimieren können. Dafür ist es erforderlich, dass Sie nach und nach die Fähigkeit entwickeln, Ihre eigenen Gliederungen auf Sprachlogik zu überprüfen.*

Diese Handlungsanweisung soll nun an Beispielen verdeutlicht werden. Es existiert aus Gründen der Logik die Forderung, dass **verschiedene Dokumentteil-Überschriften auf einer Hierarchiestufe logisch gleichwertig** sein sollen. Deshalb ist der folgende Gliederungsausschnitt **unlogisch**:

3.5 Technische Bewertung der Konzeptvarianten
    3.5.1 Technische Bewertungstabelle
3.6 Wirtschaftliche Bewertungstabelle

Man sieht relativ oft in Technischen Berichten, aber auch in anderen größeren Schriftsätzen oder Büchern, dass eine Kapitel- oder Abschnittsüberschrift **nur einmal unterteilt** ist. Dies ist aber unlogisch, denn die Unterteilung in Dokumentteile einer niedrigeren Ordnung erfolgt ja, um *mehrere* Aspekte eines übergeordneten Themas voneinander abzugrenzen.

Es ist deshalb **unlogisch**, für ein übergeordnetes Thema **in der nächsttieferen Hierarchieebene nur eine Dokumentteil-Überschrift vorzusehen**. Hier sollte man entweder noch eine weitere oder mehrere Dokumentteil-Überschrift(en) der gleichen Hierarchiestufe hinzufügen oder das übergeordnete Thema nicht unterteilen. Richtig wäre zum Beispiel:

3.5 Technisch/wirtschaftliche Bewertung der Konzeptvarianten
 3.5.1 Technische Bewertung der Konzeptvarianten
 3.5.2 Wirtschaftliche Bewertung der Konzeptvarianten
 3.5.3 Zusammenfassende Bewertung der Konzeptvarianten im s-Diagramm

Dieser Sachverhalt gilt sinngemäß auf allen Unterteilungsstufen. Bei der nächsten Überarbeitung der DIN 1421 sollte die nur einmalige Unterteilung mit klaren Formulierungen als nicht zulässig gekennzeichnet werden.

Folgendes ist also falsch:

1 Einleitung
 1.1 Ausgangssituation
2 Grundlagen der Metallpulver-Herstellung

So wäre es richtig:

1 Einleitung
 1.1 Ausgangssituation
 1.2 Ziel der Arbeit
2 Grundlagen der Metallpulver-Herstellung

Aber auch dies ist möglich:

1 Einleitung
2 Grundlagen der Metallpulver-Herstellung

Jede Dokumentteil-Überschrift soll für sich allein aussagefähig sein und den Inhalt des Dokumentteils treffend wiedergeben! Sie soll genau so wie der Titel des Technischen Berichts kurz, klar und prägnant formuliert werden. Allerdings sind Dokumentteil-Überschriften, die **nur aus einem Wort** bestehen, **häufig verbesserungsfähig**. Ausnahmen sind *gängige* Einzelwörter wie Einleitung, Versuchsaufbau, Versuchsdurchführung, Versuchsergebnisse, Versuchsauswertung, Literaturverzeichnis, Anhang usw.

schlechtes Beispiel:
3.4 Prüfstand, 3.4.1 Randbedingungen, 3.4.2 Beschreibung

verbessertes Beispiel:
3.4 Vorbereitung der Versuche, 3.4.1 Vorbereitung der Proben, 3.4.2 Kalibrieren der Messgeräte, 3.4.3 Aufbau der Versuchseinrichtung

Nachfolgend eine Checkliste mit Regeln für Dokumentteil-Nummern und -überschriften, **Checkliste 2-4**.

Checkliste 2-4 Regeln für Dokumentteil-Nummern und -überschriften

Logikregeln

- Punkte in Abschnittsnummern kennzeichnen die Gliederungsstufe
- Dokumentteil-Nummer 0, x.0 usw. für Präambel/Einleitung zulässig (ausnahmsweise)
- auf jeder Gliederungsebene mindestens zwei gleichwertige Dokumentteile
- Die Dokumentteil-Überschrift darf sprachlich nicht in den nachfolgenden Text einbezogen werden, d. h. sie ist ein eigenständiges Element des Technischen Berichts. Der erste Satz des nachfolgenden Textes muss deshalb ein vollständiger Satz sein, der jedoch die Sachaussage der Dokumentteil-Überschrift aufgreifen bzw. wiederholen darf.

Formale Regeln

- Eidesstattliche Erklärung (bzw. Eidesstattliche Versicherung), Vorwort, Aufgabenstellung und Inhaltsverzeichnis haben zwar praktisch immer eine Dokumentteil-Überschrift; sie erhalten jedoch *keine* Dokumentteil-Nummer.
- Hinter der Dokumentteil-Nummer und der Dokumentteil-Überschrift steht *nie* ein Satzzeichen wie Punkt, Doppelpunkt, Fragezeichen, Ausrufungszeichen usw.
- Auch die Formulierung von ganzen Sätzen oder Hauptsätzen mit einem oder mehreren Nebensätzen als Dokumentteil-Überschriften ist eher ungewöhnlich.
- Hinter der Dokumentteil-Überschrift steht *nie* eine Quellenangabe wie z. B. „[13]“.

Layout-Regeln

- Wenn Sie das Inhaltsverzeichnis mit Ihrem Textverarbeitungsprogramm automatisch erzeugen wollen, dann formatieren Sie Dokumentteil-Überschriften im laufenden Text mit den ggf. bzgl. Layout veränderten Formatvorlagen: Kapitel mit „Überschrift 1“, Unterkapitel mit „Überschrift 2“, Abschnitte mit „Überschrift 3“ usw. Um das Aussehen des Inhaltsverzeichnisses zu beeinflussen, ändern Sie die Formatvorlagen „Verzeichnis 1“, „Verzeichnis 2“ usw., siehe auch 3.7.6. Üblich ist, dass die Dokumentteil-Überschriften fett und größer als die normale Schrift sind, aber nicht unterstrichen werden.
- Vermeiden Sie bitte, die Überschriften und Verzeichniseinträge in Großbuchstaben oder Kapitälchen zu setzen, weil dies deutlich schwerer zu lesen ist als Groß- und Kleinbuchstaben.
- In DIN 5008 wird festgelegt, dass Dokumentteil-Überschriften vom vorhergehenden und nachfolgenden Text durch je eine Leerzeile abzutrennen sind. Dies ist aber unübersichtlich. In der DIN 1422 Teil 2 ist geregelt, dass oberhalb der Dokumentteil-Überschrift ein größerer Leerraum vorzusehen ist, als darunter. Diese Art des Layouts ist übersichtlicher und wird deshalb empfohlen.

Obige Regeln gelten sinngemäß auch für Tabellenüberschriften und Bildunterschriften mit folgenden Ausnahmen:

- Hinter Tabellenüberschriften und Bildunterschriften *muss* eine Quellenangabe erscheinen, wenn das Bild bzw. die Tabelle von anderen Autoren übernommen ist.
- Für Bildnummern und Tabellennummern gelten andere Regeln als für Dokumentteil-Nummern. Bilder und Tabellen werden entweder durch den ganzen Technischen Bericht

chronologisch durchnummeriert oder die Nummern werden aus Kapitelnummer und einer laufenden Nummer innerhalb des Kapitels kombiniert, s. a. 3.3.2 und 3.4.2.

- Damit die automatische Erzeugung von Bilderverzeichnis und Tabellenverzeichnis aus den Bildunterschriften und Tabellenüberschriften möglich ist, werden nicht manuell zugewiesene Absatzformatierungen verwendet, sondern jeweils eigene Absatzformatvorlagen, siehe auch 3.3.2 und 3.4.2 sowie 3.7.6.

Nach dieser Darstellung der wichtigsten Regeln zur Gestaltung von Dokumentteil-Nummern und -Überschriften kann nun unter Verwendung dieser Kenntnisse die Gliederung erarbeitet werden.

2.4.4 Zweckmäßige Vorgehensweise zur Erstellung von Gliederungen und einige Beispiel-Gliederungen

Die Erstellung der Gliederung erfolgt in mehreren aufeinander folgenden Schritten. Grob zusammengefasst läuft Folgendes ab: Ausgehend vom Arbeitstitel (oder auch dem bereits endgültigen Titel) wird das **Hauptziel bzw. die Kernaussage** des Technischen Berichts **in *einem* Satz formuliert.** Diese Aussage wird **dann immer weiter** in Dokumentteil-Überschriften **untergliedert** bis zur vollständigen, später in der Arbeit erscheinenden Feingliederung bzw. dem sich daraus ergebenden Inhaltsverzeichnis. Dabei hat sich die folgende Vorgehensweise zur Erarbeitung der fertigen, in sich logischen Gliederung sehr gut bewährt, **Checkliste 2-5**.

Checkliste 2-5 Schritte zur Erarbeitung der Gliederung

1. ausgehend vom Titel die Kernaussage/das Hauptziel des Technischen Berichts formulieren
2. auflösen in 3 bis 4 Hauptpunkte (4-Punkt-Gliederung)
3. weiter auflösen in 8 bis 10 Hauptpunkte (10-Punkt-Gliederung)
4. weitere Auflösung durch Untergliederung umfangreicher Hauptpunkte
5. Auflösung bis zur fertigen Gliederung (Feingliederung) parallel mit der weiteren Ausarbeitung des Technischen Berichts
6. abschließend Übereinstimmungs- und Vollständigkeits-Kontrolle für Dokumentteil-Nummern und -Überschriften vorn/hinten sowie Hinzufügung der Seitenzahlen, wenn das Inhaltsverzeichnis nicht automatisch erstellt wird

Bei Beachtung dieser Vorgehensweise kann die bereits in der 4-Punkt-Gliederung festgelegte Logik in der Reihenfolge der Gedanken bei der weiteren Detaillierung der Gliederung *nicht* mehr verloren gehen!

Nun soll diese **Vorgehensweise an vier Beispielen erläutert** werden. Die Beispiele beziehen sich auf einen Konstruktionsbericht, einen Bericht über durchgeführte Messungen, also einen Laborbericht, einen Bericht über die Erweiterung des Netzwerks bei einer Kundenfirma, also einen Projektbericht und eine Diplomarbeit, in deren Rahmen ein Computerprogrammsystem entwickelt wurde. Die vorgestellte Vorgehensweise ist natürlich auch auf andere Berichtsarten übertragbar, z. B. auf Literaturarbeiten, Projektierungen usw. In **Checkliste 2-6** folgt eine Zusammenfassung.

Beispiel 1: Konstruktionsbericht

Titel des Berichts:

Konstruktive Umgestaltung einer Anlage zur Herstellung von Magnesium-Lithium-Wasserstoff-Legierungen

1. Schritt: Kernaussage (Hauptziel) des Technischen Berichts formulieren

Vorhandene Schwachstellen der bisherigen Gießanlage sollen durch konstruktive Umgestaltung behoben werden.

2. Schritt: Auflösen in 3 bis 4 Hauptpunkte (4-Punkt-Gliederung)

- Stand der Technik
- Beschreibung der vorhandenen Schwachstellen
- Beschreibung der Verbesserungen

3. Schritt: weiter auflösen in 8 bis 10 Hauptpunkte (10-Punkt-Gliederung)

1 Einleitung
2 Stand der Technik
3 Erforderliche Veränderungen der bisherigen Anlage
4 Anforderungen an die neue Anlage
5 Konstruktive Gestaltung der neuen Gießanlage
6 Praktische Erprobung der neuen Gießanlage
7 Auswertung der Gießversuche mit der neuen Anlage
8 Zusammenfassung und Ausblick

4. Schritt: weitere Auflösung durch Untergliederung umfangreicher Hauptpunkte

Kapitel 3 kann in die einzelnen Gruppen der erforderlichen Veränderungen unterteilt werden (Verwendbarkeit der Anlage für andere technologische Prozesse, erleichterte Bedienbarkeit, erleichterte Reinigung, verbesserte Arbeitssicherheit beim Arbeiten mit Wasserstoff usw.).
Kapitel 5 kann aufgeteilt werden in grundsätzliche Prinzipien bei der Verbesserung der Gießanlage und konstruktive Detaillösungen.

5. Schritt: Auflösung bis zur fertigen Gliederung (Feingliederung) parallel mit der Ausarbeitung des Technischen Berichts

5 Konstruktive Gestaltung der neuen Gießanlage
  5.1 Gestaltungsgrundsätze und Prinzipskizze
  5.2 Konstruktive Realisierung der erforderlichen Veränderungen
    5.2.1 Grundaufbau der Gießanlage
    5.2.2 Temperaturführung der Anlagenkomponenten
    5.2.3 Gasführung von Inertgas und Legierungsgas
    5.2.4 Veränderung der Abgießvorrichtung
    5.2.5 Flexibler Kokillenaufbau durch Stecksystem
    5.2.6 Schutzgasbehälter für die Kokille
    5.2.7 Zentrale Anlagensteuerung über das Bedienpult

Beispiel 2: Bericht über durchgeführte Messungen

Titel des Berichts:
Schadenserkennung mit der holografischen Interferometrie

1. Schritt: Kernaussage (Hauptziel) des Technischen Berichts formulieren

Die Verformung eines Stahlbehälters unter Innendruck soll mit der holografischen Interferometrie gemessen werden (Ziel: Erkennung des Einflusses von Behälter-Geometrie, Schweißraupe, Wärmeeinflusszone und absichtlich in die Behälterwand eingebrachten Werkstoff-Fehlern auf die Verformung des Stahlbehälters).

2. Schritt: Auflösen in 3 bis 4 Hauptpunkte (4-Punkt-Gliederung)

- Stand der Technik
- Versuchsaufbau
- Versuchsdurchführung
- Versuchsergebnisse

3. Schritt: weiter auflösen in 8 bis 10 Hauptpunkte (10-Punkt-Gliederung)

1 Einleitung
2 Stand der Technik
3 Versuchseinrichtung
4 Versuchsvorbereitung
5 Versuchsdurchführung
6 Auswertung der Interferogramme
7 Abschätzung und Klassifizierung aufgetretener Messfehler
8 Vorschläge für weiterführende Arbeiten
9 Zusammenfassung

4. Schritt: weitere Auflösung durch Untergliederung umfangreicher Hauptpunkte

Kapitel 5 kann nach der Art der durchgeführten Arbeitsschritte unterteilt werden in Abschätzung des erforderlichen Prüfkörperinnendrucks, Beschreibung der unbeabsichtigten Fehler in Schweißraupe und Wärmeeinflusszone sowie der bewusst herbeigeführten Schweißnahtfehler, Beschreibung der Messstellen, Einfluss der Behältergeometrie.
In Kapitel 6 kann die Auswertung der Messergebnisse aufgeteilt werden nach dem räumlichen Einfluss der Nahtbereiche sowie nach der Art der eingebrachten Werkstoff-Fehler.

5. Schritt: Auflösung bis zur fertigen Gliederung (Feingliederung) parallel mit der Ausarbeitung des Technischen Berichts

6 Auswertung der Interferogramme
6.1 Relative Verformungsextrema
6.2 Einfluss der Wärmeeinflusszone
6.3 Einfluss der Schweißraupe
6.4 Einfluss der eingebrachten Fehler

Beispiel 3: Bericht über eine Computernetzwerk-Erweiterung

Titel des Berichts:
Ausstattung eines Tagungsraums mit Funktechnik

1. Schritt: Kernaussage (Hauptziel) des Technischen Berichts formulieren

Das Netzwerk des Kunden soll so erweitert werden, dass es zwei Internetzugänge für Außendienst-Mitarbeiter im Schulungsraum und zwei Internetzugänge für Kunden im Pausenbereich gibt.

2. Schritt: Auflösen in 3 bis 4 Hauptpunkte (4-Punkt-Gliederung)

- Analyse des Kundenauftrags
- Planung der neuen Netzwerk-Struktur
- Realisierung der Netzwerkerweiterung beim Kunden
- Rechnungsstellung und Zahlungsabwicklung

3. Schritt: weiter Auflösen in 8 bis 10 Hauptpunkte (10-Punkt-Gliederung)

1 Einleitung
2 Analyse des Kundenauftrags
3 Planung der neuen Netzwerk-Struktur
4 Vorbereitende Arbeitsschritte
5 Realisierung der Netzwerkerweiterung beim Kunden
6 Abnahme
7 Rechnungstellung und Zahlungsabwicklung
8 Zusammenfassung

4. Schritt: weitere Auflösung durch Untergliederung umfangreicher Hauptpunkte

Kapitel 2 kann in die Schritte Ist-Analyse und Soll-Analyse unterteilt werden, auch Kapitel 3, 4 und 5 sowie 9 Anhang sind in der Original-Arbeit weiter unterteilt worden.

5. Schritt: Auflösung bis zur fertigen Gliederung (Feingliederung) parallel mit der Ausarbeitung des Technischen Berichts

3 Planung der neuen Netzwerk-Struktur
3.1 Angebotseinholung bzgl. möglicher Hardware
3.2 Nutzwertanalyse und Lieferantenauswahl für die einzusetzende Hardware
3.3 Planung der Verkabelung
3.4 Planung der Fremddienstleistungen

Beispiel 4: Bericht über die Entwickung von Software

Titel des Berichts:
Computergestützte Analyse und Optimierung der Verständlichkeit technischer Texte

1. Schritt: Kernaussage (Hauptziel) des Technischen Berichts formulieren

Ausgehend von bestehenden Ansätzen zur Verbesserung der Verständlichkeit von Texten soll ein interaktives Computerprogramm entwickelt werden, das die Textverständlichkeit misst und im Dialog mit dem Anwender schrittweise verbessert.

2. Schritt: Auflösen in 3 bis 4 Hauptpunkte (4-Punkt-Gliederung)

- Ansätze zur Messung und Verbesserung der Verständlichkeit von Texten
- Entwicklung des Verständlichkeitskonzepts von TEXTdesigner
- Das Programmsystem von TEXTdesigner
- Dokumentation des Quellcodes

3. Schritt: weiter Auflösen in 8 bis 10 Hauptpunkte (10-Punkt-Gliederung)

1 Einleitung
2 Ansätze zur Messung und Verbesserung der Verständlichkeit von Texten
3 Entwicklung des Verständlichkeitskonzepts von TEXTdesigner
4 Das Programmsystem von TEXTdesigner
5 Dokumentation des Quellcodes
6 Der TEXTdesigner im praktischen Einsatz
7 Weiterentwicklung von TEXTdesigner
8 Zusammenfassung und Ausblick

4. Schritt: weitere Auflösung durch Untergliederung umfangreicher Hauptpunkte

Das Kapitel 2 beschäftigt sich mit dem Stand der Technik, wie er in der Fachliteratur beschrieben ist und ist weiter unterteilt worden in Ansätze der Verständlichkeitsforschung, Praxisorientierte Ansätze zur Verbesserung der Verständlichkeit und Das Hamburger Verständlichkeitskonzept (HVK).

5. Schritt: Auflösung bis zur fertigen Gliederung (Feingliederung) parallel mit der Ausarbeitung des Technischen Berichts

4 Das Programmsystem von TEXTdesigner
  4.1 Turbovision für TEXTdesigner
  4.2 Die Menüstruktur von TEXTdesigner
  4.3 Der Funktionsablauf von TEXTdesigner
    4.3.1 Verwendete Symbole
    4.3.2 Gesamtfunktionsablauf
    4.3.3 Funktionsablauf Typographie
    4.3.4 Funktionsablauf Klarheit
    … (weitere Abschnitte für Klarheit, Logik, Kürze, Motivatoren)
    4.3.9 Funktionsablauf Rechtschreibfunktionen
  4.4 Hilfsfunktionen für das Suchen und Klassifizieren
    4.4.1 Das Wortklassifikationsobjekt
    4.4.2 Das Wörterbuchobjekt

Checkliste 2-6 Ausführungsregeln und Hinweise für die Schritte zur Erstellung der Gliederung

1. Schritt: Kernaussage (Hauptziel) des Technischen Berichts formulieren

Formulieren Sie hier das Ziel des Projektes, der Literaturrecherche, der Versuche, der Messungen, der Konstruktionsarbeit, des Gutachtens oder allgemein des Berichts. Auch wenn es schwer fällt: schreiben Sie hier nur einen Satz auf!

2. Schritt: Auflösen in 3 bis 4 Hauptpunkte (4-Punkt-Gliederung)

Beispiele:

- „Einleitung – Hauptteil – Schluss“
- „Ausgangssituation – Situation bisher – eigene Leistung – Zusammenfassung“
- „Stand der Technik – Versuchsaufbau – Versuchsdurchführung – Versuchsergebnisse – Schlussfolgerungen“

Wenn Sie die Aufgabenstellung Ihres Technischen Berichts als eigenes Kapitel in die Gliederung aufnehmen, dann gilt Folgendes: das Kapitel „Aufgabenstellung“ und die verschiedenen Kapitel über die Bearbeitung der Aufgabenstellung (Projektierung, Konstruktion, Berechnung usw.) sind jeweils getrennte Kapitel.

3. Schritt: weiter auflösen in 8 bis 10 Hauptpunkte (10-Punkt-Gliederung)

Mögliche Gliederungs-Prinzipien für die Schritte 3. bis 5. sind:

- nach zeitlichem Ablauf
- nach Ausgangsbedingungen
- nach Zielen
- nach möglichen Alternativen
- nach Bestandteilen bzw. Baugruppen
- nach Ausbaustufen
- nach zusammengehörigen Sachgebieten

oder im speziellen Fall je nach Aufgabenstellung

4. Schritt: weitere Auflösung durch Untergliederung umfangreicher Hauptpunkte

Mögliche Gliederungs-Prinzipien sind beim 3. Schritt bereits genannt worden. Es empfiehlt sich, *bevor* der Text zu einem Kapitel entsteht, eine vorläufige Gliederung dieses Kapitels in Unterkapitel vorzunehmen. Ganz analog sollten Sie, bevor der Text eines Unterkapitels entsteht, eine Gliederung in Abschnitte vornehmen oder aber bewusst entscheiden, dass keine weitere Unterteilung nötig ist, usw. Diese Empfehlung entspricht der Vorgehensweise, eine vorläufige Gliederung des Technischen Berichts in Hauptpunkte/Kapitel vorzunehmen, bevor überhaupt mit der Texterstellung und der Materialsammlung begonnen wird.

Um den Technischen Bericht zielgruppenorientiert zu schreiben, ist es hier sinnvoll, vom Leser erwartete und in der Praxis übliche Dokumentteil-Überschriften zu verwenden. So erwartet der Leser zum Beispiel in einem Versuchsbericht die Stichworte Versuchsaufbau, -durchführung und -auswertung bzw. Versuchsergebnisse. Diese Stichworte sollten deshalb auch so oder ähnlich in den Dokumentteil-Überschriften erscheinen und bei der Materialsammlung verwendet werden.

5. Schritt: Auflösung bis zur fertigen Gliederung (Feingliederung) parallel mit der Ausarbeitung des Technischen Berichts

Dieser Schritt bedarf keiner weiteren Erläuterung.

2.4.5 Allgemeine Muster-Gliederungen für Technische Berichte

Nachfolgend werden einige **Muster-Gliederungen für häufig vorkommende Arten des Technischen Berichts** angegeben, die sich in der Praxis gut bewährt haben.

Wenn Sie eine solche Mustergliederung verwenden, brauchen Sie natürlich keine 4-Punkt- und 10-Punkt-Gliederung erarbeiten.

Zunächst wird eine Muster-Gliederung für einen Projektierungsbericht vorgestellt, in dem nach der Ermittlung der Teilfunktionen und der konstruktiven Teilfunktionslösungen verschiedene Konzeptvarianten festgelegt werden. Diese werden dann bewertet nach den VDI-Richtlinien für Konstruktionsmethodik, also VDI 2222 und 2225, speziell nach Entwurf VDI 2225, Blatt 3 „Technisch-wirtschaftliche Bewertung“ (siehe auch 3.3.3 „Der Morphologische Kasten – eine *besondere* Tabelle“).

Muster-Gliederung eines Projektierungsberichts – mehrere Konzeptvarianten

1 Ausgangssituation
2 Aufgabenstellung
  2.1 Klären der Aufgabenstellung
  2.2 Anforderungsliste
3 Funktionsanalyse
  3.1 Formulierung der Gesamtfunktion
  3.2 Aufgliederung in Teilfunktionen
  3.3 Morphologischer Kasten
  3.4 Festlegung der Konzeptvarianten
  3.5 Technische Bewertung der Konzeptvarianten
  3.6 Wirtschaftliche Bewertung der Konzeptvarianten
  3.7 Auswahl der bestgeeigneten Konzeptvariante mit dem s-Diagramm
4 Konstruktion
  4.1 Konstruktionsbeschreibung
  4.2 Konstruktionsberechnung
5 Zusammenfassung und Ausblick
6 Literaturverzeichnis
7 Anhang
  7.1 Stückliste
  7.2 Herstellerunterlagen

Falls Sie keine Herstellerunterlagen beifügen wollen, verwenden Sie nur die Überschrift „7 Stückliste“. Falls Sie auch Ausdrucke bzw. Plots oder Verkleinerungskopien von Zeichnungen beifügen wollen, dann am besten so gliedern: 7 Anhang, 7.1 Stückliste, 7.2 Zusammenbauzeichnung, 7.3 Einzelteilzeichnungen, 7.4 Herstellerunterlagen.

Die Stückliste ist eigentlich kein Teil des Berichts, sondern sie gehört inhaltlich zum Zeichnungssatz. Da dieser im Hochschulbereich oft in einer Zeichnungsrolle vorgelegt wird, hat es sich als zweckmäßig erwiesen, die Stückliste dem Bericht zweimal beizufügen. Einmal wird sie in den Bericht im Anhang eingeheftet und das zweite Exemplar befindet sich beim Zeichnungssatz in der Zeichnungsrolle. Wenn in der Industrie bei der Präsentation geplottete Zeichnungen an den Wänden des Besprechungszimmers aufgehängt werden, dann kann die Stückliste ebenfalls mit aufgehängt werden.

Überlegen Sie auch, ob Sie eine Verkleinerungskopie der Zusammenbauzeichnung in den Technischen Bericht einheften. Dies kann entweder im Anhang erfolgen (dann nach der Stückliste) oder in einem Textkapitel (dann am besten bei „Konstruktionsbeschreibung“ mit rechtzeitigem Hinweis auf diese Zeichnung).

Wenn die verkleinerte Zusammenbauzeichnung im Technischen Bericht eingeheftet ist, ergibt sich ein weiterer Vorteil: In der Konstruktionsbeschreibung können die Bauteile jeweils ergänzend mit ihrer Positionsnummer versehen werden, zum Beispiel „Handgriff (23)“. Dann sollte aber beim ersten Auftreten eines solchen Bauteilnamens mit Positionsnummer ein Verweis auf die Positionsnummern in der Zusammenbauzeichnung und in der Stückliste erfolgen.

Gleiche Teile, die in zwei verschiedenen Baugruppen verwendet werden (z. B. Madenschrauben an zwei Kupplungshälften), tauchen in der Stückliste in einer gemeinsamen Zeile mit einer gemeinsamen Positionsnummer auf. In der Spalte Anzahl wird vermerkt, wie oft das Bauteil in der gesamten Konstruktion vorkommt. So kann die Person, die die Konstruktion montiert, überprüfen, ob alle erforderlichen Bauteile vorhanden sind.

Doch nun zurück zu den Muster-Gliederungen. Nachfolgend die Muster-Gliederung eines Projektierungsberichts, bei dem die jeweils bestgeeigneten Teilfunktionslösungen die eine (einzige) Konzeptvariante bilden (siehe auch 3.3.3 „Der Morphologische Kasten – eine *besondere* Tabelle“).

Muster-Gliederung eines Projektierungsberichts – eine Konzeptvariante

1 Einleitung
2 Aufgabenstellung
    2.1 Klären der Aufgabenstellung
    2.2 Anforderungsliste
3 Funktionsanalyse
    3.1 Formulierung der Gesamtfunktion
    3.2 Aufgliederung in Teilfunktionen
    3.3 Morphologischer Kasten
    3.4 Verbale Bewertung der Teilfunktionslösungen
    3.5 Festlegung der Konzeptvariante
4 Konstruktion
    4.1 Konstruktionsbeschreibung
    4.2 Konstruktionsberechnung
5 Zusammenfassung und Ausblick
6 Literaturverzeichnis
7 Anhang
    7.1 Stückliste
    7.2 Herstellerunterlagen

Nun folgen Hinweise zu *Laborversuchen bzw. experimentellen Arbeiten* und eine entsprechende Gliederung. Für das Erstellen von Laborberichten gilt:

Laborversuche müssen grundsätzlich „reproduzierbar“ dokumentiert werden!

Das bedeutet, dass alle Informationen angegeben werden müssen, um die Versuche erneut unter den exakt gleichen Bedingungen durchführen zu können.

Daraus ergibt sich, dass die folgenden Angaben auf keinen Fall fehlen dürfen:

- Prüfmaschine bzw. Versuchseinrichtung mit Hersteller, Typbezeichnung, Inventarnummer usw.
- alle jeweils an der Maschine bzw. Einrichtung eingestellten Parameter
- alle Messgeräte, jeweils mit Hersteller, Typbezeichnung, Inventarnummer, eingestellten Parametern usw.
- verwendete Proben mit allen erforderlichen Angaben nach der jeweiligen DIN-, EN-, ISO-Norm bzw. andere Normen je nach Notwendigkeit
- bei nicht genormten Versuchen sinngemäße Angaben zur Probenform, zu Versuchsparametern, zu Temperaturen, physikalischen und chemischen Eigenschaften usw.
- sämtliche gemessenen Werte bzw. Versuchsergebnisse mit allen Parametern
- angewendete Auswertungsformeln mit vollständigen Quellenangaben usw.

☞ *Geben Sie so viele Informationen an, dass jemand anders unter den angegebenen Bedingungen die gleichen Versuchsergebnisse ermittelt, wie Sie.*

Muster-Gliederung eines Versuchsberichts

1 Zweck und Bedeutung des Versuchs
2 Theoretische Grundlagen
3 Aufgabenstellung
4 Der Laborversuch
  4.1 Versuchseinrichtung
    4.1.1 Versuchsstand
    4.1.2 Eingesetzte Messgeräte
  4.2 Versuchsvorbereitung
    4.2.1 Probenvorbereitung
    4.2.2 Einstellung des Ausgangszustandes
  4.3 Versuchsdurchführung
    4.3.1 Durchführung der Vorversuche
    4.3.2 Durchführung der Hauptversuche
  4.4 Versuchsergebnisse
  4.5 Versuchsauswertung
  4.6 Fehlerdiskussion
5 Kritische Betrachtung des Laborversuchs
6 Zusammenfassung
7 Anhang
  7.1 Messprotokolle der Vorversuche
  7.2 Messprotokolle der Hauptversuche

Nun eine Vorbemerkung zur letzten Muster-Gliederung. Handbücher und Bedienungsanleitungen für erklärungsbedürftige technische Produkte sollten von Technischen Redakteuren geschrieben werden. In der Praxis werden sie allerdings oft von Ingenieuren verfasst. Im Ingenieurstudium wird für eine neu entwickelte elektronische Schaltung oder eine projektierte Anlage neben den technischen Unterlagen vom Auftraggeber häufig auch die zugehörige Bedienungsanleitung gefordert. Deshalb wird nachfolgend für Handbücher und Bedienungsanleitungen ebenfalls eine Muster-Gliederung angegeben. Handbücher und Bedienungsanleitungen sind in der Praxis unterschiedlich gegliedert. Sie können exakt nach DIN

1421 unterteilt und nummeriert werden; sie können aber auch ohne Dokumentteil-Nummern nur mit fett gesetzten Dokumentteil-Überschriften gegliedert sein.

Um hier mehr Einheitlichkeit herbeizuführen, ist die DIN EN 62079 „Erstellen von Anleitungen; Gliederung, Inhalt und Darstellung“ herausgegeben worden. Dort wird u. a. Inhalt und Reihenfolge der Informationen in Anleitungen festgelegt. Weitere Festlegungen werden in der DIN 31051 „Grundlagen der Instandhaltung“ sowie in der DIN 32541 „Betreiben von Maschinen und vergleichbaren technischen Arbeitsmitteln – Begriffe für Tätigkeiten“ getroffen. Auch in der VDI-Richtlinie 4500 „Technische Dokumentation“ finden sich Hinweise zu Reihenfolge und Inhalt der Informationseinheiten in Technischen Dokumentationen. Die **Informationen können** hier entweder **sachlogisch (produktorientiert) oder handlungslogisch (aufgabenorientiert) strukturiert werden**. Die folgende Muster-Gliederung orientiert sich deshalb an den o. g. Normen, der VDI 4500 sowie am „Kompendium für Technische Dokumentationen“ von REICHERT.

Muster-Gliederung für Handbücher und Bedienungsanleitungen

1 Vor dem Betreiben der Anlage
- 1.1 Wichtige Informationen zur Anlage (Definition/grobe Beschreibung, Leistungen der Anlage, Nutzen beschreiben, Sicherheits- und Warnhinweise, Überblick über die Funktionen)
- 1.2 Lieferumfang und Optionen
- 1.3 Hinweise zum Arbeiten mit der Anlage (Vorschriften, Sicherheits- und Warnhinweise, bestimmungsgemäße Verwendung, unsachgemäßes Vorgehen, Fremd-Dokumentationen)
- 1.4 Transportieren der Anlage
- 1.5 Anforderungen an den Aufstellort
- 1.6 Auspacken, Zusammenbauen, Montieren und Aufstellen der Anlage
- 1.7 Anschließen der Anlage und Probelauf

2 Betreiben und Anwenden der Anlage
- 2.1 Inbetriebnahme der Anlage
- 2.2 Funktionen der Anlage im Normalbetrieb, Sicherheits- und Warnhinweise
- 2.3 Nachfüllen von Verbrauchsmaterial
- 2.4 Reinigen der Anlage
- 2.5 Vorbeugendes Instandhalten (Wartung, Inspektion)
- 2.6 Entsorgen der Hilfs- und Betriebsstoffe
- 2.7 Stillsetzen der Anlage

3 Nach dem Betreiben der Anlage
- 3.1 Ermitteln und Beseitigen von Störungen
- 3.2 Bestellmöglichkeiten für Ersatzteile, Verschleißteile und Schaltpläne
- 3.3 Demontieren der Anlage (Hinweise zum Abbauen)
- 3.4 Entsorgen der Anlage (was? wo? wie?)

4 Anhang
- 4.1 Fehlersuche (was tue ich, wenn ...?)
- 4.2 Zubehörteile, Zusatzteile (über den Lieferumfang hinausgehend)
- 4.3 Fachwort-Register (wo finde ich was?)

Obige Muster-Gliederung für Handbücher und Bedienungsanleitungen unterscheidet sich von den übrigen Muster-Gliederungen dadurch, dass die einzelnen Dokumentteil-Überschriften z. T. nicht so ausformuliert sind. Das liegt daran, dass die technischen Produkte sehr unterschiedlichen Komplexitätsgrad und eine sehr unterschiedliche Bedienungsphilosophie haben können. Betrachten Sie deshalb die obige Muster-Gliederung lediglich als Orientierungshilfe.

Selbstverständlich können alle in diesem Abschnitt vorgestellten Muster-Gliederungen an die jeweilige Aufgabenstellung bzw. an das beschriebene Produkt angepasst werden. Wenn der Auftraggeber eine eigene Muster-Gliederung herausgegeben hat, verwenden Sie die auch. Andererseits gewährleistet die Anwendung der Muster-Gliederungen dieses Buches, dass man sich von der sachlich bzw. logisch richtigen Vorgehensweise nicht zu weit entfernt.

2.5 Der Berichts-Leitfaden sichert einheitliche Formulierung und Gestaltung

Ein Berichts-Leitfaden ist **nur beim Erstellen größerer schriftlicher Arbeiten erforderlich**. Er hat Ähnlichkeit mit einem Dokumentations-Handbuch eines Dokumentations- oder Übersetzungs-Dienstleisters. Er hat den Zweck, dass innerhalb einer größeren Arbeit gleiche Sachverhalte immer gleich ausgedrückt werden (**Terminologie**) bzw. gleich dargestellt werden (**Layout**), dass also die Arbeit in sich **konsistent** ist.

Deshalb werden im Berichtsleitfaden **bestimmte Schreibweisen und Formulierungen, Fachbegriffe** sowie **Layout-Vorschriften** gesammelt. Bleiben wir gleich in der ersten Zeile dieses Absatzes. Dem aufmerksamen Leser ist sicher aufgefallen, dass die Schreibweise des Fachbegriffes Berichtsleitfaden in diesem Absatz vom vorhergehenden Absatz und von der Überschrift abweicht. Dies sollte aber innerhalb eines Berichts nicht sein. Deshalb schreibt man derartiges in den Berichts-Leitfaden (nun wieder richtig geschrieben) und prüft im Rahmen des Endchecks mit der Funktion „Suchen“ bzw. „Suchen/Ersetzen“ des Textverarbeitungs-Programms, ob keine Verstöße gegen die im Berichts-Leitfaden festgelegte Schreibweise vorhanden sind. Insofern sichert der Berichts-Leitfaden einheitliche Formulierung und Gestaltung innerhalb des Technischen Berichts.

In der folgenden **Checkliste 2-7** wird gezeigt, was in einem Berichts-Leitfaden festgehalten bzw. geregelt werden kann. Es wird der vom Verlag und den Autoren festgelegte Berichts-Leitfaden für das vorliegende Buch vorgestellt, wobei der Verlag vor allem den Satzspiegel und die Definition der Formatvorlagen vorgegeben hat (Corporate Design). Die dort festgelegten Formatierungen bewirken ein etwas gedrängtes Layout. Für normale Technische Berichte sollte die Schriftgröße der Standard-Schrift 11 oder 12 pt betragen und der Abstand nach Absätzen 6 pt. Alle anderen Formate müssen entsprechend angepasst werden. **Checkliste 2-7** ermöglicht den Vergleich von Berichts-Leitfaden und Umsetzung in diesem Buch. Ähnliche Vorgaben wie vom Verlag gibt es bei fast jedem Institut oder Arbeitgeber.

Die **Verwendung** eines **Berichts-Leitfadens kann** beträchtlich **Arbeit einsparen**. Legen Sie z. B. mehrfach im Bericht auftretende Begriffe und Schreibweisen, Standard-Bildunterschriften, Grafiken, Bilder, Logos, Copyright-Texte usw. einmal ab und kopieren Sie sie bei Bedarf jeweils aus dem Berichts-Leitfaden in Ihre aktuelle Textdatei. Das Erstellen und Anwenden eines eigenen Berichts-Leitfadens wird dringend empfohlen. Es ist zu mühsam und zu unsicher, alle getroffenen Festlegungen und „Spielregeln“ im Kopf behalten zu wollen.

Checkliste 2-7 Beispielhafte Einträge in einem Berichts-Leitfaden

Aufzählungen beginnen grundsätzlich an der linken Fluchtlinie
- das erste Leitzeichen ist ein kleiner dicker Punkt (Alt + 0149 bei gedrückter Num Lock-Taste)
  - das zweite Leitzeichen ist ein Gedankenstrich (Strg + Minus im Ziffernblock)

Handlungsanweisung (Sie-Form, die Hand ist nicht kursiv gesetzt, Einzug hängend 0,5 cm):

☞ *Schreiben Sie sich ...*

Schreibweisen

verwenden	*nicht verwenden*
alphabetisch	alfabetisch
bibliografisch	bibliographisch
Indizes	Indices
Konstruktionsbericht	Konstruktions-Bericht
Morphologischer Kasten	morphologischer Kasten
Muster-Gliederung	Mustergliederung
Technischer Bericht, Techn. Schreiben/Zeichnen	technischer Bericht, techn. Schreiben/Zeichnen
Textverarbeitungs-Programm	Textverarbeitungsprogramm
Typografie, typografisch	Typographie, typographisch
PowerPoint	Powerpoint

Leerzeichen/Tabulatoren

nach Bild-/Tabellen-Nummer Tabulator	**Bild 3** abcdefg
nach Dokumentteil-Nummer Tabulator	**2.1 Gesamtübersicht ...**
Kapitelnummer Tabulator	**1 Einleitung, 2 Planen des ...**

Selbstdefinierte Formatvorlagen

Element	Formatvorlage	Stichworte
vor Aufzählung	AufzählungVor	2 pt-Leerzeile
Aufzählung	Standardeinzug	10 pt, Einzug hängend 0,5 cm, nachher 0 pt
nach Aufzählung	AufzählungNach	6 pt-Leerzeile
Bildunterschrift	Bildunterschrift	9 pt, vorher 12 pt/nachher 24 pt
Formel	Formel	10 pt, Einzug links 1 cm
Handschrift	Handschrift	Arioso 13 pt, fett, Einzug 0,5 cm
9 pt-Schrift	Kleinsatz	9 pt
Standard-Schrift	Standard	10 pt, nachher 4 pt
Tabellenüberschrift	Tabellenüberschrift	9 pt, vorher 12 pt/nachher 12 pt, Doppellinie ¾ pt
Dokumentteil-	Überschrift 1	16 pt fett, nachher 30 pt
Überschriften	Überschrift 2	13 pt fett, vorher 18 pt/nachher 9 pt
1. bis 3. Ordnung	Überschrift 3	11 pt fett, vorher 12 pt/nachher 4 pt

Die rechtzeitige Erstellung, laufende Pflege und konsequente Anwendung eines derartigen Berichts-Leitfadens vermindert den häufig aus Zeitnot entstandenen Effekt, dass ab einem gewissen Punkt der Bericht wie „mit heißer Nadel genäht" aussieht.

Damit sind die planerischen Tätigkeiten für die Erstellung des Technischen Berichts abgeschlossen. Nun folgt der umfangreichste Teil der Arbeit am Technischen Bericht und zwar die praktische Realisierung bzw. Ausarbeitung der erstellten Pläne. Dies umfasst Literaturarbeit, Erstellung von Text, Bildern und Tabellen sowie die kontinuierliche Anpassung der Gliederung an den jeweiligen Arbeitsfortschritt.

3 Formulieren, Schreiben und Erstellen des Technischen Berichts

In diesem Kapitel werden viele Hinweise zur sachgerechten Erstellung des Technischen Berichts genannt und erläutert. Hinweise zur Arbeit mit Textverarbeitungs-Systemen sind vor allem in 3.7.1, 3.7.6, 3.7.7 und 3.7.8 zusammengefasst. Bevor jedoch die Einzelheiten des Kapitels 3 gezeigt werden, folgen zuerst zusammenfassende und übergeordnete Überlegungen.

Es war schon gedanklich erarbeitet worden, dass die Erstellung der Gliederung des Technischen Berichts der schwierige und kreative Teil der Gesamtarbeit ist. Ob der Gesamtbericht eine nachvollziehbare innere Logik aufweist, wird durch die Gliederung festgelegt.

Die Erstellung des vollständigen Technischen Berichts kann – obwohl sie für viele Anfänger im „Technischen Schreiben" ungewohnt ist – dennoch als eine eher „handwerkliche" Tätigkeit angesehen werden. Sie beinhaltet die Einhaltung der geltenden Regeln, die im vorliegenden Buch ausführlich erläutert werden.

Vielfach kann man an Technischen Berichten erkennen, ab wann der Termindruck kräftig zugenommen hat bzw. von wo an sich Fehler und Ungenauigkeiten deutlich häufen! Deshalb ist der Endcheck ein überaus wichtiger Arbeitsschritt, der keinesfalls aus Termingründen weggelassen werden darf, siehe 3.8.3.

Es kann vorkommen, dass ein Auftraggeber keine fachlichen Einwände gegen die Arbeit hat. Wenn er nun trotzdem etwas beanstanden will, dann kritisiert er oft Kleinigkeiten oder äußere Mängel. Aber warum sollte man selbst die Gründe liefern, dass andere etwas beanstanden können? Deshalb sollten Sie immer Folgendes berücksichtigen:

☞ *Gestalten Sie Ihren Technischen Bericht formal so,*
dass Sie nicht wegen äußerer Mängel kritisiert werden können.

Zur Vermeidung solcher Fehler haben sich die Hilfsmittel *Berichts-Leitfaden* und *Berichts-Checkliste* in der Praxis sehr gut bewährt.

Oft haben Institute, Firmen, Ämter und andere Institutionen Regeln, wie Briefe, Berichte, Overhead-Folien und andere Dokumente auszusehen haben, damit sie zum einheitlichen Erscheinungsbild (Corporate Design) des Hauses passen. Solche Regeln sollten in Berichts-Leitfaden (2.5) und Berichts-Checkliste (3.8.1) aufgenommen und beachtet werden.

Vor uns liegt nun nach beendeter Planung das eigentliche Erstellen bzw. Ausarbeiten des Berichts. Im Netzplan ist diese Phase wiederum grau gerastert.

Für alle im Netzplan markierten Tätigkeiten gilt:

☞ *Zwischendurch sollten Sie immer wieder einmal die gedankliche Position des Lesers einnehmen und sich fragen: Wann braucht der Leser welche Information? Fällt das hier verwendete Bild „vom Himmel"? Sollte ich mich auf die Gliederung beziehen, eine Zwischenzusammenfassung machen oder den neuen Dokumentteil aus übergeordneter Sicht ankündigen? Ist die Aufteilung der Informationen logisch und nachvollziehbar?*

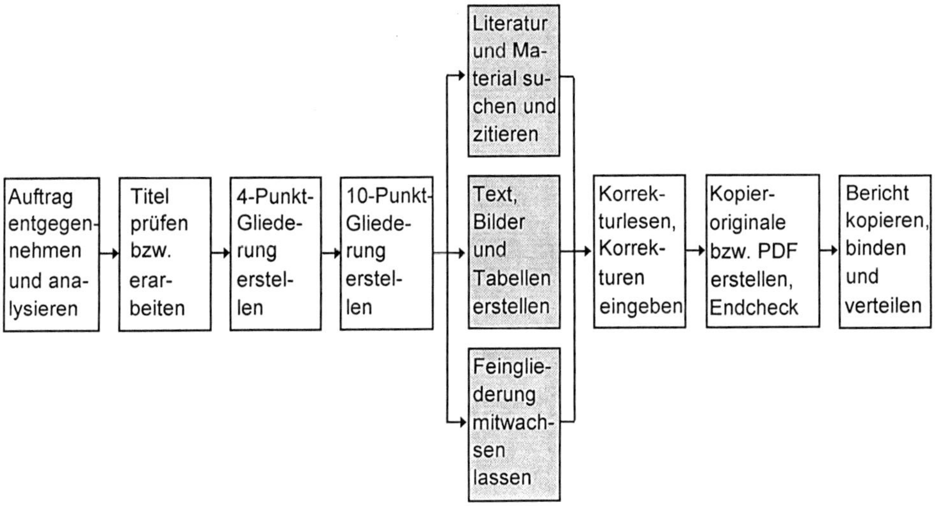

Bevor die einzelnen Schritte zur Erstellung des Berichts im Detail beschrieben werden, wird erst einmal ein Überblick gegeben über den Gesamtaufbau des Technischen Berichts mit allen zu erstellenden Teilen.

3.1 Bestandteile des Technischen Berichts und ihre Gestaltung

Der vollständige Technische Bericht hat nach DIN 1422 folgende Bestandteile, die in der in **Checkliste 3-1** angegebenen Reihenfolge erscheinen.

Checkliste 3-1 Bestandteile des Technischen Berichts nach DIN 1422, Teil 4

Titelei:
- „Umhüllung" bzw. Außentitel (vorderer Deckel) *)
- weißes Blatt *)
- Titelblatt (Innentitel) *)
- ggf. Aufgabenstellung
- ggf. eidesstattliche Versicherung (bei Diplomarbeiten, Magisterarbeiten usw.)
- ggf. Danksagung
- ggf. Dokumentationsblatt
- ggf. Vorwort
- Gliederung mit Seitenzahlen = Inhaltsverzeichnis
- Bilder-, Tabellen-, Abkürzungs-, Formelzeichen-, Normenverzeichnis usw.
- ggf. Kurz-Zusammenfassung

*) *Ausnahme bei Klarsicht-Deckblatt:* Außentitel und weißes Blatt entfallen, da der Innentitel auch außen sichtbar ist; hinter dem Innentitel erscheint ein weißes Blatt.

Text:
- alle Textkapitel
- Literaturverzeichnis

Anhänge:
- ggf. eidesstattliche Versicherung (bei Doktorarbeiten)
- *Bilder-, Tabellen-, Abkürzungs-, Formelzeichen-, Normenverzeichnis usw. (traditionell übliche Position)*
- Bilder- und Tabellenanhang
- evtl. zusätzliche Unterlagen (Messprotokolle, Stückliste, Zeichnungen, Herstellerunterlagen, Programmlistings o. ä.), oft separat gebunden
- Glossar (= Erläuterung von Fachbegriffen)
- Index (= Suchwortverzeichnis mit Seitenzahlen)
- ggf. „Curriculum Vitae“ = Lebenslauf (bei Doktorarbeiten)
- weißes Blatt
- „Umhüllung“ (Rückendeckel)

In der englischsprachigen Welt gelten etwas andere Regeln für die Reihenfolge. Es werden wieder deutsche und englische Bezeichnungen aufgeführt. Nach ISO 7144 „Documentation – Presentation of theses and similar documents“ besteht ein technischer Bericht aus folgenden Teilen und Elementen, **Checkliste 3-2**.

Checkliste 3-2 Bestandteile eines Technischen Berichts bzw. einer Abschlussarbeit nach ISO 7144

Titelei	***front matter***
– Äußerer und innerer Buchdeckel (Umschlagseiten 1 und 2)	– outside and inside front cover (cover pages 1 and 2)
– Titelblatt	– title leaf
– Fehlerberichtigungen	– errata page
– Kurzzusammenfassung	– abstract
– Vorwort	– preface
– Inhaltsverzeichnis	– table of contents
– Abbildungs- (Bilder-) und Tabellenverzeichnis	– list of illustrations (figures) and list of tables
– Abkürzungs- und Symbolverzeichnis	– list of abbreviations and symbols
– Glossar	– glossary
Textkapitel	***body of thesis***
– Haupttext mit erforderlichen Bildern und Tabellen	– main text with essential illustrations and tables
– Literaturverzeichnis	– list of references
Anhänge	***annexes***
Tabellen, Bilder, Informationsmaterial usw.	tables, illustrations, bibliography etc.
Schlussbestandteile	***end matter***
– Index (einer oder mehrere)	– index(es)
– Lebenslauf des Autors	– curriculum vitae of the author
– Innerer und äußerer Buchrücken (Umschlagseite 3 und 4)	– inside and outside back cover (cover pages 3 and 4)
– zusätzliche Unterlagen	– accompanying material

Nicht in allen Technischen Berichten sind alle genannten Teile vorgeschrieben oder erforderlich. Es gehört zu den Pflichten des Erstellers, sich beim Auftraggeber nach den einzuhaltenden Regeln zu erkundigen, soweit diese nicht schriftlich vorliegen.

Nachfolgend werden die Bestandteile des Technischen Berichts einzeln vorgestellt und einige Hinweise gegeben.

3.1.1 Titelblatt

Nachdem der „beste" Titel in 2.3 erarbeitet wurde, muss nun noch die Anordnung aller erforderlichen Angaben auf dem Titelblatt festgelegt werden. Ein Titelblatt ist dabei für Technische Berichte unverzichtbar. Es entspricht den Erwartungen des Auftraggebers, und es wird auch von anderen Lesern erwartet.

Bei der Festlegung, welche Angaben auf dem Titelblatt stehen sollen, muss zwischen Innentitelblatt und Außentitelblatt unterschieden werden. Der **Außentitel** ist der bei dem nicht aufgeschlagenen Technischen Bericht von außen sichtbare Titel. Der **Innentitel** ist erst nach Aufschlagen und im Regelfall nach Umblättern eines weißen Blattes sichtbar.

Ist der Bericht jedoch so gebunden, dass **außen eine Klarsichtfolie** den Blick auf den Titel erlaubt, dann sind **Innen- und Außentitel identisch**, d. h. es gibt nur ein Titelblatt, nämlich das Innentitelblatt. Dann wird das weiße Blatt, das sonst üblicherweise zwischen Außen- und Innentitel angeordnet ist, hinter dem Innentitel angeordnet.

Von diesem Sonderfall einmal abgesehen, gilt generell Folgendes: der Innentitel enthält stets mehr Informationen als der Außentitel. So werden z. B. bei Studienarbeiten auf dem Außentitel der oder die Betreuer der Arbeit üblicherweise nicht angegeben, während sie auf dem Innentitel unbedingt genannt werden müssen.

Häufig treten auf Titelblättern Fehler auf. Einige davon sind in **Bild 3-1** dargestellt.

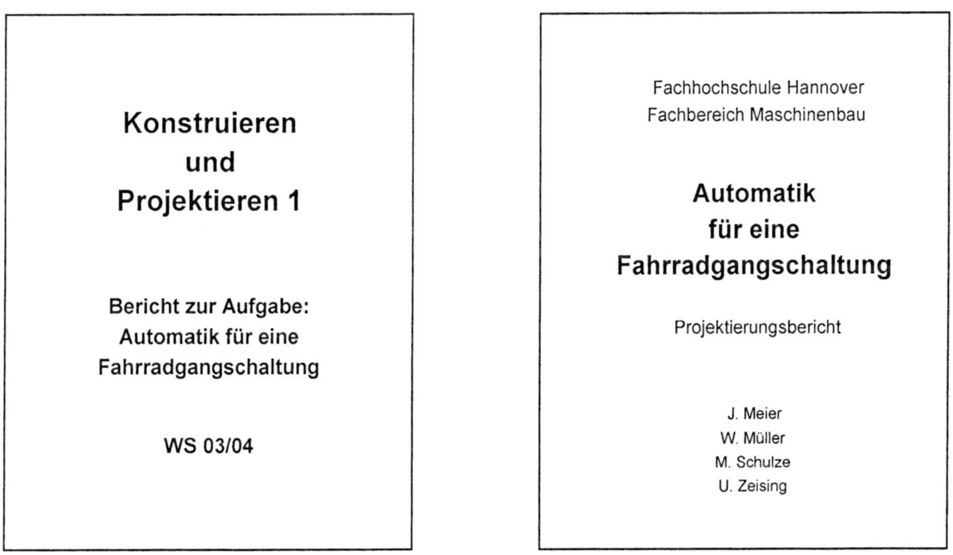

Bild 3-1 Gegenüberstellung eines falschen (links) und eines richtigen (rechts) Außentitelblatts für einen Projektierungsbericht

Die häufigsten Fehler auf Titelblättern sind:

- Es fehlt oben auf der Titelseite die Angabe der Institution.
- Es wird zwar die Hochschule angegeben, aber nicht das Institut bzw. der Fachbereich.
- Der Titel (wesentlich!) wird in zu kleiner Schriftgröße gesetzt, dafür die Art des Berichts (nicht so wesentlich!) viel größer als der Titel.

In die Titelblattgestaltung fließen auch übergeordnete Regeln ein. So kann in einer Firma oder Hochschule im Sinne von „Corporate Design" (einheitliches Erscheinungsbild) eine bestimmtes Formular, z. B. „Umschlagblatt für Laborberichte" vorgeschrieben sein oder in der Industrie ein entsprechender Vordruck. Fast immer gibt es auch Regeln für die optische Aufmachung, z. B. dass das Firmen-Logo immer oben links, mittig oder rechts erscheint und welche Schriftart und -größe zu verwenden ist. Im Hochschulbereich können diese Regeln auf Instituts- oder Fachbereichsebene oder für die gesamte Hochschule existieren. Diese Vorschriften sind selbstverständlich zu beachten.

Die rechte Version in **Bild 3-1** ist in Ordnung, soweit sie nicht gegen bestehende Regeln des Auftraggebers verstößt. Nun zur systematischen Erarbeitung der Gestaltung des Außen- und Innentitelblatts Ihres Technischen Berichts. Zuerst die Handlungsanweisung.

☞ *Erarbeiten Sie für den von Ihnen entsprechend 2.3 gewählten „besten" Titel verschiedene Varianten der Titelanordnung auf dem Titelblatt (handschriftlich). Ordnen Sie die Wörter dabei so an, dass sich sinnvolle logische Einheiten ergeben. Wählen Sie die Variante, die den hier empfohlenen Regeln und Ihrem ästhetischen Empfinden am besten entspricht, und geben Sie diese Lösung in Ihr Textverarbeitungs-Programm ein, wo sie dann weiter optimiert werden kann. Verwenden Sie für Titelblätter möglichst eine serifenlose Schriftart wie z. B. Arial oder Helvetica.*

Diese empfohlene Vorgehensweise wird nun an einem Beispiel erläutert. Unser Doktorand aus 2.3 hat sich bei der zuständigen Universität erkundigt, ob für die Deckblattgestaltung besondere Regeln einzuhalten sind, und er hat sich andere Dissertationen in der Uni-Bibliothek als Muster angesehen. Er hat als Vorgabe bekommen, dass die folgenden Informationen auf dem Deckblatt erscheinen müssen:

- der Titel der Arbeit mit dem Zusatz
- „Dissertation zur Erlangung des Doktorgrades an der Universität Klagenfurt",
- die Namen der beiden Betreuer und des Autors mit vollen akademischen Titeln sowie die Stadt, in der sich die Universität befindet, mit Monat und Jahr, in dem die Dissertation eingereicht wird.

Für die genaue Anordnung der Informationen auf dem Titelblatt existieren keine fest vorgegebenen Regeln. Also hat der Doktorand vier Titelblatt-Varianten handschriftlich zu Papier gebracht, um den Zeilenumbruch der einzelnen Informationsblöcke zu erproben und ein Gefühl für die Platzaufteilung zu bekommen, **Bild 3-2**.

Der Doktorand tippt dann die letzte handschriftliche Version in die Textverarbeitung ein. Dort werden noch die folgenden typografischen Gestaltungsmöglichkeiten optimiert:

- Schriftart und -größe
- Hervorhebungen wie fett, kursiv, gesperrt usw.
- Textausrichtung der Blöcke: zentriert, linksbündig, rechtsbündig, entlang einer Linie

Die Deckblätter für Arbeiten während des Studiums wie Diplom- und Studienarbeiten, Labor- und Konstruktionsberichte enthalten z. T. andere Angaben als hier im Beispiel. Bei Diplomarbeiten werden zusätzlich Matrikelnummern sowie Beginn- und Abgabedatum angegeben. Bei Studienarbeiten u. ä. hochschulinternen Berichten werden Matrikelnummern und Semester genannt. Deshalb wird hier beispielhaft jeweils ein Außen- und ein Innentitelblatt dargestellt für eine Diplomarbeit, **Bild 3-3**, sowie für einen Projektierungsbericht, **Bild 3-4**.

Bild 3-2 Vier handschriftliche Entwürfe des Innentitelblatts einer Dissertation (mit Informationsanordnung zentriert, linksbündig, entlang einer Linie und rechtsbündig)

Fachbereich
Maschinenbau

Fachhochschule
Hannover

Konstruktion einer Vorrichtung zur Dauerfestigkeitsprüfung von Ventilen

Diplomarbeit

Bruno Friedheim
Lars Müller

Fachbereich
Maschinenbau

Fachhochschule
Hannover

Konstruktion einer Vorrichtung zur Dauerfestigkeitsprüfung von Ventilen

Diplomarbeit

erstellt von:	Bruno Friedheim, 945672 Lars Müller, 942388
Erstprüfer:	Prof. Dr.-Ing. L. Heinrich
Zweitprüfer:	Prof. Dr.-Ing. F. Grambach

Beginn: 20.3.2006
Abgabe: 20.6.2006

Bild 3-3 Außen- und Innentitelblatt einer Diplomarbeit

Fachbereich
Maschinenbau

Fachhochschule
Hannover

Konstruktion einer Hebebühne zur Hangarierung und Wartung von Kleinflugzeugen

Projektierungsbericht

Michael Biere
Klaus Rebmann
Thomas Schrödt
Holger Viets

Fachbereich
Maschinenbau

Fachhochschule
Hannover

Konstruktion einer Hebebühne zur Hangarierung und Wartung von Kleinflugzeugen

Projektierungsbericht
SS 06

betreut von:	erstellt von:
Prof. Dr.-Ing. L. Holz	Michael Biere, 935648 Klaus Rebmann, 945561 Thomas Schrödt, 948823 Holger Viets, 936712

Bild 3-4 Außen- und Innentitelblatt eines Projektierungsberichts

Vorstehende Beispiele zeigen die übliche Anordnung der verschiedenen Angaben auf Außen- und Innentitel. Zusammenfassend nun noch einmal die Mindestangaben (das „Was“) und deren Anordnung auf den Titelblättern mit qualitativen Angaben zur Schriftgröße (das „Wie“), **Checkliste 3-3**.

Checkliste 3-3 Mindestangaben für Titelblätter

Außentitel für alle Arten von Technischen Berichten:

(Logo und) Institution
Titel der Arbeit (groß!)
ggf. Untertitel
Art der Arbeit (kleiner!)
Autor/en (mittel)
ggf. eine charakteristische Grafik

Innentitel für alle größeren Technischen Berichte im Studium außer Diplomarbeiten

(Logo und) Institution: Hochschule/Fachbereich/Institut
Titel der Arbeit (groß!)
ggf. Untertitel
Art der Arbeit (kleiner!)
ggf.: im Fach <Angabe der Lehrveranstaltung>
Semesterangabe (z. B. SS 06)

betreut von: erstellt von: ggf. Gruppe und Gruppennummer
(Name mit Titel) (Vorname/n, Name/n, Matr.-Nummer/n)

Innentitel für Diplomarbeiten

(Logo und) Institution: Hochschule/Fachbereich/Institut
Titel der Arbeit (groß!)
ggf. Untertitel
Art der Arbeit (kleiner!)

Erstprüfer: (Name mit Titel) erstellt von:
Zweitprüfer: (Name mit Titel) (Vorname/n, Name/n, Matr.-Nummer/n)

Beginn: (genaues Tagesdatum)
Ende: (genaues Tagesdatum)

Innentitel für Technische Berichte in der Industrie

(Logo und) Firma, Hauptabteilung, Abteilung
Titel der Arbeit (groß!)
Art der Arbeit (kleiner!)

von

Autor/en (Titel, Vorname/n, Name/n, Abteilung/en, ggf. E-Mail, Telefon, Fax,
ggf. Adressen von Ansprechpartnern, Förderern, Sponsoren etc.)

Datumsangabe und ggf. Versionsangabe (z. B. Juni 2006 oder Version 1, Juni 2006)

Damit liegen die Art und die Reihenfolge der Angaben auf Außen- und Innentitel fest. Verschiedene Formen der Anordnung auf den Beispieltiteln haben Sie weiter oben schon gesehen. Nun noch einmal eine zusammenfassende Darstellung der Arbeitsschritte zur Gestaltung der Titelblätter aus 2.3 und 3.1.1, **Checkliste 3-4**.

Checkliste 3-4 Anordnung der Informationen auf dem Titelblatt

Bearbeiten Sie folgende Schritte zur Anordnung der Informationen auf dem Titelblatt:

- mehrere Variationen handschriftlich auf Papier entwerfen, um die Kreativität nicht durch die begrenzte Bildschirmanzeige zu behindern
- verschiedene Zeilenumbrüche probieren
- verschiedene „Blöcke“ bilden (Titel, Betreuer, Firma/Uni, Datum)
- diese Blöcke zentriert, linksbündig, rechtsbündig oder entlang einer gedachten schrägen Linie anordnen
- die „beste“ Anordnung auswählen
- auf die Textverarbeitung übertragen und dort optimieren
- Layout-Vorschriften von Hochschule, Institut oder Firma beachten

---

Nach dem Titelblatt können Aufgabenstellung, eidesstattliche Versicherung (bei Diplomarbeiten, Magisterarbeiten usw.), Danksagung und Vorwort erscheinen. Danach folgt stets das Inhaltsverzeichnis.

3.1.2 Gliederung mit Seitenzahlen = Inhaltsverzeichnis

In Unterkapitel 2.4 „Die Gliederung als ‘roter Faden’“ wurde dargelegt, dass in den Dokumentteil-Überschriften der Gliederung die Ablauflogik des Technischen Berichts enthalten ist. Sie gibt die Reihenfolge und die logische Über- und Unterordnung der Dokumentteil-Überschriften an. Sie ist in dieser Fassung aber noch nicht zum Nachschlagen und Aufsuchen bestimmter Textstellen geeignet. Erst durch das Hinzufügen der Seitenzahlen wird die Gliederung zum Inhaltsverzeichnis und ist nun zum Nachschlagen geeignet. Daraus ergibt sich, dass das Inhaltsverzeichnis eines Technischen Berichts *immer* mit Seitennummerierung aller Dokumentteil-Überschriften von der 1. bis zur 3. (oder 4.) Stufe versehen sein muss.

Nach der Erarbeitung der logisch aufgebauten Gliederung in 2.4 geht es hier nun beim Inhaltsverzeichnis im Wesentlichen um Layoutfragen und um die formale Gestaltung und Anordnung auf dem Papier. Das Inhaltsverzeichnis des vorliegenden Buches ist übrigens eine gut geeignete „Vorlage“ für *Ihre* Inhaltsverzeichnisse.

Die Überschrift des Inhaltsverzeichnisses heißt *nicht* – wie es oft geschrieben wird – „Inhaltsverzeichnis“. In der DIN 1421 „Gliederung und Benummerung in Texten“ ist festgelegt, dass die Überschrift des Inhaltsverzeichnisses „Inhalt“ ist. Dass es sich dabei um ein Verzeichnis handelt, ist beim ersten Blick auf die jeweilige Seite des Inhaltsverzeichnisses ja ohnehin klar. Nun folgen noch einige Überlegungen zu den Seitenzahlen bzw. zur Seitennummerierung.

Die **Seitennummerierung beginnt** stets **auf der *ersten Textseite***. Dies ist die Seite, auf der die Kapitelnummer „1“ steht. Im Ausnahmefall kann hier nach DIN 1421 auch die Kapitelnummer „0“ auftreten, wenn vor dem eigentlichen Textbeginn eine Präambel, eine Vorbemerkung oder etwas Ähnliches steht. Vor der ersten Textseite können entsprechend der Aufzählung in **Checkliste 3-1** noch andere Seiten auftreten, insbesondere das Inhaltsverzeichnis. Diese Teile des Berichts heißen ***Titelei***.

Ob die Titelei überhaupt im Inhaltsverzeichnis erscheint und ob sie dort mit oder ohne Seitenzahlen erscheint, wird sehr unterschiedlich gehandhabt. Fast jedes Buch bietet dabei eine unterschiedliche Version an. Deshalb hier ein Vorschlag, wie Sie es in Ihren Technischen Berichten handhaben können.

- Die Titelei kann römische Seitenzahlen erhalten oder auch nicht nummeriert werden. Falls die Titelei nummeriert wird, ist das Titelblatt die erste Seite der Titelei. Es wird zwar in die Seitenzählung mit römischen Zahlen einbezogen; es erhält jedoch keine aufgedruckte Seitenzahl. Auch die Rückseite des Titelblatts erhält bei der **Buch-Seitenzählung** mit Seitennummern für Vorder- und Rückseite des Papierblattes keine Seitenzahl. Also beginnen die gedruckten Seitenzahlen mit III auf der ersten Seite des Vorworts oder des Inhaltsverzeichnisses.
- Bei der üblichen **Berichts-Seitenzählung**, bei der nur die Blattvorderseiten beschriftet und gezählt werden, erhält die erste Seite des Vorworts oder Inhaltsverzeichnisses, die auf das Titelblatt folgt, die Seitenzahl II. Das restliche Inhaltsverzeichnis und die anderen Teile der Titelei erhalten dann ebenfalls römische Seitenzahlen. In kleinen bis mittleren Technischen Berichten sollte allerdings die Titelei nicht nummeriert werden.
- Das **Inhaltsverzeichnis** gibt vollständige Auskunft über den Inhalt, wenn auch die Bestandteile der **Titelei** darin mit enthalten sind. Wenn die Seiten der Titelei im jeweiligen Bericht römisch nummeriert wären, dann träten zweierlei Seitenzahlen in einem Verzeichnis auf. Die römischen Seitenzahlen der Titelei sind außerdem wesentlich breiter als die arabischen Seitenzahlen der normalen Textkapitel. Deshalb können ggf.die Bestandteile der Titelei in der richtigen Reihenfolge, aber ohne Seitenzahlen im Inhaltsverzeichnis erscheinen. Dies gilt auch für Bestandteile des Technischen Berichts, die nach den Verzeichnissen im Anhang erscheinen, z. B. „Curriculum Vitae" und „Eidesstattliche Versicherung" bei Dissertationen.

Die ISO 7144 legt bzgl. Seitennummerierung folgendes fest:

- Die Titelblätter werden mitgezählt, bekommen aber keine Seitenzahlen.
- Die Seitennummerierung erfolgt fortlaufend in arabischen Zahlen, leere Seiten werden mitgezählt. Die erste Seitenzahl erscheint auf der Vorderseite des ersten bedruckten Blatts. Das heißt, die Titelei wird nach ISO 7144 normal mitgezählt.
- Die Seiten der Anhänge bekommen eigene Seitennummern in arabischen Zahlen, die aus dem Buchstaben des Anhangs und der bei 1 beginnenden Seitenzahl bestehen.

Das Inhaltsverzeichnis *muss* – wie schon erwähnt – die Seitenzahlen der Dokumentteil-Überschriften enthalten. Die Seitenzahlen werden im Inhaltsverzeichnis grundsätzlich rechtsbündig geschrieben, also unter Berücksichtigung des Stellenwertes der Ziffern. Die Seitenzahlen können sich jedoch bei den letzten Schritten der Herstellung (Korrekturlesen, Endcheck) noch bis ganz zuletzt ändern. Deshalb sollte das Kopieroriginal des Inhaltsverzeichnisses als letztes Blatt nach Fertigstellung *aller* anderen Seiten erstellt werden.

Als Seitenzahl wird im Inhaltsverzeichnis jeweils **nur die Beginnseite** des betreffenden Dokumentteils angegeben. Ein häufiger Fehler in Technischen Berichten ist, dass hier Beginn- und Endseite des jeweiligen Dokumentteils mit einem Erstreckungszeichen dazwischen angegeben werden. Also ist Folgendes falsch:

3.1 Versuchsaufbau 27-30

und es muss richtig heißen:

3.1 Versuchsaufbau 27

Es bleibt noch die Anordnung der Dokumentteil-Überschriften auf dem Papier zu überlegen. Die DIN 1421 „Gliederung und Benummerung in Texten“ legt hier Folgendes fest. Alle Dokumentteil-Nummern im Inhaltsverzeichnis beginnen an einer gemeinsamen Fluchtlinie. Alle Dokumentteil-Überschriften beginnen ebenfalls an einer weiter rechts liegenden gemeinsamen Fluchtlinie. **Einrückungen** sind also **in der DIN 1421 nicht vorgesehen**. Diese Anordnung zeigt das folgende **Bild 3-5**.

5	Schweißversuche mit der optimierten Absaugung	34
5.1	Versuchsaufbau	35
5.2	Versuchsvorbereitung	36
5.2.1	Ermittlung des Versuchsprogramms	38
5.2.2	Verwendete Geräte	41
5.2.3	Verwendete Werkstoffe und Verbrauchsmaterialien	45
5.3	Versuchsdurchführung	47
5.3.1	Programmablaufplan zur Versuchsdurchführung	50
5.3.2	Ergänzende Anmerkungen zur Versuchsdurchführung	51
5.4	Versuchsauswertung	52
5.4.1	Versuchsauswertung nach der Schweißnahtqualität	53
5.4.2	Versuchsauswertung nach der Effektivität der Absaugung	57
5.4.3	Beurteilung von Handhabung und Sichtverhältnissen	59
5.4.4	Fehlerdiskussion	60

Bild 3-5 Gliederung eines Kapitels nach DIN 1421

Seit vielen Jahrzehnten wird aber in Ausbildung und Berufspraxis vielfach *mit Einrückungen* gearbeitet, wie dies das folgende **Bild 3-6** zeigt.

- 5 Schweißversuche mit der optimierten Absaugung 34
  - 5.1 Versuchsaufbau 35
  - 5.2 Versuchsvorbereitung 36
    - 5.2.1 Ermittlung des Versuchsprogramms 38
    - 5.2.2 Verwendete Geräte 41
    - 5.2.3 Verwendete Werkstoffe und Verbrauchsmaterialien 45
  - 5.3 Versuchsdurchführung 47
    - 5.3.1 Programmablaufplan zur Versuchsdurchführung 50
    - 5.3.2 Ergänzende Anmerkungen zur Versuchsdurchführung 51
  - 5.4 Versuchsauswertung 52
    - 5.4.1 Versuchsauswertung nach der Schweißnahtqualität 53
    - 5.4.2 Versuchsauswertung nach der Effektivität der Absaugung 57
    - 5.4.3 Beurteilung von Handhabung und Sichtverhältnissen 59
    - 5.4.4 Fehlerdiskussion 60

Bild 3-6 Gliederung eines Kapitels mit Einrückungen schafft Übersicht

Um dieses Ergebnis zu erreichen, sollten Sie bereits beim Beginn des Schreibens der Gliederung „mit Einrückungen“ und auch im späteren Inhaltsverzeichnis mit entsprechendem Einzug und Tabulatoren arbeiten, da bei Verwendung von Leerzeichen die senkrechten Fluchtlinien nicht präzise eingehalten werden können.

Das **Einrücken** bewirkt vor allem, dass die Gliederung bzw. das **Inhaltsverzeichnis viel übersichtlicher** wird. Wenn jede Hierarchiestufe an einer eigenen Fluchtlinie beginnt, kann der Leser viel besser die innere Struktur des Berichts erfassen. Der Autor kann bei der Erstellung der 4- und 10-Punkt-Gliederung und später in der Feingliederung ständig die Logik des Berichts besser überprüfen.

Die durch die Einrückungen erleichterte Logikprüfung soll nun beispielhaft erläutert werden. Wir gehen zu diesem Zweck zurück in **Bild 3-6** und schauen uns die Dokumentteil-Überschriften der zweiten Stufe längs ihrer Fluchtlinie an. Wir lesen dort nacheinander folgende Begriffe: Versuchsaufbau, Versuchsvorbereitung, Versuchsdurchführung und Versuchsauswertung.

Eine Überprüfung auf innere Logik („roter Faden") führt zu folgenden Überlegungen. Nach der Beschreibung des Versuchsstandes erfolgt die Beschreibung der Vorbereitungen vor Versuchsbeginn. Danach werden Anmerkungen zur Versuchsdurchführung gemacht und die ermittelten Ergebnisse ausgewertet. Fazit: die innere Logik stimmt!

Diese ständigen Logikkontrollen während des Schreibens werden durch die Anordnung von Gliederung und Inhaltsverzeichnis mit Einrückungen nachhaltig unterstützt. In der Anordnung nach DIN 1421 stehen alle Dokumentteil-Überschriften an einer Fluchtlinie.

Dadurch ist es erschwert, die logisch zusammengehörigen Dokumentteil-Überschriften der gleichen Hierarchiestufe optisch gemeinsam wahrzunehmen. Beim Aufsuchen der nächsten Dokumentteil-Überschrift der gleichen Hierarchiestufe müssen die folgenden Überschriften jeweils gelesen, geprüft und ggf. verworfen werden. Wenn z. B. die Überschriften der zweiten Hierarchiestufe geprüft werden sollen, und es treten an der gemeinsamen Fluchtlinie auch Überschriften der ersten oder der dritten Hierarchiestufe auf, dann werden komplizierte Vergleichs- und Sortierprozesse im Gehirn erforderlich, die das Gedächtnis der meisten Menschen unnötig beanspruchen. Sie sind überflüssig und durch eine geschicktere Anordnung der Dokumentteil-Überschriften leicht zu vermeiden.

Außer durch Einrückungen können die Strukturen der Dokumentteil-Überschriften noch durch weitere Maßnahmen optisch unterstrichen werden. Kapitelüberschriften werden im Inhaltsverzeichnis oft fett gedruckt, die nachgeordneten Dokumentteil-Überschriften aber nicht. Auch durch die Schriftgröße kann die Hierarchiestufe optisch dargestellt werden, z. B.

- Kapitel 14 Punkt,
- Unterkapitel 12 Punkt und
- Abschnitte 11 Punkt.

Dokumentteil-Überschriften sollten *nie* in Großbuchstaben (Versalien oder Kapitälchen) geschrieben werden, weil dies für das Auge sehr ungewohnt und dadurch deutlich schlechter lesbar ist. Auge und Gehirn nehmen nämlich beim Lesen die Wortumrisse aus Groß- und Kleinbuchstaben wie ein Bild auf als „Skyline" und vergleichen sie mit gespeicherten „Skylines". Werden nur Versalien verwendet, müssen die Buchstaben einzeln gelesen und die Wortbedeutungen analysiert werden.

Im Inhaltsverzeichnis lassen sich auch durch **Variation der vertikalen Abstände** zwischen den Dokumentteil-Überschriften **Gruppen bilden**. Zwischen Dokumentteil-Überschrift und Seitenzahl werden Führungspunkte verwendet. Ein Beispiel, wie diese Mechanismen wirkungsvoll zusammenspielen können, zeigt **Bild 3-7**.

Inhalt

Bild 3-7 Weitere typografische Hervorhebungen machen die Struktur der Gliederung noch deutlicher

Wenn eine Dokumentteil-Überschrift (durch ihre Länge bzw. durch die Einrückungen) nicht mehr auf eine Zeile passt, dann muss sie in den nachfolgenden Zeilen an der entsprechenden Fluchtlinie für den Text der Dokumentteil-Überschrift fortgesetzt werden. Erst in der *letzten* Zeile dieser Dokumentteil-Überschrift folgen dann die Führungspunkte und die Seitenzahl.

Der **Zwischenraum zwischen** einer **Kapitelüberschrift und der** zugehörigen **Seitenzahl** sollte **immer mit denselben Punkten ausgefüllt** werden. Für den Tabulator mit den Führungspunkten sollte kein Fettdruck angewendet werden. Die Schriftgröße soll in den Zwischenräumen einheitlich sein, denn Punkte haben bei 14 Punkt einen größeren Abstand und Durchmesser als bei 10 Punkt, **Bild 3-8**. Die Seitenzahlen sollen mit einheitlicher Schriftgröße ohne irgendwelche Hervorhebungen gesetzt werden, **Bild 3-7**.

☞ *Es sieht übrigens schöner aus, wenn Sie zwischen der Abschnittsüberschrift im Inhaltsverzeichnis und dem Tabulator mit den Führungspunkten sowie zwischen dem Tabulator und der Seitenzahl ein Leerzeichen einfügen. In Word suchen Sie die Tabstopzeichen mit Bearbeiten – Suchen – Erweitern – Sonstiges oder suchen Sie nach „^t" und ersetzen Sie die Tabstops durch Leerzeichen, Tabstop, Leerzeichen.*

...

3.2 Befehlsfolge für die Installation 5

4 Programmbedienung 6

4.1 Untermenü „Datei" 6

4.1.1 Datei – Neu 7

4.1.2 Datei – Öffnen 7

...

Bild 3-8 Führungspunkte (und Seitenzahlen) mit Fettdruck und unterschiedlicher Schriftgröße sollten vermieden werden

Zwischenüberschriften, die **keine eigenen Dokumentteil-Nummern** haben, erscheinen grundsätzlich *nicht* im Inhaltsverzeichnis. Beispiele sind Zwischenüberschriften mit den Kennzeichnungen „a), b), c)", „α), β), γ)" oder nur fett gedruckte Zwischenüberschriften. Solche nicht dekadisch nummerierten Zwischenüberschriften werden z. B. verwendet, um eine Unterteilung in die vierte Hierarchiestufe zu vermeiden. Sie können aber auch bei Berechnungen auftreten. Ein Beispiel im vorliegenden Buch ist das Literaturverzeichnis.

Wenn Zwischenüberschriften einen **ankündigenden Charakter** haben, dann kann – anders als bei Dokumentteil-Überschriften – am Ende der Zwischenüberschrift ein **Doppelpunkt** erscheinen.

Falls vier oder mehr Hierarchiestufen auftreten, dann gehen die Einrückungen relativ weit nach rechts. Dadurch können viele Dokumentteil-Überschriften auftreten, die sich über mehr als eine Zeile erstrecken. Auch der senkrechte Abstand zur übergeordneten Dokumentteil-Überschrift wird relativ groß. Um diese Probleme zu verhindern, gibt es verschiedene Möglichkeiten:

- Das Inhaltsverzeichnis kann eine etwas kleinere Schriftgröße erhalten als der normale Text, z. B. normaler Text in 12 Punkt, das Inhaltsverzeichnis in (10 oder) 11 Punkt.
- Es werden nicht dekadisch nummerierte Zwischenüberschriften verwendet (s.o.).
- Es werden dekadisch nummerierte Dokumentteil-Überschriften im Text verwendet, die nicht im Inhaltsverzeichnis erscheinen (sollte eigentlich nicht sein!).

- Es werden dekadisch nummerierte Dokumentteil-Überschriften im Text verwendet, die nicht im Gesamt-Inhaltsverzeichnis des Technischen Berichts erscheinen. Sie werden jedoch in einem detaillierteren Kapitel-Inhaltsverzeichnis aufgeführt.
  Diese Vorgehensweise wird z. T. bei größeren Dokumenten (z. B. bei Handbüchern und Lehrbüchern) angewendet. Sie ist jedoch für Technische Berichte eher unüblich.
- Die Einrückungen werden kleiner gewählt als die breiteste Dokumentteil-Nummer breit ist. Dadurch gibt es weniger Dokumentteil-Überschriften, die sich über mehr als eine Zeile erstrecken.

Der Autor sollte bei derartigen Problemen im Inhaltsverzeichnis gemeinsam mit seinem Betreuer bzw. dem Auftraggeber des Technischen Berichts absprechen, welche Variante angewendet werden soll. Im Zweifelsfall ist stets die klassische Lösung mit einem vorn stehenden, vollständigen Gesamt-Inhaltsverzeichnis vorzuziehen, in dem alle dekadisch nummerierten Dokumentteil-Überschriften erscheinen.

Da die Möglichkeiten der Nach-Formatierung eines automatisch erzeugten Inhaltsverzeichnisses z. T. nicht so bekannt sind, werden in der Praxis die **Inhaltsverzeichnisse** oft **als ganz normaler Text geschrieben** und entsprechend layoutet. Dabei **können sich** jedoch **Fehler einschleichen**. Hierbei ist auf folgende Punkte besonders zu achten:

- Alle Dokumentteil-Überschriften mit Dokumentteil-Nummern, die im Text auftreten, müssen auch im Inhaltsverzeichnis erscheinen, und zwar ganz *genauso wie im Text*. Hier sind keinerlei Abweichungen erlaubt. Außerdem erhält *jede Dokumentteil-Überschrift* – von den einstelligen Kapitelüberschriften bis zu den Dokumentteil-Überschriften der letzten Hierarchiestufe – im Inhaltsverzeichnis ihre *eigene Seitenzahl.*
- Die Dokumentteil-Nummern, Dokumentteil-Überschriften und Seitenzahlen müssen in Inhaltsverzeichnis *und* Text exakt übereinstimmen. Verstöße gegen diese einfache Regel finden sich in vielen Berichten! Zeitdruck darf hier kein Argument sein ...!
- Vor dem endgültigen Ausdruck sollte deshalb im Rahmen des Endchecks unbedingt noch einmal überprüft werden, ob alle dekadisch nummerierten Überschriften des Textes mit richtiger Dokumentteil-Nummer im richtigen Wortlaut und mit der richtigen Seitenzahl im Inhaltsverzeichnis erscheinen!
  Dieser Arbeitsschritt entfällt, wenn Sie das Inhaltsverzeichnis automatisch erstellen lassen, siehe 3.7.6 „Automatisches Erzeugen von Verzeichnissen mit Word“.

3.1.3 Text mit Bildern, Tabellen und Literaturzitaten

Der „Text“ umfasst alle Informationen, die in den Kapiteln (z. B. beginnend mit *Einleitung* und endend mit *Zusammenfassung*) angeboten werden. In diesen Text sind auch Tabellen und Bilder sowie Formeln und Literaturzitate integriert. Informationen, die der Autor nicht selbst geschrieben, sondern zitiert hat, um sich darauf zu stützen oder eine Argumentation aufzubauen, müssen eindeutig als Zitat gekennzeichnet werden, siehe 3.5. Dies gilt auch für zitierte Bilder und Tabellen.

Die einzelnen Bestandteile des Technischen Berichts wie Tabellen, Bilder, Literaturzitate, Text und Formeln werden in den Unterkapiteln 3.3 bis 3.7 genauer vorgestellt. Hier vorn sollen aber noch einige Aspekte besprochen werden, die sich wegen ihres übergeordneten Charakters den nachfolgenden Einzelbetrachtungen nicht so gut zuordnen lassen.

Der **Autor** eines Technischen Berichtes **soll den Leser „mit Worten führen“**. Dies bedeutet, dass alle Zwischenüberlegungen, Schlussfolgerungen usw. dem Leser mit Worten mitgeteilt werden sollen. Dadurch ist der **Leser** in der Lage, die **logischen Überlegungen des Autors** zum Ablauf des Berichtes **und damit den „roten Faden“ gedanklich nachzuvollziehen**. Auf diese Weise steigt die Verständlichkeit des Technischen Berichts beträchtlich.

Wenn nun aber direkt nach der Dokumentteil-Überschrift ein Bild, eine Tabelle oder eine Aufzählung mit Leitzeichen folgen, dann ist in den meisten Fällen der Leser irgendwie allein gelassen. Fast immer fehlt hier ein „einleitender Satz“, der in die Ablauflogik bzw. in den Inhalt des Bildes, der Tabelle oder der Aufzählung einführt. Dieser Mangel in Technischen Berichten tritt so oft auf, dass die Autoren hier mit dem Kurzzeichen „eS>“ am Rand arbeiten.

Dabei zeigt die Spitze des Winkels in den Raum zwischen Dokumentteil-Überschrift und Bild, Tabelle oder Aufzählung, und die Abkürzung signalisiert: hier fehlt der „einleitende Satz“. Das Problem an einem Beispiel verdeutlicht:

… <Text> …

3.3 Morphologischer Kasten

Die in 3.2 „Auflösung in Teilfunktionen“ ermittelten Teilfunktionen werden nun mit den gedanklich erarbeiteten konstruktiven Teilfunktionslösungen im Morphologischen Kasten übersichtlich dargestellt.

Teilfunktion		Teilfunktionslösungen			
		1	2	3	4
A	Drehbewegung erzeugen	Elektromotor	Dieselmotor		

⋮

… <Text> …

Mit diesem einleitenden Satz, der zwischen der Dokumentteil-Überschrift und dem Morphologischen Kasten steht, wird dem Leser mitgeteilt, was im vorigen Dokumentteil bereits erarbeitet war (die Auflösung der Gesamtfunktion in Teilfunktionen), was neu hinzugekommen ist (die konstruktiven Teilfunktionslösungen) und wie beides übersichtlich dargestellt wird (mit Hilfe des Morphologischen Kastens). Auf diese Weise wird der Leser mit Worten geführt. Er kann den Überblick über den Ablauf so eigentlich nicht verlieren, was die Verständlichkeit des Technischen Berichts erhöht.

Besondere Bedeutung für den Technischen Bericht haben die Kapitel „Einleitung“ und „Zusammenfassung“. Diese beiden Kapitel werden von vielen Lesern nach einem Blick auf Titel und Inhaltsverzeichnis zuerst überflogen, bevor das Durcharbeiten des eigentlichen Textes beginnt. Sie werden in **Checkliste 3-5** mit Beispielen für Aufbau und Inhalt vorgestellt.

Checkliste 3-5 Einleitung und Zusammenfassung

Die Einleitung

- steht am Anfang des Textes und ist normalerweise das erste Kapitel.
- beschreibt die Ausgangssituation, von der aus das Projekt durchgeführt wird, die Relevanz des Projektes für die jeweilige wissenschaftliche Fachdisziplin, die für die Gesellschaft zu erwartenden Auswirkungen der Forschungs- bzw. Arbeitsergebnisse u. ä. Aspekte.

- kann eine Beschreibung der Aufgabenstellung mit den eigenen Worten des Autors und das Ziel der Arbeit enthalten.
- kann auch auf das jeweilige Thema bezogene Überlegungen zu folgenden Teilbereichen beinhalten: Ökonomie, Technik, Gesetze, Umwelt, Organisation, Soziales, Politik oder ähnliche Themen.
- sollte unbedingt an Vorkenntnisse und Erfahrungen der Leser anknüpfen.

Die Zusammenfassung

- steht am Ende des Textes und ist normalerweise das letzte Kapitel.
- kann Dokumentteil-Überschriften haben wie: Zusammenfassung, Zusammenfassung und Ausblick, Zusammenfassung und kritische Würdigung usw.
- setzt sich kritisch mit der Aufgabenstellung auseinander. Also: Was sollte getan werden und was wurde tatsächlich erreicht, wo gab es besondere Schwierigkeiten und welche Teile der Aufgabenstellung konnten eventuell gar nicht bearbeitet werden.
- beschreibt normalerweise noch einmal kurz, was in welchem Kapitel oder Unterkapitel des Technischen Berichts steht (Gliederung wieder aufgreifen!). Bei der Formulierung sollten Sie darauf eingehen, wie die Dokumentteile logisch zusammenhängen (ausgehend von ..., darauf aufbauend ..., nachfolgend ...).
- kann im Ausblick Empfehlungen für eine weitere sinnvolle Fortsetzung des Projektes bzw. der Forschungsarbeit enthalten. Solche Empfehlungen beruhen üblicherweise auf Erkenntnissen, die während der Bearbeitung des laufenden Projektes entstanden sind.

3.1.4 Literaturverzeichnis

Das Literaturverzeichnis ist normalerweise direkt nach dem letzten Textkapitel angeordnet. Bei größeren Dokumenten (z. B. bei Handbüchern oder Lehrbüchern) kann auch nach jedem Textkapitel ein eigenes Kapitel-Literaturverzeichnis vorkommen. Nach dem Gesamt-Literaturverzeichnis bzw. nach dem Literaturverzeichnis des letzten Textkapitels folgt dann der Anhang. Es ist aber nicht üblich, das Literaturverzeichnis in den Anhang einzubeziehen. Es steht im Technischen Bericht stets mit eigener Kapitelnummer zwischen Text und Anhang für sich allein.

Um die Informationen zum Arbeiten mit Literaturhinweisen an einer Stelle zu konzentrieren, erfolgen die Vorgehens- und Gestaltungshinweise für Literaturzitate und Literaturverzeichnis zusammengefasst in Unterkapitel 3.5.

3.1.5 Sonstige vorgeschriebene oder zweckmäßige Teile

Zu den sonstigen vorgeschriebenen oder zweckmäßigen Teilen ist zu sagen, dass deren Anordnung innerhalb des Berichts und deren Gestaltung noch stärker von hochschul- oder firmeninternen Regeln abhängt, als dies z. B. beim Literaturverzeichnis der Fall ist.

Zu einer fertig gebundenen Diplomarbeit gehört oft die **Aufgabenstellung**. Sie wird vom Institut bzw. vom Betreuer erstellt und fast immer mit eingeheftet. Sie ist in der Regel das erste Blatt nach dem Innentitel.

Außerdem gehört zu einer Diplomarbeit unbedingt dazu, dass der Student eine **eidesstattliche Versicherung** abgibt. Diese Versicherung besagt, dass der Student die Arbeit selbständig angefertigt hat und dass alle verwendeten Quellen und Hilfsmittel wahrheitsgemäß angegeben sind. Der genaue Wortlaut und die Position der eidesstattlichen Versicherung innerhalb der Arbeit sind i. Allg. von der Hochschule vorgeschrieben. Neben Diplomarbeiten enthalten auch Doktorarbeiten und andere Abschlussarbeiten solch eine eidesstattliche Versicherung. Die eidesstattliche Versicherung wird immer vom Diplomanden bzw. Doktoranden eigenhändig unterschrieben. Meist ist sogar vorgeschrieben, dass die Unterschrift nicht kopiert sein darf. Bei Diplomarbeiten erscheint die eidesstattliche Versicherung fast immer vorn direkt nach der Aufgabenstellung, bei Doktorarbeiten erscheint sie fast immer hinten vor dem Curriculum Vitae (Lebenslauf).

Oft erscheint in Diplomarbeiten auch eine **Danksagung**. Sie tritt vor allem dann auf, wenn die Arbeit außerhalb der Hochschule durchgeführt wurde und wenn den Vertretern von Industriefirmen gedankt werden soll. Allerdings sollten auch die Betreuer aus der Hochschule hier nicht vergessen werden. Ohne ihre Bereitschaft, die Arbeit zu betreuen, und ohne ihre Erfahrungen, was sich in welchem Umfang als Thema eignet, würde so manche Arbeit überhaupt nicht stattfinden oder wesentlich länger dauern als geplant. Die Betreuung solcher Arbeiten erfordert viel Engagement und Idealismus, und dies meist ohne dass damit irgendwelche Vorteile für den Betreuer verbunden wären. Die Danksagung sollte, wenn nichts anderes vorgeschrieben ist, vor dem Inhaltsverzeichnis bzw. vor dem Vorwort erscheinen, falls ein solches vorhanden ist.

Bücher haben oft ein **Vorwort**, in dem auf das Informationsziel, auf Veränderungen gegenüber der letzten Auflage oder auf besondere Regeln bei der Benutzung hingewiesen wird. Ein Vorwort wird immer direkt vor dem Inhaltsverzeichnis platziert.

Gegebenenfalls ist am Institut oder in der Firma auch eine **Kurz-Zusammenfassung** vorgeschrieben. Sie darf auf keinen Fall länger als eine Seite sein, möglichst nur eine halbe Seite. Sie sollte „Kurz-Zusammenfassung“ bzw. „Abstract“ heißen, um sie von der normalen Zusammenfassung bzw. „Summary“ zu unterscheiden, die am Ende des Technischen Berichts angeordnet ist. Die Kurz-Zusammenfassung sollte aus Gründen der Logik direkt vor der Einleitung eingruppiert werden. Für Artikel in Fachzeitschriften ist eine Kurz-Zusammenfassung nach dem Titel und den Autorennamen vor dem Beginn des eigentlichen Textes fast immer vorgeschrieben. Sie wird oft kursiv gesetzt und erscheint z.T. in Deutsch und Englisch.

Also ist die **„Titelei“** dann wie folgt aufgebaut: Titelblätter, Aufgabenstellung (Was war zu tun?), ggf. eidesstattliche Versicherung (Wie wurde es getan? „selbständig“!), ggf. Danksagung und Vorwort, „Kurz-Zusammenfassung“ bzw. „Summary“ (Was kam dabei heraus?). Daran schließt sich der Text und das Literaturverzeichnis an.

Oft soll der Technische Bericht **Anhänge** bekommen, in denen die verschiedenen Verzeichnisse außer Inhalts- und Literaturverzeichnis, Glossar und Index untergebracht werden können. Diese Anhänge folgen normalerweise dem Literaturverzeichnis. Beispiele:

- Bilderverzeichnis
- Bildanhang
- Tabellenverzeichnis
- Tabellenanhang
- Versuchs- und Messprotokolle
- Verzeichnis wichtiger Normen
- Abkürzungsverzeichnis
- Verzeichnis der verwendeten Formelzeichen und Einheiten
- Stückliste
- Technische Zeichnungen
- Herstellerunterlagen und sonstige Quellen

Bilder, Tabellen sowie Versuchs- und Messprotokolle **in den Anhängen** sind allerdings **nur** dann sinnvoll, **wenn der Lesefluss vorn im Text zu sehr gestört würde.**

Die Verzeichnisse und Anhänge aus obiger Aufzählung können als eigene Kapitel aufgeführt werden. Dann erhalten sie fortlaufend durchnummerierte Kapitelnummern. Der Nachteil dieser Methode ist jedoch, dass die Kapitelnummern dabei recht groß werden können. Hier bietet es sich als Alternative an, die oben genannten Verzeichnisse und Anhänge in einem gemeinsamen **Kapitel „Anhang"** zusammenzufassen. **Glossar und Index** bleiben dabei auf jeden Fall **separate Kapitel**, und sie werden hinter dem Kapitel Anhang angeordnet.

Die zwei folgenden Beispiele demonstrieren, dass ein Anhang entweder als ein einziges, zusätzliches Kapitel oder in Form von mehreren Kapiteln organisiert werden kann.

Anhang mit mehreren Kapiteln	**Anhang als ein einzelnes Kapitel**
1 Einleitung	1 Einleitung ....
(2 bis 7 = weitere Kapitel)	(2 bis 7 = weitere Kapitel)
8 Zusammenfassung und Ausblick	8 Zusammenfassung und Ausblick ....
9 Literaturverzeichnis	9 Literaturverzeichnis ....
10 Abkürzungsverzeichnis	10 Anhang ....
11 Bilderverzeichnis	10.1 Abkürzungsverzeichnis ....
12 Tabellenverzeichnis	10.2 Bilderverzeichnis ....
13 Verzeichnis wichtiger Normen	10.3 Tabellenverzeichnis ....
14 Sonstige Quellen	10.4 Verzeichnis wichtiger Normen .
15 Glossar	10.5 Sonstige Quellen ....
16 Index	11 Glossar ....
	12 Index ....

Die Variante „Anhang als ein einzelnes Kapitel" hat den Vorteil, dass die Dokumentteil-Nummern nicht so groß werden und damit übersichtlicher bleiben. Außerdem sind die Textkapitel im Regelfall untergliedert, so dass die Kapitelüberschrift den Oberbegriff darstellt. Es ist in sich logischer, diese Vorgehensweise auch im Anhang anzuwenden. Die rechte Anordnung wird deshalb zur Anwendung empfohlen. Nur der Ordnung halber sei angemerkt, dass alle obigen Dokumentteil-Überschriften im Inhaltsverzeichnis selbstverständlich mit Seitenzahlen versehen werden. Zum Vergleich sei hier noch einmal an den Aufbau des Technischen Berichts nach ISO 7144 erinnert:

- **Titelei:** Buchdeckel (Umschlagseiten 1 und 2), Titelblatt, Fehlerberichtigungen, Kurzzusammenfassung, Vorwort, Inhaltsverzeichnis, Abbildungs- (Bilder-) und Tabellenverzeichnis, Abkürzungs- und Symbolverzeichnis, Glossar
- **Textkapitel:** Haupttext mit erforderlichen Bildern und Tabellen, Literaturverzeichnis
- **Anhänge:** Tabellen, Bilder, Informationsmaterial usw.
- **Schlussbestandteile:** Index (einer oder mehrere), Lebenslauf des Autors, Innerer und äußerer Buchrücken (Umschlagseite 3 und 4), begleitende Unterlagen

Nun folgen Gestaltungshinweise für die einzelnen Bestandteile des Anhangs.

Ein **Bilderverzeichnis** enthält Bildnummern, Bildunterschriften und Seitenzahlen. Ein **Tabellenverzeichnis** enthält Tabellennummern, Tabellenüberschriften und ebenso Seitenzahlen. Die Seitenzahlen sollten rechtsbündig an einer gemeinsamen Fluchtlinie erscheinen. Der Abstand zwischen dem Ende der Bildunterschrift oder Tabellenüberschrift und der Seitenzahl sollte wie im Inhaltsverzeichnis mit Führungspunkten ausgefüllt werden.

Ein **Bild- oder Tabellenanhang** wird z. T. nur aus Bequemlichkeit angelegt, da Bilder und Tabellen in einem Anhang leichter hantierbar sind als vorne im Text. Solch ein Anhang zwingt die Leser dazu, sehr viel im Technischen Bericht hin- und her zu blättern. Der Text-Bild-Bezug ist bei dieser Lösung schlecht. Deshalb sollten Bilder und Tabellen besser vorn in den Text integriert werden. *Konstruktions*-Zeichnungen werden i. Allg. jedoch besser in einem Zeichnungsanhang angeordnet, weil sie, wenn sie alle vorn im Text angeordnet wären, den Lesefluss zu stark stören würden. Wenn einzelne Zeichnungen vorn im Text ausführlich erläutert werden (z. B. Umbau eines Versuchsstandes), dann können diese Zeichnungen zusätzlich auch vorn erscheinen, ggf. als auf DIN A4 oder A3 verkleinerte Kopie.

Das **Abkürzungsverzeichnis** enthält – alphabetisch geordnet – die verwendeten Abkürzungen und eine Erläuterung. Die Erläuterungen sollten an einer gemeinsamen Fluchtlinie rechts von den Abkürzungen beginnen. Wenn die Erläuterungen den Charakter von Definitionen haben, dann können sie auch durch Gleichheitszeichen eingeleitet werden. Wenn die Abkürzungen sich aus den Anfangsbuchstaben der Erläuterung zusammensetzen, können diese Anfangsbuchstaben in der Erläuterung durch Fettdruck hervorgehoben werden.

Wenn ein Technischer Bericht viele mathematische Formeln enthält, dann kann ein **Verzeichnis der verwendeten Formelzeichen und Einheiten** hilfreich sein. Die Erläuterungen der Formelzeichen sollten wieder an einer gemeinsamen Fluchtlinie rechts von den Formelzeichen beginnen. Je nach dem Thema Ihres Berichts können Sie auch weitere Verzeichnisse anlegen, z. B. für Checklisten, Übungsbeispiele, Linklisten usw, siehe Kapitel 8 dieses Buches.

Falls **sonstige Quellen** (Firmenschriften bzw. Herstellerunterlagen, wichtige Normen und selbstbesorgte Literatur) als Literaturquellen *zitiert* werden, dann *müssen* sie *auch im Literaturverzeichnis erscheinen.* Falls sie nicht zitiert werden, dann reicht es aus, wenn sie nur zur Information mit in den Anhang aufgenommen werden (als Original oder Kopie). Bitte überlegen Sie dies frühzeitig und schreiben Sie keine Notizen in ihre Original-Unterlagen. Gewählte Abmessungen können Sie mit gelbem Textmarker hervorheben.

Die Seiten der Anhänge werden üblicherweise fortlaufend mit arabischen Zahlen durchnummeriert. Nach ISO 7144 erhalten die Anhänge fortlaufende Großbuchstaben anstelle von Kapitelnummern und die Seitenzahlen bestehen aus dem Kapitelbuchstaben und einer fortlaufenden arabischen Zahl.

Beigelegte Dokumente oder Kopien haben i. d. R. eigene Seitenzahlen. Darum werden nicht die Seiten nummeriert, sondern jeder Prospekt bzw. jede technische Unterlage erhält eine fortlaufende Nummer („1“, „2“, „3“, … oder „Unterlage 1“, „Unterlage 2“, „Unterlage 3“ …), die **mit weißen Aufklebern** aufgeklebt werden kann. Haftnotizzettel wie z. B. „Post-it“ sind hier nicht geeignet.

Normalerweise bestehen die beigelegten Dokumente aus Originalprospekten oder Fotokopien, die mit eingebunden werden. Wenn die beigelegten Dokumente nicht eingebunden werden können, weil sie zu umfangreich sind oder das Format DIN A4 überschreiten, dann sollten diese Teile in eine *separate Mappe* o. ä. eingelegt werden. Solche vom Technischen Bericht getrennten *Dokumente oder Zeichnungen* werden *im Inhaltsverzeichnis* des eigentlichen

Berichtes an der logisch richtigen Stelle aufgeführt und erhalten einen Vermerk wie „(in Zeichnungsrolle)" oder „(in separatem Ordner)". Beispiel:

Oft ist ein **Deckblatt für das Kapitel Anhang** sehr hilfreich. Solch ein Deckblatt gibt einen Überblick über das Kapitel Anhang und bildet ein Kapitel-Inhaltsverzeichnis. Beispielsweise könnte ein Anhang mit (eingebundenen) Konstruktionszeichnungen und einer Stückliste aus vier Teilen bestehen. Vorn im Gesamt-Inhaltsverzeichnis würde diese Struktur folgendermaßen abgebildet:

Hinten im **Anhang** wird der Leser durch ein entsprechendes **Deckblatt** noch einmal an den Aufbau des Kapitels Anhang erinnert, was ihm den Überblick erleichtert.

☞ *Das Layout für das Deckblatt vor dem Kapitel Anhang entspricht teilweise dem Layout für Inhaltsverzeichnisse (Fettdruck der Kapitelüberschrift, Führungspunkte, Seitenzahlen) und teilweise dem Layout von Titelblättern (großzügige Verteilung und gefällige Anordnung der Druckerschwärze auf dem Papier).*

Wenn im Kapitel Anhang umfangreiche Messprotokolle, Programmlistings, Zeichnungen und ähnliche auf DIN A4-Papier gedruckte Dokumente auftreten, kann dieser **Anhang separat als Band 2** gebunden werden. Das Inhaltsverzeichnis sollte jeweils alle Inhalte aus beiden Bänden aufzeigen. Sowohl Band 1, als auch Band 2 haben dann ein Gesamt-Inhaltsverzeichnis mit den Abschnitten „Inhalt – Band 1" und „Inhalt – Band 2".

– 68 –

7 Anhang

Nun folgen einige Anmerkungen zu weiteren Anhängen, die – wenn vorhanden – immer hinter den anderen Anhängen als eigene Kapitel organisiert werden müssen.

Ein **Glossar** enthält Fachbegriffe und Erklärungen dieser Begriffe. Es ist dann hilfreich, wenn sich der Technische Bericht mit einem Spezialgebiet beschäftigt und die Leser die einschlägige Terminologie evtl. nicht vollständig beherrschen. Hier ist zu überlegen, ob außer den deutschen Fachbegriffen und einer deutschen Definition der Begriffe auch die Fachbegriffe in englischer Sprache aufgeführt werden sollten. Immerhin findet in vielen Bereichen die Fach-Kommunikation in der Literatur und auf Tagungen in englischer Sprache statt. Die Fachbegriffe werden im Glossar durch Fett- oder Kursivdruck hervorgehoben. Sie stehen an einer gemeinsamen Fluchtlinie. Die Erläuterungen beginnen entweder rechts davon an einer weiteren Fluchtlinie oder in der nächsten Zeile ggf. um einen oder zwei Zentimeter eingerückt. Platzsparender ist die Version hier im Buch, Kapitel 9.

Ein **Index** ist ein Stichwort- bzw. Sachwortverzeichnis. Er ist nur für größere Berichte zweckmäßig. Die Einträge müssen *aus der Sicht der Leser* formuliert werden. Eine Strukturierung in Oberbegriffe und Unterbegriffe (der ersten und maximal der zweiten Stufe) schafft eine bessere Übersichtlichkeit. Die Seitenzahlen werden z. T. direkt hinter den Fachbegriffen mit Kommata angehängt. Oder sie sind rechtsbündig entlang einer gemeinsamen Fluchtlinie angeordnet. In der Lücke zwischen Indexeinträgen und Seitenzahlen stehen dann Führungspunkte. Dies sieht gefälliger aus (vor allem, wenn der Index mehrspaltig ist). Wenn ein Indexeintrag auf mehreren Seiten erscheint und an einer Stelle besonders viele/besonders wichtige Informationen stehen, kann diese Seitenzahl durch Fettdruck hervorgehoben und dadurch als Hauptfundstelle gekennzeichnet werden.

Doktorarbeiten enthalten in aller Regel ein **Curriculum Vitae** (Lebenslauf). Dort wird in groben Zügen der bisherige Werdegang niedergeschrieben. Bei Doktorarbeiten tritt auch eine **Eidesstattliche Versicherung** auf, z. B. nach dem Literaturverzeichnis. Inhalt und Strukturierung des Curriculum Vitae sind sehr verschieden, je nach Hochschule bzw. Fakultät. Auch die Regeln für die Anordnung von Curriculum Vitae und Eidesstattlicher Versicherung können anders lauten als hier vorgeschlagen. Daher sollte sich der Doktorand vom Doktorvater ein Muster für ein Curriculum Vitae und die Eidesstattliche Versicherung geben lassen, evtl. mit anonymisierten (d. h. unkenntlich gemachten) persönlichen Daten.

3.2 Sammeln und Ordnen des Stoffes

Bis hierher sind bereits folgende Unterlagen erarbeitet worden:

- exakter Titel mit Titelblattgestaltung sowie
- Gliederung (Detaillierung bis zur 10-Punkt-Gliederung oder feiner).

Diese Unterlagen bieten eine gute Orientierung für die Stoffsammlung. Sie helfen, die folgenden Fragen sachgerecht zu beantworten:

- Was wird insgesamt gebraucht?
- Was ist schon vorhanden?
- Was fehlt noch?

Dieses Sammeln erforderlicher Informationen muss ebenfalls ziel- und zielgruppenorientiert erfolgen (Was will ich wie vermitteln?). Etwas zu sammeln, zu ordnen und zu schreiben, was der Leser nicht braucht, ist fast immer unnütze Arbeit!

Nun zur praktischen Vorgehensweise für die **Stoffsammlung**. Alle spontanen **Einfälle und Ideen zum Inhalt des Berichtes** sollten ohne Rücksicht auf ihre Reihenfolge und ihre Zugehörigkeit zu bereits vorhandenen Gliederungspunkten auf einem oder mehreren Blättern gesammelt werden. Eventuell kann man auch **jede Idee einzeln auf Notizzettel**, Schreibpapier oder Karteikarten z. B. im Format DIN A5 quer aufschreiben. Dabei sollten auf jeden Fall nur die Vorderseiten beschrieben werden, damit die Blätter bzw. Karten auf dem Tisch oder dem Fußboden zum Sortieren und Ordnen ausgebreitet werden können.

Zur Stoffsammlung gehören auch Hinweise darauf, in welchem Abschnitt der eigenen Arbeit auf welche Internetquellen, Bücher und sonstigen Quellen eingegangen werden soll. Bitte schreiben Sie sich von Anfang an alle Quellenangaben exakt mit Seitenzahl, Abschnittsnummer oder exakter URL (Internetadresse und Datum) auf, damit Sie beim späteren Schreiben nicht unnötig viel Zeit mit eigentlich schon einmal erbrachten Sucharbeiten verbringen müssen und korrekt zitieren können.

Wenn ein Bericht umfangreicher ist (etwa ab 20 Seiten), dann sollte die Stoffsammlung nicht gliederungsübergreifend für den gesamten Bericht durchgeführt werden. Es ist in diesem Fall besser, **für jedes Kapitel** bzw. auch für die Unterkapitel **eigene Stoffsammlungen** vorzunehmen.

☞ *Das Ordnen des Stoffes kann auf verschiedene Weise durchgeführt werden. In dieser Phase sollten Sie wieder Ihre Zielgruppe im Blick haben:*

- *Sind alle Stichpunkte für die Leser von Interesse? (Falls nicht: streichen)*
- *Lassen sich die Stichpunkte bereits vorhandenen Gliederungspunkten zuordnen? (Falls nicht: neuen Gliederungspunkt eröffnen)*
- *Bei voll beschriebenen Blättern mit jeweils mehreren Stichpunkten auf einer Seite sollten Sie die Ideen der „Reihenfolge“ nach markieren. Verwenden Sie z. B. die Dokumentteil-Nummern aus der Gliederung und ggf. fortlaufende Nummern innerhalb*

eines Abschnitts. Bei Einzelblättern bzw. Karteikarten mit jeweils nur einem Stichpunkt auf einer Seite sollten Sie die Blätter der gewählten „Reihenfolge" nach ordnen.

Die „Reihenfolge" der Gedanken kann eine zeitliche oder sachliche (nach Ausgangsbedingungen, Zielen, Alternnativen, Baugruppen, zusammengehörigen Sachgebieten usw.) sein; sie ist aber immer eine logische Reihenfolge, die von der bereits vorliegenden Gliederung des Berichts – mindestens teilweise – vorgegeben wird. Das Ordnen des Stoffes ist deshalb also nur möglich, wenn vorher bereits eine 4-Punkt- und 10-Punkt-Gliederung erarbeitet wurde. Sammeln und Ordnen des Stoffes erfolgen damit durch die hier empfohlene Reihenfolge der Arbeitsschritte automatisch logisch und zielgerichtet. Außerdem spart dieses Verfahren Arbeitszeit, da alle Arbeitsergebnisse zueinander passen und relativ wenig „für den Papierkorb" gearbeitet wird.

3.3 Erstellung *guter* Tabellen

Tabellen sind matrixartige Anordnungen, die Zeilen und Spalten aufweisen. Dadurch entstehen Felder, die in Textverarbeitungs- und Tabellenkalkulations-Programmen Zellen genannt werden. Diese Bezeichnung wird auch hier verwendet.

Tabellen weisen fast immer eine Kopfzeile und eine Führungsspalte auf. DIN 55301 „Gestaltung statistischer Tabellen" spricht zwar von „Vorspalte", einprägsamer ist aber der Begriff „Führungsspalte". Die **Kopfzeile** enthält die **Oberbegriffe zu den Spalten**. Die **Führungsspalte** enthält die **Oberbegriffe zu den Zeilen**. Die Begriffe in der Kopfzeile und in der Führungsspalte sollten soweit möglich in sich konsistent und logisch gleichwertig sein.

Die Zelle links oben in der Tabelle, die sowohl zur Kopfzeile als auch zur Führungsspalte gehört, kann Folgendes enthalten:

- beide Oberbegriffe zu Kopfzeile und Führungsspalte
- nur den Oberbegriff zur Führungsspalte
- keine Eintragung (leer)

Wenn die beiden Oberbegriffe kurz sind, dann kann diese Zelle durch eine diagonale Linie von links oben nach rechts unten geteilt werden. Wenn die Begriffe jedoch länger sind, sollte durch Pfeile angedeutet werden, welcher Begriff zur Kopfzeile und welcher zur Führungsspalte gehört, **Bild 3-9**. Diagonale und Pfeile werden ggf. als Grafikelemente erzeugt.

Bei **kleineren Tabellen** überwiegt der Effekt, dass **Informationen** in Tabellen sehr **systematisch, übersichtlich und strukturiert dargeboten** werden können. **Größere Tabellen** sind jedoch durch ihren **geringen Visualisierungsgrad** oft unübersichtlich. Stehen in den Zellen Wörter, dann ist dies weniger problematisch als bei reinen Zahlen-Tabellen.

Es fällt dem Leser einer **Zahlen-Tabelle** meist schwer, Verhältnisse von Zahlen abzuschätzen und Größenvergleiche durchzuführen. Deshalb besteht bei reinen Zahlen-Tabellen oft der Wunsch, die in Zahlen ausgedrückten Sachverhalte zu **visualisieren**, d. h. übersichtlich in **Diagrammform** darzustellen.

Trotzdem müssen Sie in Ihrem Bericht Berechnungen, statistische Auswertungen und Versuchsergebnisse natürlich mit exakten Zahlen belegen. Überlegen Sie deshalb folgenden Kompromiss: Die umfangreichen und dadurch eher unübersichtlichen Zahlen-Tabellen kommen in den Tabellen-Anhang. Vorn im Text erscheinen aussagekräftige Visualisierungen

(Diagramme), und die Bildunterschriften beziehen sich auch auf die zugehörigen Tabellen im Anhang, z. B. mit dem Hinweis „(siehe Tabelle xx, Seite yy)“.

In integrierten Programmpaketen ist das jeweilige Textverarbeitungs-Programm mit dem Tabellenkalkulations-Programm kompatibel, und Zahlen bzw. Tabellen können deshalb bequem ausgetauscht werden. In derartigen Programmen lassen sich die Zahlen der Tabelle in einem wählbaren Diagrammtyp als Präsentationsgrafik darstellen. In Word steht z. B ein integriertes Präsentationsgrafik-Programm zur Verfügung, mit dem Sie dieselben Zahlen hinten im Tabellenanhang als Tabelle und vorn im Text als Präsentationsgrafik darstellen können. Mögliche Diagrammtypen sind hier u. a. Linien-, Säulen- und Kreisdiagramm. Hinweise zur Auswahl des Diagrammtyps und zur Gestaltung von Diagrammen finden Sie in 3.4.5 „Schema und Diagramm“.

Last \ Typ	10 N	20 N	30 N
A	2 mm	4 mm	6 mm
B	1 mm	3 mm	7 mm
C	2 mm	5 mm	9 mm

Spannung ⟶ ↓ Potenziometerstellung	50 V	150 V	250 V
Position 1	6 A	18 A	30 A
Position 2	8 A	24 A	40 A
Position 3	12 A	36 A	60 A

Bild 3-9 Verschiedene Möglichkeiten der Gliederung des linken oberen Tabellenfeldes

Wenn eine Tabelle groß ist bzw. viele Informationen enthält, dann kann die Übersichtlichkeit der Tabelle durch einige typografische Maßnahmen erhöht werden, die im folgenden Abschnitt näher beschrieben sind.

3.3.1 Tabellengestaltung

Zahlen-Tabellen sind – wie schon erwähnt – besonders unübersichtlich und nahezu jeder grafischen Darstellung an Übersichtlichkeit deutlich unterlegen (oft „Zahlenfriedhof“!). Deshalb sollten Zahlen-Tabellen stets durch geeignete Maßnahmen möglichst übersichtlich gegliedert werden.

In der **DIN 55301** „Gestaltung statistischer Tabellen“ wird die Gliederung mit **waagerechten und senkrechten Linien nur für die Kopfzeile** und allenfalls für die Führungsspalte festgelegt. Nach unten erhält die Tabelle gar keine Begrenzung. Hier ein Beispiel für die Tabellengestaltung nach DIN 55301. Die Daten stammen auszugsweise aus einem Artikel von Dirk Schmaler, Manche Klimaanlage hat ungeahnten Durst, HAZ, Mittwoch, 17. Mai 2006, Nr. 114, S. 8. Dort wird die Tabelle zitiert mit „Quelle: Plusminus/WDR“.

Hersteller, Modell, Motor, Baujahr	**Verbr. In Liter auf 100 km** **ohne Klima**	 **mit Klima**	**Mehrverbrauch** **Liter**	 **Prozent**
Daihatsu YRV 1,3, 64 kW, 2001	8,64	11,16	2,52	29,1
Mitsubishi Colt 1,6, 76 kW, 2001	10,46	12,92	2,46	23,5
Audi A4 1,8, 92 kW, 2001	13,32	16,58	3,28	24,4
…				

Für Technische Berichte sollte **zumindest das Ende der Tabelle** durch **eine waagerechte Linie** gekennzeichnet werden, so wie es im vorliegenden Buch am Ende der Checklisten erfolgt. Zur noch besseren Abgrenzung gegenüber dem Text des Technischen Berichts empfiehlt sich ein geschlossener äußerer Rahmen.

Doch auch **innerhalb der Tabelle** sollten die Informationen strukturiert werden. Hier sind senkrechte und waagerechte Linien zur Unterscheidung der Zeilen und Spalten gut geeignet. Eine zusätzliche Gliederungsmöglichkeit ist die **Abtrennung der Kopfzeile und der Führungsspalte durch Doppellinien oder breitere Linien**. Manchmal wirkt es auch optisch ausgewogen, wenn sowohl der Rahmen als auch die Abtrennung der Kopfzeile und Führungsspalte in einer größeren Linienbreite als die sonstigen Linien ausgeführt werden. Als Anregung dienen die Beispiele auf der folgenden Seite.

Bemühen Sie sich jedenfalls, innerhalb einer Arbeit eine gleich bleibende Tabellengestaltung beizubehalten.

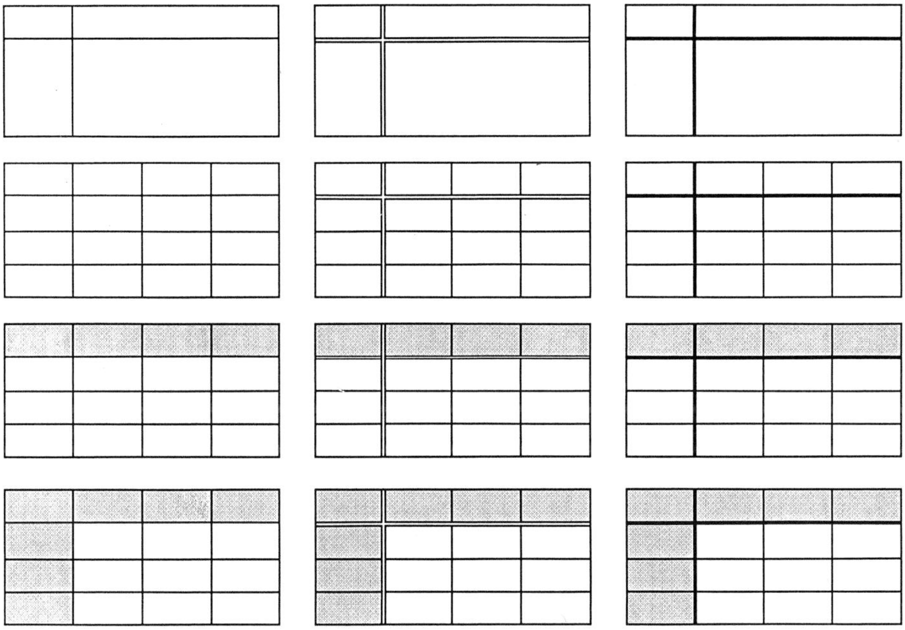

Ein Beispiel dafür ist der Morphologische Kasten, **Bilder 3-10 und 3-11**, der im Rahmen einer Projektierung erstellt wurde. Die linke Spalte mit den Teilfunktionen und die Kopfzeile mit der Nummerierung der konstruktiven Teilfunktionslösungen werden durch Doppellinien abgetrennt, den äußeren Rahmen bilden breite Linien, die Tabellenzellen werden durch schmale Linien gekennzeichnet. Dadurch ist die Tabelle sehr übersichtlich.

Die Striche, die die Zeilen und Spalten bilden, müssen eine **ausreichende Linienbreite** haben, damit auch Kopien von Kopien noch zu lesen sind. Die Haarlinie, wie die dünnste Linie in vielen Grafik- und Textverarbeitungs-Programmen genannt wird, ist für Tabellenunterteilungen oft zu dünn. Mit der Linienbreite ½ Punkt sind Sie auf der sicheren Seite.

Ob eine ¼ Punkt-Linie noch einwandfrei kopierbar ist, hängt stark von den verwendeten Geräten ab (Drucker bzw. Kopierer). Deshalb sind bei ¼ Punkt-Linien Versuche empfehlenswert, um die am Ende auftretende Qualität rechtzeitig abschätzen und sich mit der Linienbreite darauf einstellen zu können.

Die **Begriffe in der Kopfzeile** sollten grundsätzlich und die **Begriffe in der Führungsspalte** können eventuell durch **Fettdruck** hervorgehoben werden. Auch durch größere Schrift und Rasterung bzw. Schattierung können die Begriffe in Kopfzeile und Führungsspalte betont werden.

Die **Informationen innerhalb der Tabelle** können Sie **durch Leerzeilen** (zusätzlichen Weißraum) **gliedern**. Weitere Möglichkeiten zur Hervorhebung bzw. Gliederung von Informationen in einer Tabelle sind **Einrückungen** der untergeordneten Informationen innerhalb einer Spalte, unterschiedliche Schriftgröße sowie die **Rasterung** von Tabellenzellen.

Eine Rasterung darf aber nicht zu dunkel sein, sonst wird der Kontrast zum schwarz gedruckten Text zu schwach. Im Druckertreiber (Datei – Drucken – Eigenschaften) können Sie beeinflussen, mit welcher Farbsättigung Ihr Drucker druckt. Dort können Sie Helligkeit und Kontrast regeln oder auch den Tonersparmodus aktivieren.

Wenn der Bericht kopiert werden soll, dann ist zu beachten, dass **gerasterte Flächen beim Kopieren manchmal** verfälscht dargestellt werden. Solche Flächen erscheinen evtl. bereits bei der ersten Kopie von der Kopie **scheckig**, Kontraste werden überzeichnet, Dunkles wird viel dunkler, Helles verschwindet. Darum sollten Sie mit der Halbton- bzw. Fotofunktion kopieren, falls diese am Kopierer verfügbar ist. Bitte *rechtzeitig* ausprobieren!

Schreiben Sie sich außerdem die Seitenzahlen, für die eine „Sonderbehandlung" notwendig ist (Fototaste, andere Helligkeit als normal, Zoomen usw.), auf einer Checkliste für die Vervielfältigung auf, damit Sie diese Seiten nicht im Stapel verarbeiten, sondern einzeln von Hand kopieren können!

Bei Eintragungen in die Tabellenzellen, die länger sind als die Zellenbreite, wird entweder abgekürzt, um in einer Zeile zu bleiben, oder durch einen Zeilenumbruch die Zellenhöhe entsprechend vergrößert. In den anderen Zellen der aktuellen Zeile einer Word-Tabelle bleiben die Eintragungen am oberen Zellenrand.

In Excel und in der Tabellenkalkulation von Works ist die Standard-Einstellung so, dass die **vertikale Ausrichtung** am unteren Rand der Zelle erfolgt. Die horizontale und vertikale Ausrichtung der Zelleninhalte und den Zeilenumbruch kann man in der Tabellenkalkulation von Works mit Format – Ausrichtung ändern. In Excel ist der Befehl Format – Zellen – Ausrichtung.

Tabellen sollen genauso wie Bilder und Text **aus der normalen Leseentfernung von 30 bis 40 cm noch einwandfrei lesbar** sein. Dies setzt eine ausreichende Schriftgröße besonders für Indizes und Exponenten voraus. Beim Kopieren können Teile dieser recht kleinen Zeichen unleserlich werden. Im Zweifelsfall sollten Sie eine Probekopie anfertigen und ggf. eine höhere Vergrößerungsstufe oder eine größere Schrift verwenden.

Die **Eintragungen in den Zellen** einer Tabelle können Zahlen, Wörter, Skizzen oder eine Kombination aus diesen Elementen sein. Für die Eintragungen gelten die normalen Regeln der Groß- und Kleinschreibung, d. h. vor allem Adjektive beginnen mit kleinen Buchstaben. Die Schriftart, mit der in der Tabelle geschrieben wird, kann eine Proportionalschrift oder eine Schrift mit festem Schreibschritt sein (fixed spacing-Schrift). Zu diesem Problemkreis nun einige Empfehlungen.

- Es ist eigentlich nicht üblich, die Dokumentteil-Nummer und Dokumentteil-Überschrift in die Kopfzeile einer Tabelle zu schreiben. Also wäre Folgendes falsch:

2.2 Anforderungsliste

  Es ist aber auch falsch, die Dokumentteil-Nummer mit Dokumentteil-Überschrift und direkt dahinter die Tabelle zu setzen.
  Besser ist es in jedem Fall, eine normale Dokumentteil-Überschrift – hier **2.2 Anforderungsliste** – zu schreiben, darunter folgt ein **einleitender Satz**, und erst dann beginnt der Vordruck bzw. die Tabelle „Anforderungsliste" mit den entsprechenden Eintragungen.
- Tabellen lassen sich unter Verwendung von **Schriften mit festem Schreibschritt** eventuell einfacher gestalten, da nicht ständig mit Tabulatoren gearbeitet werden muss. Einrükkungen und die Ausrichtung von Spalten können durch Hinzufügen oder Löschen von Leerzeichen realisiert werden. Diese Schriften brauchen aber viel Platz!
- Tabellen mit **Proportionalschrift** sind bei heutigen Textverarbeitungs-Programmen „Stand der Technik". Sie passen besser zur normalen Textschrift und wirken typografisch ausgewogener.
- **Serifenlose Schriften** wie z. B. Arial sind für Zahlen-Tabellen besser geeignet als Schriften mit Serifen, weil ohne Serifen die Umrisse der Ziffern schneller erkannt werden können.
- **Große Zahlenwerte** lassen sich bei einer Schrift mit festem Schreibschritt („fixed spacing" wie z. B. Courier, Sans Serif, Letter Gothic, Monospaced, Lucida Console usw.) klarer erkennen, wenn vielstellige Zahlen vor dem Komma in Dreiergruppen unterteilt geschrieben werden. Getrennt wird hier möglichst nur durch Leerzeichen, nicht durch Punkte (z. B. 3 155 698). Dezimalkommas erscheinen dabei immer untereinander, auch wenn die Zahlen unterschiedlich viele Nachkommastellen haben. Geldbeträge werden nach DIN 5008 aus Sicherheitsgründen aber ohne Leerzeichen geschrieben oder sie erhalten Punkte zur Kennzeichnung der Dreiergruppen. Bei Proportionalschriften verwenden Sie für Zahlenkolonnen aus ganzen Zahlen einen rechtsbündigen Tabulator, für Zahlenkolonnen mit Kommata einen Dezimaltabulator.
- **Texte** werden innerhalb der Zellen meist **linksbündig** ausgerichtet. Zentrierte Textausrichtung ergibt oft ein zu unruhiges Layout, besonders wenn die untereinander stehenden Wörter bzw. Texte große Längenunterschiede aufweisen.
- Gelingt es, eine Tabelle durch Wahl einer kleineren Schriftgröße oder durch Vertauschen von Kopfzeile und Führungsspalte vom Querformat ins **Hochformat** umzuformen, dann ist dies fast immer besser lesbar und die Handhabung wird einfacher, weil das Drehen des Dokuments entfällt. Dabei darf aber die Schrift nicht zu klein werden. Es wird empfohlen, als kleinste Schriftgröße die 9-Punkt-Schrift der jeweiligen Schriftart zu verwenden.

Oft steht unterhalb der Tabelle eine **Legende**, aus der die Bedeutung von Abkürzungen, Symbolen, Linienarten, Bewertungspunkten (Plus- oder Minuspunkte) u. ä. hervorgeht. Um diese erläuternden Angaben eindeutig als Teil der Tabelle zu kennzeichnen, empfiehlt es sich, die Überschrift „Legende:" zu verwenden. Damit sind die hinter bzw. unter dieser Überschrift stehenden Angaben eindeutig der Tabelle zugeordnet und vom übrigen Text abgegrenzt.

Wenn die Angaben in der Kopfzeile oder Führungsspalte weiter verfeinert werden sollen, dann kann die Tabelle durch Zwischenüberschriften unterteilt werden, siehe **Bilder 3-10 und 3-11** in 3.3.3 „Der Morphologische Kasten – eine *besondere* Tabelle".

Tabellen sollten so übersichtlich aufgebaut sein, dass der Leser mit den Augen nicht in eine andere Zeile abrutschen kann. Hierfür gibt es folgende Möglichkeiten:

- ausreichender Zeilenabstand,
- Leerzeilen (nach höchstens fünf Textzeilen) und
- horizontale Linien.

Horizontale Linien bieten dabei mit Abstand die größte Sicherheit gegen das unbeabsichtigte Verlieren der aktuellen Zeile mit den Augen. Deshalb werden waagerechte und senkrechte Linien zur Tabellengliederung hier noch einmal ausdrücklich empfohlen.

3.3.2 Tabellennummerierung und Tabellenüberschriften

Tabellen besitzen sowohl im Technischen Bericht, als auch in der Präsentation eine Tabellen-*über*schrift. In der **Tabellenüberschrift** kann genau angegeben werden, was für Daten die Tabelle enthält, welche Rahmenbedingungen galten, welche Aussage die Tabelle belegen soll usw. Außerdem kann hier **bei zitierten Tabellen eine Quellenangabe** erfolgen.

Ein möglicher Grund für die grundsätzlich oben angeordnete Tabellenüberschrift kann darin gesehen werden, dass bei der Tabellenüberschrift ein Hinweis auf die nachfolgende Fortsetzung der Tabelle bzw. ein Hinweis darauf, dass es sich um eine Fortsetzungs-Tabellenseite handelt, an der Stelle erscheint, wo der Leser die Information benötigt, nämlich am Kopf der Tabelle. Die Zweckmäßigkeit dieser Anordnung wird nachfolgend an Beispielen gezeigt. In den Beispielen wird die vollständige Tabelle jeweils durch zwei kurze Linien angedeutet.

Zuerst ein Beispiel für eine Tabelle, die nur über maximal eine Seite geht.

Tabelle 16 Ergebnisse der Verbrauchsmessungen

Nun ein Beispiel, wie eine Tabelle beschriftet werden kann, die über mehr als eine Seite geht. So sieht die Tabellenüberschrift auf der ersten Seite der Tabelle aus:

Tabelle 19 Ergebnisse der Widerstandsmessungen <wird fortgesetzt>

Und so sieht die Tabellenüberschrift auf den Folgeseiten aus:

Tabelle 19 Ergebnisse der Widerstandsmessungen <Fortsetzung>

Mehrseitige Tabellen behalten also auch auf der zweiten und allen Folgeseiten ihre Tabellennummer und ihre Tabellenüberschrift bei. Sie unterscheiden sich nur durch die Kennzeichnung der jeweiligen Tabellenüberschriften mit <wird fortgesetzt> und <Fortsetzung> in der Tabellenüberschrift.

Wenn eine deutlichere Kennzeichnung gewünscht wird, dann kann der Hinweis „<wird fortgesetzt>“ auch an das Tabellenende gesetzt werden:

Tabelle 19 Erg...	**Tabelle 19** Erg... <Forts.>	**Tabelle 19** Erg... <Forts.>
<wird fortgesetzt>	<wird fortgesetzt>	

Eine andere Möglichkeit zur Kennzeichnung der Tabellenüberschriften mehrseitiger Tabellen ergibt sich, wenn das Nummerierungsprinzip für Technische Zeichnungen auch auf Tabellenüberschriften angewendet wird. Hierzu wieder ein Beispiel mit den Angaben der vorhin schon verwendeten Tabellenüberschrift.

Tabelle 19 Ergebnisse der Widerstandsmessungen <Seite 1 von 2>

Tabelle 19 Ergebnisse der Widerstandsmessungen <Seite 2 von 2>

Die **Tabellennummern** können durch den ganzen Bericht hindurch fortlaufend hochgezählt werden (Beispiel: 1, 2, 3, ... , 67, 68, 69). Die Tabellennummern können jedoch auch zusammengesetzt werden aus der Kapitelnummer und der innerhalb eines Kapitels fortlaufend hoch gezählten Tabellennummer (Beispiel für Kapitel 3: 3-1, 3-2, 3-3, ... , 3-12, 3-13). Statt Bindestrich kann auch ein Punkt zur Unterteilung der Tabellennummer verwendet werden (Beispiel: 3.1, 3.2, 3.3, ... , 3.12, 3.13). Bücher, die viele kleine Tabellen auf jeweils einer Seite haben (z. B. KLEIN, DUBBEL usw.), verwenden auch die Kombination von Seitenzahl und Tabellennummer innerhalb der Seite (Beispiel: 324.1, 324.2, 324.3). Die fortlaufende Nummerierung der Tabellen hat den Vorteil, dass die Gesamtanzahl der Tabellen sehr leicht zu ermitteln ist. Wenn aber nachträglich noch eine Tabelle eingefügt oder weggelassen wird, ergeben sich überwiegend Nachteile, weil sämtliche nachfolgenden Tabellennummern und die Verweise auf diese Tabellen geändert werden müssen. Falls Sie die Querverweise automatisch erzeugen wollen, helfen die Abschnitte 3.7.6 und 3.7.8 weiter.

Wenn Sie Word verwenden und ein **Tabellenverzeichnis automatisch erzeugen** wollen, dann sollten Sie alle Tabellenüberschriften mit derselben Formatvorlage formatieren und diese Formatvorlage nur für Tabellenüberschriften verwenden, da andernfalls die automatische Erzeugung u. U. nicht vollständig ausgeführt wird oder unerwünschte Einträge erscheinen. Details hierzu finden Sie ebenfalls in den Abschnitten 3.7.6 und 3.7.8.

Generell soll die **Tabellenüberschrift** den Inhalt der Tabelle möglichst treffend beschreiben. Tabellenüberschrift, Kopfzeile und Führungsspalte sollen ohne weitere Erläuterungen verständlich sein. Die Legende und ggf. auch Fußnoten dürfen diese Angaben ergänzen.

Für die Formulierung von Tabellenüberschriften gelten sinngemäß die gleichen Regeln wie für die Formulierung von Dokumentteil-Überschriften, siehe 2.4.3, **Checkliste 2-4,** Seite 15. Auf jede im Text angeordnete Tabelle sollte im Text mindestens einmal hingewiesen werden. Dabei soll die Tabelle möglichst in der Nähe dieses Hinweises erscheinen. Falls von mehreren Stellen des Technischen Berichts auf eine Tabelle hingewiesen wird, dann soll die Tabelle in der Nähe des wichtigsten Hinweises angeordnet werden. Wie bei Bildern kann dieser Bezug vom Text auf die Tabelle z. B. durch die folgenden Formulierungen ausgedrückt werden:

- ..., Tabelle xx. oder
- ..., siehe Tabelle xx. oder
- ... zeigt die folgende Tabelle. bzw.
- ... zeigt Tabelle xx.

Wenn mehrere kurze Tabellen aufeinander folgen, dann gilt das in 3.4.2 „Bildnummerierung und Bildunterschriften" ausführlicher für Bilder beschriebene Prinzip sinngemäß, dass die Tabellenüberschrift in der Nähe der zugehörigen Tabelle angeordnet wird. Lassen Sie daher oberhalb der Tabellenüberschrift und unterhalb der Tabelle mehr Platz als zwischen Tabellenüberschrift und Tabelle. Falls die Tabellenüberschrift mehrzeilig ist, dann sollte das Layout dem in **Bild 3-19** für mehrzeilige Bildunterschriften dargestellten Layout entsprechen.

Wenn Sie aus einer Literaturquelle eine **Tabelle herauskopieren oder einscannen** bzw. eine Tabelle aus dem Internet als Grafikdatei einbinden und in Ihren Bericht einfügen wollen, dann sollten Sie Tabellennummer und -überschrift wegschneiden bzw. nicht mit einscannen. Sie vergeben nun Ihre eigene Tabellennummer. Die Tabellenüberschrift können Sie entweder unverändert aus der Literaturquelle bzw. dem Internet abtippen oder Sie vergeben eine eigene, neue Tabellenüberschrift. Alle Tabellennummern und Tabellenüberschriften werden einheitlich mit dem Textverarbeitungs-Programm erzeugt. So ergibt sich ein einheitlicher Gesamteindruck.

Nicht selbst erstellte Tabellen müssen eine **Quellenangabe** erhalten. Wie diese Quellenangabe genau aussieht, ist in 3.5.4 „Kennzeichnung von Zitaten im Text" beschrieben.

3.3.3 Der Morphologische Kasten – eine *besondere* Tabelle

Der Morphologische Kasten ist – neben seiner Anwendung im Rahmen der **Kreativitätstechniken** – ein zentrales Element der **Konstruktionsmethodik**. Das Verfahren des methodischen Konstruierens wird aus wirtschaftlichen Gründen immer öfter angewendet. Der Morphologische Kasten ist dort ein Arbeitsschritt des Konstruktions-Verfahrens. Er tritt deshalb in Technischen Berichten häufig auf.

Wesentliches Merkmal des methodischen Konstruierens ist das Denken in Funktionen und die vom Verfahren vorgegebene Reihenfolge der Arbeitsschritte.

Zuerst wird – ausgehend von der **Anforderungsliste (Pflichtenheft)** – die Hauptfunktion der zu projektierenden Einrichtung festgelegt. Dabei hat es sich bewährt, die Anforderungsliste in einer tabellarischen Form aufzustellen. Anschließend wird die **Hauptfunktion** in Teilfunktionen aufgegliedert. Dabei werden die **Teilfunktionen** immer nach dem Prinzip **„Verrichtung am Objekt"** formuliert. Also zum Beispiel: Kraft erzeugen, Drehmoment wandeln, Lenkbarkeit sicherstellen usw. Danach werden zu den ermittelten Teilfunktionen die konstruktiven Teilfunktionslösungen erarbeitet. Im nächsten Schritt werden die Teilfunktionen und die gefundenen **Teilfunktionslösungen im Morphologischen Kasten** in tabellarischer Form übersichtlich einander zugeordnet. Die Teilfunktionslösungen können in den Tabellenzellen nur verbal, nur grafisch (mit Prinzipskizzen) oder verbal und grafisch dargestellt sein. Am häufigsten ist jedoch die verbale Darstellung. Ab hier sind dann zwei unterschiedliche Vorgehensweisen möglich.

Bei der ersten Vorgehensweise – exakt nach den Regeln des methodischen Konstruierens in VDI 2222 bis 2225 – folgt nun zuerst die Festlegung von **Konzeptvarianten** nach VDI 2222, Blatt 1. Diese Konzeptvarianten werden üblicherweise mit farbigen oder anders zu unterscheidenden Linien im Morphologischen Kasten gekennzeichnet. Weiter unten ist solch ein Morphologischer Kasten mit mehreren Konzeptvarianten abgebildet, **Bild 3-10**. Danach werden diese Konzeptvarianten technisch und wirtschaftlich bewertet. Dann wird die **technische und wirtschaftliche Bewertung im s-Diagramm** zusammengefasst. Aus dem s-Diagramm ergibt sich nun die am besten geeignete Konzeptvariante. Allerdings muss der Ersteller in der technischen und wirtschaftlichen Bewertung festlegen, wie schwer die einzelnen technischen oder wirtschaftlichen Aspekte jeweils gewichtet werden sollen.

Bei der zweiten Vorgehensweise **mit nur einer Konzeptvariante** wird als Erstes ein Morphologischer Kasten ohne Kennzeichnung von Konzeptvarianten dargestellt. Danach werden alle konstruktiven Teilfunktionslösungen einer verbalen Bewertung unterzogen. Dies bedeutet, dass **für alle konstruktiven Teilfunktionslösungen ihre Vor- und Nachteile in Strichaufzählungen benannt** werden. Die Teilfunktionslösung, die verwendet werden soll, wird im Text angekündigt mit der Zeile „**gewählt:** <vollständige Bezeichnung der Teilfunktionslösung>“. Danach folgt eine **Begründung** in ca. ein bis drei Sätzen. Die Konzeptvariante wird nun gedanklich aus den jeweils bestgeeigneten Teilfunktionslösungen zusammengebaut. Die **Kennzeichnung** dieser Konzeptvariante **im Morphologischen Kasten** erfolgt am Ende der verbalen Bewertung, **z. B. durch graues Rastern** der gewählten Teilfunktionslösungen, **Bild 3-11**.

Wenn eine verbale Bewertung bei einer Teilfunktionslösung nur Vorteile aufweist und Nachteile nicht angegeben sind (oder umgekehrt), dann tritt beim Leser des Berichts die Frage auf: sind keine Nachteile vorhanden oder sind die Nachteile bei der Formulierung des Berichts zurückgestellt und dann vergessen worden? Deshalb ist es bei Nichtvorhandensein von Vor- oder Nachteilen besser, eindeutig zu kennzeichnen, dass die betrachtete Teilfunktionslösung keine Vor- oder Nachteile aufweist. Dies kann durch die Wortangabe „keine“ oder durch das Zeichen „–“ erfolgen. Nachfolgend wird eine solche verbale Bewertung an einem Beispiel zur „Teilfunktion C: Wasser fördern“ gezeigt.

Teilfunktionslösung C2: **Kreiselpumpe**

Vorteile:
- laufruhig
- große Fördermenge

Nachteile: keine (oder „–“)

Der Morphologische Kasten ist – verglichen mit einer Messwerttabelle – eine relativ komplizierte Tabelle. Er dient deshalb hier im Buch neben seiner Relevanz beim methodischen Konstruieren auch als Beispiel für die Gestaltung komplizierterer Tabellen.

Nachfolgend lernen Sie beide Varianten des Morphologischen Kastens (mit mehreren oder nur einer Konzeptvariante) an einem gemeinsamen Beispiel kennen. Beide Varianten des

Morphologischen Kastens gelten für eine Schnellabschalt-Einrichtung für ein Kernkraftwerk, die an der FH Hannover im Rahmen einer Projektierungsaufgabe entwickelt wurde.

Im ersten Morphologischen Kasten, **Bild 3-10**, sind mehrere Konzeptvarianten markiert. In einem Technischen Bericht sollten die verschiedenen Konzeptvarianten – wenn möglich – farbig gekennzeichnet werden, da durch die Verwendung von Farben die Konzeptvarianten am besten unterschieden werden können. Buntstift ist günstiger als andere Stifte, weil nichts auf die Rückseite durchfärbt, wie dies bei Textmarkern, Faserschreibern und Filzstiften oft der Fall ist. Hier wurden wegen einfarbigem Druck verschiedene Linienarten verwendet. In jedem Fall müssen in der Legende unterhalb des Morphologischen Kastens die jeweiligen Konzeptvarianten den Farben bzw. Linienarten und -breiten eindeutig zugeordnet werden.

	Teilfunktion	**Teilfunktionslösungen** 1	2	3	4
A	Notfall erkennen	elektromagn. Kupplung	Sensoren		
B	Vorrichtung vom normalen Betrieb trennen	elektromagn. Kupplung	hydraulische Kupplung	pneumatische Kupplung	
C	Steuerstäbe absenken	elektrischer Antrieb	hydraulischer Antrieb	pneumatischer Antrieb	Eigengewicht
D	Bremsvorrichtung ankoppeln	elektromagn. Kupplung	hydraulische Kupplung	pneumatische Kupplung	fest verbunden
E	Bremskraft erzeugen	Scheibenbremse	Trommelbremse	Induktions-bremse	Hydraulik-dämpfer
F	Bremskraft übertragen	Zahnrad und Zahnstange	Gewindestange und Mutter	Reibräder	
G	Bremsvorgang steuern	Fliehkraftregler	Zeitregler	Streckenregler	
H	Endlagendämpfung ermöglichen	hydraulische Ölbremsen	hydraulische Stoßdämpfer	pneumatische Stoßdämpfer	

Legende:

Variante 1 = elektrisch-mechanische Lösung ————

Variante 2 = elektrisch-pneumatische Lösung — · — · — · —

Variante 3 = elektrische Lösung — — — — —

Bild 3-10 Morphologischer Kasten (für eine Schnellabschalt-Einrichtung eines Kernkraftwerks) mit mehreren Konzeptvarianten

Im Morphologischen Kasten mit **mehreren Konzeptvarianten** kennzeichnen Sie die aufgrund der technisch-wirtschaftlichen Bewertung bestgeeignete Lösung bei Schwarz-Weiß-

Druck durch eine **deutlich breitere Linie.** Im Morphologischen Kasten mit **nur einer Konzeptvariante** stellen Sie die aufgrund der verbalen Bewertung ausgewählten, bestgeeigneten Teilfunktionslösungen am besten **grau gerastert** dar, **Bild 3-11**.

	Teilfunktion	**Teilfunktionslösungen**			
		1	**2**	**3**	**4**
A	Notfall erkennen	elektromagn. Kupplung	Sensoren		
B	Vorrichtung vom normalen Betrieb trennen	elektromagn. Kupplung	hydraulische Kupplung	pneumatische Kupplung	
C	Steuerstäbe absenken	elektrischer Antrieb	hydraulischer Antrieb	pneumatischer Antrieb	Eigengewicht
D	Bremsvorrichtung ankoppeln	elektromagn. Kupplung	hydraulische Kupplung	pneumatische Kupplung	fest verbunden
E	Bremskraft erzeugen	Scheibenbremse	Trommelbremse	Induktions-bremse	Hydraulik-dämpfer
F	Bremskraft übertragen	Zahnrad und Zahnstange	Gewindestange und Mutter	Reibräder	
G	Bremsvorgang steuern	Fliehkraftregler	Zeitregler	Streckenregler	
H	Endlagendämpfung ermöglichen	hydraulische Ölbremsen	hydraulische Stoßdämpfer	pneumatische Stoßdämpfer	

Bild 3-11 Morphologischer Kasten (für eine Schnellabschalt-Einrichtung eines Kernkraftwerks) mit nur einer Konzeptvariante

Spezielle Gestaltungsregeln für den Morphologischen Kasten

- Die verschiedenen Teilfunktionen des Morphologischen Kastens besitzen in der Regel eine unterschiedliche Anzahl von Teilfunktionslösungen. Da der Morphologische Kasten aber rechteckig ist, ergeben sich notwendigerweise am rechten Rand **leere Zellen**. Diese leeren Zellen **bleiben weiß**, sie werden also weder grau gerastert noch durchgestrichen.
- Eintragungen im Morphologischen Kasten sollten – ebenso wie in der Stückliste und in der Anforderungsliste – stets **linksbündig** erfolgen. Werden solche Eintragungen zentriert gesetzt, dann entsteht ein zu unruhiges Layout.
- Werden verschiedene **Konzeptvarianten** festgelegt, dann sollten diese Varianten **mit aussagefähigen Namen** mit hohem Wiedererkennungswert belegt werden. Beispiele:
  - Knickarm-, Schwenk- und Portalroboter oder
  - hydraulische, pneumatische und elektrische Lösung.

Im weiteren Verlauf des Technischen Berichts werden diese Varianten dann immer mit diesen einmal festgelegten Namen angesprochen, und auch Skizzen der Konzeptvarianten werden mit diesen Namen beschriftet. Dies ist wesentlich besser als die Benennung mit Variante 1, Variante 2, Variante 3 usw., weil bei den Zahlen häufig rückwärts geblättert werden muss, um zu ermitteln, was denn eigentlich der Inhalt von Variante 3 usw. war.

- Nummerieren Sie die konstruktiven **Teilfunktionslösungen waagerecht mit Zahlen** und die **Teilfunktionen senkrecht mit Großbuchstaben**. Dabei sollten nicht beide Buchstaben I und J, sondern nur I verwendet werden, um Verwechslungen zu vermeiden. Also Reihenfolge ... G, H, I, K, L ... Dies hat folgende Vorteile: Wenn man Zelle 3.2 anspricht, ist es aus der Nummerierung heraus nicht ohne weiteres klar, ob dies die zweite Zelle in der dritten Zeile oder die dritte Zelle in der zweiten Zeile ist. Wird jedoch obige Empfehlung konsequent eingehalten, dann ist C2 die zweite Teilfunktionslösung zur Teilfunktion C. Diese eindeutige Bezeichnung kann u. a. bei der verbalen Bewertung der Teilfunktionslösungen verwendet werden.
- **Zerfällt eine Teilfunktion in mehrere Untergruppen bzw. Ausprägungen**, dann kann im Morphologischen Kasten diese Teilfunktion untergliedert werden. Die Untergruppen werden dann **mit Kleinbuchstaben „nummeriert"**.
  Beispielsweise soll Teilfunktion C „Wasser speichern" (in einer Kläranlage) aufgeteilt werden in Anzahl, Ort, Form und Größe der Speicherbehälter. Im Morphologischen Kasten wäre dies folgendermaßen einzutragen: Die jeweiligen Teilfunktionslösungen werden durch eine Kombination aus Großbuchstabe, Kleinbuchstabe und Ziffer identifiziert, z. B. Cb2 Kanister.

Teilfunktion		**Teilfunktionslösungen**		
		1	**2**	**3**
C	**Wasser speichern**			
Ca	Anzahl	drei	fünf	zehn
Cb	Ort	Fass	Kanister	Flasche
Cc	Form	Zylinder m. Deckel	Quader m. Tragegriff	Zylinder m. Hals
Cd	Größe	600 l	100 l	50 l

- **Zerfällt eine Teilfunktionslösung in mehrere Untergruppen bzw. Ausprägungen**, dann wird dies – anders als bei unterteilten Teilfunktionen – nicht durch eine weitere Nummer angedeutet, sondern der Begriff, der die Teilfunktionslösung kennzeichnet, erstreckt sich über mehrere Spalten, und die **Untergruppen bekommen je eine eigene arabische Nummer**.
  Im Morphologischen Kasten auf der nächsten Seite sind zwei Teilfunktionslösungen in Untergruppen geteilt: Luftkühlung und Wasserkühlung eines Motors. Die Untergruppen haben jeweils eigene Nummern, so dass sie mit Buchstabe und Nummer eindeutig identifiziert werden können (B1 Ringkühler bis B4 Durchlaufkühler).

<table>
<tr><th rowspan="2">Teilfunktion</th><th colspan="5">Teilfunktionslösungen</th></tr>
<tr><th>1</th><th>2</th><th>3</th><th>4</th><th>5</th></tr>
<tr><td>A ...</td><td></td><td></td><td></td><td></td><td></td></tr>
<tr><td rowspan="2">B Motor und Zylinder kühlen</td><td colspan="2">Luftkühlung</td><td colspan="2">Wasserkühlung</td><td rowspan="2"></td></tr>
<tr><td>Ring-Kühler</td><td>Rohr-Kühler</td><td>Umlauf-Kühler</td><td>Durchlauf-Kühler</td></tr>
<tr><td>C ...</td><td></td><td></td><td></td><td></td><td></td></tr>
</table>

Nachdem nun die Gestaltung des Morphologischen Kastens beschrieben ist, folgen einige Ausführungen zu Bewertungstabellen.

3.3.4 Hinweise zu Bewertungstabellen

In Bewertungstabellen werden mehrere Varianten nach unterschiedlichen Kriterien bewertet. Beispiele sind u. a. Tabellen mit Kriterien für die Standortwahl einer industriellen Unternehmung, Kosten-/Nutzen-Analysen oder die Bewertung von Konzeptvarianten nach VDI 2222 und VDI 2225 Blatt 3. Dabei werden die Konzeptvarianten zunächst technisch und danach wirtschaftlich bewertet und je eine Bewertungstabelle erstellt.

Zuerst möchten wir Ihnen das in den Normen festgelegte Verfahren zeigen. Danach empfehlen wir einige Abweichungen von der Norm. Bitte besprechen Sie vorab mit Ihrem Auftraggeber oder Betreuer, welche Vorgehensweise und Tabellengestaltung eingesetzt werden soll.

In der VDI 2222 wird eine Bewertung einer Kläranlage vorgestellt. Die Benennungen sind aber zu sparsam. Statt „Anlage“ sollten Sie exakter formulieren und von „Kläranlage“ sprechen. Die Konzeptvarianten sollten sprechende Namen erhalten, die man sich gut merken kann. Die Kopfzeile sollte entweder durch Fettdruck oder durch Rasterung hervorgehoben werden. Doch betrachten wir nun die einzelnen Schritte der Bewertung.

Technische Bewertungsmerkmale der Anlage	**Punktezahlen der Varianten 1 bis 4**				
	Var. 1	**Var. 2**	**Var. 3**	**Var. 4**	**ideal**
Verstopfungsgefahr	2	3	4	3	4
Geruchsausbreitung	3	3	3	3	4
Schallausbreitung	3	3	2	3	4
Raumbedarf	1	2	3	2	4
Betriebssicherheit	3	3	4	2	4
Summe	12	14	16	13	20
Technische Wertigkeit x	**0,60**	**0,70**	**0,80**	**0,65**	**1**

Wirtschaftliche Bewertungsmerkmale der Anlage	**Punktezahlen der Varianten 1 bis 4**				
	Var. 1	**Var. 2**	**Var. 3**	**Var. 4**	**ideal**
Aushub	2	3	4	3	4
Betonarbeit	3	3	3	3	4
Aufwand für Rohrleitungen und Armaturen	3	3	2	3	4
Montageaufwand	1	2	3	2	4
Unterhaltsaufwand	3	3	4	2	4
Summe	12	14	16	13	20
Wirtschaftliche Wertigkeit y	**0,60**	**0,70**	**0,80**	**0,65**	**1**

Die Varianten werden nun mit ihrer Stärke s, die sich aus den x, y-Koordinaten der jeweiligen Teilfunktionslösung ergibt, als Punkte s_1, s_2, s_3 und s_4 in ein Netzliniendiagramm – das s-Diagramm – eingezeichnet. Die Ideallösung s_i wird an der Stelle x=1,0 und y= 1,0 eingetragen. Durch das Diagramm wird von links unten nach rechts oben eine Gerade eingetragen. Die beste Teilfunktionslösung liegt am weitesten rechts und oben.

Für alle Bewertungstabellen gilt, dass aus der Tabelle und/oder der Legende klar werden muss, nach welchen Kriterien wie bewertet wurde und welche Variante wie viele Punkte erringen konnte. Grundregel: Die Bewertungstabelle soll **keine Denksport-Aufgabe** sein. Deshalb muss für derartige Tabellen stets angegeben werden, welche Variante „gewonnen" hat: die mit der höchsten oder – weitaus seltener – die mit der niedrigsten Punktzahl.

Bei dem Versuch einer sachgerechten Bewertung tritt das Problem auf, dass **verschiedene Bewertungskriterien unterschiedlich gewichtet** werden müssen. Um diese unterschiedliche Gewichtung realisieren zu können, sind Gewichtungsfaktoren eingeführt worden. Durch Multiplikation der Einzelpunkte mit den jeweiligen Gewichtungsfaktoren ergibt sich die Gesamtpunktzahl bezüglich des betrachteten Kriteriums. Die Addition der Gesamtpunktzahlen aller Kriterien führt zu der Gesamtpunktzahl der jeweiligen Variante, die in der Bewertungstabelle in der untersten Zeile als „Summe" erscheint.

Als konkretes Beispiel, wie eine gute Bewertungstabelle aussieht, dient die Bewertung mehrerer Varianten des Fahrgestells eines Bootsanhängers, **Bild 3-12**.

Hier ist insbesondere zu beachten, dass in der Legende zunächst sämtliche Abkürzungen und danach die Bedeutung der Bewertungsfaktoren erklärt werden. Der Leser kann so aufgrund der Legende gedanklich nachvollziehen, wie es zu der jeweiligen „Summe" gekommen ist. Bei der **Vergabe der Punktwerte** sollten Sie, um Logik-Fehler zu vermeiden, nach den folgenden Prinzipien vorgehen:

- Die vergebenen Punkte sind „Pluspunkte".
- Hohe Einzelpunkte bedeuten also hohe Güte und hohen Nutzen für die Anwender des Produktes. Damit hat die Variante mit der höchsten Summe „gewonnen".
- Hohe Gewichtungsfaktoren repräsentieren eine hohe Bedeutung und durch die Multiplikation mit den Einzelpunkten einen großen Einfluss des Kriteriums auf das Bewertungsergebnis, also auf die Summe (= die aufaddierten Gesamtpunkte) der jeweiligen Konzeptvariante.

Viele Ersteller von Bewertungstabellen haben Schwierigkeiten bei der Vergabe von Einzelpunkten und machen dabei z. T. gravierende Fehler! Bleiben wir bei unserem Beispiel des Bootsanhänger-Fahrgestells und betrachten die Bewertungskriterien Eigengewicht und Tragfähigkeit: Wenn die Tragfähigkeit steigt, dann steigt auch die (Plus-)Punktzahl. Aber wenn das Eigengewicht steigt, dann muss die (Plus-)Punktzahl sinken! In Formelschreibweise sieht dieser Sachverhalt folgendermaßen aus:

Tragfähigkeit $\uparrow$ $\Rightarrow$ Einzelpunktzahl $\uparrow$
Eigengewicht $\uparrow$ $\Rightarrow$ Einzelpunktzahl $\downarrow$

Wir erkennen aus dieser Betrachtung, dass es offenbar zwei verschiedene Fälle gibt.

1. Fall: Zahlenwert des Kriteriums $\uparrow$ und Punkte $\uparrow$
(hier: Tragfähigkeit)
2. Fall: Zahlenwert des Kriteriums $\uparrow$ und Punkte $\downarrow$
(hier: Eigengewicht)

Bei dieser entweder gleichlaufenden oder gegenläufigen Bepunktung werden die meisten Fehler in Bewertungstabellen gemacht. Es handelt sich um ein Problem der Sprachlogik, die ohnehin vielen Menschen schwerer fällt als mathematische Logik.

Bewertungs-kriterium	**Ge-wicht**	**1achsig, 2 Räder**		**2achsig, 4 Räder**		**2achsig, 3 Räder, 1 Rad drehbar**		**2achsig, 4 Räder, 1 Achse drehbar**	
	g	**EP**	**GP**	**EP**	**GP**	**EP**	**GP**	**EP**	**GP**
Eigengewicht	10	3	30	2	20	2	20	1	10
Montage	6	3	18	2	12	1	6	1	6
Kosten	10	3	30	2	20	1	10	1	10
Gebrauch	8	3	24	2	16	2	16	2	16
Gestaltung	4	3	12	2	8	1	4	1	4
Fahrwerk	8	4	32	3	24	3	24	3	24
Tragfähigkeit	8	2	16	4	32	3	24	4	32
Summe			162		132		104		102

Legende:

g = Gewichtungsfaktor	g = 2, sehr geringe Bedeutung	EP = 0, ungeeignet
EP = Einzelpunkte	g = 4, geringe Bedeutung	EP = 1, mit Mängeln
GP = g · EP = Gesamtpunkte	g = 6, mittlere Bedeutung	EP = 2, befriedigend
	g = 8, hohe Bedeutung	EP = 3, gut
	g = 10, sehr hohe Bedeutung	EP = 4, sehr gut

Bild 3-12 Beispiel einer technischen Bewertungstabelle für das Fahrgestell eines Bootsanhängers

Deshalb wird hier eine einfache und bewährte Möglichkeit zur Lösung dieses Problems empfohlen. Arbeiten Sie mit der folgenden Prüffrage:

☞ *Wenn der Zahlenwert des Kriteriums steigt, steigt oder sinkt dann der Nutzen für den Anwender?*
Falls der Nutzen steigt, dann steigt auch die Einzelpunktzahl.
Falls der Nutzen sinkt, dann sinkt auch die Einzelpunktzahl.

Oder wieder in Formelschreibweise dargestellt:

Zahlenwert des Kriteriums ↑ ⇒ Nutzen ↑ ⇒ Einzelpunktzahl ↑
Zahlenwert des Kriteriums ↑ ⇒ Nutzen ↓ ⇒ Einzelpunktzahl ↓

Es gibt bestimmte Schlüsselwörter, deren Auftreten immer die gegenläufige Bepunktung signalisiert. Nachfolgend sehen Sie einige Beispiele.

Hoher Aufwand ist das Gegenteil von hohem Nutzen und muss daher gegenläufig bepunktet werden. Ein steigender ***Kosten***aufwand wird mit fallender Einzelpunktzahl bewertet. Auch der ***Einarbeitungs***aufwand, um den Umgang mit einem technischen Produkt zu lernen, ist sinngemäß genauso zu behandeln: Steigender ***Lern***aufwand ergibt eine fallende Einzelpunktzahl. Versetzen Sie sich bei der Festlegung der Einzelpunktzahl für das jeweilige Bewertungskriterium in Gedanken in die Situation der Anwender oder Kunden und nicht in die der

Hersteller bzw. Dienstleistungsanbieter! Dann erkennen Sie leichter, ob hier gleichlaufende oder gegenläufige Bepunktung erforderlich ist.

Häufig tritt der Fall auf, dass mehrere solcher Bewertungstabellen im Bericht aufeinander folgen. Dann muss jede Tabelle ihre eigene Legende erhalten, damit jede Tabelle für sich allein lesbar bleibt und unnötiges Blättern vermieden wird.

3.3.5 Didaktisch-Typografisches Visualisieren (DTV)

Textbilder sind eine **Visualisierung von Text** mit typografischen Mitteln wie **Einrückungen, Aufzählungen mit Leitzeichen, Fettdruck, gliedernden Linien usw.** Die Visualisierung mit Textbildern erhöht die Übersichtlichkeit gegenüber Fließtext erheblich. REICHERT hat in seinem Buch „Kompendium für Technische Dokumentationen" die Methode des didaktisch-typografischen Visualisierens (DTV) beschrieben. Hier ein Beispiel.

Original-Text:

Die Sterilisationstemperatur bei der Sterilisierung des Tankes sollte mindestens 135 °C für einen Zeitraum von 30 Minuten betragen. Die Sterilisationstemperatur an den Kondesomaten sollte 125 °C nicht unterschreiten.

Mit DTV verbesserte Version:

Mindest-Temperaturen beim Sterilisieren:

- Am Tank = 135 °C, 30 min
- An den Kondensomaten = 125°C

Wird nun ein solches Textbild mit einem Kasten versehen, dann ist ein fließender Übergang zur Tabelle gegeben. Hier ein anderes Beispiel des didaktisch-typografischen Visualisierens (in Auszügen):

Betriebsstörungen, die Sie selbst beheben können

Beanstandung	**Mögliche Ursachen**	**Abhilfe**
Motor läuft nicht an	Sicherung ausgelöst	Sicherung erneuern
	Motorschutz hat angesprochen	Motorschutz richtig einstellen
Motor läuft nur schwer an	für Dreieckschaltung ausgelegt,. jedoch in Stern geschaltet	Schaltung richtigstellen
	Spannung oder Frequenz weichen beim Einschalten stark ab	für bessere Netzverhältnisse sorgen

Nachdem Sie bis hierher etliche Regeln für die Gestaltung von Zahlen-Tabelle, Text-Tabelle, Morphologischem Kasten und Bewertungstabelle sowie die Methode Didaktisch-typografisches Visualisieren (DTV) kennen gelernt haben, folgen nun einige Hinweise zur Gestaltung und Herstellung von Bildern.

3.4 Das Bild zum Text

Informationen, die der Ersteller des Technischen Berichts vermitteln will, können auf verschiedene Art und Weise dargeboten werden:

- mit Buchstaben (Wörter, Sätze, Text-Tabellen),
- mit Zahlen (Zahlen-Tabellen und Formeln) oder
- als grafische Darstellung bzw. Bild (man spricht auch von Diagramm, Illustration, Grafik, Abbildung, Schema usw.; eine Abgrenzung dieser Begriffe folgt später).

Diese verschiedenen Arten der Darstellung haben jeweils Vor- und Nachteile. Die verbale Darstellung ist sehr exakt, und es lassen sich auch abstrakte Ideen darstellen; sie ist jedoch nicht sehr anschaulich. Zahlen sind ebenfalls sehr exakt. Umfangreiche Zahlen-Tabellen sind aber recht unübersichtlich, selbst bei optimaler Tabellengestaltung. Wenn die Zahlen aber in Form eines Diagrammes visualisiert werden, verbessert sich die Anschaulichkeit deutlich.

Viele andere Sachverhalte können jedoch bedeutend einfacher und klarer in Bildern dargestellt werden, als dies durch verbale Beschreibungen oder Tabellen und Formeln möglich ist. **Bilder** sind ein **Blickfang** für das Auge; sie werden deshalb zuerst wahrgenommen. Informationen, die grafisch dargeboten werden, können auch leichter aufgenommen und verarbeitet werden. Dadurch wirken Grafiken **motivierend**, und sie sind sehr **einprägsam**. Teilweise können sie sogar ausführliche Beschreibungstexte ersetzen. Bilder **betonen Strukturen**, und sie bilden die Wirklichkeit ab. Bilder erleichtern und intensivieren Verstehensprozesse. Informationen aus Bildern werden deshalb auch **besser behalten** als gelesene Informationen.

Nicht immer sind Bilder jedoch die beste Art der Informationsdarbietung. Abstrakte Informationen können besser durch Texte beschrieben werden. Es kommt also auf die richtige Mischung und Zuordnung an. Es muss festgelegt werden, welche Informationen im Text untergebracht werden, welche Informationen nur in einem Bild erscheinen sollen und welche Informationen auf beiden Wegen angeboten werden. In diesem Zusammenhang wird oft von Text-Bild-Bezug gesprochen. Dieser **Text-Bild-Bezug** muss **gut geplant** werden. Auch die Platzierung der Bilder relativ zum Text muss geplant werden. Der Autor gibt durch diese Platzierung und durch Verweise vom Text auf die Bilder eine Empfehlung für die Lesereihenfolge.

Die Bilder können entweder vorn in den Text integriert oder hinten in einem eigenen Bildanhang erscheinen. Beide Methoden weisen Vor- und Nachteile auf. Beim Überarbeiten des Textes sind **Bilder im Bildanhang einfacher zu verwalten**, da sie bei Textänderungen ihre Position im Bildanhang behalten. Stände das Bild vorn, würde dies zusätzliche Maßnahmen beim Seitenumbruch erfordern (Absätze von „hinter dem Bild“ nach „vor dem Bild“ verschieben und umgekehrt, anpassen der Querverweise vom Text zum Bild). Allerdings weist die Anordnung „Bilder hinten“ einen entscheidenden Nachteil auf. Der für das schnelle Verständnis des zugehörigen Textes erforderliche **Text-Bild-Bezug** ist **durch das** zwingend notwendige **Hin- und Herblättern stark erschwert** und die **Verständlichkeit sinkt**.

Deshalb wird die **textnahe Anordnung der Bilder empfohlen**. Im Idealfall befindet sich also das Bild auf der gleichen Seite wie der erläuternde Text, wenn Vorder- und Rückseiten bedruckt sind, soll sich das Bild auf der gleichen Doppelseite wie der Text befinden. Bei Layoutproblemen kann dann das Bild auch eine Seite später erscheinen, wobei ein entsprechender Hinweis auf der vorherigen Seite im Text das sofortige und ggf. mehrmalige Umblättern zur nächsten Seite ermöglicht.

☞ *Verweisen Sie deshalb immer* ***rechtzeitig*** *auf nachfolgende Bilder und Tabellen!*

Die einfachste Methode eines solchen Hinweises auf ein Bild ist eine beliebige Sachaussage, bei der am Ende mit Komma der **Hinweis auf das Bild** angeschlossen wird. Beispiel:

Der Kraftfluss in der Presse führt vom Stößel über das Gestell zum Pressentisch, Bild 12.

Wenn auf diese Weise auf ein Bild verwiesen wird und es nicht auf der gleichen Seite steht, wird der Leser mit Sicherheit zur nächsten Seite umblättern, weil er das Bild dann dort erwartet. So ist mit diesem ganz einfachen Hinweis „..., Bild 12." der Text-Bild-Bezug sichergestellt und damit die Verständlichkeit des Technischen Berichts nennenswert verbessert.

☞ *Sie sollten die Bilder möglichst früh zeichnen bzw. einscannen, parallel zum Erstellen des Textes. Wenn Sie das Erstellen der Bilder vor sich herschieben, sind Sie am Ende der Bearbeitungszeit gezwungen, sehr schnell und unsauber zu arbeiten, was man dem Endergebnis dann ansieht.*

Die positiven Wirkungen von Bildern im Technischen Bericht kommen nur dann zur vollen Entfaltung, wenn bestimmte allgemeine Regeln eingehalten werden. Diese Regeln zielen vor allem auf gute Lesbarkeit ab.

Die in diesem Zusammenhang wichtigste Regel ist die DIN 19045 „Lehr- und Heimprojektion für Steh- und Laufbild". Sie gilt für Text- und Bild-Vorlagen, die abfotografiert und als Dia projiziert werden sollen und sinngemäß auch für die Overhead-Projektion.

Nach der DIN 19045 soll der Aufbau einer Illustration einfach und übersichtlich sein. Es soll möglichst **nur ein Vorgang, Gegenstand oder Gedanke pro Bild** dargestellt werden, damit der Betrachter den Bildinhalt leicht und schnell erfassen kann.

Das **Seitenverhältnis** der Bildvorlagen soll dem der **DIN-Formate** entsprechen ($1 : \sqrt{2}$ bzw. 1 : 1,41). Bildvorlagen, die projiziert werden sollen, müssen besonders gut lesbar sein, damit auch die Projektion an der Wand gut lesbar ist. Um die Bedingungen bei der Projektion zu simulieren, betrachten Sie Ihre Vorlage bei guter Beleuchtung aus großem Abstand – dem Prüfabstand. Nach Praxiserfahrungen ist als Prüfabstand die sechsfache Länge der langen Kante der Bildvorlage geeignet.

☞ *Für DIN A4 (210 × 297 mm) ist der* ***Prüfabstand*** *für die Lesbarkeit von Projektionsvorlagen also* ***mindestens 30 cm × 6 = 1,80 m****.*

Die DIN 19045 T3 „Lehr- und Heimprojektion für Steh- und Laufbild – Mindestmaße für die Projektion" legt als Prüfabstand sogar die 8-fache Länge der langen Kante der Vorlage fest.

Bilder, die nicht projiziert werden, sondern in einem Bericht abgebildet sind, sollten aus der normalen Leseentfernung von 30 bis 40 cm einwandfrei lesbar sein. Indizes von Zahlenwerten sind oft zu klein und dies sowohl bei selbsterstellten als auch bei kopierten oder eingescannten Bildern. Wenn man nun ein zu kopierendes Bild oder einen eigenen Ausdruck aus der normalen Leseentfernung von 30 bis 40 cm auf seine Lesbarkeit prüft, können nicht einwandfrei erkennbare Stellen sofort aufgefunden werden und entsprechende Gegenmaßnahmen ergriffen werden (stärker vergrößern, Schriftart ändern, Schriftgröße erhöhen usw.).

Wenn man sich nun genauer ansieht, wie in grafischen Darstellungen die Bildbotschaft vermittelt wird, dann führt das zu der Übersicht in **Bild 3-13**.

Die weiteren Aussagen über Bilder beschäftigen sich im Rahmen der **Planung** zunächst mit Grundregeln der informationswirksamen Gestaltung von Bildern und mit der Vergabe von Bildnummern und Bildunterschriften.

Dann folgen die Phasen **Realisation und Kontrolle**. Bilder können entweder manuell gezeichnet werden (mit Stiften, Schablonen und anderen Zeichenhilfen) oder unter Verwendung von Hilfsmitteln wie Fotokamera, Fotokopiergerät, Scanner, Grafik- und CAD-Programm erstellt oder eingescannt werden. Eine weitere Quelle für Bilder ist das Internet. Beispielsweise lassen sich mit der Bildersuche von www.google.de leicht und schnell Bilder beschaffen. Zur Verwendung dieser Hilfsmittel und zur Beeinflussung und Kontrolle der Bildqualität werden in eigenen Abschnitten bewährte Tipps gegeben.

Bildhafte (grafische) Darstellungen

Schemata	**Diagramme**	**Bildzeichen**
(Realität vereinfachen)	(Abstraktes konkretisieren)	(Assoziation hervorrufen)
Sinnbild	Säulendiagramm	konkretes Piktogramm
Prinzip-Skizze	Balkendiagramm	(zeigt Gegenstände
Blockschaltbild	Punktdiagramm	oder Lebewesen)
Funktions-Schema	Liniendiagramm, z. B.	abstraktes Piktogramm
Fließbild eines Prozesses	Graph einer Funktion,	(muss gelernt werden)
Organigramm	Nomogramm	Symbol
Lageplan, Stadtplan,	Kreis- bzw. Tortendiagramm	Logo
Landkarte, Kartogramm	Flächendiagramm	Verkehrszeichen
elektrischer, hydraulischer,	Körperdiagramm	Hinweiszeichen
pneumatischer Schaltplan,	Mengendiagramm	usw.
Rohrleitungsplan	Baumdiagramm	
Technische Zeichnung	Balkenplan (Gantt-Diagramm)	
Berechnungs-Skizze	Netzplan	
perspektivische Zeichnung	Programmablaufplan	
(inkl. Explosionszeichnung)	(Flussdiagramm)	
Comic	Struktogramm	
	Mind Map	

Bild 3-13 Unterteilung grafischer Darstellungen nach Funktion und Inhalt

Weitere Abschnitte des vorliegenden Kapitels beschäftigen sich mit dem dargestellten **Inhalt und** der daraus resultierenden **Art der grafischen Darstellung**. Dort finden Sie Hinweise zur Erstellung von Schemata, Diagrammen, Skizzen, perspektivischen Darstellungen und Technischen Zeichnungen.

3.4.1 Informationswirksame Gestaltung von Bildern

Grafische Darstellungen bzw. Bilder haben drei mögliche Funktionen. Sie sollen entweder die **Realität vereinfachen** (z. B. Prinzipskizze, Stadtplan) oder **abstrakte Ideen** durch räumliche Anordnungen **konkretisieren** (z. B. Säulendiagramm, Kreisdiagramm, Baumdiagramm) oder **Assoziationen hervorrufen** (z. B. Logo und Piktogramm).

Bilder sind für diese Informationszwecke oft zu wenig eindeutig, sie haben aber Instruktionsvorteile durch ihre Ähnlichkeit mit der optisch wahrgenommenen Welt. Es ist meist besonders wirksam, wenn die **Überblicks-Informationen in Bildern** und die **Detail-Informationen** in Form von **Text** angeboten werden. Um Missverständnisse und Fehlinterpretationen bei Ihren Lesern zu vermeiden, sollten Sie bei der Bildgestaltung die folgenden Grundregeln möglichst einhalten, **Checkliste 3-6**. Wenn diese 13 Grundregeln eingehalten werden, dann ist schon ein großer Schritt hin zu „guten" Bildern getan.

Checkliste 3-6 Grundregeln für die instruktionswirksame Gestaltung von Bildern

1. **Wichtiges hervorheben!**
2. **Unwichtiges weglassen!** (Maximal vier bis sieben grafische Elemente in einem Bild verwenden, sonst wird das Bild zu unübersichtlich.)
3. **Strichdicke und Buchstabenhöhe genügend groß wählen!** (Das Bild soll aus der normalen Leseentfernung von 30 bis 40 cm einwandfrei lesbar sein.)
4. Das Auge schaut entlang **dominanter Linien**. Deshalb sollen **Zwischenelementbeziehungen** grafisch hervorgehoben werden (Linien, Pfeile, Spalten, Zeilen, gemeinsame Farbe). Diese Zwischenelementbeziehungen sollen möglichst auch genau benannt werden (Welcher Art ist die Verbindung? Was bedeutet sie?) durch *Beschriftungen* im Bild oder Erläuterungen in der *Legende*.
5. **Räumliche Nähe** von Elementen wird *als* **begriffliche Ähnlichkeit bzw. Zusammengehörigkeit** aufgefasst.
6. Elemente, die **räumlich über- bzw. untereinander angeordnet** sind, gelten als **hierarchisch über- bzw. untergeordnet**. Dies betont Funktionsstrukturen.
7. Elemente, die **nebeneinander** angeordnet sind, werden als **zeitliche oder logische Aufeinanderfolge** empfunden.
8. Wenn die Elemente in einem **Kreis** angeordnet sind, dann wirkt dies wie ein Zyklus, eine **sich zeitlich ständig wiederholende Abfolge**.
9. Wenn ein Element ein anderes **räumlich umschließt**, dann wird dies so aufgefasst, dass der **äußere Begriff den inneren semantisch einschließt**.
10. Elemente wie Kästen, Balken, Linien, Spalten müssen **eindeutig** gekennzeichnet sein (durch sprachliche Erläuterung *oder* durch grafische Erläuterung/Piktogramme).
11. **Ein Elementtyp** darf in einem Bild bzw. einer Bildserie **nur eine Funktion** haben. Zum Beispiel können Pfeile für die verschiedensten Informationen verwendet werden: Bewegungsrichtung, Informationsfluss, ursächlicher Zusammenhang, Hinweis usw. Diese unterschiedliche Bedeutung soll durch eine jeweils andere Gestaltung des Pfeils erkennbar sein. So wird üblicherweise der Doppelpfeil für die Kennzeichnung eines ursächlichen Zusammenhangs verwendet. Wenn nun in der gleichen zeichnerischen Darstellung auch ein Momentenpfeil auftreten soll, dann muss dieser deutlich anders aussehen und der Unterschied muss dem Leser „mitgeteilt" werden.
12. Achsen haben **große Zahlenwerte** auf der (senkrechten) y-Achse **oben und** auf der (waagerechten) x-Achse **rechts**.
13. Für einige Diagrammtypen gibt es **genormte Bildzeichen**. Beispiel: DIN 66001 für Flussdiagramme legt u. a. fest, dass ein Rechteck für eine Operation bzw. Tätigkeit, eine Raute für eine Entscheidung und ein abgerundetes Rechteck für Anfang und Ende einer

Prozedur zu verwenden sind. Weitere Normen: DIN 30600, DIN 32520, DIN 66261. Derartige Normen sind natürlich einzuhalten.

Die gemeinsame Anwendung der Grundregeln 1 und 2 wird auch **„didaktische Reduktion"** genannt. **Bild 3-14** zeigt dazu ein Beispiel.

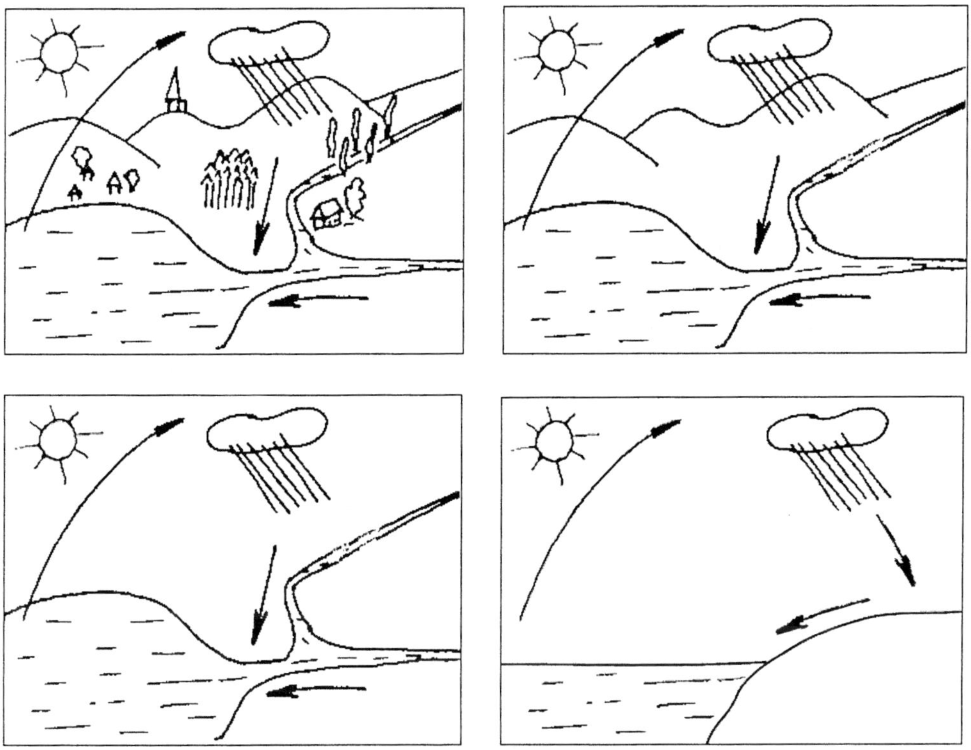

Bild 3-14 Didaktische Reduktion am Beispiel des Wasserkreislaufs in der Natur (die ersten drei Teilbilder stammen aus MELEZINEK, Unterrichtstechnologie)

Durch das **Weglassen und Vereinfachen** wird beim Leser eine **Konzentration auf das Wesentliche** erreicht – den Kreislauf aus Verdunstung, Niederschlag und Abfluss des Wassers.

Die Grundregeln aus **Checkliste 3-6** erfassen nur die globale Aufteilung eines Bildes. Nun sollen noch Mechanismen mitgeteilt werden, die in jedem Menschen beim Erfassen von Bildern wirken. Die Kenntnis dieser Mechanismen hilft, die Bilder auch im Detail übersichtlich und eindeutig zu gestalten und dadurch Missverständnisse zu vermeiden.

Bei der **optischen Wahrnehmung** erfasst das Auge **einzelne Bildpunkte. Im Gehirn** werden diese Bildpunkte **zu Linien, Punkten und Flächen zusammengesetzt**. Diese einfachen geometrischen Elemente werden dann strukturiert und ausgewertet. Der Mensch erkennt Objekte bzw. Objektgruppen. Bei der Interpretation der einfachen grafischen Elemente im Gehirn wirken die sogenannten Gestaltgesetze, **Bild 3-15**.

Wenn Sie Farben einsetzen, überlegen Sie, ob Ihr Technischer Bericht später sowohl online, als auch gedruckt verteilt werden soll. Farbige Objekte und Linien wirken ganz anders, wenn Sie in schwarz-weiß ausgedruckt werden, denn der SW-Drucker setzt Farbe in Grauwerte um.

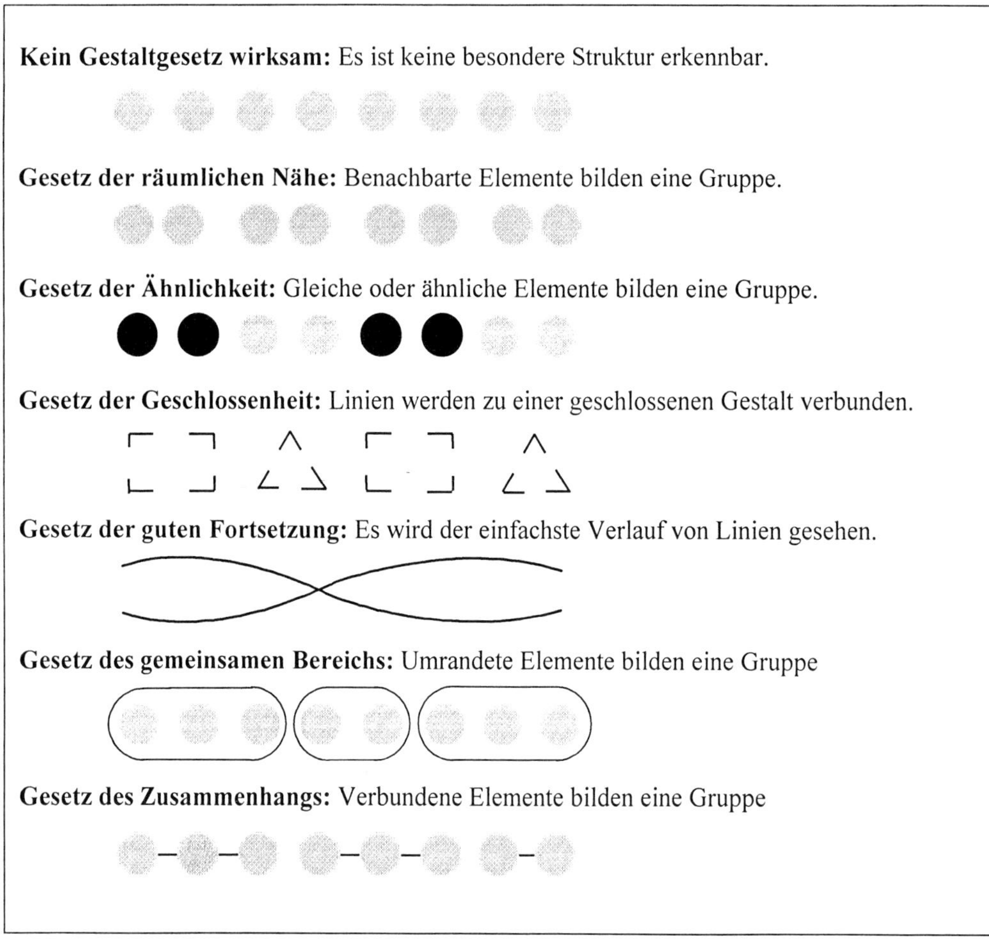

Bild 3-15 Gestaltgesetze bei der optischen Wahrnehmung von Bildern

Wenn Sie Bilder erstellen, dann können Sie **durch** Kenntnis dieser **Gestaltgesetze** und einiger anderer Bildgestaltungs-Maßnahmen die **Reihenfolge und Intensität der Wahrnehmung** von Bildobjekten durch die Leser bzw. Betrachter gezielt **beeinflussen**. In diesem Zusammenhang stehen zusätzlich die folgenden Möglichkeiten zur Hervorhebung und Aufmerksamkeits-Steuerung zur Verfügung, **Checkliste 3-7**.

Checkliste 3-7 Möglichkeiten zur Hervorhebung und Aufmerksamkeits-Steuerung in Bildern

Farbe: Farben prägen sich besser ein als Schraffuren, verschieden breite Linien oder verschiedene Linienarten. Am beliebtesten ist die Farbe rot. Verwenden Sie Farben sehr sparsam, sonst verliert sich der Steuerungseffekt.

Pfeile: Es sind sehr viele grafische Ausführungen für Pfeile möglich. Pfeile können auf wichtige Details zeigen. Pfeile können aber auch andere Funktionen haben, siehe auch Checkliste 3-6, Regel 11.

Überzeichnung: Unauffällige, aber wichtige Bilddetails werden vergrößert abgebildet und unwesentliche Details werden weggelassen. Der Vergrößerungsfaktor kann dabei bis 1,5 (150 %) betragen, ohne dass der Betrachter irritiert wird.

Strichstärke: Wichtige Elemente werden mit 0,75 bis 1,50 mm breiten Linien gezeichnet. Weniger wichtige Bildelemente erscheinen in 0,25 bis 0,50 mm breiten Linien.

Umrahmung oder Einkreisung: Um wichtige Bildelemente hervorzuheben, können Sie umrahmt oder eingekreist werden.

Ausschnittvergrößerung: Ein umrahmter oder eingekreister Bildausschnitt wird auf demselben Bild oder (nicht so gut) auf einem Folgebild vergrößert gezeichnet (Lupe). Der Zusammenhang muss dabei erkennbar bleiben. Die Umrahmungen müssen gleichartig sein (z. B. Rechteck mit konstantem Seitenverhältnis oder Kreis), damit der Betrachter die Vergrößerung und den Original-Bildausschnitt einander zuordnen kann.

Unterlegung und Rasterung: Ein wichtiger Bildausschnitt erhält einen farbigen oder grauen Hintergrund. Für die Wahrnehmung muss hier jedoch ein ausreichender Kontrast zwischen Bildobjekt und Hintergrund erhalten bleiben.

Verwenden Sie möglichst nur wenige Möglichkeiten zur Aufmerksamkeits-Steuerung. Anderenfalls wird das Bild u. U. zu unübersichtlich. Heben Sie nicht zu viele Details hervor, sonst geht der Effekt der Aufmerksamkeits-Steuerung verloren.

Wenn Sie die zu verwendenden Bilder nach den oben vorgestellten 13 Regeln und unter Berücksichtigung der Gestaltgesetze und der Möglichkeiten zur Aufmerksamkeitssteuerung gestalten bzw. Vorlagen entsprechend modifizieren, dann wird die Erkennung und Interpretation der Bildbotschaft stark erleichtert. Ihre Bilder werden dadurch besser verständlich. Die in Bildform gesendete Botschaft wird nun von Ihrer Zielgruppe leichter und exakt im von Ihnen beabsichtigten Sinne verstanden.

3.4.2 Bildnummerierung und Bildunterschriften

Während Bilder im Technischen Bericht grundsätzlich eine Bild***unter***schrift erhalten, haben sie in der Präsentation eine Bild***über***schrift. Bildunterschriften sind eigentlich unverzichtbar, fehlen aber oft!

Die **Bildunterschrift** im Technischen Bericht (bzw. Bildüberschrift in der Präsentation) ergänzt damit die Bezeichnung der Achsen, Sektoren, Balken, Säulen usw., und sie gibt zusätzliche Informationen sowie ggf. eine **Quellenangabe**.

In der Bildunterschrift kann genau angegeben werden, was das Bild zeigt, für welche Rahmenbedingungen es gilt, welche Aussage es enthält usw. Die Bildunterschrift sollte zweckmäßigerweise die folgende Form haben.

Bild 16 Schematische Darstellung der Fertigungsvarianten

Falls einmal ein Bild über mehrere Seiten geht, können Sie die Möglichkeiten zur Kennzeichnung der Fortsetzung von Tabellen aus 3.3.2 sinngemäß auch für Bilder verwenden.

Die Bildnummern können durch den ganzen Bericht hindurch fortlaufend hochgezählt werden (Beispiel: 1, 2, 3, ... , 67, 68, 69). Die Bildnummern können jedoch auch zusammengesetzt werden aus der Kapitelnummer und der innerhalb eines Kapitels fortlaufend hochgezählten Bildnummer (Beispiel: 3-1, 3-2, 3-3, ... , 3-12, 3-13). Statt Bindestrich kann auch ein Punkt zur Unterteilung der Bildnummer verwendet werden (Beispiel: 3.1, 3.2, 3.3, ... , 3.12, 3.13). Bücher, die viele kleine Bilder auf jeweils einer Seite haben (z. B. KLEIN, DUBBEL usw.), verwenden auch die Kombination von Seitenzahl und Bildnummer innerhalb der Seite (Beispiel: 324.1, 324.2, 324.3).

Die fortlaufende Nummerierung der Bilder hat den Vorteil, dass die Gesamtanzahl der Bilder sehr leicht zu ermitteln ist. Wenn aber nachträglich noch ein Bild eingefügt oder weggelassen wird, ergeben sich überwiegend Nachteile, weil sämtliche nachfolgenden Bildnummern und die Verweise auf diese Bilder geändert werden müssen. Falls Sie Querverweise automatisch erzeugen wollen, helfen die Abschnitte 3.7.6 und 3.7.8 weiter.

Planen Sie rechtzeitig, welche Bilder in Ihren Bericht aufgenommen werden sollen. Besonders bei Modellfotos von verwendeten Versuchseinrichtungen, Maschinen usw. kommt es vor, dass zu spät fotografiert bzw. der Film zu spät entwickelt wurde und aus Zeitnot Bilder mit einer Bildnummer wie z. B. Bild 8a zwischen Bild 8 und Bild 9 in den Bericht eingefügt werden, damit sich nicht alle nachfolgenden Bildnummern und die zugehörigen manuell erstellten Querverweise ändern.

Die **Bildunterschrift** gehört stets **unter das zugehörige Bild**. Außerdem gehört sie **in die Nähe des zugehörigen Bildes**. Damit ergibt sich, dass die Positionierung der Bildunterschrift im nun folgenden Beispiel, **Bild 3-16**, eher unglücklich ist. Es ergibt sich die Frage: Wo gehört die Bildunterschrift von Bild 12 hin? Zum oberen oder zum unteren Bild?

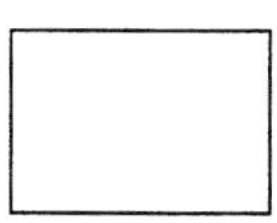

Bild 12 Versuchsaufbau (schematisch)

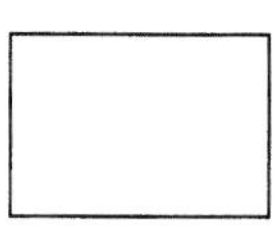

Bild 13 Flügelrad-Anemometer für die Erfassung des Absaugfeldes

Bild 3-16 Schlechte vertikale Positionierung der Bildunterschrift (insbesondere bei mehreren aufeinander folgenden Bildern)

Besser ist die Positionierung in **Bild 3-17**. Zwischen Text und Bild erscheinen zwei (bis drei) Leerzeilen. Zwischen Bild und Bildunterschrift steht (eine halbe bis) eine Leerzeile. Nach der Bildunterschrift erscheinen wieder zwei (bis drei) Leerzeilen. Durch den größeren vertikalen Abstand oberhalb des Bildes und unterhalb der Bildunterschrift (jeweils mindestens zwei Leerzeilen) wird für den Leser schon von der Anordnung her deutlich, dass Bild und Bildunterschrift eine Einheit bilden.

....
....
....

(Leerzeile)
(Leerzeile)

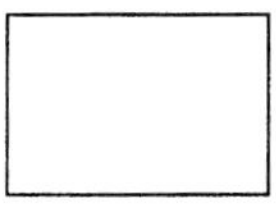

(Leerzeile)

Bild 12 Versuchsaufbau (schematisch)

(Leerzeile)
(Leerzeile)

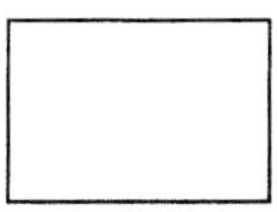

(Leerzeile)

Bild 13 Flügelrad-Anemometer für die Erfassung des Absaugfeldes

(Leerzeile)
(Leerzeile)

....
....
....

Bild 3-17 Gute vertikale Positionierung der Bildunterschrift

Bei zwei- oder **mehrzeiligen Bildunterschriften** beginnt die zweite und alle weiteren Zeilen an der **Fluchtlinie des Bildunterschriftstextes** der ersten Zeile, **Bild 3-18**. Auch Bildunterschriften, die sich gemeinsam auf mehrere Teilbilder beziehen, können so gestaltet werden. Die kleinen, zusammengehörigen Teilbilder werden nebeneinander angeordnet und mit Kleinbuchstaben und Klammer gekennzeichnet.

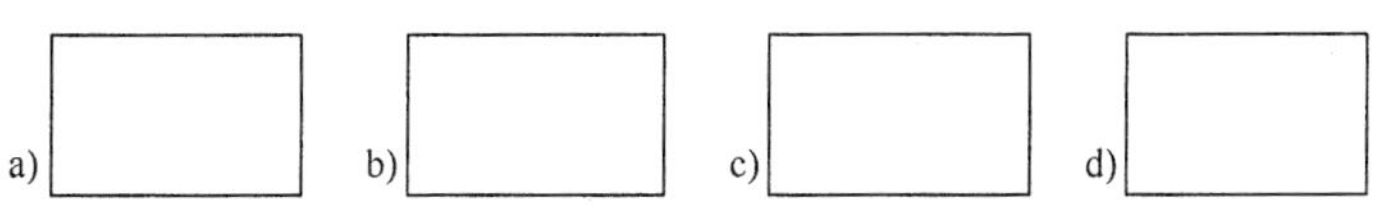

Bild 10 Gegenüberstellung verschiedener Möglichkeiten der nicht in den Schweißprozess integrierten Schweißrauchabsaugung: a) reine Hallenabsaugung, b) Hallenabsaugung kombiniert mit Hallenbelüftung, c) Untertischabsaugung, d) Übertischabsaugung

Bild 3-18 Layout von mehrzeiligen Bildunterschriften sowie gemeinsame Bildunterschrift für mehrere Teilbilder

Wenn Sie ein **Bilderverzeichnis automatisch erzeugen** wollen, dann sollten Sie alle Bildunterschriften mit derselben Formatvorlage formatieren und diese Formatvorlage nur für Bildunterschriften verwenden, da andernfalls die automatische Erzeugung u. U. nicht vollständig ausgeführt wird oder unerwünschte Einträge erscheinen. Details hierzu finden Sie in den Abschnitten 3.7.6 und 3.7.8.

Bei Bildunterschriften sind genaue **Lagebezeichnungen** sehr wichtig. Sie erleichtern es dem Leser des Berichts, sich die Stelle der realen Anordnung vorzustellen, auf die sich das Bild bezieht. Eine Bildunterschrift mit zu ungenauen Ortsangaben ist z. B. „**Bild 6.5** Druckmesspunkte D und Temperaturmesspunkte T". Hier fehlt ein Zusatz wie „... im Kaltkanal" oder sogar noch besser „... im Kaltkanal des Spritzgießwerkzeuges".

In diesem Zusammenhang sollten Sie auch berücksichtigen, dass von einem Technischen Bericht – nachdem er einmal vollständig gelesen wurde – oft nur noch für das aktuelle Problem relevante Teilbereiche gelesen werden. Speziell für diesen Fall, der öfter als vielleicht vermutet auftritt, sind sehr präzise Ortsangaben innerhalb des Gesamtsystems von Text, Bildunterschriften und Tabellenüberschriften sehr hilfreich.

Für die Formulierung von Bildunterschriften gelten sinngemäß die gleichen Regeln wie für die Formulierung von Dokumentteil-Überschriften, siehe **2.4.3, Checkliste 2-4, Seite 15**. Auf jedes im Bericht angeordnete Bild sollte im Text mindestens einmal hingewiesen werden. Dabei soll das Bild möglichst in der Nähe dieses Hinweises erscheinen.

Falls von mehreren Stellen des Technischen Berichts auf ein Bild hingewiesen wird, dann soll das Bild in der Nähe des wichtigsten Hinweises angeordnet werden. Wie bei Tabellen kann dieser Bezug vom Text auf das Bild durch folgende Formulierungen ausgedrückt werden:

- ..., Bild xx. oder
- ..., siehe Bild xx. oder
- ... zeigt das folgende Bild. bzw.
- ... zeigt Bild xx.

Wenn Sie **ein Bild aus einer Literaturquelle oder dem Internet kopieren bzw. einscannen** und in Ihren Bericht einfügen wollen, dann sollten Sie Bildnummer und Bildunterschrift entweder nicht mit kopieren oder nach dem Kopieren wegschneiden bzw. nicht mit einscannen. Sie vergeben nun Ihre eigene Bildnummer. Die Bildunterschrift können Sie entweder unverändert aus der Literaturquelle übernehmen, oder Sie vergeben eine eigene, neue Bildunterschrift. Alle Bildnummern und Bildunterschriften werden einheitlich mit dem Textverarbeitungs-Programm selbst erzeugt. Wenn sowohl kopierte als auch selbsterstellte Bilder gleich aussehende Bildunterschriften haben, dann ergibt sich ein einheitlicherer Gesamteindruck.

Nicht selbst erstellte Bilder müssen eine **Quellenangabe** erhalten. Wie diese Quellenangabe genau aussieht, ist in 3.5.4 „Kennzeichnung von Zitaten im Text" beschrieben.

Relativ oft ist das **Umnummerieren von Bildern** erforderlich, weil Bilder während der Erstellung des Technischen Berichts nachträglich verschoben werden, hinzukommen oder wegfallen. Dann müssen im gesamten Text jeweils die Stellen aufgefunden werden, wo Bildunterschriften stehen und wo auf Bilder verwiesen wird. Dies lässt sich mit dem Textverarbeitungs-Programm mit der Funktion „Suchen" durchführen. Es muss nur als Suchtext eingegeben werden: „Bild_". Dabei steht das Symbol „ _" für ein Leerzeichen oder einen Tabulator. Nun können die Bildnummern überprüft und gegebenenfalls geändert werden.

Selbst bei sorgfältiger Planung, welche Bilder in den Bericht aufgenommen werden sollen, kommt es häufig vor, dass relativ spät die Entscheidung getroffen wird, ein Foto des Versuchsstandes oder Fotos von Modellen o. ä. Bilder in den Technischen Bericht einzufügen. Die zusätzliche Arbeit des Umnummerierens lässt sich nur dadurch vermeiden, dass der Einbau von Modellfotos, Versuchsstandfotos usw. rechtzeitig überlegt und beschlossen wird (*Planung!*) und eine Bildnummer für diese erst später zu erstellenden Bilder freigehalten wird oder dass Sie mit automatisch erzeugten Bildnummern und Querverweisen arbeiten, siehe Abschnitte 3.7.6 und 3.7.8.

Für die Positionierung der Bilder bestehen mehrere Möglichkeiten: linksbündig, zentriert oder um einen gleich bleibenden Abstand eingerückt. Wenn dies von der Bildgröße her machbar ist und ausgewogen aussieht, hat die Variante „Bildunterschriften linksbündig, Bilder an der Fluchtlinie, die sich am Beginn des Textes der Bildunterschriften ergibt" den Vorteil, dass das Layout relativ ruhig ist und die Bildnummer hervorgehoben wird.

3.4.3 Foto, Fotokopie, Digitalfoto, Scan und aus dem Internet kopiertes Bild

Papier-Foto und Fotokopie werden hier gemeinsam betrachtet, weil beide im Technischen Bericht **aufgeklebt** werden. Fotos werden auch heute noch eingesetzt, z. B. für Gefügefotos metallischer Werkstoffe bei Schadensuntersuchungen, für Fotos von Anlagen, als Pressefotos sowie für Reproduktionszwecke bei Zeitungen, Zeitschriften, Buchverlagen usw.

Zunehmend werden aber auch **Digital-Fotos, gescannte Bilder und Bilder aus dem Internet** verwendet, die einfach **als Pixelgrafik-Dateien in den Text eingefügt** werden.

Wenn Sie **farbige Bilder aus Büchern und Prospekten** in Ihren Bericht **einkleben** wollen, erstellen Sie aus der Quelle eine Farbkopie und schneiden das Bild aus der Kopie heraus (wenn Sie mehrere Prospekte haben, können Sie das Bild auch direkt aus dem Prospekt ausschneiden). Später kleben Sie das Bild ein und vervielfältigen diese Seite Ihres Technischen Berichts durch Farbkopieren. **Farbfotos** können Sie in jedes Exemplar des Technischen Berichts einkleben. Ähnliche Möglichkeiten haben Sie auch bei schwarz-weißen Bildern mit Hell-Dunkel-Verläufen und SW-Fotos.

Für größere Auflagen können die Bilder mit Farb- und Helligkeitsverläufen (Halbtonbilder) auf dem SW-Kopierer vervielfältigt werden. Es ergeben sich aber ohne Fototaste fast immer Qualitätsprobleme. Wenn diese Probleme trotz Kopieren mit der Fototaste bestehen bleiben, muss bei Farb- und SW-Halbtonbildern gerastert werden.

Hierfür gibt es **Rasterfolien**. Sie werden **beim Kopieren** auf die Vorlage gelegt, möglichst nur auf das Bild, damit die Schrift nicht durch Rastern an Schärfe verliert. Durch die Rasterfolie wird die Halbtonvorlage in einzelne Bildpunkte zerlegt. Die so vorbereitete Kopie der Seite lässt sich nun als Kopiervorlage zur weiteren Vervielfältigung verwenden. Rasterfolien für Fotokopierer sind zwar sehr teuer, sie ergeben aber einwandfrei durchgezeichnete Schwarz-Weiß-Fotokopien von Halbtonbildern in guter Qualität.

Neben Rasterfolien für den Kopierprozess sind auch **Rasterfolien** erhältlich, die **bei der manuellen Vergrößerung von Negativen** eingesetzt werden können. Diese Rasterfolien werden gemeinsam mit dem Negativ durchleuchtet (etwas längere Belichtungszeit). Auf dem Fotopapier wird eine bereits gerasterte Vergrößerung abgebildet. Bei diesem Verfahren ergeben sich feinere Rasterpunkte als bei der Verwendung von Rasterfolien für den Kopierprozess. Rasterfolien für den Fotoprozess kommen jedoch nur in Frage, wenn Sie die Möglichkeit haben, Negative manuell zu vergrößern.

Wenn Sie **Bilder scannen oder Digitalfotos erstellen**, dann überlegen Sie rechtzeitig, mit welcher **Bildauflösung** Sie arbeiten wollen. Für die reine Bildschirmdarstellung genügen gif-

oder jpg-Dateien mit 72 bis 75 dpi, während für hochwertigen Zeitschriftendruck meist tif-Dateien mit mindestens 300 dpi verwendet werden.

Im Technischen Bericht sind 150 dpi Bildauflösung meist ein guter Kompromiss. Je höher die Bildauflösung, desto größer werden dann natürlich auch die Bilddateien.

Gif-Dateien stellen nur eine begrenzte Zahl von Farben dar. Sie sind für Piktogramme und **Bilder ohne Farbverläufe** gut geeignet. Sie haben auch den Vorteil, dass man animierte gif-Dateien aus mehreren Einzelbildern erzeugen kann, z.B. mit PaintShop Pro.

Jpg-Dateien sind gut geeignet für **Bilder mit Farbverläufen**. Wenn Sie großflächige Bilder darstellen wollen, bietet das Format jpg die Möglichkeit, die Datei mit der Option interlaced abzuspeichern. Bei Online-Darstellung wird das Bild anders aufgebaut. Es erscheinen zunächst die 1., 3., 5. Bildzeile usw. so dass der Betrachter das Bild bereits früh grob erkennen kann, danach werden die 2., 4., 6. Bildzeile usw. aufgebaut und das Bild wird vollständig sichtbar. Jpg-Dateien haben einen relativ kleinen Speicherplatzbedarf. Bei jpg-Dateien kommt es allerdings häufiger vor, dass das Bild unscharf ist, speziell bei Screenshots (Aufnahmen von Bildschirminhalten). Weil beide Formate gif und jpg Nachteile haben, wird manchmal das Format png eingesetzt.

Egal mit welchem Format Sie arbeiten, achten Sie darauf, dass Ihr Bild nicht verzerrt wird. Mit **Verzerrung** ist eine unterschiedliche Größenänderung in x- und y-Richtung gemeint. Am sichersten vermeiden Sie diese Effekte, wenn Sie die Bildgröße nicht durch Ziehen mit der Maus ändern, sondern durch **numerische Eingabe des Vergrößerungsfaktors**. Dieser Faktor sollte möglichst durch zwei teilbar sein (25 %, 50 %, 200% usw.). Achten Sie darauf, dass die Option „proportionale Größenänderung" eingeschaltet ist. (Die verschiedenen Textverarbeitungs- und Grafikprogramme nennen dies jeweils anders, aber vom Sinn her ist das gleich.)

Achten Sie beim Fotografieren – auch mit der Digitalkamera – darauf, dass der Blitz keine unerwünschten Reflexionen hervorruft, **Bild 3-19**.

Bild 3-19 Unerwünschte Reflexion auf einem Foto

☞ *Probieren Sie die erforderlichen Arbeitsgänge für farbige und/oder Halbtonbilder rechtzeitig aus (Probeausdrucke und Schwarz-Weiß-Kopien von Ihren Ausdrucken), damit Sie bei ungenügender Bildqualität der zuerst angewendeten Verfahren noch auf andere umsteigen können, ohne Ihren Endtermin zu gefährden.*

In **Checkliste 3-8** werden nun einige bewährte Regeln für die Erstellung von Fotos in Technischen Berichten vorgestellt.

Checkliste 3-8 Regeln für die Gestaltung wirkungsvoller Fotografien

Belichtung

- Diafilme nach hellen Bereichen („Lichtern") belichten.
- Negativfilme nach dunklen Bereichen („Schatten") belichten.
- Diafilme reagieren bereits auf eine halbe Blende Über- oder Unterbelichtung, Negativfilme erst bei einer Differenz von einer Blende.
- Daher: Dias lieber etwas unterbelichten, Negative lieber etwas überbelichten.

Motivwahl

- „Ran" ans Motiv (Ablenkendes weglassen, Details herausstellen).
- Ggf. ungewöhnliche Perspektiven wählen (Froschperspektive, Vogelperspektive).
- Wenn die Größe des abgebildeten Gegenstands nicht für alle Leser ohne weiteres vorstellbar ist, dann sollten u. a. lt. DIN 19045 Gegenstände zum Größenvergleich mit abgebildet werden, die den Lesern des Berichts gut geläufig sind. Beispiele: Lineal, Mensch, Hand, Fingerkuppe, Streichholzschachtel, Geldmünze usw. Nur aufgrund einer Maßstabsangabe (z. B. 1 : 25) können die Größenverhältnisse i. Allg. nicht richtig abgeschätzt werden.
- Hochformat statt Querformat und umgekehrt ausprobieren.

Aufnahmetipps

- Seitenlicht gibt Kontraste.
- Gegenlicht durch abgedeckte Sonne entschärfen.
- Gegenlicht plus automatische Belichtung ohne Gegenlichtkorrektur führt zu schwarzem Motiv vor farbigem Hintergrund, also zu „Scherenschnittoptik". Dies kann auch ein erwünschter Effekt sein.
- Gegenlicht mit angeblitztem Vordergrund ergibt ein gut durchgezeichnetes Motiv.
- Vordergrundbetonung ergibt Bildtiefe. Sie wirkt am Besten beidseitig und von oben (Blick durch einen „Torbogen" im Vordergrund ergibt plastische Tiefe).
- Farbige Akzente beleben das Bild, evtl. Komplementärfarben wie rot + grün, blau + orange, gelb + violett einsetzen, aber: je nach Zielgruppe nicht zu bunt.
- Schütteln der Hände und ähnliche Situationen von Kopf bis Mitte Oberschenkel fotografieren.
- Sich Zeit lassen (bessere Lichtverhältnisse abwarten, andere Standpunkte suchen)
- Bei Aufnahmen in Innenräumen kann das Abschirmen von Lichtquellen durch hellen Stoff oder Transparentpapier sowie das Reflektieren von Licht durch hellweiße Flächen zu einer besseren Ausleuchtung des Motivs führen.
- Das Blitzlicht sollte nicht direkt vom zu fotografierenden Objekt zurück in die Kamera reflektiert werden.

Sonstiges

- Tiefgefrorene Filme (≈ -18 °C) unterliegen praktisch keiner Alterung (> 8 Jahre verwendbar). Tiefgefrorene Filme brauchen etwa 4 Stunden zum Auftauen. Einfrieren und Auftauen ist mehrmals möglich.
- Filme müssen vor Sand und sonstigen Verschmutzungen geschützt werden (Plastikbeutel oder -dose).

Wenn in einem **selbstfotografierten Bild Hervorhebungen** gemacht werden sollen, dann sind viele der in **Checkliste 3-6** für gezeichnete Bilder genannten Möglichkeiten nur schwierig zu realisieren. Was jedoch immer geht, ist das Aufkleben von weißen Pfeilen und von schmalen, weißen Klebstreifen, die außerhalb der Fotografie als schwarze Bezugslinien weitergeführt werden. Bei Digitalfotos erledigen Sie dies mit dem Bildbearbeitungsprogramm.

Auch für die Gestaltung von Fotokopien bzw. gescannten Bildern in Ihrem Technischen Bericht gibt es einige Regeln. Manchmal sind Bilder, die Sie kopieren oder scannen wollen, ein wenig überladen. Decken Sie Unwichtiges ab (weißes Papier aufkleben, Korrekturflüssigkeit verwenden, weiße Pixel darüber legen) und heben Sie Wichtiges hervor (z. B. durch dickere Linien). Das nennt man „didaktische Reduktion“, siehe **Checkliste 3-6** und **Bild 3-14**. Zur **Nachbearbeitung von Fotokopien** sollten Sie eine Lupe und einen Druckbleistift mit weicher Mine verwenden, damit Sie noch leicht radieren können. Oft erscheinen i-Punkte, Pfeilspitzen und sehr dünne Linien (vor allem Schraffurlinien) in der Kopie zu blass oder zu klein. Bedenken Sie, dass diese Kopie ja wiederum Kopiervorlage ist. Ihre Leser werden es Ihnen danken, wenn Sie hier ein bisschen „nachhelfen“.

Wenn ein **kopiertes bzw. gescanntes Bild** Bezugsstriche und Benennungen wichtiger Bildelemente enthält, kommt es oft zu **Benennungs- bzw. Terminologie-Problemen**. Im Text Ihres Technischen Berichts wird durchgängig für einen Gegenstand ein bestimmter Fachbegriff verwendet. Vom Text soll nun auf das kopierte bzw. gescannte Bild Bezug genommen werden. Das Bild stammt jedoch aus einer Quelle, die auf einem anderen sprachlichen Niveau geschrieben ist. Entweder ist die Quelle zu allgemeinsprachlich, oder sie ist zu theoretisch und verwendet zu spezielle Fachbegriffe, die Sie als Autor nicht verwenden wollen. Auch bei der Verwendung von fremdsprachigen Bildquellen ist die Sachlage ähnlich.

Das Entfernen des Begriffs aus der Zeichnung ist hier ein möglicher Weg. Wenn der Begriff ganz wegfallen soll, dann ist das Entfernen des zugehörigen Bezugsstrichs jedoch oft nicht so einfach (z. B. wenn der Bezugsstrich viele eng beieinander liegende Linien oder Schraffuren kreuzt). In diesem Fall können Sie besser den unerwünschten Begriff mit Korrekturflüssigkeit abdecken und einen anderen Begriff an dessen Stelle setzen oder den unerwünschten mit einem erwünschten Begriff überkleben. Ist das Bild eingescannt, können Sie im Grafikprogramm den unerwünschten Begriff mit einem weißen Rechteck abdecken und den erwünschten Begriff als Text einfügen. Nicht so gut, aber machbar ist es, wenn Sie den unerwünschten Begriff in einer Legende mit dem gewünschten Begriff erklären.

☞ *Auf jeden Fall muss vermieden werden, dass ein Bild bis dahin unbekannte Fachbegriffe enthält oder dass in Text und Bild unterschiedliche Benennungen für gleiche Gegenstände oder Sachverhalte auftreten.*

Wenn ein Bild eingeklebt werden soll, dann müssen im Technischen Bericht in senkrechter Richtung so viele Zeilen freigelassen werden, dass das Bild gut hineinpasst. Der für das Bild freigelassene Platz in cm lässt sich leicht mit der vertikalen Positionsangabe des Textverarbeitungs-Programms (Zeile, Spalte) oder mit dem vertikalen Lineal ermitteln.

Nun folgen einige Informationen zu den Vor- und Nachteilen von mit Grafik- oder CAD-Programmen erzeugten Bildern.

3.4.4 Der Einsatz von Grafik- und CAD-Programmen

CAD-Programme arbeiten grundsätzlich mit Objekten und erzeugen Vektorgrafik-Dateien. Grafik-Programme werden danach unterschieden, ob Pixelgrafik-Dateien (das Bild ist aus

Bildpunkten zusammengesetzt) oder Vektorgrafik-Dateien (das Bild ist aus Objekten zusammengesetzt) verarbeitet werden. Manche Grafik-Programme haben aber auch Funktionen aus beiden Bereichen, z.B. Microsoft Photodraw.

Wenn eine Strichzeichnung als **Pixelgrafik-Datei** gespeichert wird, ist sie sehr **groß**, da für jeden einzelnen Bildpunkt der Helligkeitswert abgespeichert werden muss. Für Halbtonbilder (mit stufenlosen Farb- bzw. Helligkeitsverläufen) und für gescannte Fotos sind Pixelgrafik-Dateien jedoch gut geeignet. Auch im Internet werden Pixelgrafiken verwendet.

Demgegenüber wird bei **Vektorgrafik-Dateien** ein anderes Konzept verfolgt. Wenn auf einer großen Fläche ein Kreis abgebildet werden soll, dann werden bei der Vektorgrafik nur die Mittelpunktskoordinaten, der Radius sowie Linienbreite, -stil und -farbe gespeichert. Für eine Gerade werden nur die Anfangs- und Endpunktkoordinaten sowie Linienbreite, -stil und -farbe gespeichert. Diese **Bilddateien** sind deshalb sehr viel **kleiner**. Durch die mathematische Repräsentation der Bildelemente sind die **Objekte skalierbar**, d. h. der Kreis oder die Gerade kann in Lage und Durchmesser bzw. Länge auf dem Bildschirm verändert werden und deshalb auch auf dem Papier in unterschiedlicher Größe und Lage abgebildet werden. Für Strichzeichnungen sind daher Vektorgrafik-Dateien besser geeignet als Pixelgrafik-Dateien.

Die Anwendung von CAD-Programmen bringt erhebliche Zeiteinsparungen bei Änderungen, bei Wiederholteilen sowie bei Teilefamilien.

Die Effektivität beim Einsatz von CAD-Programmen ist stark von der bearbeiteten Aufgabenstellung abhängig. Die heutigen CAD-Programme sind für gelegentliche Nutzer oft zu kompliziert. Sie haben so viele Funktionen, dass man den Umgang mit Ihnen üben muss. Kommerzielle CAD-Programme sind teuer. Im Internet gibt es eine Seite, auf der mehrere frei verfügbare CAD-Programme angeboten werden: www.freebyte.com. Von dort stammt auch der folgende Screenshot, **Bild 3-20**. Das Bild zeigt einen Roboter in den drei Ansichten und als 3D-Darstellung.

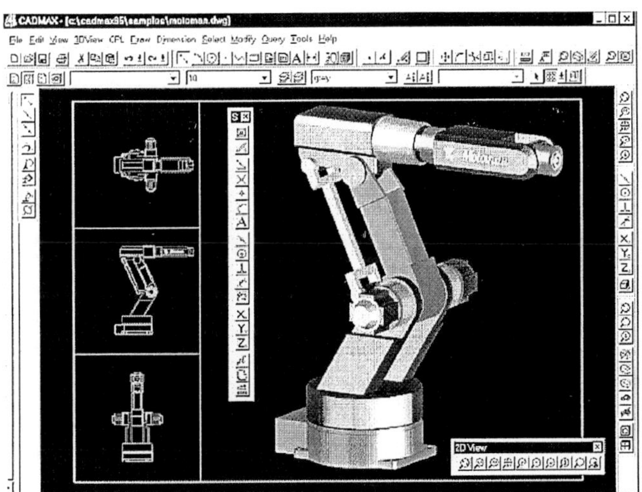

Bild 3-20 Mit einem 3D-CAD-Programm konstruierter Roboter (Quelle: www.freebyte.com/cad/screen/S1.gif)

Programme zur Erstellung von Vektorgrafik-Dateien und CAD-Programme haben z. T. eine ähnliche Funktionalität. Ein Vorteil vieler Vektorgrafik- und CAD-Programme ist die Möglichkeit, **Grafikelemente auf verschiedenen Ebenen** zu erzeugen. Bei der Bearbeitung solch einer Grafik können momentan nicht benötigte Ebenen ausgeblendet werden. Solche Funktionen gibt es z.T. auch bei Pixelgrafik-Programmen. Egal mit welcher Software man arbeitet – die Erstellung von PC-Grafiken dauert manchmal recht lange; man wird jedoch dadurch belohnt, dass die Ergebnisse sehr gut aussehen, **Checkliste 3-9**.

Checkliste 3-9 Vor- und Nachteile von Grafik- und CAD-Programmen

Vorteile:

- Die Grafiken sehen **sauber** aus, es ergibt sich ein **einheitliches Gesamtbild**.
- Durch Verwendung von Füllfarben und Füllmustern sind Flächengrafiken möglich.
- **Änderungen** sind **leicht und schnell durchführbar**. (Sie sollten ein Grafik-Programm verwenden, mit dem Sie auf verschiedenen Ebenen – auch Folien, Level oder Layer genannt – zeichnen können.)
- Die **Grafiken können** auch **in Textverarbeitungs- bzw. DTP-Programme eingebunden werden**. Dadurch wird der Technische Bericht optisch aufgewertet.
- Bei **CAD-Programmen** können die perspektivische **3D-Darstellung** und verschiedene Ansichten aus den einmal eingegebenen Daten leicht erzeugt werden.
- Arbeitgeber erwarten, dass man den Umgang mit Standard-Software (sowohl Grafik- als auch CAD-Programme) im Studium gelernt oder sich autodidaktisch angeeignet hat. Insofern ist der hier investierte Einarbeitungsaufwand keine verlorene Zeit.

Nachteile:

- Der **Aufwand für die Einarbeitung** in komplexe Grafik-Programme und für das Erstellen von PC-Grafiken ist recht **hoch** (je nach Programm). Die Benutzerführung ist manchmal kompliziert und die Einarbeitungszeiten so lang, dass die Zeichnungserstellung mit einem einfacheren Grafik-Programm für den Moment die bessere Lösung ist. Auch Pixelgrafik-Programme haben je nach Verwendungszweck und Hersteller sehr unterschiedliche Bedienungs-Philosophien. Wenn Sie viel mit Pixelgrafik-Dateien arbeiten müssen (z. B. aus Digitalkameras oder gif- und jpg-Dateien für das Internet/Intranet), üben Sie deren Erstellung und Bearbeitung frühzeitig.
- Besonders **bei gescannten Bildern** treten **manchmal unterschiedliche Skalierungen in x- und y-Richtung** auf, ohne dass man es merkt (Kreise sind dann nicht mehr rund!). Weisen Sie die Skalierungsfaktoren möglichst numerisch zu.
- Wenn **beim Skalieren** eines Bildes **Moiré-Effekte** (Karo- bzw. Streifenmuster) auftreten, dann nehmen Sie die Skalierung zurück und testen Sie Vergrößerungsfaktoren, die ein ganzzahliges Vielfaches der Originalgröße sind (Faktor 25%, 50%, 200% usw.).
- Wenn **beim Scannen** eines Bildes mit dem Flachbett-Scanner **Moiré-Effekte** auftreten (Zoom-Funktion im Grafik-Programm verwenden), hilft es manchmal, auf den Scanner eine dicke Glasplatte zu legen und erst darauf das zu scannende Bild.

Eine genaue Abschätzung der erforderlichen Zeit für das Erstellen von Zeichnungen in elektronischer Form ist in der Regel schwieriger, als dies früher beim Zeichnen von Hand der Fall war. Deshalb folgende Empfehlung:

☞ *Erstellen Sie die Grafik-Dateien so früh wie möglich. Rechnen Sie damit, dass die Zeichnungserstellung länger dauert, als Sie es bei großzügiger Schätzung kalkuliert haben! Besonders bei der Anwendung von sog. Bildeffekten in Pixelgrafik-Programmen können unerwartete Ergebnisse auftreten. Wenn Sie sich unsicher sind, was die Funktionen Ihres Grafik-Programmes bewirken,* ***testen*** *Sie deren Arbeitsweise ggf.* ***an einer Kopie Ihrer Daten****. Probieren Sie auch das Einbinden der Grafiken in das entsprechende Textverarbeitungs- bzw. DTP-Programm so früh wie möglich aus.*

Nun folgt ein Beispiel für eine **mit einem Grafik-Programm erstellte Grafik**, die mit Füllfarben bzw. Füllmustern ausgestattet sehr attraktiv wirkt, **Bild 3-21**. Die manuelle Herstellung mit Schablonen, Tuschefüllern, Adhäsionsfolien und Schere, sowie einer extrem ruhigen Hand zum Aufkleben der Adhäsionsfolien ist sicher ebenso aufwändig wie das Erstellen der Grafik auf dem Computer.

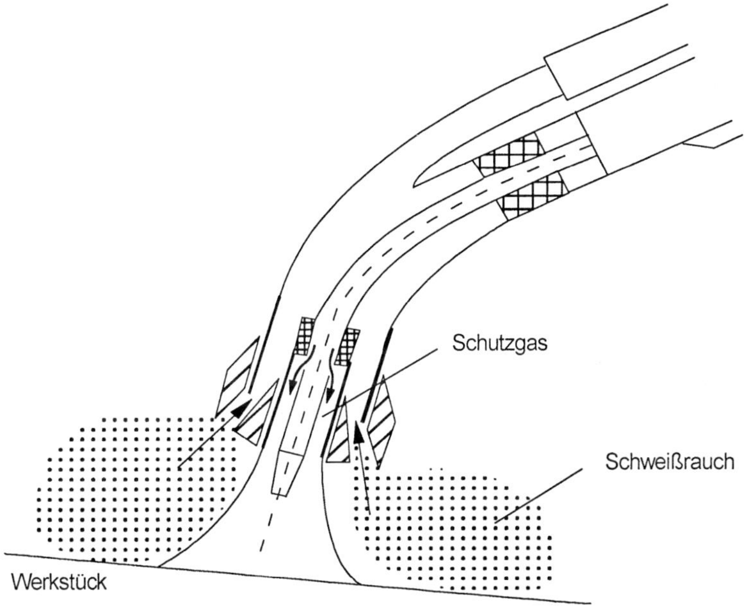

Bild 3-21 Schnitt durch eine Schutzgas-Schweißpistole mit integrierter Schweißrauchabsaugung (Füllmuster und Pfeile zeigen die Strömungsrichtung von Schutzgas und Schweißrauch)

☞ *Wenn die Zeichnungen auch im Detail gut aussehen sollen,* ***zoomen*** *Sie immer mal mit der Lupe in knifflige Bereiche hinein und kontrollieren Sie, ob Ihre Grafik in der Vergrößerung immer noch ordentlich aussieht. Oft können Sie unsauber gezeichnete Bereiche in der 100 %-Ansicht am Bildschirm zwar nicht sehen, der Drucker zeigt jedoch alles viel genauer.*

Fertigen Sie daher zwischendurch immer einmal **Probedrucke** Ihrer PC-Grafik aus dem Textverarbeitungs-Programm heraus an. Vermeiden Sie außerdem, wenn möglich, dass in Ihrer Textverarbeitung oder in einem Grafik-Programm mehrere Objekte übereinander liegen,

z. B. indem Sie ein anderes Grafik-Programm verwenden, mit dem man auf mehreren Ebenen (Leveln, Layern) arbeiten kann. Die Pflege von Grafik-Dateien mit in einer Ebene übereinander liegenden Objekten wird dadurch erschwert, dass die oben liegenden Grafik-Elemente erst zur Seite geschoben werden müssen, damit man die unteren selektieren und modifizieren kann. (Es ist ohne Ebenen-Verwaltung nicht möglich, die oberen Elemente vorübergehend auszublenden.) Anschließend müssen die oben liegenden Grafik-Elemente wieder so positioniert werden, wie sie vorher lagen, Gruppierungen müssen aufgelöst und später neu definiert werden usw.

☞ *Beim Einbinden von Grafiken und gescannten Bildern in Ihr Textverarbeitungs-Programm muss manchmal die **Bildgröße verändert** werden. Hierbei sollten Sie immer proportional verkleinern oder vergrößern. Bei Word sollten Sie die ausgewählte Grafik nicht an einer Ecke oder Kante „anfassen“ und die Größe ändern, sondern die Grafik anklicken und mit dem Befehl Format – Objekt, Registerkarte Größe arbeiten. Anderenfalls entstehen breit verzerrte Schriften, Ellipsen statt Kreisen usw.*

☞ *Wählen Sie die **Auflösung** von gescannten Bildern **nicht zu groß**. Die Auflösung für bildschirmgerechte Bilder ist 72 oder 75 dpi. Die Auflösung für auszudruckende Bilder im Technischen Bericht ist mit 150 dpi meistens ausreichend. Für den vierfarbigen Zeitschriftendruck und den Buchdruck muss sie mindestens 300 dpi betragen.*

☞ ***Bilddateien**, die Sie im Technischen Bericht oder in einer PowerPoint-Präsentation verwenden, sollten Sie **immer auch separat auf Ihrer Festplatte speichern**, damit Sie nachträglich noch Änderungen vornehmen und dabei alle Funktionen Ihres Grafik-Programms nutzen können. Die Bildbearbeitungsfunktionen in Word (Symbolleiste Zeichnung, Microsoft Drawing-Objekt, Microsoft Word-Grafik usw.) und die Bildbearbeitungsmöglichkeiten in Powerpoint haben viel weniger Funktionen als ein echtes Grafik-Programm!*

Probieren Sie die Erstellung von PC-Grafiken in der Freizeit oder bei einem weniger zeitkritischen Projekt einmal aus. Durch die Verwendung von einheitlichen und professionell gestalteten Bildern in Ihrem Technischen Bericht können Sie viele Pluspunkte sammeln!

3.4.5 Schema und Diagramm

Alle grafischen Darstellungen sollen möglichst einfach und übersichtlich aufgebaut sein. Dabei müssen die allgemein anerkannten Regeln der jeweiligen Fachdisziplin und die geltenden **DIN-, EN- und ISO-Normen** eingehalten werden.

Für Schemata (z. B. Ablauf- bzw. Flussdiagramme, Schalt-, Hydraulik-, Pneumatik- und Rohrleitungspläne) sind entsprechende Symbole genormt. Symbole für Datenfluss- und Programmablauf-Pläne sind in der DIN 66001 festgelegt; für Technische Zeichnungen sind die entsprechenden Zeichnungsnormen wie DIN ISO 128, DIN ISO 1101, DIN ISO 5456 usw. zu verwenden. Weitere Normen: DIN 30600, DIN 32520, DIN 66261.

Ein Programm, mit dem man leicht und schnell Diagramme erstellen kann, ist Microsoft Visio. Mit Microsoft Excel lassen sich ebenfalls leicht und schnell Diagramme aus Zahlentabellen erstellen. Für einfache Anforderungen reichen aber die Möglichkeiten von Word-Tabelle und Microsoft Graph-Diagrammen aus. **Bild 3-22** ist z. B. mit Microsoft Graph erstellt.

Bei Diagrammen (Säulen-, Balken-, Kreisdiagramm usw.) gilt als Grundprinzip, dass **eindeutige Beschriftungen von Achsen, Säulen, Sektoren usw. erforderlich** sind. Oft kann die Verständlichkeit eines Diagramms auch dadurch gesteigert werden, dass die Aussage, die das

Diagramm zeigen soll, als Beschriftung direkt über oder neben dem Diagramm erscheint. Ein Beispiel, wie Diagramm und Beschriftung zusammenwirken können, zeigt **Bild 3-22**.

Die Variante mit dem **oben** angeordneten **Diagrammtitel** ist zu empfehlen, wenn das Diagramm z. B. **für eine Overheadfolie** gedacht ist. Falls Sie z. B. **in einer Broschüre**, einem Zeitschriftenartikel oder einem Geschäftsbericht Diagramme mit Titeln versehen und keine Bildunterschriften vergeben, sollten Sie den **Diagrammtitel ohne Bildnummer *unter* dem Diagramm** anordnen, nicht oben. Er wird dann meist **zentriert** gesetzt.

- Für Technische Berichte ist es jedoch besser, nach der üblichen Arbeitsweise linksbündig mit Bildnummern und Bildunterschriften zu arbeiten.
- Gehen Sie einheitlich vor, d. h. entweder alle Diagramme und Bilder erhalten Bildunterschriften (mit Bildnummer) oder alle Diagramme und Bilder erhalten Titel ohne Bildnummern. Die zweite Version ist in Technischen Berichten *nicht* üblich. Auch die Anordnung und Formatierung der Bildunterschriften oder Titel soll einheitlich sein.

Hier soll ergänzend noch einmal ganz klar und deutlich darauf hingewiesen werden, dass die Achsenbeschriftung *allein* nicht ausreicht, um den Diagramminhalt eindeutig anzugeben. Der zusätzliche Diagrammtitel in der Bildunterschrift (im Technischen Bericht) bzw. in der Bildüberschrift (in der Präsentation) sind deshalb unverzichtbare Elemente eines guten Diagramms.

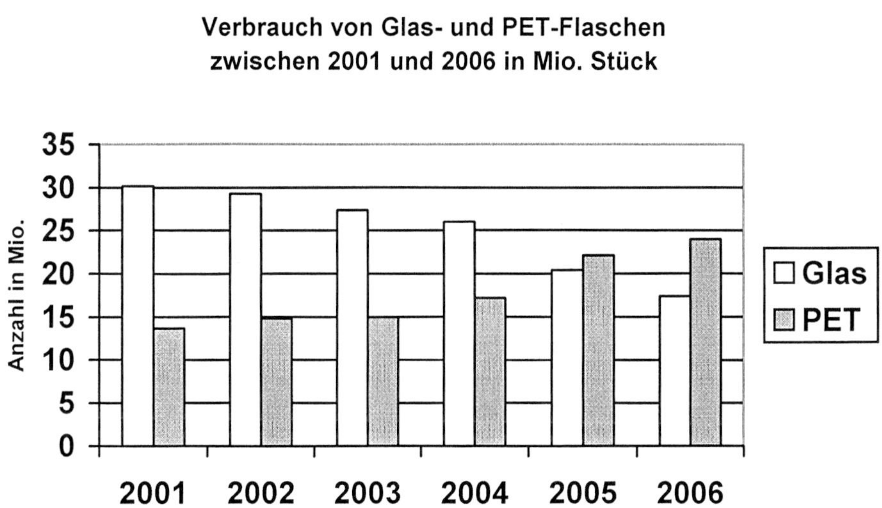

Bild 3-22 Komplett beschriftetes Diagramm mit einer Überschrift, die die Bildaussage benennt (das Diagramm ist für Projektionszwecke vorbereitet)

Werden **zeitliche Abhängigkeiten** in Diagrammen dargestellt, dann ist die waagerechte Achse *fast immer* die Zeitachse. **Bild 3-22** ist hierfür ein Beispiel.

Für die **Darstellung von Kurvenverläufen in Koordinatensystemen** gelten weitere Richtlinien. Zunächst einmal müssen die **Achsen** genau **beschriftet** werden mit

- **Achsenbezeichnung** (als Text oder Formelbuchstabe) und zugehöriger Maßeinheit,
- **Maßzahlen** (wenn es sich um eine quantitative Darstellung handelt) und
- **Pfeilen** an oder neben den Achsenenden (die Pfeile zeigen nach oben und rechts).

Beispiele für diese Beschriftungselemente zeigt **Tabelle 3-1**.

Tabelle 3-1 Diagrammachsen werden beschriftet mit der Achsenbezeichnung als Text oder dem entsprechenden Formelbuchstaben und der zugehörigen Maßeinheit

Beschriftungselemente	**Beispiele**					
Achsenbezeichnung als Text	Masse	Zeit	Länge	Kraft	Spannung	Stromstärke
Achsenbezeichnung als Formelbuchstabe	m	t	l	F	U	I
Maßeinheit	kg	s	m	N	V	A

Die Achsenbeschriftung kann an den Achsenenden oder an eigenen Pfeilen parallel zu den Achsen erfolgen, **Bild 3-23**.

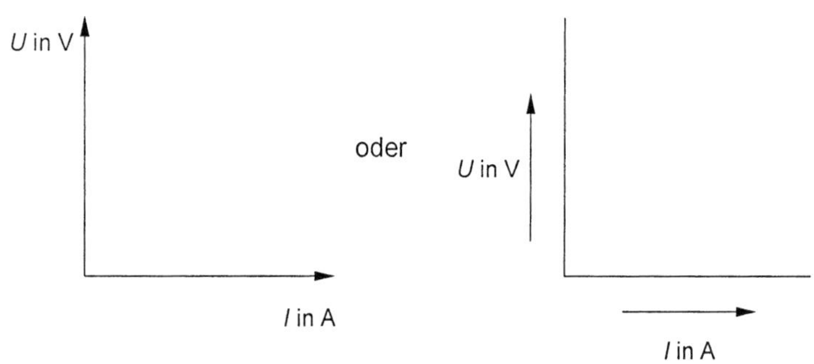

Bild 3-23 Positionierung der Achsenbeschriftungen in Diagrammen am Achsenende oder an eigenen Pfeilen parallel zu den Achsen

Die **Achsenbezeichnung** kann wie in **Bild 3-23** als Formelbuchstabe oder wie in **Bild 3-24** als Text angegeben werden. Eine **horizontale Text-Angabe** ist unbedingt **vorzuziehen**, weil die Grafik nicht gedreht werden muss. Nötigenfalls kann eine Text-Angabe mehrmals getrennt werden.

Wenn sich eine **vertikale Angabe der Achsenbezeichnung** entlang der senkrechten Achse nicht vermeiden lässt, dann sind nach DIN 461 „Grafische Darstellungen in Koordinatensystemen" die Buchstaben **gesperrt** zu **schreiben**. Diese Normempfehlung kann aber zu einer recht langen, die Bildverhältnisse sprengenden, schlecht lesbaren Achsenbeschriftung führen. Dies wird deshalb von den Autoren nicht empfohlen.

Besser ist es dann, das gesamte Diagramm ein paar Zentimeter nach rechts zu rücken und die **Achsenbeschriftung horizontal** zu schreiben, wie dies in **Bild 3-24** gezeigt ist. Die waagerechte Beschriftung ist generell **besser lesbar**!

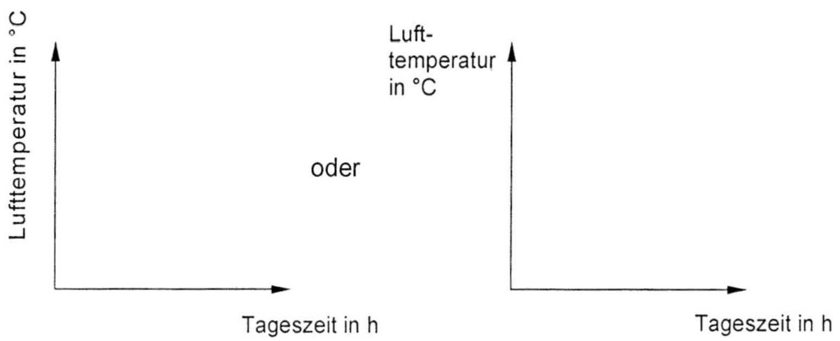

Bild 3-24 Senkrechte und waagerechte Achsenbeschriftung der senkrechten Achse (waagerechte Beschriftung ist grundsätzlich besser lesbar!)

Wenn das Diagramm im Rahmen eines Vortrags projiziert werden soll, dann ist die waagerechte Achsenbeschriftung die einzige zu empfehlende Form der Beschriftung, weil Ihre Zuhörer ja das an die Wand projizierte Bild nicht drehen können.

Wenn die **physikalische Größe** als Buchstabe angegeben wird, ist sie **kursiv** zu setzen, während die **Maßeinheit gerade** gesetzt wird. Für die Angabe der Maßeinheit gibt es verschiedene Möglichkeiten. Früher wurde folgende Methode angewendet: *U* [V]. Dabei erschien die Maßeinheit in eckigen Klammern.

Diese Schreibweise ist aber nicht mehr genormt. Stattdessen sieht die DIN 461 „Grafische Darstellung in Koordinatensystemen" drei andere Varianten vor:

- Bei der ersten Variante erscheint die Bezeichnung der physikalischen Größe am Ende der Koordinatenachse und die **Maßeinheit** wird **zwischen der letzten und der vorletzten Maßzahl** mit als Skalenbeschriftung eingetragen, **Bild 3-27**. Das ergibt aber oft Platzprobleme.
- Die zweite Variante sieht vor, **physikalische Größe und Einheit getrennt durch Schrägstrich oder Bruchstrich** zu schreiben, also *U*/V.
- Die dritte Möglichkeit besagt, dass **physikalische Größe und Einheit durch das Wort „in" verbunden** werden, z. B. **Bild 3-25**. Diese Möglichkeit bietet am meisten Klarheit und wird deshalb hier empfohlen.

Bei Diagrammen mit Zeitabläufen muss die Zeit immer auf der waagerechten Achse von links nach rechts fortschreitend angeordnet werden.

Die **Maßzahlen an linear unterteilten Achsen** (Teilung der Koordinatenachsen bzw. Skalenbeschriftung) schließen immer auch den **Wert Null** mit ein. Negative Werte erhalten ein entsprechendes Vorzeichen, z. B. -3, -2, -1, 0, 1, 2, 3 usw. **Logarithmische Skalen** haben hingegen **keinen Nullwert**.

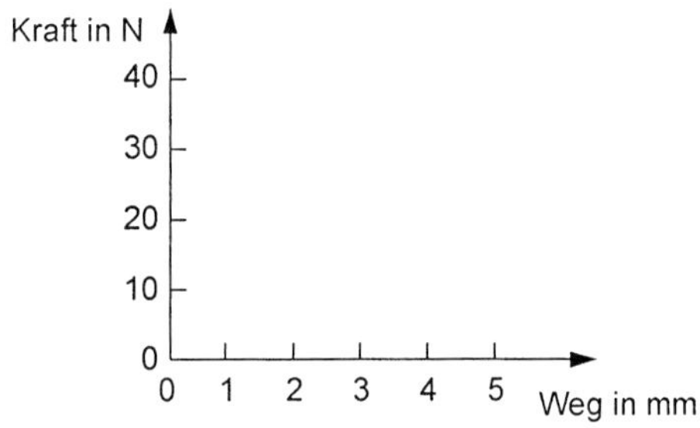

Bild 3-25 Diagramm mit Angabe der Maßzahlen, der physikalischen Größen und der Maßeinheiten

Wenn ein Diagramm **zum Ablesen von Zahlen** dient, dann ist die Verwendung von **Netzlinien** vorteilhaft, **Bild 3-26**. Die Strichbreiten der Netzlinien, Achsen und Kurven sollen sich dabei nach DIN 461 wie 1 : 2 : 4 verhalten. Allerdings ist dies weder in den Beispielen der Norm selbst so ausgeführt noch im Standardwerk ROLOFF/MATEK Maschinenelemente.

Bei der **Netzteilung** muss zwischen zwei Einflüssen abgewogen werden: zu enge Netzlinienabstände verwirren, zu weite Netzlinienabstände machen das Ablesen von genauen Werten sehr schwierig. Die Netzteilung kann dabei auf beiden Achsen linear sowie auf einer oder beiden Achsen logarithmisch sein.

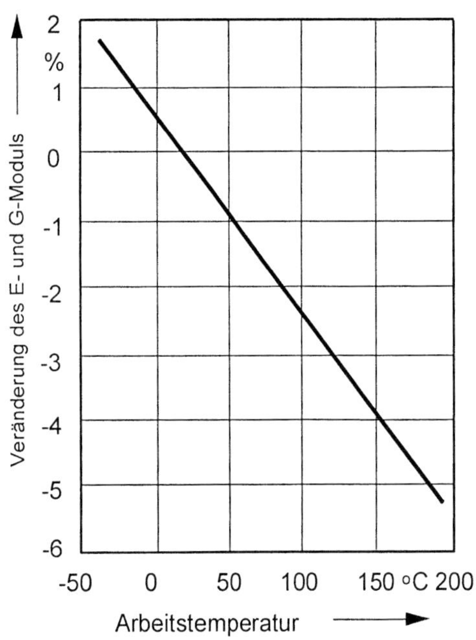

Bild 3-26 Beispiel für ein Diagramm mit Netzlinien zum Ablesen genauer Zahlenwerte (Quelle: Tabellenanhang des ROLOFF/ MATEK)

Wenn ein Diagramm mit gebrochener Teilung, also mit unterbrochener Koordinatenachse, gezeichnet werden soll, dann gibt es dafür zwei Möglichkeiten, **Bild 3-27**.

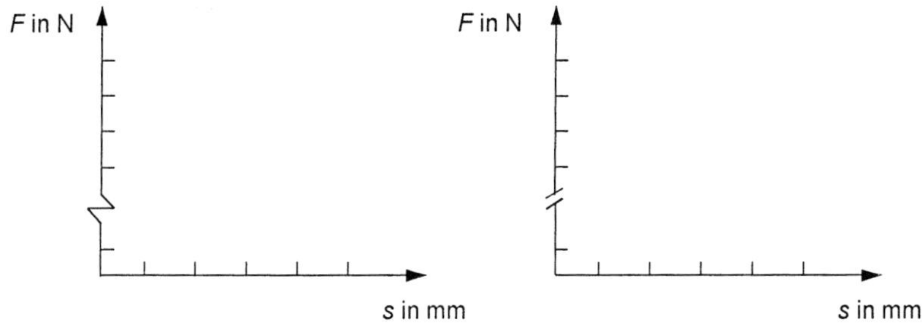

Bild 3-27 Möglichkeiten der Darstellung einer unterbrochenen Koordinatenachse

Wenn **in einem Diagramm mehrere Kurven** eingezeichnet werden sollen, dann müssen die Kurven eindeutig unterschiedlich gekennzeichnet werden (Beschriftung durch kurze, treffende Begriffe, Kennbuchstaben oder Kennzahlen). Die Kurven sollten für die Betrachter außerdem gut zu unterscheiden sein. Dafür können verschiedene Farben, Linienarten und **Messpunktsymbole** verwendet werden, **Bild 3-28**.

Bild 3-28 Verschiedene, gut unterscheidbare Messpunktsymbole

Die Messpunktsymbole werden im Diagramm so angeordnet, dass ihr Mittelpunkt dem Messwert entspricht. Bei Diagrammen mit Netzlinien sollten die Kurven und Netzlinien vor und hinter den Messpunktsymbolen unterbrochen werden, wenn dies der Übersichtlichkeit und Ablesegenauigkeit dient.

Wenn in einem Diagramm **Toleranzen, Fehlerbereiche u. ä.** eingezeichnet werden müssen, dann stehen mehrere Möglichkeiten zur Verfügung, **Bild 3-29**.

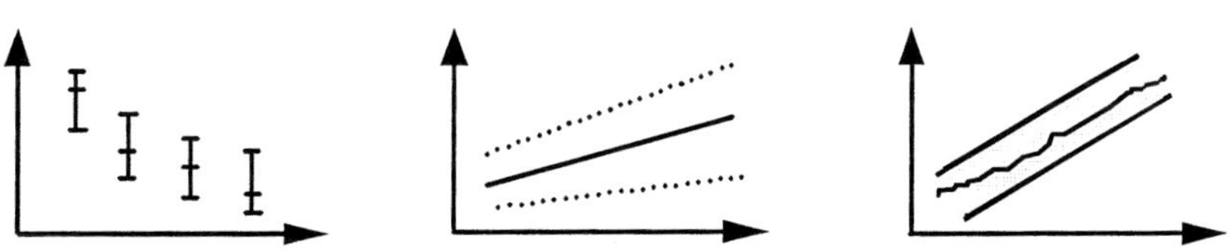

Bild 3-29 Kennzeichnung der Bereichsgrenzen laut Fehlerrechnung, innerhalb derer sich der wahre Wert bewegt (die beiden linken Möglichkeiten ergeben die besten Kontraste)

Um eine **Fehlerkennzeichnung** wie in der linken Variante in **Bild 3-29** zu erzeugen, geben Sie in Excel zuerst die Messwerte in ein Tabellenblatt ein und benutzen dann die folgenden Befehle:

- Einfügen – Diagramm öffnen, Ein Punktdiagramm wählen, dies als neues Datenblatt einfügen,
- einen Datenpunkt anklicken,
- Format – Markierte Datenreihen wählen,
- die Registerkarte Fehlerindikator Y öffnen,
- das Vorschaubild beide anklicken,
- weitere Optionen einstellen, z. B. Prozentualer Wert = 1 % und mit OK bestätigen.

Bei Messergebnissen ist es manchmal wünschenswert, eine **Ausgleichskurve** durch die Messwerte zu legen. Dies kann Excel für Sie übernehmen, **Bild 3-30**.

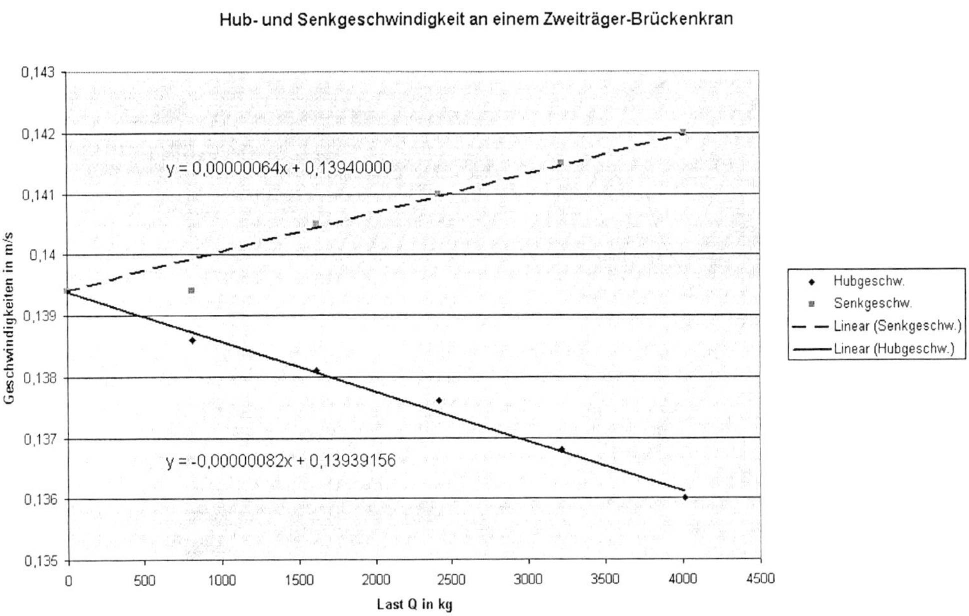

Bild 3-30 Diagramm mit Messwerten, durch die eine Ausgleichskurve verläuft

Die **Ausgleichskurve** im **Bild 3-30** wurde **mit Microsoft Excel** erzeugt wie folgt:

- Messergebnisse in ein Tabellenblatt eintragen,
- Einfügen – Diagramm wählen,
- links Punktdiagramm als Typ wählen, rechts die voreingestellte Option Punkte bestätigen,
- den Tabellenblattbereich, aus dem die Werte zu entnehmen sind, angeben,
- Diagrammbeschriftungen eintragen,
- Als neues Datenblatt wählen und fertigstellen.

Nun wechseln Sie zu dem neuen Datenblatt und klicken einen Datenpunkt an, z.B. aus der Messwertreihe Hubgeschwindigkeit (untere Kurve). Die Ausgleichskurve definieren Sie so:

- Diagramm – Trendlinie hinzufügen... wählen,
- auf der Registerkarte „Typ“ das passende Vorschaubild wählen, hier „linear“,
- auf der Registerkarte „Optionen“ die Optionen automatisch linear, Gleichung im Diagramm darstellen und ggf. Schnittpunkt = aktivieren (in dem Beispiel muss für die Senkgeschwindigkeit Schnittpunkt = 0,1394 gewählt werden), mit OK bestätigen.
- Das Gleichungsobjekt müssen Sie nun mit der rechten Maustaste anklicken und im Kontextmenü Datenbeschriftungen formatieren eine größere Schrift, das Zahlenformat „Zahl“, und 8 Dezimalstellen einstellen.
- Um das Aussehen der Trendlinie zu ändern, klicken Sie sie mit der rechten Maustaste an und wählen Sie das Kontextmenü Trendlinie formatieren. Hier können Sie z. B. eine gestrichelte oder breitere Trendlinie bewirken.

Wenn das Diagramm **nur den qualitativen und nicht den quantitativen Zusammenhang** zwischen zwei Größen zeigen soll, dann wird keine Teilung der Koordinatenachsen verwendet. Es ist jedoch möglich, besonders markante Punkte durch Angabe ihrer Koordinaten oder mit anderen Angaben zu kennzeichnen, **Bild 3-31**.

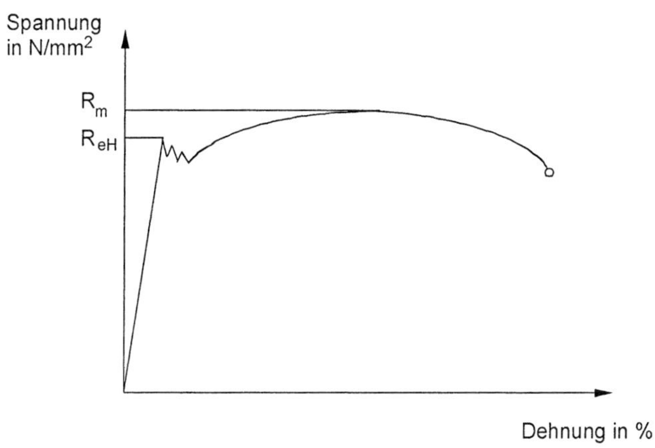

Bild 3-31 Beispiel für ein Kurvendiagramm, das nur den qualitativen Zusammenhang zwischen zwei Größen zeigt (Spannungs-Dehnungs-Diagramm eines Zugversuchs)

Bei Verwendung desselben Diagrammtyps und derselben Ausgangszahlen können Sie **durch** die **Wahl der Achsenteilung** einen ganz **unterschiedlichen optischen Eindruck** erzeugen,. Sie sind auf diese Weise in der Lage, die Bildbotschaft kräftig zu manipulieren, **Bild 3-32**. Bitte achten Sie darauf, dass Sie nicht unbeabsichtigt einen optischen Eindruck erzeugen, der die Ausgangsdaten falsch repräsentiert bzw. der aus den Ausgangsdaten so nicht ableitbar ist.

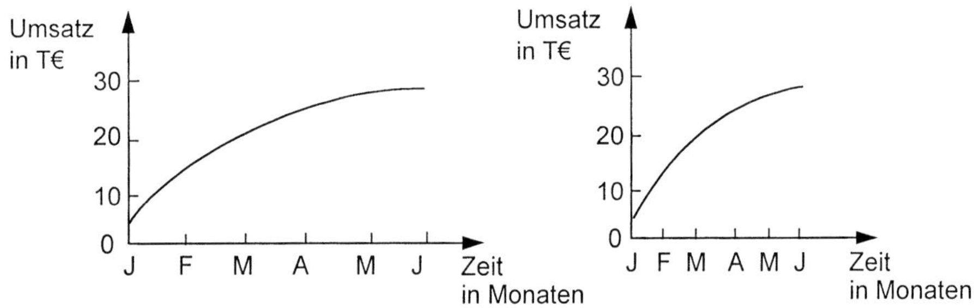

Bild 3-32 Veränderung des optischen Eindrucks einer Kurve durch Variation der Achsenteilung

Um Missverständnisse sicher auszuschließen, sollte – wie bereits gesagt – die Aussage, die ein Diagramm unterstützen soll, über oder neben das Diagramm geschrieben werden bzw. in der Bildunterschrift genannt werden. Weitere Einzelheiten zur Gestaltung von grafischen Darstellungen in Koordinatensystemen entnehmen Sie bitte direkt der DIN 461.

„Präsentationsgrafiken“ bzw. „Diagramme“ sind – wie bereits in 3.3 „Erstellung *guter* Tabellen“ ausgeführt – eine sehr gute Möglichkeit, Zahlen übersichtlich und anschaulich darzustellen. Die folgende Übersicht nach MARKS zeigt, **welche Diagrammart für welchen Zweck** verwendet werden kann **Tabelle 3-2**.

Tabelle 3-2 Diagrammarten und ihre Einsatzmöglichkeiten

Information	**Diagramm-Art**			
	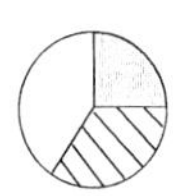	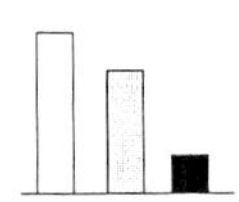	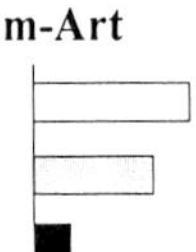	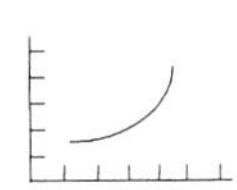
Entwicklung (zeitlich)		(+)		+
Verteilung (%-Anteil)	+	+	(+)	
Vergleich	+	+	+	
Häufigkeit		+	+	+
funktionaler Zusammenhang				+
Vergleich und Entwicklung		+		+
Vergleich und Verteilung	+	+		
Entwicklung und Verteilung	getrennte Darstellung			

Legende:
+ gut geeignet
(+) weniger gut geeignet

Die DIN 32830 „Grafische Symbole“ enthält **Gestaltungsregeln für Piktogramme, Symbole und Logos**. Dort wird gesagt, dass diese Darstellungen möglichst aus geometrischen Grundkörpern (Quadraten, Kreisen, Rechtecken, Achtecken usw.) bestehen sollen. Diese grafischen Symbole sollen groß genug reproduziert werden, d. h. Länge bzw. Breite sollen mindestens 1/100 des Betrachtungsabstandes betragen. In DIN 30600 „Bildzeichen, Übersicht“ finden Sie genormte Symbole als Anregung für die Gestaltung eigener Symbole.

Wenn die ganze Arbeit später durch Kopieren vervielfältigt werden soll, kann das Zeichnen und Beschriften der grafischen Darstellungen auch ganz oder teilweise mit Bleistift erfolgen.

3.4.6 Skizzen zur vereinfachten Darstellung und zur Berechnung

Im Rahmen der Konstruktionstätigkeit werden technische Erzeugnisse nicht nur gestaltet, sondern auch berechnet. Damit wird sichergestellt, dass die einzelnen Bauteile die auf sie einwirkenden Kräfte aufnehmen können, ohne vorzeitig zu versagen. In den Berechnungen werden Skizzen verwendet, um die geometrischen Verhältnisse abzubilden, um Formelbuchstaben zu verdeutlichen und um Rechenergebnisse zu illustrieren. Hier werden als Beispiele gezeigt: Kräfte- und Momentenverlauf am Abzieharm einer Abziehvorrichtung, Getriebeschema mit genauen Bezeichnungen der Lager, Wellen und Zahnräder, sowie vereinfachte Darstellungen von einem Motor, einer Schraube und einem Zylinder. Die Skizze zur Berechnung kann auch als perspektivische Darstellung auftreten. Zeichnen Sie hier möglichst alle Größen ein, die in den Gleichungen berechnet werden.

Derartige einfache **Berechnungsskizzen** haben im Technischen Bericht meist **keine Bildnummer und Bildunterschrift**. Aber auch für Berechnungs-Skizzen gelten Regeln. Diese Regeln basieren auf der Grundregel

☞ *Berechnungs-Skizze = sinnvoll abgemagerte Technische Zeichnung*

Bei dieser sinnvollen Abmagerung können Einzelheiten weggelassen werden, aber z. B. keine wichtigen Mittellinien. Diese sind für das schnelle Erkennen von Bauteilsymmetrien unbedingt erforderlich. Vielfach ist es auch möglich, vereinfachte Darstellungen aus Herstellerunterlagen zu übernehmen.

Bei Skizzen von Anlagenteilen für den **Produktions- und Handlingbereich von Werkstükken** sollte in die Skizzen immer auch **das jeweilige Bauteil mit eingezeichnet** werden. Es ist z. B. schlecht vorstellbar, dass in einer Hebevorrichtung für die Serienfertigung eines Bauteils genau dieses Bauteil *nicht* mit eingezeichnet wird. Denken Sie sich als Beispiel eine **Fassgreifer-Anlage**. In der Berechnungs-Skizze wird das **Fass rot** und ggf. mit anderer Strichart eingezeichnet. Durch diese Kennzeichnung des zu transportierenden Bauteils können die Leser die Anlage, den Kraftfluss, die Beanspruchungen usw. deutlich leichter verstehen.

Skizzen für die Berechnung werden immer in der Nähe der Berechnung angeordnet. Sie sind stets **auf das Wesentliche beschränkt**. Ganz wichtig sind eindeutige Benennungen. Falls erforderlich, sollten Sie in den Berechnungs-Skizzen neben den Maßangaben auch Wortangaben verwenden, um die Stelle, auf die sich die Berechnungsskizze bezieht, **eindeutig** zu **kennzeichnen**.

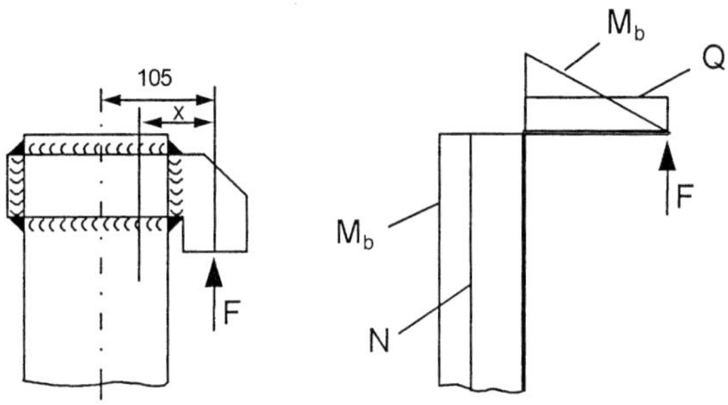

Abzieharm einer Abziehvorrichtung mit Kräfte- und Momentenverlauf

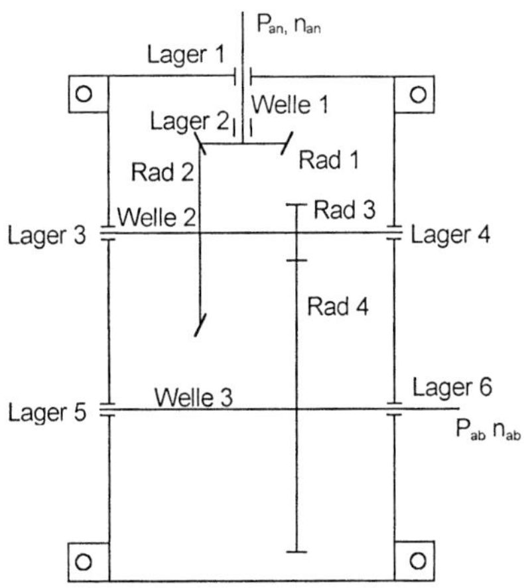

Getriebeschema mit genauen Bezeichnungen der Lager, Wellen und Zahnräder

Übernehmen Sie gelungene Darstellungen, z. B. aus **Herstellerunterlagen**, wenn die Anschaulichkeit dadurch nicht gefährdet wird, und setzen Sie gern auch **vereinfachte Darstellungen** ein. Beispiele:

Elektromotor

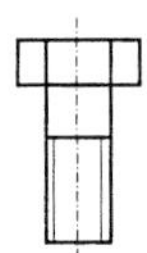

Sechskantschraube

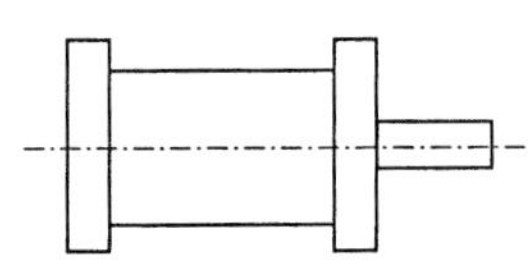

Zylinder

Berechnungs-Skizzen werden **manchmal** auch **perspektivisch** ausgeführt. Dann gelten die Hinweise aus 3.4.7 „Perspektivische Darstellungen“ sinngemäß. **Wenn später kopiert werden soll**, dann ist es auch möglich, Berechnungs-Skizzen **manuell mit Bleistift** zu erstellen. So kann man die Skizzen leichter korrigieren.

Eventuell sind Bild-Titel unter den Skizzen zweckmäßig, um unnötiges Suchen zu vermeiden. Zum Beispiel, wenn man verschiedene Profile unterscheiden will (Quelle: www.e-h-p.de):

U-Profil T-Profil L-Profil Flachstahl

Insgesamt muss durch Verweise, Bildunterschriften und ähnliche Maßnahmen sicher gestellt werden, dass der Leser ohne größeres Suchen und ohne Rückfragen den Überblick behält. Denken Sie sich als Zielgruppe auch hier den Ingenieur, der keine Detailkenntnisse des vorliegenden Projekts hat und den Bericht trotzdem ohne Rückfragen verstehen soll.

3.4.7 Perspektivische Darstellungen

Im Technischen Zeichnen gibt es zwei Hauptdarstellungsarten. Dies ist die normale Dreitafel-Projektion (orthogonale Projektion) sowie die verschiedenen Arten der perspektivischen Darstellung. Beide Darstellungsarten sind auf einer ebenen Fläche abgebildet. Der Unterschied liegt darin, dass im Gehirn aus der perspektivischen Darstellung leichter die reale Gestalt des Körpers assoziiert werden kann, als dies bei der Dreitafel-Projektion möglich ist. Die perspektivische Darstellung ist also für Nichttechniker bzw. für Menschen, die wenig Erfahrung mit Technischen Zeichnungen haben, weitaus besser verständlich.

Dreitafel-Projektion
(Vorderansicht, Seitenansicht und Draufsicht)

Perspektivische
Darstellung

Die folgenden perspektivischen Darstellungen werden unterschieden nach DIN ISO 5456:

- Isometrische Projektion
- Dimetrische Projektion
- Kavalier-Projektion
- Kabinett-Projektion
- Zentral-Perspektive
  - Ein-Punkt-Methode (mit einem Projektionszentrum)
  - Zwei-Punkt-Methode (mit zwei Projektionszentren)
  - Drei-Punkt-Methode (mit drei Projektionszentren)

Im Maschinenbau und in der Elektrotechnik wird die Zentral-Perspektive kaum verwendet. Sie ist mehr in den Bereichen Architektur und Bauwesen sowie Design anzutreffen. **Tabelle 3-3** zeigt die perspektivischen Darstellungen (außer Zentral-Perspektive) im Vergleich.

Tabelle 3-3 Vergleich perspektivischer Darstellungen für Technische Berichte

Projektionsart	**Abbildungsmaßstab** für Breite, Höhe und Tiefe sowie Winkel der Körperkanten	**Musterwürfel**	**Anwendungszweck**
Isometrische Projektion	B : H : T = 1 : 1 : 1 Körperkanten: -30°, 30° und 90°	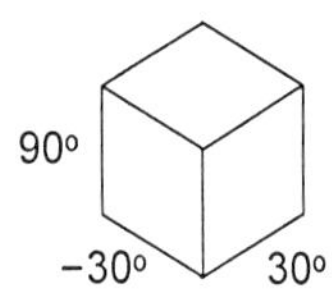	Wesentliches wird in drei Ansichten gezeigt. Längenmaße können in allen drei Achsrichtungen direkt abgemessen werden.
Dimetrische Projektion	B : H : T = 1 : 1 : 0,5 Körperkanten: -7°, 42° und 90°	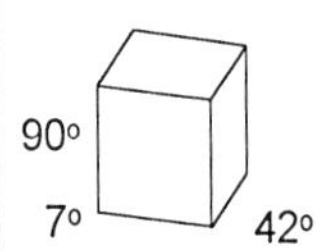	Wesentliches wird in einer Ansicht gezeigt. Längenmaße parallel zu den Achsen können nur in zwei Achsrichtungen direkt abgemessen werden.
Kavalier-projektion	B : H : T = 1 : 1 : 1 Körperkanten: 0°, 45° und 90°	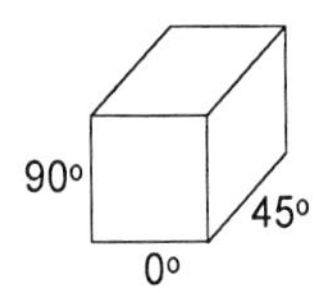	Wesentliches wird in einer Ansicht gezeigt. Längenmaße können in drei Achsrichtungen direkt abgemessen werden, Radien und Durchmesser nur in der Frontansicht.
Kabinett-Projektion	B : H : T = 1 : 1 : 0,5 Körperkanten: 0°, 45° und 90°	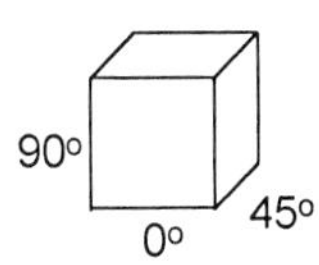	Wesentliches wird in einer Ansicht gezeigt. Nur in dieser Ansicht können Maße direkt abgemessen werden. Die Proportionen sind gut abschätzbar.

Für Technische Berichte sind die **isometrische, die dimetrische und die Kabinett-Projektion am Besten geeignet**. Die Kavalier-Projektion wirkt auf das menschliche Auge stark verzerrt; sie erscheint deshalb für Technische Berichte weniger gut geeignet. Die Kabinett-Projektion und die Kavalier-Projektion sind am leichtesten herzustellen, da für die Projektionsachsen nur Winkel von 0°, 45° und 90° auftreten. Diese Winkel lassen sich mit einem 45°-Zeichendreieck leicht erzeugen; sie können außerdem gut von Hand auf normalem 5 mm-Rechenkaro gezeichnet werden.

Für die Zeichnungserstellung gibt es im einschlägigen Fachhandel Spezialpapier und Schablonen. Für isometrische Projektion gibt es Millimeterpapier mit Linien, die in den Winkeln

-30°, 0°, 30° und 90° zur Horizontalen verlaufen (**Isometrie-Papier**). Da Kreise nicht in allen Ansichten als Kreise abgebildet werden, gibt es verschiedene **Ellipsen-Schablonen** und Spezialgeräte, die das Zeichnen von Ellipsen erleichtern.

CAD-Programme bieten die Möglichkeit, die konstruierte Geometrie in perspektivischer Darstellung anzuzeigen. Aber auch mit ganz einfachen Grafik-Programmen ist die Erstellung perspektivischer Zeichnungen durch Anwendung der Kabinett-Projektion machbar, wenn Sie die Gitterpunkte darstellen und das Einrasten auf Gitterpunkte einschalten. Für das Anfertigen von **Explosionszeichnungen** gibt es Spezialprogramme.

Zusammenfassend lässt sich sagen, dass die **perspektivische Darstellung** folgende **Vor- und Nachteile** aufweist:

- bringt oft bessere Übersichtlichkeit,
- spart Platz verglichen mit Dreitafelprojektion (3 Ansichten),
- unterstützt das räumliche Vorstellungsvermögen,
- ist jedoch zeichnerisch aufwändig (außer bei Kabinett- und Kavalierprojektion).

3.4.8 Technische Zeichnung und Stückliste

Gegenwärtiger Konstruktionsstand sowie Neuentwicklungen und Änderungen von Bauteilen, Anlagen und Verfahren werden in verbalen Beschreibungen und Technischen Zeichnungen dokumentiert. Deshalb besitzen Technische Zeichnungen eine zentrale Bedeutung für die Kommunikation unter Technikern. Dieser Sachverhalt lässt sich einprägsam mit dem folgenden Satz ausdrücken:

☞ *Die Technische Zeichnung ist die Sprache des Technikers*
und die Darstellende Geometrie ist die Grammatik dazu!

Den Konstruktions- und Projektierungsberichten werden fast immer Technische Zeichnungen beigefügt, meist in einer Zeichnungsrolle oder in einem Zeichnungsordner. Sie sind also ein wichtiger Teil dieser Art von Technischen Berichten. Deshalb folgen nach den einführenden allgemeinen Bemerkungen nun einige **Hinweise auf gängige Fehler in Technischen Zeichnungen**.

Mittellinien in Zeichnungen, auch in Skizzen, werden **oft vergessen**. Alle rotations- und achsensymmetrischen Bauteile müssen i. d. R. Mittellinien erhalten. Auch Bohrungen, Teilkreise, Lochkreise u. ä. werden durch Mittellinien gekennzeichnet.

Wenn Bohrungen z. B. an einem Flansch regelmäßig angeordnet sind, dann erhalten sie einen gemeinsamen **Lochkreis** und je eine den Lochkreis senkrecht schneidende, **kurze Mittellinie**. Die Mittellinien verlaufen senkrecht zu dem Lochkreis. Es ist also falsch und nicht normgerecht, jede auf einem Lochkreis liegende Bohrung nur mit jeweils einer horizontalen und einer vertikalen Mittellinie zu kennzeichnen.

Umlaufende Kanten an rotationssymmetrischen Teilen (Lager, Lagerdeckel usw.) werden gern vergessen, besonders häufig in Schnitt- und Zusammenbauzeichnungen. Deshalb prüfen Sie im Rahmen der Endkontrolle (anhand der Stückliste) noch einmal alle rotationssymmetrischen Teile, ob die umlaufenden Körperkanten vollständig dargestellt sind.

Fügefasen werden ebenfalls gern vergessen. Die Bemerkung „alle nicht besonders gekennzeichneten Kanten gebrochen" reicht nicht aus! Überlegen Sie, wie sich die Baugruppe oder Einrichtung zusammenbauen lässt! Ohne Fügefasen lassen sich Lager, Wellendichtringe, Lagerdeckel u. ä. nur bei größerer Spielpassung montieren, und dann können sie ihre Funktion in der Regel nicht mehr erfüllen. Der Kontrollschritt „fiktives manuelles Zusammenbauen der Einzelteile“ hilft auch, den weiteren Fehler zu vermeiden, dass sich ein Lager nicht montieren lässt, weil z. B. eine Wellenschulter im Weg ist.

Passungsangaben werden in Zeichnungen oft falsch eingetragen. Wellen erhalten häufig große tiefgestellte, große hochgestellte oder kleine hochgestellte Kennbuchstaben. Richtig wären aber für **Wellen kleine tiefgestellte** und für **Bohrungen große hochgestellte Kennbuchstaben**. Die folgende Merkregel fasst dies sehr einprägsam zusammen:

☞ *Bohrung groß oben*

Wellen müssen im Gehäuse gelagert werden, i. d. R. mit zwei Lagern pro Welle. Aber es darf nicht irgendwie gelagert werden, sondern nur die folgenden Kombinationen sind zulässig: Fest-/Loslagerung, schwimmende **Lagerung** (eingeschränkte Bewegungsmöglichkeit von zwei Loslagern) oder angestellte Lagerung (z. B. zwei Schrägkugellager oder Kegelrollenlager in X- oder O-Anordnung). In Konstruktionsarbeiten während der Konstruktionsausbildung finden sich jedoch manchmal zwei Loslager (unbestimmte Lagerung) oder zwei Festlager (überbestimmte Lagerung). Das ist falsch.

Im Fall der unbestimmten Lagerung ergibt sich keine definierte Lage für Zahnräder, Riemenscheiben u. ä., Bauteile können evtl. verrutschen und am Gehäuse schleifen usw.

Im Fall der überbestimmten Lagerung können sich die Wellen bei Erwärmung nicht ausdehnen. Dies führt zu Axialbelastungen, die in der Lagerberechnung bisher nicht enthalten sind. Da aber die Belastung mindestens mit der dritten Potenz (Rollenlager hoch 10/3) in die Lebensdauer eingeht, können sich aus solchen Belastungserhöhungen gravierende Lebensdauerverkürzungen ergeben. Im Extremfall biegen sich die Wellen durch, und das führt zu unerwünschtem Verkanten in den Lagern, evtl. sogar zum Festfressen der Lager.

Einzelteilzeichnungen müssen **alle Maße** enthalten, die für die Herstellung des Teils erforderlich sind. In **Zusammenbauzeichnungen** werden oft einige **Anschlussmaße** vergessen. Hier die wichtigsten Anschlussmaße: größte Länge, Breite und Höhe (= Mindest-Innenmaße des Transportbehälters beim Versand), Wellenhöhen, Durchmesser und Länge der Wellenabsätze zum Anschluss an andere Bauteile, Lochbild zur Befestigung der Konstruktion oder Baugruppe einschließlich Flanschdicke (wegen der Länge der Befestigungsschrauben), Hebellängen, Knaufdurchmesser (wo die Hand des Menschen zur Bedienung „angeschlossen“ wird).

Bei Zusammenbauzeichnungen von **Schweißkonstruktionen**, an denen Schraffuren eingezeichnet werden müssen, gilt: **Geschweißte Baugruppen** werden **einheitlich schraffiert** (nicht jedes Blech mit anderer Schraffur), weil die geschweißte Baugruppe zum Zeitpunkt der Montage *ein Bauteil* ist.

Nun einige Hinweise auf **Probleme**, die **sowohl in Zeichnungen als auch in Stücklisten** auftreten können. In allen Technischen Zeichnungen und auch in Stücklisten *müssen* im Schriftfeld stets folgende Informationen enthalten sein:

- Benennung des Bauteils oder der Baugruppe,
- Sachnummer des Bauteils oder der Baugruppe,
- Name(n) des Erstellers der Zeichnung und
- Erstellungsdatum der Zeichnung.

Bleiben wir gleich bei der **Bauteil-Benennung**. Hier tun sich viele Ingenieurstudenten schwer, weil in den Büchern über Technisches Zeichnen normalerweise keine Hinweise über systematische Bauteil-Benennung enthalten sind. Dabei ist der Sachverhalt eigentlich sehr einfach: **Bauteile werden grundsätzlich „nach Funktion" benannt.** Dies führt zu Benennungen wie Führungsgabel, Halteplatte, Achsbolzen, Verstärkungswinkel, Tragrahmen usw. Bei Normteilen sind die Abmessungen grundsätzlich Teil der Benennung, z. B. Sechskantschraube M6 x 30. Wird irgendein **Endzustand der Bearbeitung** in Zeichnung oder Stückliste angegeben, dann ist stets das **Mittelwort der Vergangenheit** zu verwenden: „gehärtet", „gefräst" usw.

In der Zusammenbauzeichnung erhält jedes Bauteil einen Bezugsstrich und die **Positionsnummer** aus der Stückliste. Für die Anordnung der Positionsnummern in der Zeichnung und die Reihenfolge der Bauteile in der Stückliste gibt es unterschiedliche Vorgehensweisen. Bewährt hat sich folgendes Schema.

Mehrere identische Bauteile erhalten eine gemeinsame Positionsnummer und werden mit ihrer Anzahl in der Stückliste aufgeführt (dabei Bauteil-Benennung im Singular!). Wenn solch ein Bauteil in mehreren Baugruppen jeweils nur ein Mal vorkommt (z. B. ein Lagerdeckel), wird es an jedem Einbauort mit Bezugsstrich und gleicher Positionsnummer gekennzeichnet. Wenn solch ein Bauteil aber mehrmals in einer Baugruppe vorkommt und Verwechslungen ausgeschlossen sind (z. B. bei vier Befestigungsschrauben eines Lagerdeckels oder sechs Säulen eines Regals), wird das Bauteil in der Zusammenbauzeichnung innerhalb der Baugruppe nur ein Mal gekennzeichnet.

Normteile erscheinen am Ende der Stückliste in beliebiger Reihenfolge. **Alle anderen Bauteile** werden in der Zusammenbauzeichung im Uhrzeigersinn nummeriert. Dabei sollen die Positionsnummern innerhalb einer Baugruppe möglichst fortlaufend sein und nach jeder Baugruppe zwei bis drei Nummern leer bleiben, um Platz für evtl. Nachträge zu haben. Die Positionsnummern in der Zusammenbauzeichnung werden entlang von waagerechten und senkrechten **Fluchtlinien** um die Konstruktion herum angeordnet.

Zur **Zeichnungs- bzw. Sachnummer** kann Folgendes gesagt werden. Sachnummernsysteme in der Industrie sind nie ein- oder zweistellig. Es ist daher nicht richtig, selbst entwickelte Nummern für Bauteile und Zusammenbauten in Studienarbeiten ein- oder zweistellig aufzubauen. Sechsstellig oder mehr, ggf. mit gliedernden Punkten, Strichen, Buchstaben oder Leerzeichen ist eher üblich, **Bild 3-33**.

Im Rahmen der Konstruktionsarbeit muss im **Schriftfeld** von Zeichnungen und Stücklisten das **Namensfeld** ausgefüllt werden. Hier gibt es bei Konstruktionsgruppen drei Möglichkeiten. Entweder wird nur der Name eines Gruppenmitglieds im Schriftfeld eingetragen oder es wird aus den Anfangsbuchstaben der Zunamen der Gruppenmitglieder – ggf. um Vokale ergänzt – ein „Kunstwort" gebildet und dies als Ersteller-Name in das Schriftfeld eingetragen oder es erfolgt ein Eintrag in der Form „Gruppe 3". Dies kann jedoch hier nicht empfohlen werden, da bei „Gruppe 3" die handelnden Personen nicht eindeutig benannt sind.

Jede Zeichnung und Stückliste muss im Schriftfeld das **Datum der Fertigstellung** enthalten. Füllen Sie deshalb das Datumsfeld mit Tag und Monat aus. Das Jahr kann aus Platzgründen dort eingetragen werden, wo sich Kopfzeile und Führungsspalte schneiden, **Bild 3-33**.

Ein weiteres bei Technischen Zeichnungen und Stücklisten auftretendes Problem ist die Ausfüllung der beiden Felder rechts vom Feld Zeichnungsnummer. Um die hier auftretenden Probleme erklären zu können, muss ein Blick auf die **Zeichnungssystematik** geworfen werden. Jede Technische Zeichnung und jede Stückliste werden durch Benennung und Sachnummer eindeutig identifiziert. Auch die Zuordnung der Stückliste zur Zusammenbauzeichnung verläuft nach dem gleichen Schema.

Wenn Zusammenbauzeichnung und Stückliste nicht in Benennung und Sachnummer eindeutig übereinstimmen, dann gehört die Stückliste nicht zu dieser Zusammenbauzeichnung.

Pos.	Menge	Benennung	Sachnummer Form-Norm	Werkstoff W-Norm	Halbzeugabm. H.Norm, MoNr	Bemerkung
1	1	Gehäuse-Unterteil	26.200-001	GG 20 DIN EN 1561	R 26.200-001	
2	1	Eingangswelle	26.200-055	42CrMo4 DIN EN 10083	∅ 55 × 180 lg DIN ISO 5261	randschicht-gehärtet
3	1	Ölstands-Anzeige	26.200-167			Castrol 27.349.780
4	24	Zylinderschraube mit Innensechskant M12 x 40	ISO 4762	8.8 EN 20898	ISO 4017	brüniert

				2003	Datum	Name	Benennung	
				Bearb.	12.05.	Klinger	Getriebegehäuse, vollständig	
				Gepr.	19.06.	Prietsch		
				Norm	26.06.	Linde		
				FH Hannover Fachbereich Maschinenbau			Zeichnungsnummer 217.3567-00	Blatt 1 / 1 Bl.
Zust.	Änderung	Datum	Name	Urspr.			Ers. f.:	Ers. d.:

Bild 3-33 Muster-Stückliste an der FH Hannover mit beispielhaften Eintragungen

Bei großen Zeichnungssätzen kann der Fall auftreten, dass es mehrere Blätter mit der gleichen Zeichnungsnummer gibt. Dann – und nur dann – werden die verschiedenen Blätter mit gleicher Zeichnungsnummer über die Eintragung in obigem Feld unterschieden. Wenn es also z. B. fünf Blätter mit der gleichen Zeichnungsnummer gibt, dann wird Folgendes eingetragen: auf dem ersten Blatt steht in obigem Feld „Blatt 1, 5 Blatt", auf dem zweiten Blatt dann „Blatt 2, 5 Blatt" usw. Dieses Feld wird also nur benutzt, wenn es mehrere Blätter mit der gleichen Zeichnungsnummer gibt.

Allerdings könnte die Frage auftreten, ob die Eintragung nur vergessen worden ist, oder ob es wirklich nur eine Zeichnung mit dieser Zeichnungsnummer gibt. Diese Frage lässt sich durch folgende Eintragung lösen: „Blatt 1, 1 Blatt". Damit ist klar, dass kein Folgeblatt mit gleicher Zeichnungsnummer existiert. Das sollte aber die Ausnahme sein. Normalerweise gilt: ist dieses Feld *nicht* ausgefüllt, dann gibt es *nur eine* Zeichnung mit dieser Zeichnungsnummer.

Nun einige **Anmerkungen, die nur die Stücklisten betreffen**. Da das Schreiben der Stückliste oberhalb des Schriftfeldes der Zusammenbauzeichnung heute nicht mehr üblich ist, muss zuerst einmal mit dem Auftraggeber geklärt werden, welcher Stücklistenvordruck eingesetzt werden soll. Für die Stückliste wird in der Regel DIN A4-Papier im Hochformat verwendet. Die Kopfzeile wird zentriert gesetzt. Nun zu den Spalten: Die **ersten zwei Spalten** der Stückliste für laufende Positionsnummer und Menge sollten **rechtsbündig** formatiert sein, alle anderen Spalten jedoch linksbündig.

Für jede Positionsnummer werden **zwei Zeilen** für Eintragungen benötigt, **Bild 3-33**. Bei einzeiligen Stücklistenvordrucken lassen sich die in Konstruktions-Stücklisten üblichen Eintragungen nur schwer unterbringen. Hier sei auch an Stücklisten-Vordrucke erinnert, die im CAD-Programm ggf. automatisch erstellt werden können. Empfehlenswert ist hier aber die rechtzeitige Klärung, ob diese Listen verwendet werden dürfen!

Die Zeile „Bestellbeispiel" aus Normenbänden wie z. B. KLEIN oder Normteilkatalogen ist *nicht* identisch mit der Eintragung in (Konstruktions-)Stücklisten, bitte orientieren Sie sich bei Eintragungen in Ihre Konstruktions-Stücklisten an **Bild 3-33**.

In der **Spalte „Bemerkung"** treten zwei Fälle auf. Im ersten Fall wird in dieser Spalte der **Hersteller** des in dieser Zeile stehenden Bauteils und ggf. die Bestellnummer eingetragen. Mit dieser Angabe weiß der Einkauf, von welchem Hersteller das Teil zu beziehen ist. Andererseits wird ihm die Möglichkeit genommen, die günstigste Bezugsquelle für das Teil zu finden. Deshalb soll das Vorschreiben des Herstellers nur sparsam eingesetzt werden. Bei Normteilen, die von verschiedenen Herstellern bezogen werden können, sollte der Einkauf nie durch Eintrag eines Herstellers eingeschränkt werden. Im zweiten Fall wird in dieser Spalte ein **Behandlungszustand des Bauteils** angegeben. Dies könnten Angaben sein wie „brüniert", „nitriert" usw. Derartige Behandlungen werden immer in der Form „Mittelwort der Vergangenheit (Partizip Perfekt)" angegeben und beschreiben den durch die Behandlung erreichten Endzustand. Sinngemäß gilt das auch für Wortangaben in Zeichnungen.

Die getrennt von der Zeichnung erstellten **Stücklisten** werden in den Technischen Bericht eingeheftet *und* den Transparentoriginalen der Zeichnungen in einer Zeichnungsrolle, einem Zeichnungsordner oder einer Zeichnungsmappe beigelegt.

3.4.9 Mind Map

Mind Maps werden gern zum **Strukturieren von Themen, Problemen, Diskussionen** usw. eingesetzt. Sie können sich z.B. während eines Vortrags eine Mind Map statt einer üblichen Mitschrift in Fließtext erstellen. Mind Maps unterstützen auch **Brainstorming-Prozesse**. In einer Mind Map werden alle zu berücksichtigen Aspekte eines Themas als Äste sichtbar, die sich verzweigen und am Ende Einzelthemen, -fragen oder -aspekte als Blätter haben.

Auf dem Markt sind viele **Computerprogramme** erhältlich, mit denen sich sehr schnell Mind Maps erstellen lassen. Für das folgende Beispiel, **Bild 3-34**, wurde das sehr kostengünstige Programm **CreativeMindMap** von Data Becker verwendet. In der Mind Map lassen sich sehr schnell Zweige und Unterzweige erstellen und ein Zweig mit seinen Unterzweigen an eine andere Stelle des Themenbaums verschieben.

Da in CreativeMindMap standardmäßig kein schönes Bild, das das Thema gut repräsentiert, vorhanden ist, wurde eine Microsoft ClipArt über das Bild von CreativeMindMap geschoben. Auch das Einfügen von Pixel-Bildern von der Festplatte ist möglich.

Eine interessante Funktion ist der Export der Struktur in eine txt-Datei, die man in Word importieren und dort für PowerPoint vorbereiten kann. Jeder Aspekt, der eine Folie werden soll, ist ein einfacher Absatz, die Unteraspekte werden in Word mit der automatischen Listenstruktur Aufzählungszeichen formatiert, fertig. Nun können Sie das Textdokument mit Datei – Senden an – Microsoft PowerPoint übertragen. Sie erhalten zu jedem Aspekt oder Thema aus der Txt-Datei eine Folie, auf der die Unteraspekte bereits als Textobjekt in PowerPoint vorliegen. Sie können nun Ihre Folien nun visualisieren, durch Farbe strukturieren, Grafiken hinzufügen usw., siehe 5.4.1.

Teurere und professionellere Software wie z.B. der **MindManager** haben umfangreichere Bildbibliotheken und mehr Funktionen.

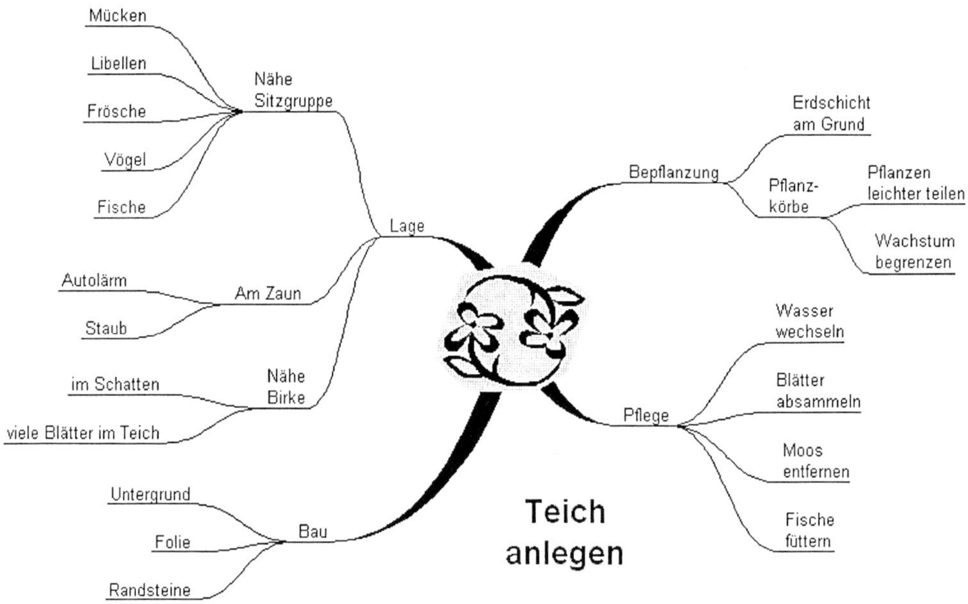

Bild 3-34 Beispiel für eine Mind Map zur Planung einer Umbaumaßnahme in einer Grünanlage

Auch wenn Sie keine eigene Software dafür anschaffen wollen, können Sie sich Mind Maps „basteln", allerdings ist das nicht mehr bequem und sieht auch nicht so professionell aus wie die obige Darstellung. Hier eine **Kurzanleitung** für **Microsoft PowerPoint**:

- Die Menüs AutoFormen und Verbindungen in der Symbolleiste Zeichnen öffnen und am schmalen Balken oben im Menü die Kopfzeile mit der Maus anfassen und das Menü herauslösen.
- Ein Symbol auswählen und im Zeichnungsbereich aufziehen, in der Symbolleiste Zeichnen auf die Funktion Textfeld klicken und dann auf das Symbol Beschriftung eintragen, den Text eingeben.
- Weitere Symbole einzeichnen und beschriften.
- Symbole mit der Verbindung "gekrümmte Verbindung" zusammenfügen.
- Im Menü Format – Textfeld die Optionen "Größe der AutoForm dem Text anpassen" und "Text in AutoForm umbrechen" aktivieren, Abstände zum Innenrand ggf. kleiner wählen, Schriftgröße über Symbolleiste Format einstellen.
- Füllfarbe bei Format - Autoform auf "Halbtransparent" setzen.
- Grobe Objektausrichtung mit Pfeiltasten, feine Ausrichtung mit Strg+Pfeiltasten.

3.5 Das Zitieren von Literatur

Beim Schreiben Technischer Berichte existieren die unterschiedlichsten Versionen von Quellenangaben und Literaturverzeichnissen. Deshalb wird hier das Zitieren von Literatur ausführlich beschrieben und mit einigen allgemeinen Bemerkungen eingeleitet.

3.5.1 Einleitende Bemerkungen zum Zitieren von Literatur

Beginnen wir hier erst einmal mit der Definition des Begriffs „Zitat“. Ein Zitat liegt dann vor, wenn von anderen Autoren formulierte Sachverhalte wörtlich oder sinngemäß in der eigenen Arbeit verwendet werden, und die Literaturquelle, aus der die Gedanken entnommen sind, genau angegeben wird.

Der vorn im Text angegebene kurze Verweis, woher die Literatur stammt, wird Quellenangabe genannt. Hinten im Literaturverzeichnis werden dann die zitierten Publikationen mit Angabe der bibliografischen Daten aufgeführt.

In wissenschaftlichen Arbeiten wird praktisch immer mit Literaturzitaten gearbeitet. Auch in Technischen Berichten, die z. T. nicht so streng den Regeln der Wissenschaft unterworfen sind, wird oft Literatur zitiert, die andere Personen geschrieben haben.

Literaturzitate haben die folgenden **Aufgaben**:

- sie helfen, den gegenwärtigen Stand der Technik zu beschreiben,
- sie unterstützen die eigene Meinung,
- sie betonen den wissenschaftlichen Charakter des Technischen Berichts,
- sie entlasten den Autor von der Verantwortung für den Zitatinhalt (aber nicht von der Verantwortung für die Zitatauswahl),
- sie heben die Sorgfalt des Autors hervor,
- sie unterstreichen die Autorität und Glaubwürdigkeit des Autors und
- sie ermöglichen es den Lesern, die Fakten nachzuprüfen (Aussagen, Berechnungsgrößen usw.) und sich durch Literaturstudium auch anderer Autoren tiefer in das jeweilige Sachgebiet einzuarbeiten.

Das Angeben der bibliografischen Daten von zitierter Literatur dient den Lesern dazu, dass sie sich die von Ihnen verwendete Literatur aus Bibliotheken ausleihen oder im Buchhandel kaufen können. Deshalb müssen ausreichend viele Angaben zu den Literaturquellen gemacht werden.

Wenn nun jeder Autor eine eigene **Systematik** verwenden würde, um die erforderlichen bibliografischen Angaben zu machen, dann entstünde ein ziemliches Durcheinander. Deshalb gibt es eine Norm, in der das **Zitieren von Literatur im deutschen Sprachraum** einheitlich geregelt ist. Dies ist die **DIN 1505** „Titelangaben von Dokumenten“. Die DIN 1505 ist aber vielen Autoren Technischer Berichte zu wenig bekannt. Deshalb erfolgt nun eine ausführliche Beschreibung, *warum*, *was* und *wie* im deutschen Sprachraum zitiert wird.

Für den **anglo-amerikanischen Sprachraum** folgt in Abschnitt 3.5.6 „Literaturarbeit nach ISO 690“ eine Zusammenstellung, *wie* dort Literatur zitiert wird. Insbesondere enthält die **ISO 690** konkretere Hinweise, wie *Literatur und Informationen aus Datennetzen* zitiert werden sollen.

3.5.2 Gründe für Literaturzitate

Zuerst also zur Beschreibung des „*Warum*". Korrektes Zitieren ist ein Beweis dafür, dass der Autor die Regeln des wissenschaftlichen Arbeitens kennt. Die Auswahl und Qualität der Zitate belegen, wie intensiv er sich auf seinem Gebiet mit dem „Stand der Technik" und den gängigen Theorien auseinander gesetzt hat. Das Zitieren von Literatur drückt also nicht aus, dass einem selber nichts eingefallen ist. Es ist im Gegenteil absolut notwendig, korrekte Literaturzitate anzugeben, damit Interessierte einen Zugang zu einem u. U. zunächst noch fremden Sachgebiet finden können.

Korrektes Zitieren betont die **Aufrichtigkeit** des Autors. Es gehört zu einer menschlich positiven und wissenschaftlich korrekten Verhaltensweise, dass Zitate entsprechend gekennzeichnet werden. Wenn Sie z. B. Texte oder Bilder von anderen Autoren in Ihren Bericht übernehmen, ohne die verwendeten Quellen zu nennen, dann geben Sie damit die Arbeitsergebnisse von anderen Autoren als Ihre eigenen aus. Dies verstößt gegen das **Urheberrechtsgesetz** und gegen die guten Sitten innerhalb der Wissenschaft.

Jemand, der sich im von Ihnen bearbeiteten Sachgebiet gut auskennt, erkennt schnell die Stellen, an denen Sie die Gedanken anderer Autoren zwar verwendet, aber nicht korrekt zitiert haben. Er kann ihnen damit unfaires und unkorrektes Verhalten nachweisen.

In diese Situation will sicher niemand hineingeraten. Deshalb folgt nun eine kurze Beschreibung, welche Informationen in DIN 1505 enthalten bzw. nicht enthalten sind. Danach folgen Abschnitte, die beschreiben, wie Literaturzitate vorn im Text und hinten im Literaturverzeichnis auszuführen sind. Zuletzt folgt dann noch ein kleiner Exkurs ins Urheberrecht: Welche Rechtslage gilt im Hochschulbereich? Welche Rechtslage gilt für Firmen und Privatpersonen? Welche Rechtsfolgen kann fehlendes oder unkorrektes Zitieren haben?

3.5.3 Bibliografische Angaben nach DIN 1505

Die DIN 1505 „Titelangaben von Dokumenten" enthält die Regeln für das Zusammenstellen von Literaturverzeichnissen. Sie gibt genau an, welche bibliografischen Angaben zu den zitierten Publikationen wie und in welcher Reihenfolge auftreten müssen. Die DIN 1505 geht jedoch nur auf das Blockformat – eine platzsparende Form des Literaturverzeichnisses – ein, die in Büchern und Zeitschriften verwendet wird. Sie enthält keine Informationen dazu, wie die bibliografischen Angaben in der klassischen dreispaltigen Form des Literaturverzeichnisses auftreten sollen, die in Technischen Berichten üblich ist.

International werden diese Regeln in der ISO 690 „Documentation – Bibliographic references – Content, form and structure" sowie der ISO 690-2 „Information and documentation – Bibliographic references – Part 2: Electronic documents or parts thereof" festgelegt, siehe 3.5.6.

Der Begriff **„Publikation"** umfasst *im engeren Sinne* Bücher, Beiträge in Sammelbänden, Aufsätze in Zeitschriften, Firmenschriften usw. *Im weiteren Sinne* umfasst der Begriff „Publikation" aber auch die folgenden Sonderfälle: Schallplatte, Radiosendung, Video- oder TV-Film, Computerprogramm, auf CD-ROM gespeicherte Dokumente, persönliche Mitteilungen sowie Informationen, die über das Internet allgemein zugänglich sind bzw. über ein Intranet für die Kollegen. Stellvertretend für diese unterschiedlichen Arten von Publikationen werden im vorliegenden Buch ebenfalls die Begriffe „Literatur" und „Quelle" verwendet.

Die anzugebenden bibliografischen Daten werden in der DIN 1505 anhand von zahlreichen Beispielen erläutert. Die beiden folgenden Abschnitte zeigen, *wie* vorn zitiert und *wie* hinten das Literaturverzeichnis gestaltet wird.

3.5.4 Kennzeichnung von Zitaten vorn im Text

Wie ein von anderen formulierter Sachverhalt im Text zitiert wird, richtet sich danach, was zitiert wurde und ob **wörtlich oder sinngemäß** zitiert wurde. Hierbei werden unterschieden:

- wörtliches Zitat von Text
- sinngemäßes Zitat von Text
- exakte Übernahme eines Bildes oder einer Tabelle (gescannt, fotokopiert oder exakt abgezeichnet)
- sinngemäße Übernahme eines Bildes oder einer Tabelle, durch Modifikationen an das eigene Informationsziel angepasst

Jede Publikation, aus der Sachverhalte zitiert werden, muss mit der **Quellenangabe vorn im Text** und mit allen erforderlichen **bibliografischen Angaben** auch **hinten im Literaturverzeichnis** erscheinen. Es ist nicht zulässig, fünf kopierte Zeitschriftenartikel, die zwar thematisch eng zusammengehören, die jedoch aus verschiedenen Zeitschriften stammen und von verschiedenen Autoren verfasst wurden, in eine Dokumentenhülle zu verpacken und die Hülle mit „Prospekt 5“ zu bezeichnen. Genauso wenig ist es zulässig, einen Literaturhinweis hinter eine Abschnittsüberschrift zu setzen und dann zu hoffen, dass die Leser das schon richtig verstehen werden!

Grundsätzlich sollte Literatur **zuerst hinten in das Literaturverzeichnis eingetragen** werden. Erst **danach** sollten Sie die zitierten Sachverhalte **vorn in den Text übernehmen**. Bei großen Projekten mit intensiver Literaturarbeit hat sich auch die folgende Arbeitstechnik gut bewährt: Zu den zitierten Publikationen werden nicht nur die bibliografischen Daten aufgeschrieben, sondern zusätzlich auch

- Bibliothek,
- Standort innerhalb der Bibliothek und
- Signatur.

Die Literatur kann dann in der Bibliothek wieder abgegeben und ggf. zu einem späteren Zeitpunkt nochmal ausgeliehen werden, wenn etwas nachgebessert werden soll oder etwas vergessen wurde. Dadurch brauchen Sie nicht so viel Platz für die Lagerung der Bücher. Die Bücher müssen auch nicht alle vier Wochen verlängert werden, und beim erneuten Ausleihen haben Sie alle für das Ausleihen notwendigen Angaben ohne Suchen verfügbar. Das spart viel Arbeit und außerdem eventuell auch Mahngebühren.

Jedes Zitat besteht also aus dem zitierten Sachverhalt und der Quellenangabe vorne sowie den bibliografischen Angaben hinten im Literaturverzeichnis.

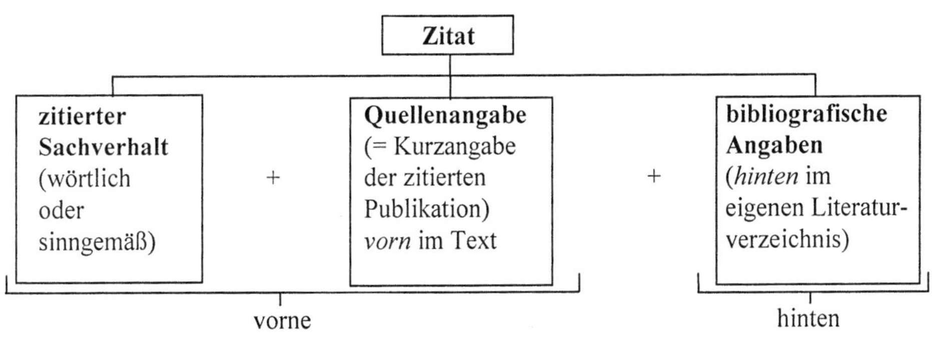

Beim Zitieren von Textstellen gelten einige Regeln, die hier zunächst aufgelistet und dann jeweils anhand von Beispielen erläutert werden. Dabei stellen wir Varianten vor. Entscheiden Sie sich jeweils für eine Variante und wenden Sie diese durchgängig an!

Regeln für das Zitieren von Text

1. Die **Quellenangabe**, die vorn im Text in der Nähe des zitierten Sachverhalts steht, heißt nach DIN 1505 **Einordnungsformel**. Sie kann als kurze Einordnungsformel oder lange Einordnungsformel auftreten und verschieden aufgebaut sein. Mögliche Varianten sind folgende, Beispiele sind in der folgenden Liste durch Kursiv- und Fettdruck hervorgehoben:

Kurze Einordnungsformel:

• nur eigene Literaturnummer	***18***

Erster Teil der langen Einordnungsformel:

• Autorenname/n	***Jäger***
• oder Autorenname/n und Vorname/n	***Winter, Marianne***
• bei mehreren Autoren mit gleichen Vornamen ggf. mit römischen Zahlen	***Kühne, Herrmann I*** und ***Kühne, Herrmann II***
• bei Schriften ohne Verfasser werden ein oder mehrere Wörter des Titels als Verfasserangabe verwendet, die Angabe N. N. ist nicht normgerecht	***DIERCKE-Weltwirtschaftsatlas***
• optional: Angabe der Funktion des Verfassers	***Müller, Peter (Hrsg.)*** oder ***Warncke, Tilo (Interviewter)***

Zweiter Teil der langen Einordnungsformel:

• Jahreszahl	***2003***
• bei mehreren zitierten Publikationen eines Autors im gleichen Jahr Jahreszahl und Kleinbuchstabe	***2003a, 2003b, 2003c***
• geschätztes Erscheinungsjahr mit Zirka-Angabe	***ca. 1920***
• optional: Autorenname/n in GROßBUCHSTABEN oder in KAPITÄLCHEN erhöht die Auffälligkeit gegenüber dem laufenden Text	
• optional: Seitenzahl/en der Quelle	***S. 27-30***
• optional: Angabe eines Dokumentteils der Quelle	***Abschnitt 9.3***

Die **Einordnungsformel** kann **durch Klammern vom Text abgeteilt** werden. In Technischen Berichten ist dies gängige Praxis. In den Beispielen der DIN 1505 mit langer Einordnungsformel werden keine Klammern verwendet, bei kurzer Einordnungsformel werden runde Klammern empfohlen. In Technischen Berichten werden aber häufig eckige

Klammern verwendet, u. a. um eine Verwechselung mit Gleichungsnummern auszuschließen. Hier als Zusammenfassung noch einmal einige Beispiele:

[18]
[KÜHNE, 1986a] usw.

[18, S. 50]
[HAMSING, 1993, S. 27-30]
[HAMSING, 1993, Abschnitt 2.7.3]

In den Beispielen sind zwei Arten des Zitierens von Literatur deutlich geworden:

a) nur Quellenangabe oder
b) Quellenangabe mit Fundstelle in der Quelle (Seitenzahl/en oder Dokumentteil)

Vorgehensweise a) wird in Technischen Berichten häufig angewendet und ist nach DIN 1505 auch zulässig. Vorgehensweise b) ist in den Geisteswissenschaften fast immer vorgeschrieben. Wenn genaue Seitenangaben oder Dokumentteil-Nummern vorliegen, können *alle* Beteiligten, also der Autor selbst, sein Betreuer und die anderen Leser die zitierten Sachverhalte schneller finden.

Für die Sortierung der Literaturquellen im Literaturverzeichnis stehen mehrere Möglichkeiten zur Verfügung:

- **Numerisch nach der Reihenfolge ihres Auftretens im Text**
  Die als erste zitierte Quelle erhält also die Nummer [1], die zweite Quelle die Nummer [2] usw. Dann ist das Literaturverzeichnis nicht alphabetisch sortiert.
  Diese Art der Nummerierung eignet sich immer dann, wenn in einem Dokument nur wenige Literaturquellen zitiert werden, z. B. in kurzen Technischen Berichten oder in Zeitschriftenaufsätzen.
- **Numerisch nach der Reihenfolge ihres Auftretens im alphabetisch sortierten Literaturverzeichnis**
  In größeren Arbeiten wird das Literaturverzeichnis hinten (meistens) alphabetisch nach Autorennamen sortiert. Dadurch erscheinen die Quellenangaben vorn im Text nicht mehr in der Reihenfolge [1], [2], [3] usw., sondern z. B. in der Reihenfolge [34], [19], [83] usw.
- **Alphanumerisch nach Anfangsbuchstaben des Autors und laufender Nummer innerhalb dieses Buchstabens**
  Diese alphanumerische Identifikation in der Form [M1], [M2], [M3] usw. oder [HAM93] spart Arbeit in umfangreichen Technischen Berichten. Wenn nachträglich noch eine Literaturquelle hinzukommt oder entfällt, dann müssen nur die anderen Literaturquellen-Nummern mit den gleichen Anfangsbuchstaben und nicht alle späteren Literaturquellen-Nummern geändert werden. Zumindest während der Erstellung eines größeren Technischen Berichts ist diese Technik zu empfehlen. Am Ende kann diese alphanumerische Identifikation durch eine rein numerische Identifikation ersetzt werden. Nehmen Sie hier bitte Rücksprache mit Ihrem Betreuer oder Auftraggeber.

2. In großen alphabetisch sortierten Literaturverzeichnissen tritt manchmal die Frage auf, wie denn die **alphabetische Reihenfolge der Autoren** richtig lautet. Hier gelten folgende Regeln:

   - Mehrere Autoren mit gleichen Nachnamen werden nach ihren Vornamen sortiert.
   - Mehrere Publikationen desselben Autors werden nach Jahren sortiert. Wenn die Quellenangaben vorn nicht nach Nummern, sondern nach Autor und Jahr oder Autor, Jahr, Seiten erfolgen, werden doppelt auftretende Jahreszahlen der Publikationen zusätzlich mit kleinen Buchstaben gekennzeichnet (1990a, 1990b, 1990c, ...).
   - Mehrere Publikationen desselben Autors mit verschiedenen Co-Autoren werden nach den Nachnamen der Co-Autoren sortiert.
   - Bei gleichen Nachnamen der Co-Autoren, aber verschiedenen Vornamen wird nach den Vornamen sortiert.

   Diese Einsortierungsgrundsätze werden bei noch häufigeren Gleichheiten in den Eingruppierungsmerkmalen sinngemäß solange fortgeführt, bis sich ein brauchbares Eingruppierungsmerkmal finden lässt. Wenn sich kein brauchbares Eingruppierungsmerkmal finden lässt, verwenden Sie römische Zahlen zur Unterscheidung.

   - Autorennamen mit „Mac...“ werden bei der Einsortierung genauso behandelt wie Autorennamen mit „Mc...“.

   Im Übrigen gelten die ABC-Regeln aus der DIN 5007.

3. Zitate aus einer primären Literaturquelle (Zitat aus Originalwerk) müssen wie in 1. angegeben werden, also z. B. nach der Systematik „Autor, Jahr, Seiten“. Ist eine Literaturquelle schwierig zu besorgen oder überhaupt nicht verfügbar, aber von einem anderen, verfügbaren Autor zitiert worden, dann kann man mit einer Methode arbeiten, die **Sekundärzitat** genannt wird. In diesem Fall lautet die Quellenangabe vorn im Text folgendermaßen:

   [Autor (*nicht verfügbar*), Jahr, Seiten zitiert nach: Autor (*verfügbar*), Jahr, Seiten]

   Beide Publikationen werden im Literaturverzeichnis normal aufgeführt.

4. Hinter **Dokumentteil-Überschriften** erscheinen grundsätzlich keine Quellenangaben.

5. Wenn ein einzelnes **Literaturzitat größere Länge** aufweist, also mehrere aufeinander folgende Absätze oder sogar einen gesamten Dokumentteil umfasst und – außer durch die Anführungszeichen – nicht durch typografische Maßnahmen vom übrigen Text zu unterscheiden ist, dann kommt die zugehörige **Quellenangabe an das Ende jedes einzelnen Absatzes**. Würde die Quellenangabe nur einmal am Ende des Zitats – d. h. am Ende des letzten Absatzes – erscheinen, dann wäre eine unklare Situation geschaffen und die falsche Schlussfolgerung möglich, dass sich die Quellenangabe nur auf den letzten Absatz bezieht. Wenn Sie jedoch Literaturzitate durch Einrückungen oder Kursivdruck kennzeichnen, kann die Quellenangabe auch nur einmal am Ende des Literaturzitats stehen.

6. Jeder **wörtlich zitierte Sachverhalt** wird durch **Anführungszeichen** gekennzeichnet.

   „Die technische Weiterentwicklung ist eine der Ursachen zunehmenden Wohlstands in den Industrieländern.“ [HERING, 1993, S.1]

7. Wenn nur ein **Teilsatz wörtlich zitiert** wird oder wenn inmitten eines Satzes einige Wörter nicht mit zitiert werden, dann ist das durch **Auslassungspunkte** zu kennzeichnen.

   „Deshalb wurden schriftliche Anfragen an alle weltweit existierenden Berufsverbände für Technische Redakteure ... sowie an die INTECOM selbst ausgesendet.“
   [HERING, 1993, S. 338]

8. Wenn im Quelltext **typografische Hervorhebungen** auftreten, dann sind diese im wörtlichen Zitat **exakt** zu **übernehmen**. Dies gilt für Fettdruck, Kursivdruck, Verwendung von Großbuchstaben (Versalien), Einrückungen usw. Im Beispiel wird der Name eines Aufsatzes wörtlich zitiert und der Kursivdruck genauso wie im Abdruck des Original-Aufsatzes verwendet. Wenn der Kursivdruck hier nicht übernommen worden wäre, dann wäre dies ein den Sinn entstellender Fehler.

   So schreibt DILLINGHAM in seinem Artikel „*Technical* Writing vs. Technical *Writing*“, dass die Technikkenntnisse der Technik-Autoren notwendig sind, damit Sie die Produkte, die Sie beschreiben sollen, auch verstehen. Dieses Verstehen der technischen Details ist die Voraussetzung für erfolgreiche Benutzerinformation [DILLINGHAM, 1981].

9. Wenn Sie die Typographie der Quelle nicht übernehmen oder wenn Sie **Kommentare zum Zitat** machen wollen, dann ist darauf hinzuweisen, dass sie die Typografie verändert haben oder ihre eigene Meinung bekannt geben. Am Besten verwenden Sie hierfür die Einleitung „**Anm. d. Verf.:**“ und schließen die Anmerkung in **spitze Klammern** ein.

   ... <Anm. d. Verf.: typografische Hervorhebungen des Quelltextes wurden nicht übernommen>.

10. Wenn **Anführungszeichen im Originaltext** verwendet wurden, dann sind diese im wörtlich zitierten Text durch **halbe Anführungszeichen**, also durch ‚...‘ zu kennzeichnen (in Word: Umschalt + ' [über #]).

   „In diesem Zusammenhang ist es besonders bemerkenswert, dass er <Anm. d. Verf.: gemeint ist Leonardo da Vinci> eine völlig neue Darstellungsart bereits um 1500 in die Technische Dokumentation einführte. Dies ist die ‚Explosionszeichnung‘, ..., die heute z. B. in fast allen Kraftfahrzeug-Ersatzteilkatalogen anzutreffen ist.“
   [HERING, 1993, S. 18].

11. **Sinngemäß zitierte Sachverhalte** werden **nicht in Anführungszeichen** eingeschlossen. Sie werden nur durch die Quellenangabe z. B. am Ende eines Teilsatzes, eines Satzes oder Absatzes gekennzeichnet:

   WIERIGER geht davon aus, dass der Gasantrieb umweltfreundlicher ist [12].

12. Es sind verschiedene **Positionen der Quellenangabe innerhalb des Satzes** möglich. Vorzugsweise ist die Quellenangabe so einzubauen, dass sie den Lesefluss möglichst wenig stört. Wenn es jedoch zu Missverständnissen kommen kann, worauf sich der zitierte Sachverhalt bezieht, dann sind die Quellenangaben so in den Satz einzubauen, dass die Bezüge klar werden.

   Die physikalischen Grundlagen wurden bereits im letzten Jahrhundert von SIMON untersucht [17]. Er kam zu dem Ergebnis, ...

   Diese Schlussfolgerung konnte durch physikalische [12, 17] und chemische [9, 22] Experimente bestätigt werden.

   Ähnliche Untersuchungen [2, 7-10, 15] zeigen, ...

   Unter Berücksichtigung der Ergebnisse von SCHMIDT [16] und RIEMERS [9] ... .

13. Die **Kennzeichnung mit eckigen Klammern** „[ ]“ wird in Büchern und ähnlichen Publikationen überwiegend verwendet. Bei Verwendung von runden Klammern „( )“, die im anglo-amerikanischen Sprachraum häufig anzutreffen sind und die laut DIN 1505 auch zulässig sind, könnten Verwechslungen mit Gleichungsnummern auftreten, wenn die Quellenangabe nur aus der Literaturnummer besteht.

14. Wenn die Quellenangabe nur aus der Literaturnummer besteht, also z. B. „[23]“, dann sollte diese **Quellenangabe möglichst nicht für sich allein auf einer neuen Zeile** stehen. Versuchen Sie, durch Umformulieren des vorherigen Textes die Quellenangabe eine Zeile höher zu holen oder die neue Zeile, in der nur die Literaturnummer steht, durch einige Wörter am Beginn der neuen Zeile aufzufüllen.

15. Auch **Daten** und Informationen, die Sie in **Festigkeitsberechnungen**, **Fehlerrechnungen** usw. verwenden, müssen zitiert werden. Beispiele: physikalische Konstanten, Materialkenngrößen, Rechenverfahren von Herstellern, standardisierte Messverfahren.

Regeln für das Zitieren von Tabellen und Bildern

1. Wenn Sie ein Bild oder eine Tabelle übernehmen, **ohne am Inhalt etwas zu verändern**, dann haben Sie zwei Möglichkeiten, dies zu kennzeichnen. Wie schon beim Zitieren von Text können Sie hier wieder entweder nur die Nummer der Literaturquelle angeben, aus der Sie zitieren, oder Sie nennen den Autor. Wahlweise können Sie wieder zusätzlich eine Jahres- und/oder eine Seitenzahl angeben. Auch hier gilt die Empfehlung zur Verwendung eckiger Klammern.

   In jedem Fall erscheint die Fundstelle hinter der Bildunterschrift bzw. Tabellenüberschrift. Häufig wird auch der Vermerk „(Quelle: Autor, Jahr, Seite)“ verwendet. Wenn Sie genug Platz haben, sieht es optisch ausgewogener aus, diesen Vermerk linksbündig mit der restlichen Bildunterschrift bzw. Tabellenüberschrift in einer neuen Zeile anzuordnen, siehe Beispiel unten. Bei Bildern aus Prospekten oder direkt von Firmen wird auch der Hinweis „Werkbild“ plus Firmenname verwendet. Beispiele:

   Bild 13 Schnitt durch einen Ottomotor [15, S. 50]

   Bild 15 Verschiedene Brennraumgeometrien [18]

   Bild 17 Kraftstoffverbrauch b_e bei verschiedenen Brennraumgeometrien und gleichem Hubraum [MÜLLER, 1990, S. 35]

   Bild 19 Oktanzahl in Abhängigkeit vom Benzolgehalt [MEIER, 1992a]

   Bild 23 Prozentualer Gehalt von Leichtbauwerkstoffen am Eigengewicht von Formel 1-Fahrzeugen von 1950 bis 1995
   (Quelle: LEHMANN, 1995, S. 81)

   Bild 28 Bauformen von Nadellagern (Werkbild FAG)

2. Wenn Sie ein Bild oder eine Tabelle übernehmen und **etwas daran verändern** (z. B. Weglassen oder Ändern von Benennungen, so dass die Benennungen zum übrigen Text passen oder Weglassen von Bilddetails, Weglassen von unwichtigen Tabellenspalten oder -zeilen), dann sollten Sie den Hinweis „nach <Autor>“ verwenden, um auszudrücken, dass es sich um ein sinngemäßes Zitat handelt. Alternativ können Sie auch durch einen Hinweis wie zum Beispiel „gegenüber der Quelle vereinfacht“ angeben, dass es sich nicht um eine

genaue Kopie handelt, sondern dass Sie Veränderungen, Verbesserungen bzw. Weiterentwicklungen vorgenommen haben.

Bild 13 Viskosität verschiedener Motoröle in Abhängigkeit von der Temperatur nach SCHULZE [12]

3. Wenn Sie ein **Bild aus dem Internet** verwenden, müssen Sie es korrekt zitieren. Wir empfehlen Ihnen, in der letzten Zeile der Bildunterschrift die Internet-Adresse des Bildes (a) oder die Internet-Adresse der HTML-Seite, auf der das Bild verwendet wird, (b) zu zitieren. Die Beispiele zeigen ein Suchergebnis einer google-Bildersuche nach dem Begriff Plattenkondensator. Die Adresse muss mit einem Autor auch im Literaturverzeichnis angegeben werden.
Wenn die URL-Adresse zu lang ist, kürzen Sie sie so, dass der Leser auf der zitierten Internet-Seite wenigstens in der Nähe des relevanten Themas landet, und geben Sie an, wo er klicken muss, um von dort aus zu der gewünschten Seite zu gelangen.
Auch **wenn die HTML-Seite Frames verwendet** (erkennbar daran, dass die Internet-Adresse nach Klick auf einen Link gleich bleibt, obwohl sich die Seiteninhalte ändern), geben Sie bitte an, welche Links man klicken muss, um zum Ziel zu kommen. Beispiele für Quellenangaben bei Bildern aus dem Internet:

Bild 25 Aufbau eines Plattenkondensators
(Quelle: www.vtf.de/p90_1_3.gif, gesehen am 12.08.2003) (Variante a)

Bild 25 Aufbau eines Plattenkondensators
(Quelle: www.vtf.de/p90_1.shtml, gesehen am 12.08.2003) (Variante b)

Bitte bedenken Sie, dass sich Inhalte im Internet schnell ändern können. Wenn Sie eine wertvolle Quelle gefunden haben, sollten Sie sich daher die Texte und Bilder, die Sie verwenden wollen, mit der URL und dem Funddatum auf Ihrer Festplatte speichern.

3.5.5 Das Literaturverzeichnis – Inhalt und Form

Im Literaturverzeichnis werden die bibliografischen Angaben zu den zitierten Publikationen gesammelt. Das Literaturverzeichnis wird immer direkt hinter dem Ende des letzten Textkapitels, also normalerweise nach „Zusammenfassung und Ausblick" angeordnet. Die Nummerierung des Kapitels „Literatur" erfolgt nach DIN 1421, siehe auch 2.4.2, 2.4.4 und 3.1.2. Bei Zeitschriftenartikeln werden zum Teil nur Zwischenüberschriften verwendet, die durch Fettdruck und eine etwas größere Schrift hervorgehoben werden. Hier wird als Überschrift für die verwendete Literatur normalerweise ebenfalls „Literatur" oder „Schrifttum" verwendet.

Es kann – besonders bei größeren Werken – auch sinnvoll sein, im Gegensatz zum normalen, unstrukturierten Literaturverzeichnis ein **strukturiertes Literaturverzeichnis** zu erstellen. Im strukturierten Literaturverzeichnis werden verschiedene Literaturgruppen durch gliedernde Zwischenüberschriften voneinander getrennt, siehe Kapitel 7 im vorliegenden Buch.

Im einfachsten Fall werden die verwendeten DIN-Normen, VDI- und VDE-Richtlinien usw. unter der jeweiligen Überschrift „Verwendete ..." angeordnet. Sie können das Literaturverzeichnis auch nach Themenschwerpunkten gliedern. Dann treten Zwischenüberschriften auf wie „Literatur zu Hochbau", „Literatur zu Tief- und Straßenbau" usw.

Am Ende eines strukturierten Literaturverzeichnisses befindet sich manchmal noch ein Bereich „Weiterführende Links im Internet", „Weiterführende Literatur", „Weiterführendes Schrifttum" oder „Bibliografie". Hier werden Literaturstellen aufgeführt, die nicht zitiert wurden, die jedoch für das behandelte Thema wichtig sind: Standardwerke, Literatur zur weiteren Vertiefung von Spezialthemen, Homepages von Firmen usw. Der Bereich mit der weiterführenden Literatur kann eine eigene Dokumentteil-Nummer bekommen oder – besser – nur eine durch Fettdruck und etwas größere Schrift hervorgehobene Zwischenüberschrift.

Bei sehr umfangreichen Technischen Berichten findet sich auch die Variante eines platzsparenden **Kapitel-Literaturverzeichnisses**. Das Kapitel-Literaturverzeichnis wird am Ende des jeweiligen Kapitels angeordnet. Die entsprechenden Unterkapitel-Überschriften lauten dann „1.7 Literatur zu Kapitel 1", „2.9 Literatur zu Kapitel 2" usw. Das Layout für Kapitel-Literaturverzeichnisse ähnelt dem Layout von Literaturverzeichnissen in Zeitschriftenartikeln. Ein Beispiel finden Sie weiter unten bei „platzsparende Form". In jedem Kapitel beginnt die Nummerierung der Literaturquellen jeweils wieder mit „[1]".

Sie stehen nun vor dem Problem, Ihre erste Literaturquelle in Ihr Literaturverzeichnis eintragen zu müssen. Dies bedeutet, dass Sie erst einmal das **Layout Ihres Literaturverzeichnisses festlegen** müssen. Hier bestehen drei grundsätzlich unterschiedliche Möglichkeiten: erstens die klassische **dreispaltige Form** oder zweitens die **platzsparende Form**, die u. a. in Fachzeitschriften verwendet wird oder drittens das **Blockformat** nach DIN 1505 mit langen Einordnungsformeln. Die folgenden Beispiele zeigen ihr unterschiedliches Layout.

klassische **dreispaltige Form** (in Technischen Berichten):

23	Koller, R.	Konstruktionslehre für den Maschinenbau – Grundlagen des methodischen Konstruierens. 2. Auflage. Berlin, Heidelberg: Springer, 1985
↓ 1.	↓ 2.	↓ 3. Fluchtlinie

platzsparende Form (in Fachzeitschriften und Büchern):

3 *Koller, R.:* Konstruktionslehre für den Maschinenbau – Grundlagen des methodischen Konstruierens. 2. Auflage. Berlin, Heidelberg: Springer, 1985

↓ 1. ↓ 2. Fluchtlinie

Blockformat nach DIN 1505:

Koller 1985 KOLLER, Richard: *Konstruktionslehre für den Maschinenbau – Grundlagen des methodischen Konstruierens.* 2. Auflage. Berlin, Heidelberg: Springer, 1985

Riehle / Simmichen 1997 RIEHLE, Manfred ; SIMMICHEN, Elke : *Grundlagen der Werkstofftechnik.* Stuttgart: Deutscher Verlag für Grundstoffindustrie, 1997

Grundsätzlich sollen die **bibliografischen Angaben** es den Lesern Ihres Technischen Berichts **ermöglichen**, dass sie die von Ihnen **zitierte Literatur in Bibliotheken auffinden**, von Verlagen, Firmen und Institutionen anfordern **oder im Buchhandel kaufen können**. Es ist ein Gebot der Fairness, alle Angaben korrekt und vollständig zu machen. Adressen von Verlagen, Firmen und Institutionen brauchen dabei jedoch nicht explizit angegeben zu werden, weil sie in allgemein zugänglichen Nachschlagewerken (z. B. „Wer liefert Was?" und Gelbe Seiten) bzw. im Internet auffindbar sind. Verlagsadressen finden Sie im Impressum einer Zeitschrift des betreffenden Verlages oder ebenfalls im Internet.

Das Literaturverzeichnis enthält grundsätzlich **drei Informationsblöcke**. Im dreispaltigen Literaturverzeichnis entsprechen diese Blöcke den Spalten. In der **ersten Spalte** steht die **laufende Nummer oder die Einordnungsformel** der jeweiligen Literaturquelle. Diese Spalte sollte rechtsbündig gesetzt sein. In die zweite Spalte gehören die Autorennachnamen und i. d. R. abgekürzte Autorenvornamen bzw. die lange Einordnungsformel. Akademische Titel der Autoren werden weggelassen. Die dritte Spalte beinhaltet die übrigen bibliografischen Angaben der jeweiligen Literaturquelle.

DIN 1422 T2 sagt, dass die Nummerierung des Literaturverzeichnisses hinten entsprechend der Kennzeichnung der Literaturstellen vorn im Text vorgenommen werden *muss* (also z. B. [1], [2], [3] oder /1/, /2/, /3/ usw.).

Da jedoch „Literatur" als Kapitelüberschrift darübersteht, kann es sich bei der Auflistung nur um Literaturquellen handeln. Insofern wäre auch eine Kennzeichnung mit „1., 2., 3. usw." logisch, arbeitssparend und übersichtlicher, obwohl die Norm dies so nicht vorsieht. Dass es sich bei dem mit 1., 2., 3. nummerierten Verzeichnis um ein Literaturverzeichnis handelt, ist ja auch durch das charakteristische Layout und die dort vorhandenen Informationen auf den ersten Blick zu erkennen.

In der **zweiten Spalte** folgen **der Autor bzw. die Autoren**. Dabei kann auch der Fall auftreten, dass es sich nicht um Personen, sondern um Institutionen handelt, die eine Publikation herausgegeben haben. Dementsprechend ändern sich die Einträge im Literaturverzeichnis, **Tabelle 3-4**.

Wenn ein Buch nicht von einem Autor oder einer Autorengruppe geschrieben wurde, sondern aus vielen einzelnen Beiträgen von verschiedenen Autoren besteht, nennt man das **Sammelband**. An Stelle des Autors erscheint der Name des Herausgebers mit dem Hinweis „(Hrsg.)" in der zweiten Spalte des Literaturverzeichnisses.

Falls keine Einzelperson Herausgeber des Sammelbandes oder Buches ist, sondern eine Institution (ein körperschaftlicher Urheber), dann erscheint die Publikation entweder mit dem Autor „N. N." (was nicht normgerecht, aber weit verbreitet ist) oder einer Kurzbezeichnung der Institution in Spalte zwei.

Tabelle 3-4 Möglichkeiten der Autoren-Angabe in Literaturverzeichnissen

Anzahl bzw. Beschreibung der Autoren	**Eintrag im Literaturverzeichnis** (Beispiele)
• ein Autor	Meier, K.
• zwei oder drei Autoren	Müller, J.; Krüger, S. u. Schulze, M.
• mehr als drei Autoren	Meier, K. et al. (lat.: und andere)
• kein Autor	N. N.
• Normen	N. N.
• Firmenschriften	N. N. oder FAG, SKF, Ortlinghaus usw.
• körperschaftliche Urheber	*in Spalte zwei:* N. N., NDR, VDI, BMFT usw. *und in Spalte drei:* Hrsg.: Der Kultusminister des Landes Niedersachsen, Kommission für Städtebau

Die **dritte Spalte des Literaturverzeichnisses** ist den **bibliografischen Angaben** gewidmet. Die Reihenfolge und Struktur dieser bibliografischen Angaben richten sich nach der Art der Literaturquelle. Die folgende Liste zeigt die Struktur der bibliografischen Angaben für die gängigsten Publikationsarten, **Checkliste 3-10**. Die Angaben zu den Autoren erscheinen – wie bereits gesagt – beim dreispaltigen Literaturverzeichnis in Spalte zwei und alle weiteren Angaben in Spalte drei.

Falls keine Einzelperson Herausgeber eines Sammelbandes oder Buches ist, sondern eine Institution (ein körperschaftlicher Urheber), erscheint hinter dem Titel der Vermerk „hrsg. von <Institution>", also z. B. „hrsg. vom Verein Deutscher Ingenieure". Wenn bei der Angabe der Institution verschiedene Parteien beteiligt sind, dann werden sie durch Semikolon oder „und" voneinander abgeteilt: „hrsg. von Siemens AG, Hannover; Nixdorf AG, Paderborn" oder auch „hrsg. von NDR und Universität Hannover".

Bei der Angabe von Autoren, Herausgebern und Institutionen sowie sonstigen Hinweisen können auch Angaben in abgekürzter Form auftreten. Hier geben die Normen DIN 1505 „Titelangaben von Dokumenten" und DIN 1502 „Regeln für das Kürzen von Wörtern in Titeln und für das Kürzen der Titel von Veröffentlichungen" Auskunft. Eine Auswahl derartiger Abkürzungen zeigt **Tabelle 3-5**.

Tabelle 3-5 Gängige Abkürzungen von bibliografischen Angaben in deutschen Publikationen

Bibliografische Angaben	**Zugehörige Abkürzungen**
Herausgeber	(Hrsg.)
Bearbeiter	(Bearb.)
Mitarbeiter	(Mitarb.)
Redaktion	(Red.)
Übersetzer	(Übers.)
Illustrator	(Ill.)
Fotograf	(Fot.)
Nachwort	(Nachw.)
Vorwort	(Vorw.)
Begründer	(Begr.)
Interviewer	(Interv.)
Interviewter	(Intervt.)
Veranstalter	(Veranst.)
Seite(n)	S.
Seite und eine folgende Seite	15f
Seite und mehrere folgende Seiten	15ff
Heftnummer	Nr.
Anmerkung des Verfassers	<Anm. d. Verf.: ...>

Die **Typografie der bibliografischen Angaben** ist teils optional und teils vorgeschrieben. So ist es freiwillig, ob Sie Autoren immer in Kapitälchen und Titel immer kursiv setzen. Aber ein einmal begonnenes System sollte **konsistent** durchgehalten werden. Bei der **Zeichensetzung** gibt es **feste Vorgaben**.

- Am Ende des Titels erscheint grundsätzlich ein Punkt.
- Die Angabe der ersten Auflage wird weggelassen.
- Nach der Angabe der zweiten oder einer höheren Auflage folgt ein Punkt.
- Nach dem Erscheinungsort kommt ein Doppelpunkt.

- Das Wort „Verlag" wird bei bekannten Verlagen auch weggelassen. Dann heißt es nur „Beuth", „Springer", „Teubner" oder „Vieweg". Danach schließt sich durch Komma getrennt das Erscheinungsjahr an.

Wenn die oben genannten Informationen nicht eindeutig sind, dann können Sie sie präzisieren. Beispiele: Cambridge/*UK* oder Cambridge/*Mass.*, VDI *Verlag* (dadurch wird klar, dass nicht der Verein, sondern der Verlag der Herausgeber ist).

Checkliste 3-10 Bibliografische Angaben für gängige Publikationsarten nach DIN 1505

Bücher:
Zu- und Vorname des Autors, ggf. Vermerk (Hrsg.), Titel. (Reihe), (Band), Auflage (wenn nicht erste Auflage). Erscheinungsort: Verlag, Erscheinungsjahr
Wenn dem Buch eine Diskette oder CD-ROM beigelegt ist, dann muss darauf am Ende der bibliografischen Daten entsprechend hingewiesen werden, z. B. „inkl. 2 Disketten" oder „einschließlich 1 CD-ROM".

Beiträge in Sammelbänden:
Zu- und Vorname des Autors, Titel. Auflage (wenn nicht erste Auflage). In: Zu- und Vorname des Autors, ggf. Vermerk (Hrsg.), Titel. (Reihe), (Band), Auflage (wenn nicht erste Auflage). Erscheinungsort: Verlag, Erscheinungsjahr, Seitenangabe (erste bis letzte Seite des Beitrags)

Aufsätze in Zeitschriften:
Zu- und Vorname des Autors, Titel. In: Titel der Zeitschrift oder Publikation. Unterreihe, Band, usw., Jahrgang, Erscheinungsjahr, Heftnummer, Seitenangabe (erste bis letzte Seite des gesamten Artikels)
Beispiel: 112 (1977), Nr. 9, S. 12-20

Firmenschriften und andere Publikationen von Firmen und Institutionen:
N. N. oder Kurzbezeichnung der Firma, Titel. Name der herausgebenden Firma oder Institution, Publikationsnummer o. ä. Angaben, Erscheinungsort: Erscheinungsjahr

Literatur aus dem Internet:
Zu- und Vorname des Autors, Titel. Informationen zum Stand der Bearbeitung und/oder Version, URL oder Start-URL und Beschreibung der Klicks, die man ausführen muss, um zur gewünschten Seite zu gelangen, gesehen am <Datum, ggf. auch Uhrzeit>

Normen:
Normenart und -nummer, Titel. Ausgabe der Norm (Monat/Jahr). Erscheinungsort: Verlag

Schutzrechte (z. B. Patente, Gebrauchsmuster usw.):
Autor, Titel. Vermerk „Schutzrecht", Ländercode, Dokumentnummer, Dokumentart, Veröffentlichungsdatum, ggf. Name des Schutzrechtinhabers
Beispiel in Anlehnung an DIN 1505 Teil 2:
<Erfinder, Titel.> Schutzrecht EP 2013-B1 (1980-08-06) <Patentinhaber>.

Fehlende bibliografische Angaben:
Wenn Ihnen bibliografische Angaben fehlen, können Sie sie unter http://dnb.d-nb.de in der Datenbank der Deutschen Nationalbibliothek suchen. Dort werden im gesetzlichen Auftrag alle in Deutschland erscheinenden Veröffentlichungen bibliografisch verzeichnet.

Nun noch einige Bemerkungen und **Hinweise zu Sonderfällen**. Diese Bemerkungen beziehen sich auf Zusatz-Angaben zur Beschaffung von Publikationen, auf Sonderfälle beim Zitieren aus Zeitschriften und auf das Zitieren von Informationen aus Datennetzen.

Wenn Sie aus einer **Broschüre oder Herstellerunterlage** zitieren und dieses Dokument ihrem Technischen Bericht **einheften**, ergänzen Sie den entsprechenden Eintrag im Literaturverzeichnis bitte mit einem Hinweis wie „..., siehe Anhang xx" oder „..., siehe x.x Sonstige Quellen".

Wenn **Informationsquellen nicht öffentlich zugänglich** sind, dann ist dies deutlich zu kennzeichnen. Hierfür können Vermerke wie **(im Druck)** und Hinweise wie „**mündliche Äußerung**" oder Angaben wie „Zitat aus einer **E-Mail** vom 07.06.2005", „NDR-Radiosendung ‚Auf ein Wort' vom 12.03.2006" usw. angefügt werden. Bei mündlichen Äußerungen ist anzugeben, wann genau, bei welcher Gelegenheit und vor welchem Publikum die Äußerung erfolgt ist (anlässlich eines Vortrags, in einer bestimmten Fernsehsendung, usw.).

Zusätzliche Angaben, die für die Beschaffung der Literatur nützlich sind (z. B. ISBN-Nummer bei Büchern, ISSN-Nummer bei Zeitschriften, Library of Congress Catalog Card Number, Bestellnummer eines Buches usw.) können am Ende der oben genannten Angaben ebenfalls im Literaturverzeichnis aufgeführt werden. Bibliografische Angaben in der Originalsprache (z. B. den Titel in der Originalsprache) können Sie in „(...)" hinter die jeweiligen deutschen Angaben setzen, wenn es sich um eine andere Sprache als Englisch handelt.

Wenn sich **Literaturangaben zu Zeitschriftenartikeln** nicht in der oben angegebenen Struktur ausdrücken lassen, dann sind sinngemäße Angaben zu machen. Manchmal sind auf den einzelnen Seiten der Zeitschriften alle Angaben abgedruckt, die man für das Zitieren braucht.

Häufig tritt aber auch der Fall auf, dass auf den einzelnen Seiten von Zeitschriften zwar der Titel der Zeitschrift (oft abgekürzt) und die Heftbezeichnung erscheinen, jedoch keine Jahrgangsnummern angegeben sind. Jahrgangsnummern sind aber sehr wichtig für das Auffinden von Zeitschriften in Bibliotheken, weil dort die Zeitschriften am Jahresende als Buch gebunden werden. Diese Bände werden – wenn pro Jahrgang nur ein Band existiert – nun nicht über die **Jahreszahl**, sondern über die **Jahrgangsnummer** identifiziert, z. B. „Jg. 54".

Wenn pro Jahrgang mehrere Bände existieren und die Seitenzählung vom ersten bis zum letzten Heft dieses Jahrgangs durchläuft, dann werden die Bände meist über Heftnummern, manchmal aber auch über die **Seitenzahl** identifiziert. Die bibliografischen Angaben zu einem einzelnen (fiktiven) Artikel aus dem betrachteten Jahrgang 37 dieser Zeitschrift könnten nun folgendermaßen aussehen:

33. LIEHR, J., *Holzvergasung als nützliche Entsorgung von Holzabfällen.* In: Zeitschrift für Abfallbehandlung. 37 (1985), S. 824-836

Wer diesen Band sucht, kann aus der Seitenzahl mittels Microfiche-Katalog oder CD-ROM-Datenbank bzw. über das Internet die für die Bestellung aus dem Magazin erforderliche Bandnummer ermitteln. Der Weg über Microfiche oder Datenbank ist deshalb unerlässlich, weil jede Bibliothek selbst entscheidet, in wie viele Bände sie den jeweils betrachteten Jahrgang beim Binden tatsächlich aufteilt.

Wenn die Angaben zu Heft, Erscheinungsjahr und Jahrgang der Zeitschrift nicht auf den einzelnen Heftseiten abgedruckt sind, dann findet man die fehlenden Angaben u. U. im sogenannten **Impressum**. Das Impressum ist oft ganz vorn oder ganz hinten in einer Zeitschrift, im oder in der Nähe vom Inhaltsverzeichnis. Die Jahrgangsnummern von Zeitschriften können

Sie genauso wie die Bandnummern in den Mikrofiche- oder CD-ROM-Katalogen der Bibliotheken finden.

Ein weiteres Problem ist, dass die **Systematik von Zeitschriften** oft **keine Heftnummern**, sondern andere Heftbezeichnungen vorsieht. Dann sollten im Literaturverzeichnis diese Heftbezeichnungen sinngemäß verwendet werden, hier Aug./Sept..

Beispiel: 72 (1990), Aug./Sept., S. 115-117

Wenn eine **Information in einem Datennetz veröffentlicht** ist, dann kann sie bei entsprechend gesetzten Zugriffsrechten jeder andere Netzteilnehmer – technisch betrachtet – ganz oder in Teilen in elektronischer Form speichern und beliebig nutzen oder modifizieren.

Er kann also gegen das Urheberrechtsgesetz verstoßen, indem er den Namen des Urhebers löscht, die Informationen für kommerzielle Zwecke verwendet, ohne dem Urheber Lizenzgebühr zu zahlen, die Information an andere Netzteilnehmer weitergeben, ohne vorher um Erlaubnis zu bitten usw. Die Versuchung, dies zu tun, ist auch ziemlich groß. Die Regeln in **Checkliste 3-11** und die Ausführungen in 3.5.6 „Urheberrecht und Urheberrechtsgesetz" helfen dabei, sich korrekt zu verhalten:

Checkliste 3-11 Umgang mit Informationen aus Datennetzen

1. Wenn der Urheber einer Information irgendwelche **einschränkenden Bedingungen** formuliert, dann sollte man sich aus Fairness-Gründen daran halten.
2. **Zitate aus E-Mails** (elektronischen Briefen) sollte man genauso wie Zitate aus physikalischen Briefen bzw. wie persönliche Mitteilungen behandeln (Quelle sowie Art und Zeitpunkt der Veröffentlichung angeben, keine sinnentstellenden Manipulationen vornehmen).
3. **Dokumente aus dem Internet** können, wie andere Literatur auch, entweder wörtlich oder nur sinngemäß zitiert werden. In beiden Fällen besteht die Quellenangabe aus Zu- und Vorname des Autors, Titel. Stand der Bearbeitung und/oder Version, URL oder Start-URL und Beschreibung der Klicks, die man ausführen muss, um zur gewünschten Seite zu gelangen und dem Vermerk „gesehen am <Datum, ggf. auch Uhrzeit>".
   Übrigens: Um die Verbreitung illegaler Inhalte einzudämmen, ist im Internet jeder Informationsanbieter dafür haftbar, auf welche anderen Informationen er verweist.
4. Wenn Sie Informationen aus dem Internet verwenden wollen, sollten Sie sich überlegen, ob Sie die PDF- oder HTML-Dokumente zitieren oder nur darauf verweisen wollen. Wenn Sie ein Zitat planen, sollten Sie die Informationen komplett mit allen Grafiken herunterladen und auf Ihrer Festplatte speichern mit Angabe der URL oder der Klickreihenfolge und dem Datum, wann Sie die Informationen heruntergeladen haben, weil die Betreiber der Homepage die Inhalte jederzeit ändern oder löschen können. Beim bloßen Verweis genügt die Angabe der URL.
5. Computerprogramme können über Datennetze ebenfalls beliebig kopiert werden. Sie sollten die Bedingungen für Freeware/Shareware einhalten (nur vollständige, nicht kommerzielle Weitergabe ist erlaubt, Lizenzgebühren sollten entrichtet werden).

Die Fragen des korrekten Zitierens von Informationen aus Datennetzen sind für jeden Autor Technischer Berichte, der über einen Netzzugang verfügt, relevant. Bei Problemen mit mathematischen Ableitungen oder dem Verständnis komplizierter Texte kann man im Netz um

Hilfe bitten. Bei Problemen mit der Materialsuche können Kollegen aus dem Netz behilflich sein. Im Prinzip lässt sich jede Information über Datennetze transportieren. Sie als Autor eines Technischen Berichts sollten unter Beachtung der obigen Regeln immer „alle verwendeten Quellen und Hilfsmittel" wahrheitsgemäß angeben; dann liegen Sie auf der sicheren Seite.

Nachdem nun alle bibliografischen Angaben zusammengetragen sind, folgen jetzt einige Hinweise zur **typografischen Gestaltung des Literaturverzeichnisses**.

Literaturverzeichnisse werden zweckmäßigerweise **einzeilig** geschrieben. Falls jedoch Ihr Auftraggeber grundsätzlich z. B. 60 Seiten für eine Diplomarbeit fordert, und Sie bisher nur 55 Seiten haben, können Sie durch **Variation des Zeilenabstands** auf unverdächtige Weise die 60 Seiten doch noch etwa einhalten. Hier besteht also eine gewisse **„Manövriermasse"**.

Da gerade beim Zitieren von Literatur das Anwenden der allgemeinen Regeln auf den Einzelfall vielen Schreibenden schwer fällt, soll nun ein **Beispiel-Literaturverzeichnis** gezeigt werden, **Tabelle 3-6**. Daran schließt sich eine Liste an, die angibt, welche Publikationsart an welcher Stelle im Beispiel-Literaturverzeichnis auftritt, **Tabelle 3-7**.

Tabelle 3-6 Beispiel für ein dreispaltiges Literaturverzeichnis <wird fortgesetzt>

9 Literatur

1.	BOSCH	Weltweite Verantwortung – Umweltbericht 2003/2004. www.bosch.com/content/language1/downloads/UWB_de.pdf gesehen am 04.06.2006
2.	Braun, G.	Grundlagen der visuellen Kommunikation. München: Bruckmann, 1987
3.	Bürgi, F.	Möglichkeiten und Einsatz von Multimedia in der Aus- und Weiterbildung. In: Melezinek, A. (Hrsg.): Der Ingenieur im vereinten Europa – Reflexionen und Perspektiven. 20 Jahre IGIP, Referate des 21. Internationalen Symposiums „Ingenieurpädagogik '92". Leuchtturm-Schriftenreihe Bd. 30, Alsbach/Bergstraße: Leuchtturm-Verlag, S. 221-226
4.	Dichanz, H. und Kolb, G. (Hrsg.)	Quellentexte zur Unterrichtstechnologie II. In: Schriftenreihe AV-Pädagogik. Hrsg. v. Institut für Film und Bild in Wissenschaft und Unterricht, Stuttgart: Ernst Klett Verlag, 1976, Ausführungen über Präsentationsgestaltung und Präsentationstechnik, S. 221-241
5.	DIN 108	Diaprojektion. Teil 1, Dias für allgemeine Zwecke. 8/79 Teil 2, Technische Dias. 12/87 Berlin: Beuth
6.	DIN 66 261	Informationsverarbeitung. Sinnbilder für Struktogramme. 11/85 Berlin: Beuth
7.	Enius	Schadstoffinformationen Toluol. http://enius.de/schadstoffe/toluol.html gesehen am 04.06.2006
8.	Gaede, W.	Vom Wort zum Bild – Kreativmethoden der Visualisierung. München, Wirtschaftsverlag Langenmüller/Herbig, 1981

Tabelle 3-6 Beispiel für ein dreispaltiges Literaturverzeichnis <Fortsetzung>

9.	Hedinger	Sicherheitsdatenblatt TOLUOL. Version 003, überarbeitet am 19.02.01 www.hedinger.de/bilder/9/toluol_v003.pdf gesehen am 04.06.2006
10.	Hering, H.	Pulvergranulaterzeugung in Wirbelschichten (Powder Granule Generation in a Fluidised Bed). Diplomarbeit, Heriot-Watt-University, Department for Chemical and Process Engineering, Edingburgh/GB, 1989
11.	Hering, H.	Berufsanforderungen und Berufsausbildung Technischer Redakteure – Verständlich Schreiben im Spannungsfeld von Technik und Kommunikation. Dissertation, Universität Klagenfurt, 1993
12.	Hering, L. und Hering, H.	Erstellung Technischer Berichte – Seminar zur sachgerechten und zielgruppenorientierten Abfassung von Technischen Berichten. Seminarunterlage, 1998
13.	Huke, M. und Zana, C. N.	Untersuchung zur Schadstoffentsorgung beim Schutzgas- schweißen. Diplomarbeit am Heinz Piest-Institut für Handwerkstechnik an der Universität Hannover, 1986
14.	Jensen, A.R.	Individual differences in visual and auditory memory. In: Journal of Educational Psychology. 62 (1971), Nr. 2, S. 66-70
15.	McDonald-Ross, M.	Scientific diagrams and the generation of plausible hypotheses: An essay in the history of ideas. In: Instructional Science. 8 (1979), Nr. 3, S. 223-234
16.	Reichert, G.W.	Kompendium für technische Anleitungen. 5. Aufl. Leinfelden-Echterdingen: Konradin-Verlag, 1987
17.	Seifert, J.W.	Visualisieren – Präsentieren – Moderieren. 21. Aufl. Offenbach: Gabal, 2001
18.	SKF	SKF Hauptkatalog. Katalog 4000/IV T, Schweinfurt, 1994
19.	Thiele, A.	Überzeugend präsentieren – Präsentationstechnik für Fach- und Führungskräfte. Düsseldorf: VDI-Verlag, 1991
20.	Tulodziecki, G.	Medien als technische Mittler im Unterricht. In: Twellmann, W. (Hrsg.), Handbuch Schule und Unterricht. Band 4.1, Schule und Unterricht unter dem Aspekt der Didaktik unterrichtlicher Prozesse. Düsseldorf: Pädagogischer Verlag Schwann, 1981
21.	Wikipedia	Toluol. www.wikipedia.org/wiki/toluol, Stand 30.04.2006 gesehen am 04.06.2006
22.	Winn, W.D.	Die Verwendung von Grafiken für Instruktion: Eine präskrip- tive Grammatik. In: Unterrichtswissenschaft – Zeitschrift für Lernforschung. 16 (1988), Nr. 3, S. 58-76

Nachfolgend eine Analyse des obigen dreispaltigen Literaturverzeichnisses nach der Art der zitierten Literaturstelle, **Tabelle 3-7**. Wenn Sie das Literaturverzeichnis für Ihren Technischen

Bericht zusammenstellen und sich unsicher sind, wie die bibliografischen Angaben einzutragen sind, dann suchen Sie zu der bei Ihnen vorliegenden Art der Publikation die Literaturnummern in **Tabelle 3-7** heraus. Dann schauen Sie die zugehörigen Einträge im Beispiel-Literaturverzeichnis an, **Tabelle 3-6**. An diesen Einträgen können Sie sich orientieren.

Überlegen Sie insbesondere, ob die Publikation, die Sie zitieren wollen, ein Buch als Einzelpublikation, ein Buch aus einer Schriftenreihe, ein Artikel in einer Zeitschrift oder ein Tagungsbeitrag aus einem Tagungsband ist. Bei den anderen Publikationsarten ist die Zuordnung zu den Beispielen in **Tabelle 3-6** einfacher. Wenn die zu zitierende Publikation sich den in **Tabelle 3-7** angegebenen Publikationsarten nicht ganz genau zuordnen lässt, dann tragen Sie die bibliografischen Angaben nach **Checkliste 3-10** zusammen und tragen Sie sie in Ihr eigenes Literaturverzeichnis sinngemäß ein.

Der Bereich **„Literatur" oder „Schrifttum" am Ende eines Zeitschriftenartikels** enthält im Prinzip dieselben Angaben. Allerdings ist das Layout normalerweise so gewählt, dass möglichst wenig Platz verbraucht wird, **Tabelle 3-8**. Ob Sie die Systematik und das Layout der „platzsparenden Form" oder das Blockformat nach DIN 1505 mit Autorennamen in Kapitälchen und kursiv gesetztem Titel oder eine andere Art der Kennzeichnung verwenden, bleibt Ihnen überlassen.

Grundsätzlich gilt aber, dass die Vorschriften von Instituten, Firmen und sonstigen Auftraggebern, also die **„Hausregeln" eingehalten werden müssen**. Bei Veröffentlichungen in Büchern oder Zeitschriften gelten die **Verlags-Vorschriften**, die vielfach sehr genaue Festlegungen treffen. Deshalb weicht das Literaturverzeichnis des vorliegenden Buches ein wenig von der DIN 1505 ab!

Wenn Sie viel mit Literatur arbeiten, überlegen Sie bitte, ob Sie die DIN 1505 mit allen Teilen einmal in Ruhe prüfen und für Sie wichtige Informationen daraus für Ihren persönlichen Bedarf kopieren wollen. In dieser Norm sind noch viele weitere Hinweise zum Zitieren enthalten, deren ausführliche Darstellung den hier gegebenen Rahmen sprengen würde.

Tabelle 3-7 Zuordnung zwischen Art der zitierten Publikation und Eintrag im dreispaltigen Beispiel-Literaturverzeichnis

Art der zitierten Publikation	Einträge im Beispiel-Literaturverzeichnis
Buch als Einzelpublikation:	2, 8, 16, 17, 19
Buch in einer Schriftenreihe:	4
Aufsatz aus einem Buch in einer Schriftenreihe:	20
Artikel in einer Zeitschrift:	14, 15, 22
Tagungsbeitrag zitiert aus einem Tagungsband:	3
Seminar- oder gedruckte Vorlesungsunterlagen:	12
Normen:	5, 6
Firmenschriften:	1, 18
Dissertationen:	11
Studien- und Diplomarbeiten:	10, 13
Literatur aus dem Internet:	7, 9, 21

Insgesamt lehrt die Erfahrung, dass gerade das korrekte Aufstellen eines Literaturverzeichnisses eine Tätigkeit ist, deren **Dauer regelmäßig beträchtlich unterschätzt** wird. Vielfach müssen nachträglich noch fehlende bibliografische Angaben besorgt werden. Die strengen Layout- und Reihenfolge-Vorschriften setzen die Schreibgeschwindigkeit drastisch herab. Planen Sie also für die Fertigstellung des Literaturverzeichnisses besonders große Zeitreserven ein. Im Zweifelsfall ist aber das **vollständige Zusammentragen** der bibliografischen Angaben deutlich **wichtiger als** das akribische Einhalten der **Layout- und Reihenfolge-Vorschriften**.

Tabelle 3-8 Beispiel für ein platzsparendes Literaturverzeichnis

5 Schrifttum

1. HOFFMANN, W. und SCHLUMMER, W., *Erfolgreich Beschreiben – Praxis des Technischen Redakteurs*. Berlin, Offenbach, VDE-Verlag, 1990, S.29-36
2. KOENCK, R. J., *Computers, Technical Writers and Education.* In: Proceedings of the 27th International Technical Communication Conference (ITCC), May 1980, Vol.II, p. 137-139
3. GABRIEL, C.H., *Gesetze, Verordnungen, Vorschriften, Richtlinien für "Technische Dokumentationen". Im Obligo sind Hersteller und Unternehmer.* In: tekom Nachrichten, 16 (1991), Nr. 4, S. 36-37
4. REICHERT, G.W., *Kompendium für technische Dokumentationen.* Leinfelden-Echterdingen, Konradin-Verlag, 1991, S.187-193

Im nächsten Abschnitt folgen in kompakter Form die internationalen Zitierregeln, die im anglo-amerikanischen Sprachraum angewendet werden.

3.5.6 Literaturarbeit nach ISO 690

Da häufig nicht nur mit deutschen, sondern auch mit englischen Quellen gearbeitet und z. T. der ganze Technische Bericht in englischer Sprache erstellt wird, folgen hier die internationalen Regeln nach ISO 690, als erstes die wichtigsten englischen Abkürzungen, **Tabelle 3-9**.

Tabelle 3-9 Gängige Abkürzungen von bibliografischen Angaben in englischen Publikationen

Bibliografische Angaben	Zugehörige Abkürzungen nach ISO 832
Editor, Edition (Herausgeber, Ausgabe/Auflage)	ed.
Volume (Band)	Vol.
Page/s (Seite, Seitenanzahl)	p.

Nun folgt eine Auflistung der bibliografischen Angaben nach ISO 690 und 690-2 für die verschiedenen gedruckten Publikationsarten und elektronischen Dokumente und jeweils ein Beispiel, **Checkliste 3-12**. Angaben in kursiver Schrift können auch weggelassen werden.

Checkliste 3-12 Bibliografische Angaben für Publikationen nach ISO 690

ISO 690

Monographie (einmalige Erscheinungsweise): Autor, Titel. *Weitere Beteiligte (z.B. Übersetzer, Herausgeber),* Auflage, Veröffentlichungsdaten (Ort: Verlag, Jahr, *Umfang, Titel der Schriftenreihe. Weitere Angaben,* ISBN-Nummer)

Schriftenreihe (periodische Erscheinungsweise): Titel. Herausgeber, Auflage, Datum der Herausgabe, Veröffentlichungsdaten (Ort: Verlag, Jahr, *Titel der Schriftenreihe. Weitere Angaben,* ISSN-Nummer)

Teil einer Monographie: Hauptverantwortlicher oder Autor, Titel der Monographie. Auflage, Bandnummer, *weitere Beteiligte (z.B. Überarbeiter),* Veröffentlichungsdaten (Ort: Verlag, Jahr, genaue Bezeichnung des Teils mit Abschnittsnummer und Titel. Seiten)

Beitrag in einer Monographie: Hauptverantwortlicher oder Autor, Titel des Beitrags. „In", Hauptverantwortlicher oder Autor, Titel der Monographie. Auflage, Veröffentlichungsdaten (Ort: Verlag, Jahr, genaue Bezeichnung des Beitrags mit Band- oder Kapitelnummer, Titel des Bandes. Seiten des Kapitels)

Artikel in einer Zeitschrift oder Schriftenreihe: Autor, Titel des Beitrags. „In", *weitere Beteiligte (z.B. Fotograf),* Titel der Zeitschrift oder Schriftenreihe. genauer Fundort des Artikels mit Heft- oder Bandnummer, Seiten)

Patentschrift: Hauptverantwortlicher oder Autor oder Firma, Titel der Erfindung. Weitere Beteiligte, weitere Angaben, Dokumentidentifikationsangeben (Land, Art der Patentschrift, Nummer, Veröffentlichungsdatum)

ISO 690-2

Elektronische Monografie, Datenbank oder Computerprogramm: Autor, Titel. Typ des Mediums (database, monograph, serial, computer program, bulletin board, electronic mail), Art des Mediums, (CD-ROM, online, magnetic tape, disk), *weitere Beteiligte,* Ausgabe/Auflage, Erscheinungsort: Verlag, Veröffentlichungsdatum, Datum der letzten Änderung/Version, Datum des Zitats, *zusätzliche Angaben wie weiter unten in dieser Checkliste, ggf. weitere Angaben,* Zugangsdaten, ISBN-/ISSN-Nummer

Zusätzliche Angaben für einen Teil einer Monographie: Nummer des Kapitels oder des Bandes, Titel. genaue Ortsangabe (URL, Seiten)

Zusätzliche Angaben für einen Beitrag in einer Monographie: Autor und Titel des Beitrags. Genaue Ortsangabe (URL, Seiten)

Elektronische Mailinglisten, Diskussionsforen und E-Mails: Titel. Art des Mediums, Erscheinungsort: Verlag oder Betreiber des Forums, Veröffentlichungsdatum, Datum des Zitats, *weitere Angaben,* Zugangsdaten

Zusätzliche Angaben für einzelne Beiträge: Titel des Beitrags oder der E-Mail. *Weitere Beteiligte/Empfängerliste,* ggf. Empfangsdatum der E-Mail

Wie das Literaturverzeichnis nach ISO 690 zusammengestellt wird, unterscheidet sich von den Vorgaben der DIN 1505. Deshalb nun einige Beispiele aus der ISO 690:

Monographie:
LOMINIADZE, DG. *Cyclotron waves in plasma.* Translated by AN. Dellis; edited by SM. Hamberger. 1st ed. Oxford : Pergamon Press, 1981. 206 p. International series in natural philosophy. Translation of : Ciklotronnye volny v plazme. ISBN 0-08-021680.

Teil einer Monographie:
PARKER, TJ. and HASWELL, WD. *A text-book of zoology.* 5th ed., vol. 1, revised by WD. Lang. London : Macmillan, 1930. Section 12, Phylum Mollusca, p. 663-782.

Beitrag in einer Monographie:
WRIGLEY, EA. Parish registers and the historian. In STEEL, DJ. *National index of parish registers.* London: Society of Genealogists, 1968, vol. 1, p.155-167

Artikel in einer Zeitschrift:
WEAVER, William. *The collectors : command performances.* Architectural digest, December 1985, Vol. 42, no. 12, p. 126-133.

Patentschrift:
CARL ZEISS JENA, VEB. Anordnung zur lichtelektrischen Erfassung der Mitte eines Lichtfeldes. Inventor : W. FEIST, C. WAHNERT, E. FEISTAUER. Int. Cl.^{3}: G 02 B 27/14. Schweiz, Patentschrift, 608 626. 1979-01-15.

Elektronische Monographie:
CARROLL, Lewis. Alice's Adventures in Wonderland [online]. Texinfo. ed. 2.2. Dortmund (Germany): WindSpiel, November 1994 [cited 30 March 1995]. Chapter VII. A Mad Tea-Party. Available from World Wide Web:
<http://www.germany.eu.net/books/carroll/alice_10.html#SEC13>.

Beitrag in einem Diskussionsforum:
Parker, Elliot. Re: Citing Electronic Journals. In Pacs-L (Public Access Computer Systems Forum) [online]. Houston (Tex.): University of Huston Libraries, 24 November 1989; 13:29:35 CST [cited 1 January 1995; 16:15 EST]. Available from Internet:
<telnet://brsuser@a.cni.org>.

Weitere Festlegungen der ISO 690: Vornamen können durch Buchstaben abgekürzt werden. Aus „Miller, William Thomas" wird dann „Miller, WT.". Für die Unterscheidung der Elemente in den bibliografischen Angaben soll **ein konsistentes System bzgl. Typografie und Zeichensetzung** verwendet werden, z. B. dass jedes Element mit einem Punkt abgeschlossen wird. **Welches System, ist dabei egal.** Hauptsache, es wird konsistent angewendet.

Weitere Empfehlungen der ISO 690: Ein Untertitel wird mit Doppelpunkt vom Titel abgesetzt. Mehrere Erscheinungsorte werden durch Semikolon voneinander getrennt. Das Erscheinungsdatum wird wie in der Quelle oder nach ISO 2014 angegeben. Länder-, Provinz- und Staatenbezeichnungen, die zur Präzisierung von Städtenamen verwendet werden, können nach ISO 3166 abgekürzt werden. Titelstichwörter können nach ISO 4 abgekürzt werden.

Nicht alle genannten Angaben sind Pflichtangaben. Bei Bedarf schauen Sie bitte in die Norm. Eine mögliche Quelle ist: www.collectionscanada.ca/iso/tc46sc9/standard/690-2e.htm.

3.5.7 Urheberrecht und Urheberrechtsgesetz

Das Urheberrecht ist *„das eigenständige Verwertungsrecht von Autoren und Erstellern kultureller Geistesschöpfungen an ihrem geistigen Eigentum und der Schutz vor missbräuchlicher Verwendung ihrer erstellten Werke“*. Zur Sicherstellung dieses abstrakten Rechtsgutes dient in der deutschen Rechtsprechung das Urheberrechtsgesetz.

Das Urheberrechtsgesetz schützt Werke der Wissenschaft, der Literatur, der Tonkunst, der Tanzkunst, der bildenden Künste, der Baukunst, des Kunstgewerbes, der Lichtbild- und der Filmkunst.

Im Umfeld von Wissenschaft und Technik bezieht sich das Urheberrecht vor allem auf Bücher, Artikel in Zeitungen und Zeitschriften, Bilder, aber auch auf Computerprogramme, Veröffentlichungen im Internet, Videofilme usw. Ungeachtet der Tatsache, dass technische Ideen auch einen Teil unserer modernen Kultur darstellen, gelten technische Ideen im Urheberrechtsgesetz *nicht* als kulturelle Geistesschöpfungen. Sie können daher nur als Patent, Warenzeichen oder Gebrauchsmuster geschützt werden. Das Urheberrechtsgesetz trifft für diese technischen Ideen also nicht zu.

Die folgenden Ausführungen sind im Wesentlichen aus mehreren Büchern und Internet-Quellen entnommen und berücksichtigen die Änderung des Urheberrechts aus 2003:

- NORDEMANN, W.; VINCK, K.; HERTIN, P. W.: Urheberrecht – Kommentar zum Urheberrechtsgesetz und zum Urheberrechtswahrnehmungsgesetz.
- HUBMANN, H.: Urheber- und Verlagsrecht.
- ILZHÖFER, V.: Patent-, Marken- und Urheberrecht – Leitfaden für Unterricht und Praxis.
- Änderungen am Gesetzestext: http://www.bmj.bund.de/images/11467.pdf
- Harte Kritik an der Gesetzesänderung, insb. an § 52a und § 53: http://www.52a.de

Im Prinzip dürfen die durch das Urheberrechtsgesetz geschützten kulturellen Geistesschöpfungen nur gelesen bzw. betrachtet werden. Sie dürfen unter gewissen Bedingungen aber auch kopiert, abgeschrieben, abgetippt, abgezeichnet, auf einen Datenträger konserviert und zitiert werden. Sie dürfen jedoch nicht (als Ganzes) vervielfältigt, verbreitet, vorgeführt oder aufgeführt werden, ohne dass die Erlaubnis des Verfassers vorliegt. Das Urheberrecht hat das Ziel, dem Urheber die vollständige Kontrolle über jegliche Nutzung seines Werkes zu geben.

Damit Wissenschaftler und Kulturschaffende in ihrer Tätigkeit nicht zu weit eingeschränkt werden, gibt es von diesem übergeordneten Recht Ausnahmen. Im Folgenden werden die Ausnahmen, die sich auf Unterricht, Wissenschaft und Technik beziehen, näher beschrieben.

Die wichtigste Ausnahme ist das Recht für jedermann, **Kopien zum privaten** und sonstigen eigenen **Gebrauch** anzufertigen und zwar für folgende Zwecke:

- für den eigenen wissenschaftlichen Gebrauch,
- für die Aufnahme in ein eigenes Archiv,
- zur eigenen Unterrichtung über Tagesfragen (Rundfunk- und Fernsehsendungen)
- sowie zum sonstigen eigenen Gebrauch.

Dies gilt *nur*, wenn es sich um **kleine Auszüge oder** ein mindestens seit zwei Jahren **vergriffenes Werk** handelt. Kopien von kleinen Teilen eines größeren Druck-Werkes, z. B. eines Buches, oder von einzelnen Artikeln einer Zeitung/Zeitschrift dürfen auch für den Schulunterricht, für Prüfungen und für **nichtgewerbliche Nutzung** in den Bereichen Aus- und Weiterbildung sowie Berufsbildung **„für Unterrichtszwecke“** hergestellt werden. Diese Kopien, die zum eigenen Gebrauch oder für Unterrichtszwecke angefertigt wurden, dürfen weder öffentlich verbreitet noch zur öffentlichen Wiedergabe benutzt werden, § 52a UrhG.

Dieser Paragraph des Urheberrechtsgesetzes ist 2003 neu gefasst und an das digitale Zeitalter angepasst worden. Es ist daher **gestattet**, eine **digitale Kopie** anzufertigen und diese im o. g. Sinne zu verwenden. Sie **darf** z. B. **in einem Intranet veröffentlicht oder per E-Mail versendet** werden, wenn dies für den Austausch innerhalb eines Forscherteams oder innerhalb einer geschlossenen Schüler- bzw. Studentengruppe geschieht. Die **Verbreitung** der digitalen Kopie **über das Internet** ist der öffentlichen Wiedergabe gleichzusetzen und damit **nicht gestattet**.

Die oben beschriebene Sonderstellung „für Unterrichtszwecke" gilt nur, wenn ein Lehrer-Schüler-Verhältnis gegeben ist. Die Sonderstellung „für Unterrichtszwecke" gilt nicht

- für Selbststudium (dies ist eigentlich unlogisch, da das Gesetz kopieren für den privaten Eigenbedarf und für wissenschaftliche Zwecke ja ausdrücklich erlaubt!),
- für Arbeitsgemeinschaften Gleichrangiger (z. B. Studenten),
- für Erwachsenenbildung und Jugendpflege.

Eine im Wesentlichen vollständige grafische Aufzeichnung von Musikwerken (Noten) bzw. eine **im Wesentlichen vollständige Kopie von Büchern oder Zeitschriften und Computerprogrammen** darf **nur mit Einwilligung des Urhebers** angefertigt werden!

Zur wissenschaftlichen Arbeitsweise gehört es aber, mit anderen Werken zu arbeiten, also die Erkenntnisse und geistigen Schöpfungen anderer mit zu verwenden. Dieses Mitverwenden kann ein bloßes Lesen sein, um sich inspirieren zu lassen. Wenn ein anderes Werk aber in wesentlichen Teilen übernommen und nur geringfügig verändert wird, ist die Zustimmung des Autors dieses übernommenen Werkes erforderlich und wenn ein Urheber Werke eines anderen Urhebers in einem eigenen Werk vollständig oder fast vollständig verwenden will, dann muss er dem anderen Urheber nach § 54 Urheberrechtsgesetz eine angemessene Vergütung zahlen.

Zitieren ist aber kostenfrei erlaubt. Ein **Zitat** liegt dann vor, wenn ein fremdes Werk ganz oder in Teilen und sinngemäß **unverändert** in ein selbständiges wissenschaftliches Werk **übernommen und die Quelle korrekt angegeben wird**.

Zitate dürfen nur in wiederum durch das Urheberrecht geschützten selbständigen Werken verwendet werden. Es muss sich um eine persönliche geistige Schöpfung des Zitierenden, also um seine eigene Leistung handeln. Das *Zitat* ist aber nur dann **zulässig, wenn** es in dem neuen Werk eine **völlig untergeordnete Rolle** spielt.

Entsprechend der Definition von Zitat als unverfälschte Entnahme aus einer Quelle gilt ein Änderungsverbot. Zitate dürfen entweder **wörtlich** erfolgen **oder** – wenn dadurch **der Sinn der Quelle nicht entstellt** wird – als sinngemäßes Zitat. Auch Übersetzungen in eine andere Sprache sind nur unter der Voraussetzung gestattet, dass keine Sinnentstellung entsteht.

Das Zitat ist außerdem nur dann zulässig, wenn es

- als Beleg für die eigene Auffassung,
- als Beispiel für die eigene Aussage,
- zur Verdeutlichung übereinstimmender Meinungen,
- zum besseren Verständnis der eigenen Ausführungen oder
- zur Begründung oder Vertiefung der eigenen Darlegungen dient.

Als Ergänzung zu den Ausführungen in den oben genannten Büchern sei hier noch folgendes angemerkt: Es ist auch zulässig, anders lautende Meinungen, widersprechende Aussagen und die aktuelle Fachdiskussion zu zitieren. Der Autor setzt sich dann mit diesen zitierten Meinungen auseinander und begründet jeweils seine eigene Auffassung oder seine Auswahl von Daten und Fakten.

Es ist **nicht erlaubt**, ein **Zitat nur zur Abrundung, Ergänzung oder Vervollständigung** zu verwenden. Als Faustformel dient die folgende Kontrolle: Wenn ein Bezug zwischen dem Zitat und dem neuen Werk fehlt, dann handelt es sich fast immer um ein unzulässiges Zitat. Sie liegen auf der sicheren Seite, wenn Sie im Text des neuen Werkes auf die zitierten Informationen eingehen und wenn Sie den inhaltlichen Bezug zu Ihrem eigenen Werk klar herausarbeiten.

Weitere **Grundvoraussetzung** für die Zulässigkeit eines Zitates ist **eine korrekte und vollständige Quellenangabe**. Wenn an dem Werk Kürzungen oder Änderungen vorgenommen werden, dann ist dies kenntlich zu machen. Wie Zitate im Text gekennzeichnet werden und wie ein korrektes Literaturverzeichnis gestaltet wird, ist im vorliegenden Buch in den Abschnitten 3.5.4 und 3.5.5 beschrieben.

Außerdem sind folgende wichtige allgemeine Bestimmungen im Urheberrechtsgesetz festgelegt:

- Das Urheberrecht endet siebzig Jahre nach dem Tod des Urhebers, oder
- bei Urhebergemeinschaften siebzig Jahre nach dem Tod des zuletzt gestorbenen Autors.
- Das Urheberrecht geht nach dem Tod auf die Erben über.

In der praktischen Anwendung obiger Rechtsvorschriften treten oft kleine **Abweichungen** und selten größere **Verstöße** auf. Wenn allerdings in einem umfangreichen Skript zu einer akademischen Lehrveranstaltung etwa 50 Bilder aus einem Werk ohne Quellenangabe entnommen wurden und im Literaturverzeichnis dieses Skripts das Werk, aus dem die Bilder stammen, überhaupt nicht erwähnt wird, dann handelt es sich entweder um eine grobe Unachtsamkeit oder um einen bewussten Verstoß gegen das Urheberrecht.

Das **Urheberrechtsgesetz muss** in naher Zukunft noch **weiter geändert werden**, um die Vorgaben der EU-Richtlinie 2001/29/EG in deutsches Recht umzuwandeln. Dazu hat das Bundeskabinett am 22.03.2006 einen Kabinettsbeschluss verabschiedet. Dieser ist aber noch nicht rechtskräftig. Die aktuelle Fassung des Urheberrechtsgesetzes finden Sie online unter

- http://bundesrecht.juris.de/urhg/index.html bzw.
- http://bundesrecht.juris.de/bundesrecht/urhg/gesamt.pdf.

Es wird **große Einschränkungen gegenüber der heutigen Rechtslage** geben, denn die letzte Änderung des UrhG hat dazu geführt, dass der Absatz von Schulbüchern und Fachbüchern um bis zu 80% zurückgegangen ist.

Die Einschränkungen enthalten u. a., dass digitale Kopien in Bibliotheken nur an speziellen Leseplätzen verfügbar sein dürfen und nur so viele Kopien gleichzeitig zu öffnen sein dürfen, wie die Bibliothek auch physikalische Kopien der Publikation gekauft hat. Elektronische Materialien dürfen von Bibliotheken und Auskunftsdiensten dann nur noch als grafische Dateien verschickt werden. Der Versand elektronischer Materialien wird nur dann verboten sein, wenn der Verlag pay per view anbietet. In dem Gesetzentwurf ist **nicht klar geregelt**, ob in den Bereichen Bildung und Wissenschaft und in Unternehmen der Wirtschaft elektronische Archive angelegt werden dürfen (**Recht auf digitale Privatkopie**). Das Recht von Urhebern, bei einer neuen medialen Nutzung vorher zustimmen zu müssen, soll entfallen. Das Recht von Verlagen, technische Schutzmaßnahmen gegen das Anfertigen von Kopien einzusetzen, wird gestärkt.

Beim Urheberrecht wollen viele mitreden. Die Interessenlage von Geräteherstellern, Verlegern, Autoren, Übersetzern, Lesern und Bibliotheken bzw. Auskunftsdiensten ist sehr unterschiedlich. Ein fairer Interessenausgleich wird schwer zu finden sein. Für Interessierte Leser können die folgenden Internetseiten interessant sein:

- www.cornelsen.de/col/all/52aurhg.html
- www.vds-bildungsmedien.de/html/newstickers/news_urhebergesetz.htm
- www.urheberrechtsbuendnis.de/docs/ABStellungnahmeKorb2.pdf
- www.heise.de/newsticker/meldung/52841
- rsw.beck.de/rsw/shop/default.asp?docid=85125

Die Universitätsbibliothek Hannover beschreibt Ihre aktuellen Nutzungseinschränkungen durch das neue Urheberrecht auf Ihrer Homepage unter www.tib.uni-hannover.de.

3.6 Der Text des Technischen Berichts

Im Technischen Bericht (schriftlich oder als Vortrag) wird unter Berücksichtigung der jeweiligen Zielgruppe die „Fachsprache der Technik“ geschrieben oder gesprochen. Allerdings weicht diese Fachsprache nicht so stark von der üblichen Sprachverwendung ab, wie dies z. B. bei psychologischen und soziologischen, aber auch medizinischen und juristischen Texten oft der Fall ist.

Die folgenden Abschnitte geben Ihnen Hinweise, wie Sie im Technischen Bericht verständliche Texte formulieren, welche Besonderheiten im Zusammenhang mit Formeln und Berechnungen auftreten und welche häufigen Fehler Sie in Ihren Texten vermeiden können.

3.6.1 Allgemeine Stilhinweise

In den allgemein bildenden Schulen werden Berichte, Protokolle und Referate mit dem Computer geschrieben. Dies bedeutet, dass grundlegende Kenntnisse zu Gliederung, Typografie, Schreibweisen, Stil usw. bereits in den allgemein bildenden Schulen vermittelt werden. In der Realität sind diese Kenntnisse allerdings meist noch ausbaufähig.

Aufgrund der unterschiedlichen Vorkenntnisse werden hier nur kurz die allgemeinen Stilhinweise aufgezählt, die für den Technischen Bericht und andere Sachtexte verwertbar sind. Dabei soll in die Erinnerung zurückgerufen werden, dass ein Technischer Bericht klar, verständlich und zielgruppenorientiert geschrieben werden muss. **Checkliste 3-13** zeigt allgemein gültige Regeln für bessere Textverständlichkeit, die auch für andere Sachtexte als *Technische* Berichte gültig sind.

Zu diesen allgemeinen und die Textverständlichkeit verbessernden Regeln gehört auch die Arbeitstechnik „*eS*“, die schon in 3.1.3 „Text mit Tabellen, Bildern und Literaturzitaten“ vorgestellt wurde. „*eS*“ steht für „einleitender Satz“. Sie sollten unbedingt vermeiden, dass nach Dokumentteil-Überschriften direkt Bilder, Tabellen oder Aufzählungen folgen, ohne dass eine überleitende oder einleitende Textaussage vorherging. Viel besser ist es, wenn Sie am Anfang und (sinngemäß) am Ende eines Abschnitts einen „*eS*“ verwenden.

Checkliste 3-13 Allgemein gültige Regeln für bessere Textverständlichkeit

- Kurze Sätze bilden.
- Möglichst nur einen Hauptsatz mit einem oder zwei Nebensätzen bzw. zwei mit Semikolon verknüpfte Hauptsätze verwenden.
- Nicht zu viele Fremdwörter einsetzen.
- „Welcher, welche, welches" als Relativpronomen ist veraltet und soll ersetzt werden durch „der, die, das".
- Fremdwörter und Abkürzungen bereits beim ersten Auftreten erklären.
- Übermäßigen Gebrauch von Abkürzungen vermeiden.
- Ein- und überleitende Sätze verwenden, um Ihre Leser mit Worten zu führen. Damit können Sie:
  - die Gliederung bzw. das Inhaltsverzeichnis aufgreifen,
  - den bisher beschriebenen Sachverhalt zusammenfassen,
  - zum nächsten Dokumentteil überleiten oder
  - einen neuen Dokumentteil einleiten.

Solche ein- und überleitenden Sätze knüpfen an die **Vorkenntnisse** Ihrer Leser an und sie strukturieren so die niedergeschriebenen Informationen. Alles wird unter Berücksichtigung des **„roten Fadens"** eingeordnet. Der Leser wird nicht allein gelassen, sondern „mit Worten geführt". Die häufige Verwendung von ein- und überleitenden Sätzen ist eine Voraussetzung dafür, dass die **Leser** Ihren Technischen Bericht **ohne Rückfragen** in dem von Ihnen beabsichtigten Sinne **verstehen.**

Sind Sie im Zweifel, ob eine Formulierung verständlich (und stilgerecht) ist, dann hilft Ihnen die **Grammatikprüfung** von Word. Schauen Sie nach unter Extras – Optionen – Rechtschreibung und Grammatik – Einstellungen. Aktivieren Sie eine Option bzw. Einstellung bzw. Grammatikregel, damit Sie auf (vermeintliche) Verstöße gegen diese Regel durch grüne Wellenlinien aufmerksam gemacht werden. Wenn Ihnen die Optionsbezeichnungen unklar sind, markieren Sie eine Option, und klicken Sie auf Erklären.

Doch nun wenden wir uns den speziell für Technische Berichte geltenden Stilmerkmalen zu.

3.6.2 Stilmerkmale des Technischen Berichts

Der Stil des Technischen Berichts soll die oben genannten allgemeinen Stilmerkmale berücksichtigen. Es müssen jedoch auch einige Regeln eingehalten werden, die *nur* für die Erstellung Technischer Berichte gelten. Vor allen anderen Regeln gilt dabei ein Grundprinzip:

☞ *Klarheit und Eindeutigkeit hat immer Vorrang vor Stilfragen!*

Der Technische Bericht soll von einem Leser, der zwar technisch ausgebildet ist, aber keine Detailkenntnisse des jeweiligen Projekts besitzt, ohne Rückfrage verstanden werden können. Da der oder die Ersteller von Technischen Berichten oft wochen- oder monatelang an ihrem Projekt gearbeitet haben, können sie sich am Ende, wenn der Technische Bericht zusammengeschrieben werden soll, nicht mehr so gut vorstellen, wie viel (oder besser: wie wenig) ein normaler Leser des Berichts überhaupt von dem Projekt wissen kann. Deshalb werden in Technischen Berichten **oft zu viele Detailkenntnisse vorausgesetzt**, die die Adressaten nicht haben. Dadurch sind die Leser des Berichts oft überfordert. Dies beeinflusst die Lese-Motivation negativ.

Es kommt noch hinzu, dass man nach häufigem Lesen der eigenen Texte mit der Zeit „betriebsblind“ gegenüber den eigenen Formulierungen wird. Im Rahmen der Endkontrolle sollten Sie als Autor daher versuchen, den Technischen Bericht einem Freund oder einer Freundin bzw. einem Kollegen oder einer Kollegin zu zeigen, damit er/sie überprüfen kann, ob der Bericht für Projektfremde verständlich ist.

Der Technische Bericht wird in der Regel **unpersönlich** geschrieben, d. h. es werden **Passivkonstruktionen** anstelle von Personalpronomen verwendet. **„Ich, wir, mein, unser, man usw.“ werden also nicht verwendet.** Abweichend davon ist es in einer Zusammenfassung oder in einer kritischen Würdigung jedoch zulässig, von „wir“ bzw. „unser“ zu sprechen, wenn man die eigene Arbeitsgruppe, Abteilung usw. meint.

Dies ist **traditionell** so. Die meisten Techniker haben sich an das unpersönliche Formulieren im Laufe von Ausbildung und Berufspraxis gewöhnt. Auch Ihr Auftraggeber wird im Zweifelsfall vermutlich Passiv bevorzugen, weil er es so gewohnt ist. Für Nicht-Techniker wirkt die Anwendung von Passivkonstruktionen jedoch schwerfällig, langweilig und monoton. Daher empfehlen viele Bücher zum Thema Schreiben die Verwendung von Aktivsätzen.

Passivsätze beinhalten auch die **Gefahr, dass dem Leser nicht klar ist, wer etwas tut**. Es kann beispielsweise in der Beschreibung einer Maschine oder Anlage unklar sein, ob der Bediener oder eine Automatik der Maschine oder Anlage eine Aktion ausführt. Wenn dies auftreten kann, verwenden Sie eine Satzergänzung wie „durch das Bedienungspersonal“ (Mensch) bzw. „durch die Revolversteuerung“ (Maschine).

In diesem Buch werden Sie, unsere Leser, oft persönlich angesprochen, damit die gegebenen Informationen möglichst lernappetitlich und motivierend bei Ihnen ankommen. Sie müssen also für Ihren Technischen Bericht sachgerecht entscheiden, ob und wenn ja, in welchem Maße und an welchen Stellen Sie statt des gewohnten Passivs Aktivsätze verwenden wollen. Sie sind jedoch „auf der sicheren Seite“, wenn Sie Personalpronomen vermeiden und stattdessen Passivkonstruktionen verwenden. Hier ein Beispiel für die Formulierung des gleichen Sachverhalts einmal als Aktivsatz und einmal als Passivsatz:

Aktiv: „... haben **wir** folgende Alternativen geprüft ...“

Passiv: „... sind folgende Alternativen geprüft worden ...“

wir ist aber ein <u>Stilfehler</u> im Technischen Bericht!

Die **Namensvergabe für technische Gegenstände und Verfahren** (in Stücklisten, aber auch z.B. in einer Konstruktionsbeschreibung) soll soweit wie möglich **funktionsgerecht** erfolgen, also nicht Hebel sondern Absperrhebel, nicht Zahnrad sondern Antriebsrad, nicht Platte sondern Halteplatte, nicht Variante 1 sondern elektrisch-mechanische Lösung usw. Ganz allgemein gilt für die Benennung von Teilen:

☞ *Teile werden grundsätzlich nach ihrer Funktion benannt.*

Dies gilt in allen Bereichen der Technik, z.B. auch im Bauwesen und in der Elektrotechnik. Nun noch weitere Beispiele zur Erläuterung.

Bei der eindeutigen Benennung von Bauteilen, die im Technischen Bericht besprochen werden, hat sich folgende Vorgehensweise sehr bewährt. Wenn eine Konstruktionszeichnung und eine Stückliste zum Bericht gehören, ist es sinnvoll, an die **Benennung des Bauteils** die **Positionsnummer in Klammern** anzuhängen. Es heißt dann in der Konstruktionsbeschreibung z. B.: „Die Befestigung des Abdeckblechs (23) wurde zwecks Kosteneinsparung mit Kerbnägeln ausgeführt.“ Hier ist „23“ die Positionsnummer und „Abdeckblech“ die Benennung aus der Stückliste. Diese Übereinstimmung von Nummer und Name in Bericht und Zeichnung sowie Stückliste ist hilft dem Leser, sich in den verschiedenen Unterlagen zurechtzufinden.

Häufig kann man in Technischen Berichten folgende oder ähnliche Formulierungen lesen. „Die Konstruktion besitzt eine hohe mechanische Festigkeit sowie sehr gute Verschleißbeständigkeit.“ In diesem Fall ist es vom Stil her viel besser, wenn der allgemeine Begriff „Konstruktion“ durch die **tatsächliche Benennung der Baugruppe oder der Gesamtanlage** ersetzt wird. Auf das obige Beispiel angewendet würde es also z. B. besser heißen: „Die Ölmühle besitzt ... .“

Oft kommt es vor, dass mit zwei physikalischen Größen ein **Wertebereich** angegeben wird. In diesem Fall ist es falsch, wenn Sie schreiben: Maßzahl und Maßeinheit, Erstreckungszeichen (– oder bis) sowie noch einmal Maßzahl und Maßeinheit. Richtig ist, wenn die Dimension nicht zweimal, sondern nur „hinten“ aufgeführt wird. Ein Beispiel zur Verdeutlichung (Text aus der Beschreibung eines Spritzgießwerkzeuges):

„Das Hauptproblem ist hierbei die wirksame Trennung der heißen Form (ca. 160 °C bis 200 °C) von dem mit ca. 80 °C bis 110 °C relativ kalten Verteilerkanalbereich.“ Zur Kontrolle kann das Geschriebene auch laut gelesen werden. Dabei fällt es sehr schnell auf, wenn sich entbehrliche Angaben in den Text eingeschlichen haben.

Abschließend ein weiteres Stilmerkmal des Technischen Berichtes. Da sich der Technische Bericht im weitesten Sinne an „Techniker“ wendet, die Probleme üblicherweise rational angehen, sollten im Technischen Bericht **keine emotionsbeladenen Formulierungen** auftreten. Deshalb sind Sätze wie „Nach der ergonomischen Überprüfung seines Arbeitsplatzes kann der Mitarbeiter nun freudig sein Werk tun.“ besser zu vermeiden.

3.6.3 Verständliche Formulierung von Technischen Berichten

Verständlichkeit ist im Bereich der Kommunikationswissenschaften ein komplexer Begriff. Ob ein Text von der Zielgruppe verstanden wird, hängt dabei in allgemeinster Form von zwei Merkmalsgruppen ab. Dies sind die „Textmerkmale“ und die „Lesermerkmale“.

Lesermerkmale sind solche, die der Autor nicht beeinflussen kann, da sie nur von den geplanten oder zufälligen Lesern des jeweiligen Textes abhängen. Die allgemeinen Vorkenntnisse dieser Leser, ihre Motivation oder innere Abneigung gegen das Lesen des Textes, ihre Sprachkenntnisse, ihre Fachkunde des beschriebenen Wissensgebietes, all dies sind typische Lesermerkmale.

Die **Textmerkmale** werden bis auf wenige Ausnahmen – wie z. B. Layout-Vorgaben – vom Textautor selbst festgelegt. Typische Prüffragen nach Textmerkmalen sind folgende:

- Ist der Titel aussagekräftig und Interesse weckend?
- Ist eine Gliederung vorhanden und sachlogisch aufgebaut („roter Faden“)?
- Länge der Absätze?
- Satzlänge?
- Verschachtelung von Sätzen?
- Werden unbekannte Wörter beim ersten Auftreten definiert?
- Werden unbekannte Abkürzungen beim ersten Auftreten definiert?
- Werden zu viele Fremdwörter verwendet?
- Hat der Leser an jeder Stelle im Technischen Bericht alle Informationen verfügbar, die er für das Nachvollziehen der Inhalte benötigt?

Die Aufzählung zeigt deutlich, dass die Textverständlichkeit durch unzweckmäßige Gestaltung obiger Textmerkmale negativ beeinflusst werden kann. Deshalb nachfolgend eine kurze Betrachtung der Möglichkeiten zur Verbesserung der Verständlichkeit von Sachtexten.

Verbesserungen der Verständlichkeit von Sachtexten können auf drei Ebenen durchgeführt werden. Es sind dies die *Textebene*, die *Satzebene* und die *Wortebene*, die nachfolgend jeweils für sich betrachtet werden.

Auf **Textebene** sind als verständlichkeitsfördernde Elemente zunächst einmal die *Verzeichnisse* zu nennen. Dies sind u. a. Inhaltsverzeichnis, Index, Glossar sowie andere Verzeichnisse (z. B. für Bilder, Tabellen, Abkürzungen, Einheiten und Symbole usw.).

Auch *Kopf- und Fußzeilen, Randnotizen* (Marginalien), sowie *Seitenzahlen* und *Querverweise* gehören zu den verständlichkeitsfördernden Maßnahmen auf Textebene.

Darüber hinaus sind hier *einleitende Sätze* am Anfang eines Dokumentteils und *zusammenfassende/überleitende Sätze* am Ende eines Dokumentteils zu nennen. Diese Sätze können auch zur Ein- und Überleitung bei Bildern und Tabellen sinnvoll eingesetzt werden. Sie helfen dem Leser, den „roten Faden" zu behalten, denn Sie stellen immer wieder eine Beziehung zur logischen Gliederung her. Sie beschreiben, welche Informationen und warum als nächstes folgen, wie die folgenden Informationen zu bewerten sind, welchen Stellenwert die zuvor beschriebenen Informationen haben usw.

Fast alle zuvor genannten verständlichkeitsfördernden Elemente auf Textebene können unter dem Oberbegriff „Lesehilfen" zusammengefasst werden. Die Lesehilfen ermöglichen ein leichteres Auffinden der gewünschten Informationen. Bereits beim Lesen des Inhaltsverzeichnisses wird ein grobmaschiges Informationsnetzwerk aufgebaut. Wenn der Leser für den Ausbau dieses Informationsnetzwerkes eine bestimmte, zusätzliche Information benötigt, die im aktuellen Lesefluss nicht verfügbar ist, dann ermöglichen die Lesehilfen ihm, die fehlende Information schnell zu finden. Er kann so die fehlende Masche seines Informationsnetzwerkes knüpfen und an der ursprünglichen Stelle weiterlesen. Dies beeinflusst die Lesemotivation und das Textverstehen positiv.

Ein weiteres Mittel, das den Text verständlich hält, ist die Verwendung von *Fußnoten.* Fußnoten sind hochgestellte Zahlen, die mit Word mit Einfügen – Referenz – Fußnote erzeugt werden. Fußnoten werden im Text fortlaufend nummeriert. Die Zahl wird standardmäßig unten auf der Seite unterhalb einer linksbündigen, ca. 4 bis 5 cm langen, horizontalen Linie wiederholt. Dort können Informationen untergebracht werden, die den normalen Lesefluss stören würden. Beispiele für derartige Informationen sind

- umfangreiche Kommentare zu zitierten Texten,
- bibliografische Angaben zu zitierter Literatur (falls kein Literaturverzeichnis zusammengestellt werden soll),
- die genaue Fundstelle in der zitierten Literatur und
- Hinweise bzw. Bemerkungen zum Text.

Meist erscheinen die Fußnoten in kleinerer Schrift, nach DIN 5008 soll jedoch die Schriftgröße von Text und Fußnoten übereinstimmen.

Fußnoten werden in den Geisteswissenschaften[1] häufig verwendet. In der Technik sind Fußnoten weniger gebräuchlich.

---

[1] Hier ein Beispiel für eine Fußnote, wie es in den Geisteswissenschaften üblich ist.

Beziehen sich eine oder mehrere Fußnoten auf den Inhalt einer Tabelle, so erscheinen sie direkt unterhalb der Tabelle ohne die horizontale 4 bis 5 cm-Linie. Fügen Sie diese Tabellen-Fußnoten in diesem Fall mit der Option Speicherort = Unterhalb des Textes ein oder erzeugen Sie die hochgestellten Zahlen manuell.

Bei kürzeren Texten werden manchmal Endnoten ganz am Ende des Textes eingesetzt. Endnoten lassen sich per Knopfdruck in Fußnoten konvertieren und umgekehrt.

Auch der Bereich der *Typografie (Seitenränder, Schriftart, Schriftgröße usw.)* gehört, wenn auch in eingeschränktem Maße, zu den Möglichkeiten zur Verbesserung der Verständlichkeit von Sachtexten auf Textebene. Eingeschränkt deshalb, weil die Typografie eher zur Erkennbarkeit bzw. Lesbarkeit gehört als zur Verständlichkeit. Eine recht wichtige Regel ist in diesem Zusammenhang: Je breiter der Satzspiegel ist bzw. je länger die Zeilen sind, desto größer sollte der Zeilenabstand sein.

(Gute) Bilder und Tabellen lockern den Text auf, ergänzen ihn und sprechen andere Aufnahmekanäle an als reiner Text. So kann der Autor die Informationen vielschichtiger darstellen und der Leser kann den Informationswegen besser folgen. Verwenden Sie deshalb möglichst häufig Bilder, tabellarische Darstellungen und Aufzählungen mit Leitzeichen, siehe auch 3.3.5 „Didaktisch-Typografisches Visualisieren (DTV)“. Beispiele machen den Text ebenfalls anschaulich; zu viele Beispiele können sich aber schlecht auswirken in Bezug auf Kürze und Prägnanz Ihrer Texte.

Auch auf **Satzebene** lassen sich einige Regeln formulieren, deren Einhaltung die Verständlichkeit von Sachtexten stark fördert. Sätze sollten nicht zu lang sein, da sonst auch bei logischer Reihenfolge der einzelnen Teilsätze die Verständlichkeit zu sehr absinkt. Die Sätze sollten aber auch nicht zu kurz sein! Bei zu kurzen Sätzen in Sachtexten fühlt der Leser sich vor den Kopf gestoßen und nicht ernst genommen.

Die folgenden Regeln helfen, Sätze übersichtlich, klar und motivierend zu formulieren, **Checkliste 3-14**. Auch die Übersetzbarkeit in andere Sprachen wird durch die Einhaltung dieser Regeln verbessert.

Checkliste 3-14 Regeln für bessere Textverständlichkeit auf Satzebene

- Die Sätze sollen kurz und so einfach wie möglich formuliert werden.
- Jeder neue Sachverhalt soll möglichst auch in einem neuen Satz beschrieben werden.
- Das Weglassen von Verben zur Verkürzung der Sätze ist nicht erlaubt.
- Die Satzlänge soll 20 bis 25 Wörter möglichst nicht überschreiten.
- Absätze sollten maximal sechs Sätze enthalten. Absätze mit nur einem Satz dürfen nicht zu häufig vorkommen.
- Tabellarische Darstellungen und Aufzählungen mit Leitzeichen sollen möglichst häufig eingesetzt werden.
- Zusammengesetzte Zeiten sollten (je nach Zielgruppe) vermieden werden, die einfachen Zeiten Gegenwart (Präsens), Vergangenheit (Imperfekt) und Zukunft (Futur I) sind i. Allg. besser verständlich.
- Abstrakte Substantive (...ung, ...heit, ...keit usw.) wirken ermüdend und sollten deshalb vermieden werden. Dies deckt sich mit der Forderung, Technische Berichte eher konkret als abstrakt zu formulieren.
- Nichts sagende Formulierungen und Füllworte wirken ebenfalls ermüdend, wenn sie zu häufig verwendet werden, und sollten deshalb vermieden werden.

- Wenn ein Wort in ungewohnter Bedeutung verwendet wird, dann „ ... “ oder Kursivschrift verwenden.
- Das erste Verb im Satz soll nicht zu weit hinten auftreten.
- Die typisch deutsche „Satzklammer“ ist zu vermeiden. Einschübe in solchen Sätzen sollten nur kurz sein. Ihr Inhalt kann ggf. in eigenen Sätzen formuliert werden.
- Doppelte Verneinungen sind i. Allg. überflüssig. Eine einfache Verneinung soll nicht zu weit hinten im Satz stehen.

Für die Textverständlichkeit ist – das geht auch aus den obigen Regeln hervor – die Satzstruktur sehr wichtig. Im Regelfall sollte ein Hauptsatz plus ein oder (seltener) auch zwei Nebensätze bzw. eine Kombination von zwei Hauptsätzen nicht überschritten werden.

Die Verständlichkeit auf Satzebene kann durch die Verwendung von Konjunktionen, Konjunktionspaaren und bestimmten Floskeln ganz wesentlich gesteigert werden.

Mit diesen Wörtern und Floskeln wird eine logische Struktur der einzelnen Satzbestandteile aufgebaut und folgerichtig an den vorhergehenden Satz angeknüpft. Ein Beispiel für die Wirkung der Wörter *wenn* und *dann*:

schlecht verständliche Satzstruktur:

Bei Kränen ist stets eine maximal zulässige Hublast festgelegt, die, wenn sie überschritten wird, zum Abknicken des Kranauslegers, zum Umkippen des Krans oder zum Reißen der Hubseile führen kann.

besser verständliche Satzstruktur durch Auftrennen von Sätzen mit Konjunktionen:

Für Kräne wird stets eine maximal zulässige Hublast festgelegt. ***Wenn*** *sie wesentlich überschritten wird,* ***dann*** *kann der Kranausleger abknicken, der Kran kann umkippen oder die Hubseile können reißen.*

Auf diese Weise kann der Auf- und Ausbau des Informationsnetzwerkes, das beim Lesen im Kopf des Lesers ständig mit wächst, in der vom Autor beabsichtigten Weise gefördert werden. Der Aufbau von falschen Informationen oder falschen Informationsverknüpfungen wird verhindert und die Textverständlichkeit steigt.

☞ *Probieren Sie doch einmal im Stillen aus, Ihren Text in eine andere Sprache, z. B. ins Englische zu übersetzen. Beim Übersetzen werden Ihnen Ihre eigenen komplizierten Satzstrukturen deutlich vor Augen geführt. Sie werden sich wundern, wie Ihnen beim Übersetzen einfachere Alternativen zu komplizierten Sätzen einfallen.*

Auch auf der **Wortebene** sind vielfache Verbesserungen der Verständlichkeit möglich. Der Anteil von einfachen, geläufigen, treffenden Wörtern sollte möglichst hoch sein. Fachbegriffe und Abkürzungen sollten bei ihrem ersten Auftreten erklärt werden. Fachbegriffe und Abkürzungen können zusätzlich in einem Glossar erläutert werden, Abkürzungen ggf. auch in einer separaten Liste der verwendeten Abkürzungen.

Ganz allgemein gilt, dass möglichst nicht zu viele Fremdwörter verwendet werden sollen. Fachbegriffe, die aus mehreren Substantiven bestehen, sollen möglichst aufgelöst und in einem zwar längeren, dafür aber verständlicheren Satz oder Nebensatz umschrieben werden. Wenn dies nicht möglich ist, dann sollen die sachlichen Zusammenhänge zwischen den Substantiven durch Bindestriche verdeutlicht werden, auch in der englischen Sprache.

Eine zentrale Bedeutung für die Verständlichkeit auf Wortebene hat die folgende Formulierungsregel:

☞ *Innerhalb einer Arbeit wird der gleiche Gegenstand oder Sachverhalt immer einheitlich mit dem gleichen Wort bezeichnet, andernfalls wird der Leser unnötig irritiert!*

Diese Regel gilt auch, wenn innerhalb eines Absatzes ständig von einem bestimmten Gegenstand die Rede ist. Im Deutschunterricht wird Wert darauf gelegt, dass Aufsätze flüssig geschrieben werden. Satzeinleitungen, Verben und Substantive lassen sich durch sinnverwandte Begriffe variieren, damit der Text nicht langweilig wirkt. In Word können Sie ein Wort markieren und mit Extras – Sprache – Thesaurus sinnverwandte Begriffe (Synonyme) suchen.

Ein Technischer Bericht muss jedoch – anders als ein lyrischer Text – Informationen *unmissverständlich* transportieren. Technische Gegenstände, Sachverhalte und Verfahren dürfen deshalb *nur* mit ihren einmal festgelegten Namen bezeichnet werden. Denn was nützt die geschliffenste Formulierung, wenn die gesendete Botschaft beim Leser ganz anders ankommt, als es der Autor beabsichtigt hat?

In die gleiche Richtung geht die Verwendung veralteter Begriffe. Das Wort „Schieblehre“ ist heute kaum noch gebräuchlich und fast alle sprechen vom „Messschieber“. Hier sollte entweder nur der neue Begriff verwendet werden oder der veraltete Begriff wird beim ersten Auftreten in Klammern mit genannt, „Messschieber (Schieblehre)“.

Wichtig ist vor allem, dass Sie bei Ihren Lesern nicht zu viel voraussetzen. Autoren überschätzen die Kenntnisse ihrer Leser immer wieder. Verwenden Sie jedes geeignete Mittel, um Ihre Texte übersichtlich, leicht verständlich und angenehm lesbar zu gestalten (Bilder, Tabellen, Aufzählungen mit Leitzeichen, Zwischenüberschriften usw.).

Nun folgen noch einige Hinweise zu Formeln und Berechnungen, die in Technischen Berichten recht häufig auftreten, speziell wenn mathematische, physikalische oder chemische Inhalte beschrieben werden.

3.6.4 Formeln und Berechnungen

Formeln treten in Technischen Berichten vor allem dann auf, wenn es um die Darstellung von Berechnungen geht. Diese Berechnungen können u. a. in den Bereichen Mathematik, Physik und Chemie, aber auch in Kernbereichen der Technik wie z. B. der Bautechnik, im Maschinenbau, in der Elektrotechnik und in der Informatik auftreten.

In der technischen Ausbildung werden Schüler und Studenten damit konfrontiert, dass Technik-Lehrer bzw. Professoren in den verschiedenen Fächern für dieselben Größen verschiedene Formelbuchstaben verwenden. Auch die Schreibweise von Vektoren, Variablen und mathematischen Operatoren unterscheidet sich von Lehrer zu Lehrer bzw. von Fach zu Fach. Die verschiedenen Schreibweisen führen zu unnötigen Verwirrungen und Irritationen. Hier versuchen die DIN-Normen durch Standardisierung Abhilfe zu schaffen. Wer in die Gebiete Formelzeichen, Formelschreibweise und Formelsatz tiefer einsteigen möchte, kann u. a. die folgenden Normen konsultieren:

- DIN 1301, Einheiten
- DIN 1302, Allgemeine mathematische Zeichen und Begriffe
- DIN 1303, Vektoren, Matrizen, Tensoren – Zeichen und Begriffe
- DIN 1304, Formelzeichen
- DIN 1338, Formelschreibweise und Formelsatz
- DIN 5473, Logik und Mengenlehre – Zeichen und Begriffe
- DIN 5483, Zeitabhängige Größen

Zunächst soll einmal der Begriff Formel definiert werden: Eine Formel ist ein Konglomerat aus Formelzeichen, Zahlenwerten ohne Dimension (Konstanten), physikalischen Größen (Maßzahlen plus Maßeinheiten, dazwischen immer genau ein Leerzeichen) sowie mathematischen oder anderen Operatoren.

Formel

Formelzeichen	**physikalische Größen**	**mathematische und andere Operatoren**
Vektoren:	Beispiele:	+, –, $*$ oder ·, : bzw. / oder Bruchstrich
a, b, c, ..., x, y, z oder mager mit Pfeil nach rechts über dem Vektor	Länge l in m	$\pm = < \leq > \geq \sim \approx \ll \gg$
Koordinaten von Vektoren: $a^1, a^2, a^3, \ldots$	Zeit t in s	$\triangleq \times \perp \parallel \angle \nabla \cap \cup \supset$
Skalare: $a, b, c, \ldots, x, y, z$	Geschwindigkeit v in m/s	$\supseteq \not\subset \subset \subseteq \in \notin$ usw.
Andere Formelzeichen: Matrizen, Spaltenvektoren, Determinanten u. ä. werden sinngemäß dargestellt.	Masse m in kg	außerdem:
	Kraft F in N	Integralzeichen $\int$
	Druck p in Pa	Wurzelzeichen $\sqrt{x}$
	Leistung P in W	Exponenten 23^6
	Konzentration c in mmol/l	Indizes L_{max}
	Stoffmenge n in mol	und diverse Klammern
	molare Masse M in kg/mol	

Für diese Formelbestandteile werden nun die für Technische Berichte relevanten Informationen aus den Normen aufgeführt.

Wenn ein Text nur wenige Gleichungen enthält, werden die Gleichungen durch Leerzeilen davor und dahinter und ggf. durch eine Einrückung von etwa 2 cm bei DIN A4 hervorgehoben. Wenn ein Text viele Gleichungen enthält, ist es üblich, die Gleichungen zusätzlich mit **Gleichungsnummern**, z. B. „(16)" oder „(3-16)" am rechten Rand des Satzspiegels zu kennzeichnen, damit man sich im Text auf die jeweilige Gleichung beziehen kann. Geht eine **Formel über mehrere Zeilen**, steht die **Gleichungsnummer in der letzten Zeile** dieser Formel.

Komfortable Textverarbeitungs-Programme stellen **Formeleditoren** zur Verfügung. Wenn Sie nur wenige, einfache Formeln eingeben wollen, verwenden Sie **in Word** die Funktion Einfügen – Feld – Formel und ggf. die Optionen sowie Einfügen – Feld – Ausdruck. Kompliziertere Formeln lassen sich jedoch mit dem Formeleditor bequemer eingeben.

☞ *Drei Tricks zum Formeleditor:*

- *Leerzeichen geben Sie im Formeleditor mit Strg + Leertaste ein.*
- *Falls Ober-/Unterlängen nicht vollständig ausgedruckt werden (z. B. der obere Strich des Wurzelzeichens), stellen Sie einen etwas größeren Zeilenabstand ein!*
- *Das Proportionalzeichen ~ erzeugen Sie im Text und im Formeleditor mit AltGr-+.*
- *Die Formatvorlagen Matrix/Vektor bzw. Text ergeben nicht kursiven Text (z.B. für Indizes und Maßeinheiten).*

Wer sehr viel mit Formeln arbeiten muss, kann auch das Satzprogramm „**TEX**" (gesprochen: [tech]) bzw. das dazugehörige Makropaket „**LATEX**" (gesprochen: [latech]) verwenden. Damit gesetzte Formeln sehen sehr gut aus. Viele Fachbuch- und Zeitschriftenverlage verlangen dieses Format. Das Programm ist als Public Domain-Software erhältlich und im Universitätsbereich weit verbreitet. Eine Möglichkeit, die Vorteile von **LATEX** zu nutzen, ohne es überhaupt auf Ihrem Rechner installieren zu müssen, stellt eine Knoppix- bzw. Kanopix-CD dar. Sie starten Ihren Rechner mit eingelegter CD und der fährt als Linux-PC hoch. Je nach Distribution können Sie **LATEX** dann direkt verwenden, ohne selbst etwas installieren zu müssen. Fragen Sie im nächstgelegenen Linux-Verein einmal danach.

Wenn Sie **Formeln direkt in HTML-Dokumenten** schreiben wollen, hilft Ihnen die folgende URL, Tipparbeit zu sparen: www.mathe-online.at/formeln.

Formeln treten selten als einzelne Formel, sondern meist im Rahmen **umfangreicherer Berechnungen mit mehreren Formeln** auf. Der Text sollte die Formelgrößen erklären, die Formelumformung beschreiben, die Ergebnisse aufgreifen usw. Es ist günstig, die Einflussgrößen, die in einer Formel auftreten, im Text kurz vor oder direkt nach der Formel zu benennen und zu erläutern.

Hier ein Beispiel aus der Bruchmechanik:

> IRWIN [28] entwickelte einen anderen Ansatz als GRIFFITH [23], um die Sprödbruchgefahr von zähen Materialien vorauszusagen. IRWIN betrachtet das elastische Spannungsfeld an der Rissspitze, das durch den Spannungsintensitäts-Faktor K charakterisiert wird. Mit der Spannung σ und der Risslänge a ergibt sich:
>
> $$K = \sigma \cdot \sqrt{\pi \cdot a} \cdot f(a/W) \qquad (2\text{-}15)$$
>
> Der Faktor $f(a/W)$ ist dimensionslos. Er hängt ab von Proben- und Rissgeometrie. Werte für $f(a/W)$ sind in Normen verzeichnet, z. B. in BS 5447. Rissfortschritt tritt dann auf, wenn der Faktor $\sqrt{\pi \cdot a}$ einen kritischen Wert erreicht. Dann spricht man vom kritischen Spannungsintensitäts-Faktor
>
> $$K = \sigma_f \cdot \sqrt{\pi \cdot a} \cdot f(a/W) = \sigma_f \cdot \sqrt{a} \cdot Y \qquad (2\text{-}16)$$
>
> wobei σ_f die Bruchspannung ist. Der Faktor Y wird aus Vereinfachungsgründen eingeführt. Er ergibt sich aus
>
> $$Y = \sqrt{\pi} \cdot f(a/W) \qquad (2\text{-}17)$$
>
> Der kritische Spannungsintensitäts-Faktor K_c kann leicht aus den Versuchsdaten ermittelt werden, da K_c^2 gegeben ist durch die Steigung einer Geraden σ_f^2 über $1/a$, siehe Gleichung 2-16.
>
> Der Spannungsintensitäts-Faktor bezieht sich jeweils auf einen bestimmten Belastungszustand. Dieser wird ausgedrückt durch Indizes. I steht für Normalspannung, II für Schubspannung, rechtwinklig zur Rissspitze und III für Schubspannung parallel zur Rissspitze. Der kritische Spannungsintensitäts-Faktor für Normalspannung K_{Ic} wird auch Bruchzähigkeit oder Risszähigkeit genannt. Wenn die plastisch verformte Zone an der Rissspitze klein ist gegenüber der Probengeometrie, dann ist dieser Wert unabhängig von der Probenform und -größe und damit ein Werkstoffkennwert.

In derartigen Berechnungen werden die Formeln, die errechneten Größen und der Text miteinander verbunden durch Signalwörter wie „*Mit* <Formelgröße> *und* <Formelgröße> *ergibt sich* <Formel>." und „*Unter Berücksichtigung von* <Sachverhalt> *und* <Formel> *ergibt sich* <Formelgröße> *zu* <Formel>.".

Bei wichtigen **Formeln**, die für Ihren Technischen Bericht **zentrale Bedeutung** haben, kann auch eine **Legende** stehen, in der die Einflussgrößen zusammenfassend erläutert werden. Hier ein Beispiel:

$$m \cdot g = \sigma \cdot d_\mathrm{n} \cdot \pi \cdot f(d_\mathrm{n} / \sqrt[3]{V}) \qquad (4\text{-}5)$$

m	– Masse des Tropfens und seiner Nebentröpfchen (Satelliten)
g	– Erdbeschleunigung
V	– Volumen des abgetrennten Tropfens
d_n	– Düsendurchmesser
σ	– Oberflächenspannung der Flüssigkeit
$f(d_\mathrm{n} / \sqrt[3]{V})$	– empirisch ermittelte Korrekturfunktion nimmt den Wert „1" an für einen idealen Tropfen ohne Satelliten und ohne an der Düse zurückbleibende Flüssigkeit

Formel und Legende bilden eine optische Einheit, die der Leser beim zweiten oder späteren Lesen gut wieder auffinden kann. Sämtliche erforderlichen Erklärungen zur Formel sind in der Legende aufgeführt. Der Leser kann zwar den verbindenden Text lesen, er muss es aber nicht.

Bezug auf Formeln: Vom restlichen Text kann man sich auf die Formeln beziehen, indem man ihre Nummer nennt. Die Klammern werden dabei weggelassen: „ ..., siehe Gleichung 4-5." Ein anderes Beispiel: „In Gleichung 3-16 wurde deutlich, dass ... ."

Festigkeitsberechnungen unterscheiden sich von den bisher beschriebenen Berechnungen, weil dort **wenig Text** auftritt. Festigkeitsberechnungen liefern Ergebnisse wie zum Beispiel „C_erf = 23,8 kN" usw. Danach muss logischerweise eine Aussage folgen wie: „gewählt: Rillenkugellager 6305 mit C_vorh = 25 kN > C_erf = 23,8 kN". Hierzu noch ein Beispiel:

2.4.3 Festigkeitsnachweis für die Abziehklauen

Lastannahme: Es tragen alle vier Abziehklauen gleichzeitig

$$\tau_\mathrm{Z} = \frac{F}{A} = \frac{100\,000\ \mathrm{N}}{50\ \mathrm{mm} \cdot 40\ \mathrm{mm}} = 50{,}00\ \mathrm{N/mm^2}$$

$$\sigma_\mathrm{B} = \frac{M}{W} = \frac{100\,000\ \mathrm{N} \cdot 35\ \mathrm{mm}}{\frac{50 \cdot 40^2}{6}\ \mathrm{mm^3}} = 262{,}50\ \mathrm{N/mm^2}$$

$$\sigma_\mathrm{V} = \sqrt{\sigma_\mathrm{B}^2 + 3\tau_\mathrm{Z}^2} = \sqrt{262{,}50^2 + 3 \cdot 50^2} = 276{,}42\ \mathrm{N/mm^2}$$

gewählt: Werkstoff S355JO

$$\Rightarrow \sigma_\mathrm{zul} = 355\ \mathrm{N/mm^2} > \sigma_\mathrm{vorh} = 276{,}42\ \mathrm{N/mm^2} \quad \Rightarrow \text{i. O.}$$

In derartigen Berechnungen tritt der Text stark zurück. Es treten nur wenige verbindende Wörter auf. Die Informationen werden fast nur in Formeln und Gleichungen ausgedrückt. Dieser Stil darf ausschließlich in Berechnungen verwendet werden, deren Ziel es ist, numerische Aussagen zu ermitteln. Es müssen alle benötigten Formeln zunächst explizit aufgeschrieben werden, dann sollten die Zahlenwerte – soweit dies sinnvoll ist, auch mit den Einheiten – eingesetzt werden, und zum Schluss folgt das Ergebnis. Diese Vorgehensweise ist kompakt und nachvollziehbar. Zur besseren Übersichtlichkeit setzen Sie das erste Gleichheitszeichen jeder Zeile untereinander. Für allgemeine Diskussionen, Ableitungen usw. muss jedoch der oben im Bruchmechanik-Beispiel dargestellte Stil (wenig Formeln mit viel Text) angewendet werden.

3.6.5 Häufige Fehler in Technischen Berichten

Bestimmte Fehler treten in Technischen Berichten immer wieder auf. Diese Fehler lassen sich unterteilen in:

- falsche Wortwahl,
- Rechtschreibfehler,
- Zeichensetzungsfehler,
- Grammatikfehler,
- Stilfehler sowie
- sonstige Fehler (Lesbarkeit, Absprachen mit der Schreibkraft).

Damit diese Fehler in Ihren Technischen Berichten möglichst nicht auftreten, folgen nun Beispiele mit typischen, über Jahre gesammelten, immer wieder auftretenden Fehlern und Hinweise zu deren Vermeidung.

Falsche Wortwahl

Bestimmte technische Fachbegriffe werden häufig falsch verwendet.

- Buchse/Büchse — Eine Büchse hat einen Boden.
  Eine Buchse ist ein Bauteil ohne Boden.
- Achse/Welle — Eine Welle dreht sich, und sie überträgt ein Drehmoment.
  Eine Achse steht still, und sie überträgt kein Drehmoment.
- Blechstärke/-dicke — Technisch korrekt ist der Ausdruck Blechdicke.
- Vermaßen/Bemaßen — Der Vorgang heißt Bemaßen.

Rechtschreibfehler

Bestimmte Rechtschreibfehler treten in Technischen Berichten besonders häufig auf. Deshalb hat die nachfolgende Auflistung den Charakter einer „Checkliste“. Damit die falsche Schreibweise sich aber nicht optisch einprägt, ist nachfolgend immer nur die richtige Schreibweise angegeben. Dahinter stehen Hinweise auf die beim jeweiligen Wort häufig auftretenden Rechtschreibfehler.

- axial, Axialkraft — kommt zwar von Achse, wird aber nicht mit ch geschrieben
- dass — Prüfkriterium: Wenn sich das „das“ durch „welcher, welche, welches“ ersetzen lässt, dann ist es ein Relativpronomen, das mit normalem s und nicht mit ss geschrieben wird. Das heißt aber nicht, dass das Wort „welches“ nun auch im Bericht als Relativpronomen geschrieben werden darf. Dies wäre ein Stilfehler! Also:

„das“ ist das Relativpronomen und „welches“ ist das Prüfkriterium, ob ss oder s geschrieben werden muss

• direkt	darf nicht mit ck geschrieben werden
• DIN	ist das Warenzeichen für die Gemeinschaftsarbeit beim Deutschen Institut für Normung und darf nie mit großem D und kleinem i und n geschrieben werden
• endgültig	häufig tritt statt dem d ein t auf
• Exzenter	hier wird häufig das z vergessen
• flexibel	ist so richtig geschrieben, aber beim Substantiv
• Flexibilität	muss das letzte e aus flexibel in ein i umgewandelt werden
• gesamt	dieses Wort kommt oft mit mm vor
• kompakt	darf nicht mit ck geschrieben werden
• Lager/Läger	der Plural von Lager im Sinne von Kugellager ist -Lager, aber der Plural von Lager im Sinne von Materiallager ist -Läger
• Reparatur	hier wird oft (wie man es spricht) das erste a durch ein e ersetzt
• ROLOFF/MATEK	der zweite Autor dieses Standardwerks im Maschinenbau darf in Literaturverzeichnissen *auf keinen Fall* mit doppeltem „T“ geschrieben werden
• Sauerstoffflasche, Stofffetzen	Drei gleiche Buchstaben werden nach neuer Rechtschreibung immer geschrieben. Sie können diese Wörter aber auch mit einem Bindestrich schreiben, um es verständlicher darzustellen: Stoff-Fetzen.
• separat	hier darf das erste a nicht durch ein e ersetzt werden
• Standard	am Ende oft mit t geschrieben (dies hat aber nichts mit Standarte [= Fahne] zu tun, sondern mit Standardisierung)
• Struktur	schreibt sich *nicht* mit ck, sondern nur mit k
• Totpunkt	hat nichts mit Todesfällen zu tun und schreibt sich deshalb auch mit t statt d

Falsche Silbentrennung

Die Textverarbeitungs-Programme haben den Autoren von Texten aller Art eine beträchtliche Arbeitserleichterung gebracht. Es treten aber auch einige Probleme mit diesen Programmen auf. Ein solcher Problembereich ist die **automatische Silbentrennung**. Sie **muss** überhaupt erst einmal **aktiviert werden**. Sonst können nicht ausgeführte Silbentrennungen auftreten, die die Absatzformatierung vom optischen Eindruck her empfindlich stören.

Eine Ursache für **falsche Silbentrennungen** sind englische Worte, denen in Extras – Sprache die Eigenschaft Deutsch (Standard) zugewiesen ist. In der englischen Sprache wird die Nachsilbe für sich abgetrennt. Bei deutscher Trennung muss vor die Nachsilbe i. d. R. noch mindestens ein Konsonant mit auf die neue Zeile hinüber genommen werden. Die Funktionen Silbentrennung, Rechtschreibung und Grammatik können nur richtig arbeiten, wenn allen Wörtern die zutreffende Sprache zugewiesen ist.

Am Beispiel:	englische Trennung:	interest – ing
	deutsche Trennung:	Verständi – gung

Viele Trennalgorithmen haben auch **Probleme mit zusammengesetzten Wörtern und mit Wörtern, die in Anführungszeichen stehen**. Betrachten wir diesen Sachverhalt einmal an Beispielen.

Beispiele für falsche Silbentrennung bei zusammengesetzten Wörtern:

Statt (richtig)	**trennt das Programm (falsch)**
Flansch – nabe	Flan – schnabe
Text – hervorhebungen	Tex – thervorhebungen
Text – ausrichtung	Tex – tausrichtung
Bild – objekt	Bil – dobjekt usw.
Vorlagen – erstellung	Vorlage – nerstellung

Silbentrennung nach neuer deutscher Rechtschreibung:

- Es wird streng nach Sprechsilben getrennt: El – lip – se.
- Einzelbuchstaben können abgetrennt werden: Spek – tral– a – na-ly-se.
- Einzelbuchstaben am Wortanfang oder -ende werden nicht getrennt, weil der Trennstrich den gleichen Platz benötigt wie der Buchstabe: Ana – ly – se.
- Die Buchstabenverbindung „st“ kann jetzt getrennt werden: ros-ten.
- Die Buchstabenverbindung „ck“ wird nicht mehr getrennt: Zu-cker.
- Bei den Wörtern „hinauf“, „herauf“, „warum“ usw. ist eine Trennung nach Sprechsilben möglich: war-um oder wa-rum.
- Fremdwörter können auch nach Sprechsilben getrennt werden: Hekt-ar oder Hek-tar.
- Weitere Regeln sind vorne im Rechtschreib-DUDEN vermerkt, außerdem ist die richtige Silbentrennung bei den einzelnen Wörtern vermerkt.

Korrekturmaßnahmen bei falscher Silbentrennung:

- Ist in Word bei Extras – Sprache – Silbentrennung die **automatische Trennung eingeschaltet** und für den betreffenden Absatz als Sprache Deutsch eingestellt? Notfalls markieren Sie einen Absatz und trennen Sie manuell.
- Wurde allen fremdsprachigen Textpassagen mit der Funktion Extras – Sprache – Sprache bestimmen **die richtige Sprache** zugewiesen? Nur dann können die Funktionen Rechtschreibung, Grammatik und Silbentrennung richtig arbeiten.
- Hat das Programm falsch oder gar nicht getrennt, dann müssen ein oder mehrere **Trennvorschläge** von Hand gesetzt werden (Strg + „-“ in der normalen Tastatur).
- Aktivieren Sie ggf. einen **Seitenumbruch** Ihres aktuellen Textes durch Aufrufen der Funktion Extras – Wörter zählen oder durch Wechsel zwischen der Normal- und der Seiten-Layout-Ansicht oder umgekehrt.
- Manchmal sind in einem Wort, das mitten auf einer Zeile steht, Trennstriche vorhanden, die dort nicht hingehören. Das passiert, wenn Sie Trennstriche direkt eingeben, anstatt **bedingte Trennstriche** zu verwenden. Dies passiert auch, wenn Sie Texte aus dem Internet oder aus E-Mails übernehmen. Wenn der Zeilenumbruch sich durch Hinzufügen oder Löschen von Text ändert, dann rutschen die Trennstriche vom Zeilenende in die Mitte der Zeilen hinein. In diesem Fall brauchen Sie dann nur die nicht erforderlichen Trennstriche suchen (mit Bearbeiten – Suchen) und die Striche löschen.

Zeichensetzungsfehler

Bestimmte Zeichensetzungsfehler treten in Technischen Berichten besonders häufig auf. Diese häufigen Fehler werden nachfolgend benannt und kommentiert.

- Fehler: Ein **zweiter Hauptsatz** wird nicht durch Komma oder Semikolon vom ersten Hauptsatz abgetrennt.

  richtig wäre: *Die Baugrube ist schon ausgehoben worden, die Anlage zum Abpumpen des Grundwassers konnte bereits installiert und in Betrieb genommen werden.*

  Kommentar: Hauptsätze werden entweder mit einem Punkt, einem Semikolon oder einem Komma abgetrennt, wenn sie nicht mit „und", „oder" bzw. „sowie" verbunden sind.

- Fehler: Ein **Nebensatz** wird nicht durch Komma oder Semikolon vom Hauptsatz abgetrennt.

  richtig wäre: *Nachdem die Lager montiert sind, kann der Lagerdeckel angeschraubt werden.*

  Kommentar: Nebensätze werden von Hauptsätzen mit einem Komma getrennt, wenn sie nicht mit „und" oder „oder" verbunden sind. Nebensätze werden von Nebensätzen getrennt, wenn sie nicht mit „und" oder „oder" verbunden sind. Nebensätze enthalten wie die Hauptsätze ein Subjekt und ein Prädikat. Sie unterscheiden sich von Hauptsätzen dadurch, dass sie mit einer Konjunktion (Bindewort) beginnen und mit einem konjugierten Verb enden.
  Hier eine Liste der Nebensatzkonjunktionen:
  als, als dass, außer wenn, bevor, bis, da, damit, dass, ehe, falls, indem, je mehr, nachdem, ob, obwohl, seit(dem), so dass/sodass, sobald, sofern, solange, soviel, soweit, trotzdem, während, weil, wenn, wie.

- Fehler: Ein **Relativsatz** wird nicht durch Komma abgetrennt.

  richtig wäre: *Jede elektrische Einrichtung, die durch die Netzfrequenz im Bereich ihrer Resonanzfrequenz erregt wird, erzeugt ein starkes Brummen.*

  Kommentar: Hier muss der Relativsatz in Kommata eingeschlossen werden, da es sich um einen eingeschobenen Nebensatz handelt. Probe: den eingeschobenen Nebensatz ganz weglassen! Ist dann noch ein sinnvoller Satz vorhanden? In obigem Fall grammatisch ja (technisch allerdings nicht), deshalb den Relativsatz in Kommata einschließen.
  Hier eine Liste der Relativpronomen:
  der, die, das, dessen, deren, dem, den, denen.

  Hinweis: Statt der üblichen Relativpronomen „der, die, das" werden häufig „welcher, welche, welches" verwendet. Als Fragewörter sind sie zulässig, als Relativpronomen sind sie aber veraltet und sollten vermieden werden.

- Neue Regel: Ein **erweiterter Infinitivsatz** kann, muss aber nicht mehr durch Komma abgetrennt werden.

  Beispiel: *Am Wellenende ist zur Drehmomentübertragung ein Polygonprofil vorgesehen worden, um die Dauerfestigkeit deutlich zu erhöhen.*

Kommentar: Bei Sätzen mit einem erweiterten Infinitiv mit „zu“ kann ein Komma gesetzt werden, um die Gliederung des Satzes deutlich zu machen. Ein Komma muss nur noch dann gesetzt werden, wenn der Infinitiv durch eine hinweisende Wortgruppe angekündigt oder wieder aufgenommen wird oder wenn er aus der Satzstruktur herausfällt, z. B. wenn der Infinitiv zwischen dem Subjekt und dem Prädikat eingeschoben wird.

- Fehler: In **Aufzählungen** werden **keine Kommata** verwendet.

  richtig wäre: *Folgende Probleme treten auch nach dem Umbau des Saugschlauchs auf:*
  – *die Pumpe fördert zu oft kein Wasser und muss angegossen werden,*
  – *die Spritzpistole und der Rasensprenger sind schnell durch Algen verstopft und*
  – *das Rückschlagventil sitzt oft fest.*

  Kommentar: Die **Zeichensetzung** ist in **Aufzählungen und Listenstrukturen** (nummerierten Listen und Listen mit Leitzeichen) **gleich**, d. h. die Glieder einer Aufzählung werden mit einem Komma abgetrennt, wenn sie nicht mit einem „und“, „oder“ bzw. „sowie“ verbunden sind.

- Hinweis: Die Details zu den obigen Regeln und viele weitere Regeln finden Sie vorne im Rechtschreib-DUDEN unter dem Suchwort „Komma“.

Grammatikfehler

Es wird **doppelt gesteigert**.

Falsch: ... ist der *höchst***belastetste** Träger. kursiv = Steigerung, fett = weitere Steigerung

deshalb muss es richtig heißen: ... ist der am höchsten belastete Träger.

Falsch: ... ist die *best***geeignetste** Konzeptvariante. kursiv = Steigerung, fett = weitere Steigerung

deshalb richtig: ... ist die bestgeeignete Konzeptvariante.

Falsch: ... ist diese Lösung am *optimal***sten**. kursiv = Steigerung, fett = weitere Steigerung

Da sich **optimal** nicht mehr steigern lässt, muss es heißen:
... ist diese Lösung optimal oder ... ist diese Lösung am Besten.
Ähnlich ist der Sachverhalt bei den im Bereich der Technik häufig auftretenden Wörtern **minimal, maximal und extrem**. Alle vier Wörter **lassen sich nicht steigern**.

In Technischen Berichten treten aber auch Grammatikfehler auf, die auf **falschen Bezügen** beruhen. Auch hierzu ein Beispiel. In einem Bericht zur Projektierung einer Getränkedosenpresse war unter „Klärung der Aufgabenstellung“ folgendes zu lesen:

... Auch über die Zuführung und die Weiterleitung der Dosen müssen sich einige Gedanken gemacht werden. ...

Die Korrektur lautete:

... Auch über die Zuführung und die Weiterleitung der Dosen müssen einige Überlegungen angestellt werden. ...

Der Vergleich beider Sätze zeigt eindeutig, dass in der falschen Version der Rückbezug durch „müssen *sich* gemacht werden" zu einer grammatisch falschen Satzkonstruktion führt.

Stilfehler

Hierhin gehören alle die Fehler, die Abweichungen vom üblichen Stil des Technischen Berichts darstellen. Insbesondere treten dabei folgende Fehler auf:

- Der Autor erstellt den Technischen Bericht als eine persönliche Schilderung eines Sachverhaltes und verwendet Personal- und Possessivpronomen wie: ich, mein, wir, unser, ihr usw. Ein **Technischer Bericht** wird aber **grundsätzlich unpersönlich** geschrieben. Dies bedeutet, dass der Ersteller den Rang eines „technisch Sachverständigen" einnimmt. Der Ersteller schreibt also aus einer neutralen Position heraus und nicht aus der Position des persönlich Betroffenen.
  Daher verwenden Sie lieber die gewohnten Passivkonstruktionen. Die einzigen Ausnahmen sind hier eine Kommentierung oder Kritik der Aufgabenstellung oder der Ergebnisse und die Danksagung. Jedoch lässt sich auch dies unpersönlich formulieren und wirkt dadurch gewohnter.
- Ein anderer Sachverhalt liegt bei **Bedienungsanleitungen** und Handbüchern vor. Hier ist es üblich, dass der **Leser direkt angesprochen** wird. Dieses Stilelement ist deshalb charakteristisch für Anleitungstexte, die beim Leser ein bestimmtes Verhalten hervorrufen bzw. gefährliche oder unzweckmäßige Aktionen der Leser verhindern sollen.
- Es wird gegen den Grundsatz „**Gleicher Name für gleichen Sachverhalt**" verstoßen.
- Es treten **viel zu lange Sätze** u. a. deshalb auf, weil beim sinngemäßen Zitieren aus Literaturquellen mehr oder weniger direkt abgeschrieben wird.
- Einschübe in einen **Satz**, die mit Gedankenstrichen oder Kommata abgetrennt sind, **durch Weglassen des Einschubs auf Richtigkeit überprüfen**.

Sonstige Fehler (Lesbarkeit, Absprachen mit der Schreibkraft)

Ein Problem ist, dass eingeklebte Kopien, selbsterstellte **Bilder, Schrift und/oder Indizes zu klein** sind. Am Bildschirm kann der Autor bei entsprechendem Zoomfaktor alles gut erkennen, aber im Ausdruck nicht mehr. Um das zu vermeiden, sollten Sie Kontrollausdrucke anfertigen, dann eventuell die Schrift bzw. die Grafik vergrößern oder ggf. Bilder vor dem Aufkleben mit dem Kopierer vergrößern.

Ein besonderes Problem besteht dann, wenn ein handgeschriebenes **Manuskript** durch technische Laien **abgetippt** wird. In diesem Fall können ganz leicht aus „*Knoten*verschiebungen" „*Konten*verschiebungen" werden. Aus „*Koordinaten...*" entsteht schnell „*Koordinations...*". Hier muss der Ersteller beim Korrekturlesen die besondere Situation dessen berücksichtigen, der das Manuskript abgeschrieben hat und entsprechend sorgfältiger Korrektur lesen.

3.7 Der Einsatz von Textverarbeitungs-Systemen

Der Einsatz von Textverarbeitungs-Systemen hat große Vorteile, aber auch einige Nachteile. Zuerst die Nachteile. Da sich Texte in der Textverarbeitung leicht ändern lassen, wird häufig „irgendwas noch nicht Endgültiges" geschrieben, weil man ja später noch ändern kann. Wenn am Ende der Arbeit der Zeitdruck wächst, dann unterbleiben oft die noch erforderlichen Änderungen.

Technischen Berichten ist ggf. sehr genau anzusehen, ab wann die Zeitnot gravierend wurde. Probleme mit der inneren Logik, Probleme mit Rechtschreibung und Zeichensetzung, Probleme mit dem Erstellen oder Übernehmen von Bildern häufen sich ab diesem Zeitpunkt sehr deutlich. Der Bericht erweckt von diesem Punkt an den Eindruck, als sei er „mit heißer Nadel genäht worden". Um diesen negativen Eindruck zu vermeiden, sollte genügend Zeit für den „Endcheck" und die danach erforderlichen Korrekturen eingeplant werden.

Wenn Sie einen Technischen Bericht in **Gruppenarbeit** erstellen, dann können die Gruppenmitglieder jeweils separate Teile des Berichts zu Hause schreiben und diese Teile später zu einer gemeinsamen Datei kombinieren. Bitte achten Sie aber bereits bei den Einzeldateien auf eine einheitliche Typografie. Definieren Sie z. B. das Seitenlayout und legen Sie gemeinsame Formatvorlagen fest, bevor die Gruppenmitglieder mit dem Schreiben beginnen. Erarbeiten Sie auch möglichst früh einen gemeinsamen Berichts-Leitfaden, und tauschen Sie Modifikationen des Berichts-Leitfadens regelmäßig aus.

Dabei versteht man unter **Typografie** die Anordnung und Verteilung der Druckerschwärze auf dem Papier. Es wird zwischen Makro- und Mikrotypografie unterschieden.

Makrotypografie ist die Gestaltung der Druckseite, d. h. das sogenannte Seitenlayout. Darunter fallen die Festlegung der Seitenränder, die Gestaltung der Kopf- und Fußzeilen, die Anordnung der Seitennummer, die Gestaltung der Tabellenüber- und Bildunterschriften, usw.

Mikrotypografie umfasst die Gestaltung der einzelnen Buchstaben, d. h. die Auswahl der Schriftart, die Schriftgröße, Schriftattribute wie hochgestellt, tiefgestellt, Texthervorhebungen wie fett, kursiv, unterstrichen usw. sowie die Verwendung von Leerzeichen.

Nun werden Hinweise für die zweckmäßige Gestaltung des Berichts unter Verwendung von Textverarbeitungs-Systemen gegeben, und zwar für Microsoft Word 97 bzw. Word 2000 unter Windows und für Open Office 2.0 unter Linux. Für die Arbeit mit **LATEX** – einem im Uni-Bereich weit verbreiteten Textverarbeitungssystem – ist eine intensive Einarbeitung erforderlich. Die Darstellung der Textverarbeitung mit **LATEX** ist in der einschlägigen Literatur beschrieben und würde den hier verfügbaren Rahmen sprengen. Ein brauchbares Buch zu **LATEX** ist im Literaturverzeichnis dieses Buches genannt.

3.7.1 Dokument- bzw. Seitenlayout und Hinweise zum Editieren

Bei der **Festlegung des Seitenlyouts** und der Formatvorlagen sollten Sie die „Hausregeln" bzgl. **Corporate Design** Ihrer Hochschule bzw. Ihres Arbeitgebers beachten. Wenn dort Regelungen fehlen, verwenden Sie die hier vorgeschlagenen Regeln sinngemäß.

Die Wahl der **Seitenränder** und die Anordnung der Seitenzahlen ist nicht besonders reglementiert. Hier haben sich jedoch folgende Regeln bestens bewährt: Legen Sie Seitenränder schon von Beginn an fest, damit der Satzspiegel „steht" und der Zeilen- und Seitenumbruch sich nicht noch kurz vor der Abgabe des Technischen Berichts wesentlich verändert. Dazu gehört auch, dass in einer Gruppe alle „schreibenden" Gruppenmitglieder von Anfang an dieselben Einstellungen und Formatvorlagen, z. B. für Seitenränder, Kopfzeile, Überschriften usw. benutzen.

Idealerweise sollten Sie bereits am Anfang Ihres Projektes mit Ihrem Copy-Shop oder der Druckerei abstimmen, ob Sie die **Daten für den Druck digital** bereitstellen **oder** ob die **Papieroriginale** kopiert werden sollen. Beim Digitaldruck ist es oft nötig, dass Sie einen speziellen Druckertreiber verwenden. Dadurch verschiebt sich oft der Zeilenumbruch.

Der **obere und der untere Rand** sollten bei DIN A4-Papier mindestens 20 mm betragen, wenn keine Kopf- bzw. Fußzeile oder Seitenzahl auftritt. Zwischen Kopf- bzw. Fußzeile oder Seitenzahl und dem oberen bzw. unteren Rand des Papiers sollten mindestens 15 mm Rand frei bleiben. Der rechte (äußere) Rand darf nicht unter 15 mm sein (besser sind 20 mm), speziell wenn die Arbeit noch gebunden und oben, unten und rechts beschnitten werden soll. Der linke (innere) Rand soll auf jeden Fall mindestens 25 mm groß sein (besser sind 30 mm), damit der Text auch am Zeilenanfang gut sichtbar ist.

Bei der **Festlegung der Seitenränder** ist auch die **spätere Bindung bzw. Heftung zu berücksichtigen**. Bei Verwendung von Klammerbindung, Schnellheftern, Ordnern, Plastikeffekt-Bindung (mit Plastik-Spiralen) und Wire-O-Bindung (mit Draht-Spiralen) benötigen Sie einen breiteren Innenrand als bei der Leimbindung. Wenn der Bericht später mit dem Kopierer verkleinert werden soll (z. B. auf DIN A5), dann sind auf der DIN A4-Vorlage dadurch evtl. noch breitere Ränder erforderlich.

Wenn Vorder- und Rückseite des vervielfältigten Technischen Berichts bedruckt sein sollen, dann verwenden Sie im Textverarbeitungs-Programm alternierende Seitenränder:
Word: Datei – Seite einrichten – Seitenränder, Einstellung „Gegenüberliegende Seiten".

Die Gestaltung von **Kopf- und Fußzeilen** soll unauffällig bleiben. Ein dünner Strich (Unterstreichung), ein entsprechender Abstand zum normalen Text oder eine andere Schriftart (z. B. kursiv) sowie kleinere Schrift können die Kopf- oder Fußzeile vom sonstigen Text abgrenzen. Wenn Sie einen dünnen Strich verwenden, dann sollte dieser am linken Textrand beginnen und am rechten Textrand enden, d. h. der dünne Strich ist genau so lang wie der Satzspiegel breit ist.

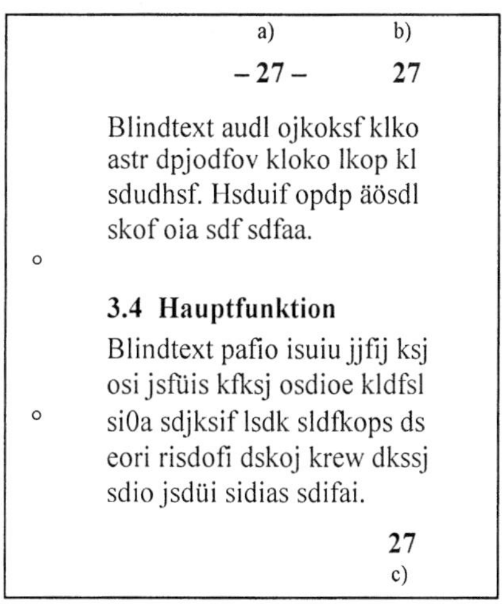

Übliche Stellen für die Seitenzahl (a und b empfohlen)

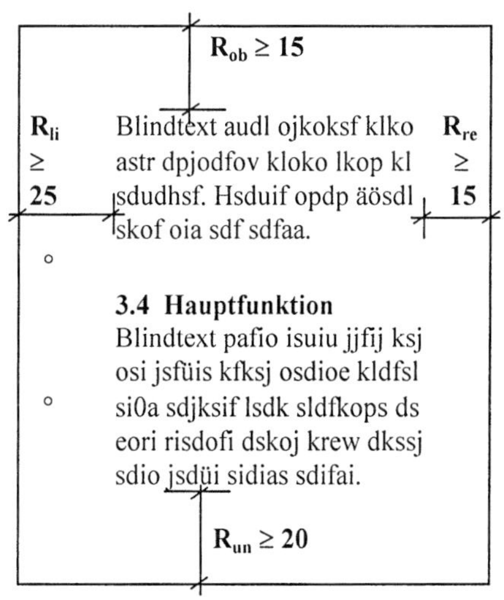

Größe der Seitenränder in mm

Mehrzeilige Kopfzeilen – u. U. sogar mit Logo – wirken meist überladen. In der **Kopfzeile** können Kapitelnummer und -überschrift sowie die Seitenzahl angeordnet werden. Beispielhaft ist hier das vorliegende Buch.

In der **Fußzeile** können – ebenfalls durch eine dünne Linie abgetrennt – Hinweise zur Version des Dokuments und/oder Hinweise zum Copyright erscheinen.

Bei der **Eintragung der Seitenzahlen** muss zuerst einmal nach Buch- und Berichts-Seitenzahl unterschieden werden. Bei Büchern wird die Vorder- und Rückseite der Seiten bedruckt, während bei Technischen Berichten in aller Regel nur die Vorderseite bedruckt ist. Die Seitenzahlen können bei Berichts-Seitenzählung oben mittig zum Satzspiegel, oben außen oder unten außen angeordnet werden. Bei der Anordnung oben mittig erscheinen rechts und links von der Seitenzahl üblicherweise Gedankenstriche, z. B. „– 27 –", die mit jeweils einem Leerzeichen von der Seitenzahl abgesetzt werden (Tastenkombination Strg und Minus im Ziffernblock in Word). Dadurch ist die Seitenzahl für das Auge leichter auffindbar.

Die obigen Musterseiten zeigen übersichtlich, wie und wo die Seitenzahlen angeordnet werden und wie die Seitenränder gewählt werden können.

Wenn Vorder- und Rückseiten bedruckt werden und z. B. jeweils links die Kapitelnummer mit Überschrift und rechts die Unterkapitelnummer mit Überschrift erscheinen, nennt man das **lebende Kolumnentitel**. Fügen Sie hierfür am Ende der Unterkapitel jeweils Abschnittswechsel ein.

Wenn bei fertig gebundenen Berichten die rechten und linken Seiten bedruckt sein sollen, dann ist die Seitenzahl immer außen anzubringen und es sind gerade und ungerade Kopfzeilen erforderlich (in Word Einstellung „Gerade/ungerade anders" ankreuzen bei Datei – Seite einrichten – Seitenlayout). In Open Office sind hierfür unterschiedliche Vorgabeseiten zu verwenden. Auf der rechten Seite ist dann immer die ungerade Seite (Seitenzahlen 1, 3, 5, 7 usw.). Diese Vorgehensweise wird auch bei Büchern angewendet.

Bis hierher wurden Festlegungen für Seitenränder und Kopf- bzw. Fußzeilen getroffen. In Word stehen hierfür u. a. die Funktionen „Datei – Seite einrichten" und dann die Registerkarten „Seitenränder" und „Seitenlayout" zur Verfügung. Doch nun geht es daran, den Text auf der Seite durch typografische Maßnahmen zu strukturieren und zu gestalten. In Word beziehen sich solche Einstellungen (wenn Sie nicht über „Format – Zeichen" auf einzelne Wörter oder Zeichen bezogen sind) auf jeweils einen Absatz. Deshalb spricht man auch von Absatzlayout. Das **Absatzlayout** kann durch die Formatfunktionen bzw. durch die Verwendung der Absatz-Formatvorlagen gesteuert werden.

Zwischen zwei Absätzen steht nach DIN 5008 grundsätzlich eine Leerzeile. Wir empfehlen, den Abstand mit „Format – Absatz – Abstand, Nach:" auf einen Wert von ≥ 6 pt einzustellen. Für die Anordnung der **Dokumentteil-Überschriften** auf dem Papier gilt als Richtlinie, dass oberhalb der Überschrift zwei Leerzeilen und unterhalb davon nur eine Leerzeile verwendet werden. Auf jeden Fall soll der Abstand zum Text oberhalb der Dokumentteil-Überschrift deutlich größer sein als der Abstand darunter, damit der Leser leichter erkennen kann, dass hier ein neuer Dokumentteil beginnt und zu welchem Dokumentteil die Überschrift gehört (siehe obige Musterseiten). Für Bildunterschriften und Tabellenüberschriften gilt dies entsprechend, siehe 3.3.2 „Tabellennummerierung und Tabellenüberschriften" und 3.4.2 „Bildnummerierung und Bildunterschriften".

Dokumentteil-Überschriften werden meist fett gesetzt. Eine größere Schriftgröße als für den Fließtext ist zu empfehlen. Je nach der Hierarchiestufe der Dokumentteil-Überschrift ergeben sich dann verschiedene Schriftgrößen.

Zwischen der Dokumentteil-Nummer und der Dokumentteil-Überschrift muss nach DIN 1421 und DIN 5008 eine mindestens zwei Leerzeichen große Lücke auftreten. Bei Verwendung von automatisch erzeugten Verzeichnissen wird diese Lücke zweckmäßigerweise durch einen

Tabulator erzeugt. Dann wird der Tabulator von der Dokumentteil-Überschrift im laufenden Text in das automatisch erzeugte Inhaltsverzeichnis übertragen und man kann das fertige Inhaltsverzeichnis bequemer layouten.

Bildunter- und Tabellenüberschriften werden so gestaltet, dass die Bild- oder Tabellennummer gut zu lesen ist und auffällt, weil in Querverweisen auf Bilder oder Tabellen im normalen Text diese Nummern als Suchkriterium angegeben werden. Sucht man nun das Bild/die Tabelle, auf das/die verwiesen wurde, dann springt die Information: „hier ist ein Bild/eine Tabelle“ sofort ins Auge. Um die Identifizierung der Bild- bzw. Tabellen*nummer* zu erleichtern, hat sich der Fettdruck des Hinweises „Bild“ bzw. „Tabelle“ und der Bild- bzw. Tabellennummer gut bewährt. Dabei wird die Nummer vom Text der Bildunter- bzw. Tabellenüberschrift durch zwei Leerzeichen oder – besser – durch einen Tabulator getrennt. Ein Doppelpunkt hinter der jeweiligen Nummer ist nicht mehr üblich. Hier je ein Beispiel für das Layout von Bildunterschriften und Tabellenüberschriften.

Bild 12 Prinzip des Unterpulverschweißens

Tabelle 17 Filterbelegung in Abhängigkeit von der Schweißposition

Mehrzeilige Bildunter- bzw. Tabellenüberschriften sollten so gesetzt sein, dass alle Zeilen des Bild- oder Tabellennamens an einer gemeinsamen Fluchtlinie beginnen (Tabulator bzw. hängenden Einzug verwenden!).

Als **Zeilenabstand** ist „1 1/2-zeilig“ ein guter Wert (in Word im Menü Format – Absatz – Zeilenabstand erreichbar). Heute werden auch andere (kleinere) Zeilenabstände angewendet. Das Auge kann die Zeile aber bei 1 1/2-zeilig besser halten. Bei sehr umfangreichen Arbeiten kann durch diesen großen Zeilenabstand das gebundene Werk zu dick und damit zu unhandlich werden. Zur Behebung dieses Problems können die Seiten beidseitig bedruckt oder mit kleinerem Zeilenabstand gesetzt werden.

Nun einige Anmerkungen zur **Textausrichtung**. Normaler Text wird im Technischen Bericht entweder linksbündig oder – meistens – im Blocksatz geschrieben. Durch Blocksatz werden vertikale Linien betont. Das vergrößert die optische Wirkung von Einrückungen und Fluchtlinien. Außerdem sieht Blocksatz gefälliger aus. Bildunterschriften und Tabellenüberschriften dürfen zentriert angeordnet werden, wenn die Bilder und Tabellen ebenfalls horizontal zentriert sind. Der Titel eines kurzen Artikels (wenn kein Deckblatt vorhanden ist) darf ebenfalls zentriert angeordnet werden.

Einrückungen lassen sich auf verschiedene Weise erzeugen. Zum Beispiel bewirken nachfolgende Operationen jeweils eine Einrückung:

- Leerzeichen einfügen (ergibt jedoch bei Blocksatz keine definierte Einrückung!),
- linksbündige Tabulatoren definieren,
- linke Einzugsmarke im jeweiligen Absatz verschieben,
- Einzug definieren (in Word Format – Absatz – Einzug),
- Tabelle ohne Rahmen verwenden und die erste Spalte leer lassen.

In der Praxis gibt es oft Texte, die mit vielen verschiedenen Möglichkeiten zur Erzeugung einer Einrückung innerhalb eines Dokumentes arbeiten und sehr verschieden tiefe Einrückungen haben. Dadurch wirkt das Layout unruhig und bei Textkorrekturen muss erst ermittelt werden, mit welcher Methode die Einrückungen erzeugt worden sind. Sie sollten sich deshalb auf einige wenige Einrückungen beschränken (z. B. Tabulatoren nach 5, 10, 15, 20 und 25 mm) und diese Einrückungen dann immer auf die gleiche Weise erzeugen.

Listenstrukturen erzeugen Sie automatisch in Word mit den beiden Schaltflächen Nummerierung und Aufzählungszeichen in der Symbolleiste Format. Ihr Erscheinungsbild steuern Sie im Menü Format – Nummerierung und Aufzählungen. Dort können Sie die voreingestellten Leitzeichen verwenden oder über die Schaltfläche Anpassen andere Leitzeichen wählen. Das Erzeugen von Einrückungen der zweiten Ebene ist leider nicht bequem per Knopfdruck möglich. Darum arbeiten die Autoren mit eigenen Formatvorlagen, z. B. Aufzählung2 für die zweite Ebene.

Die Auswahl der **Schriftart** ist ebenfalls eine sehr wichtige Entscheidung. Schriften aus der Times-Familie haben sich für größere Mengen Text gut bewährt. Durch die Serifen (die kleinen Striche an den Buchstabenenden) kann der Leser beim Lesen die Zeile gut halten. Seine Augen geraten beim Zeilenwechsel nicht versehentlich in die übernächste Zeile. Der Leser ist diese Schriften auch gut gewöhnt durch das Lesen von Zeitungen oder Büchern. Schriften ohne Serifen (z. B. Arial, Helvetica) können gut für Titelblätter und Overhead-Folien verwendet werden.

Die normalen Schriften sind sogenannte **Proportionalschriften**, sie haben einen konstanten Abstand vom Ende eines Buchstabens bis zum Beginn des nächsten. Diese Schriften sind nicht so gut geeignet für das Gestalten von Zahlen-Tabellen, bei denen es darauf ankommt, dass die Zahlen in Einer-, Zehner- Hunderter- und Tausenderspalten untereinander richtig angeordnet sind. Die Ziffer „1" ist beispielsweise schmaler als die anderen Ziffern. Hier hilft es, wenn Sie eine **Schriftart mit festem Schreibschritt** („fixed spacing") auswählen. Wenn Sie Tabellen mit solchen Schriften gestalten, dann brauchen Sie auch nicht so viel mit Tabulatoren zu arbeiten. Einfaches Einfügen von Leerzeichen genügt völlig, um Fluchtlinien für Tabellen, Aufzählungen, Gleichungen usw. zu erzeugen. Die Tabellen und Aufzählungen sind dadurch schneller und besser überschaubar. Dies gilt insbesondere für lange Tabellen und Computer-Listen.

Zur Wahl der **Schriftgröße** ist zu sagen, dass für die gängigen Schriften der Times-Familie als untere Grenze der Lesbarkeit etwa 9 Punkt gilt. 10, 11 oder 12 Punkt große Schrift ist gut lesbar, größer sollte die Schrift nicht sein. Wenn der Bericht durch Verkleinern auf DIN A5 weiterbearbeitet werden soll, dann ist als Schriftgröße für den normalen Text 13 oder 14 Punkt zu empfehlen.

Texthervorhebungen können auf verschiedene Weise erzeugt werden: **fett**, *kursiv*, unterstrichen, ***fett und kursiv***, KAPITÄLCHEN, GROSSBUCHSTABEN (Versalien), jedoch auch durch Umrahmen oder Rastern (= schattieren, hinterlegen) unterschiedlich langer Textpassagen.

Diese Texthervorhebungen haben verschiedene Funktionen. Sie können Literaturstellen kennzeichnen [KLEIN, 1989, S. 151], **wichtige Textpassagen** hervorheben oder einen *un*gewöhnlichen Sinn betonen. Auch das besondere Kennzeichnen von „Fachbegriffen", das Einklammern von (Anmerkungen) oder das Einfügen – Einschub – von Gedanken dient der Hervorhebung von Wörtern oder Textpassagen. Durch die Texthervorhebung wird jedoch auch der Lesefluss gestört. Je nach der Textsorte, die Sie gerade erstellen, sollten Sie ein unterschiedliches Maß an Texthervorhebungen verwenden, siehe 3.7.3.

Das **klassische Buchlayout** erlaubt es nur in geringem Maße, Textpassagen hervorzuheben. Wenn es sich nicht vermeiden lässt, dann darf in seltenen Fällen Kursivschrift verwendet werden.

Werbetexte sind das andere Extrem. Sie sind darauf abgestimmt, die Aufmerksamkeit des Betrachters für sich zu gewinnen und die zu vermittelnde Botschaft „Kauf mich" möglichst tief in Herz und Hirn einzuprägen. Dabei wird geschickt die menschliche Psyche angesprochen und es werden ungewöhnliche Effekte der Text- und Bildgestaltung eingesetzt, um Umsatzsteigerungen für das beworbene Produkt zu erzielen. Hier gilt: Erlaubt ist, was erfolgreich und von den Worten und Bildern her nicht anstößig ist.

Anleitungstexte (Bedienungs-, Wartungs-, Montage- und Instandhaltungs-Anleitungen, Handbücher usw.) arbeiten gezielt mit Texthervorhebungen zur Aufmerksamkeitssteuerung (wie das vorliegende Buch, das deshalb etwas vom klassischen Buchlayout abweicht). Texthervorhebungen nutzen die Sehgewohnheiten der Menschen aus, um wichtige Informationen so darzustellen, dass sie nicht übersehen werden. Hier gilt jedoch, dass ein Zuviel des Guten eher schädlich ist. Wenn durch das Layout zu viele Informationen als wichtig gekennzeichnet werden, dann kann der Leser nicht mehr entscheiden, welche Information denn nun wirklich die wichtigste ist. Er ist eher irritiert und frustriert.

Für Sie als Autor eines Technischen Berichts gilt es nun, ein gutes Mittelmaß zu finden. Sie müssen dabei vor allem den Auftraggeber und die **Zielgruppe** im Auge behalten. Die Leitfrage ist: Wie viel Kreativität und unkonventionelle Gestaltung ist angemessen?

- Sind Auftraggeber und Zielgruppe eher konservativ? Dann lieber ein schlichtes und unauffälliges Layout wählen! Fachinformation wird als viel wichtiger empfunden als funktionelle und übersichtliche Gestaltung.
- Sind Auftraggeber und Zielgruppe eher locker und unkonventionell? Dann darf der Text etwas lockerer formuliert sein, und es sind mehr Texthervorhebungen erlaubt!
- Sind Auftraggeber und Zielgruppe hochrangige Manager? Dann setzen Sie alles daran, den Text zu kürzen und wichtige Informationen in Grafiken zu präsentieren.

Außerdem ist auch wichtig, wie der Text voraussichtlich gelesen wird. Wird er wie ein Fachbuch eher sequenziell oder aber wie eine Bedienungsanleitung oder ein Lexikon eher punktuell gelesen? Bei der punktuellen Art der Informationsaufnahme durch die Leser ist es besonders wichtig, mit vielen Texthervorhebungen zu arbeiten. Außer den bereits genannten Hervorhebungen durch andere Auszeichnungen (fett, kursiv usw.) stehen folgende Möglichkeiten zur Verfügung:

- **Randnotizen** (Marginalien)
  Am Außenrand des Dokumentes erscheinen in einer eigenen Spalte Stichworte zum Textinhalt des zugehörigen Absatzes. Gut für einführende Lehrtexte.
- **Register**
  Ganz außen am Blattrand erscheinen Randmarkierungen. Dadurch können verschiedene Kapitel voneinander unterschieden werden. Gut für Nachschlagewerke und Produktkataloge: Beispiel: KLEIN, Einführung in die DIN-Normen.
- **Spaltenüberschriften**
  Wird verwendet bei alphabetisch sortierten Informationen. Am oberen Rand des Dokumentes erscheint links der erste und ggf. rechts der letzte alphabetische Eintrag der aktuellen Seite, Beispiel: Telefonbuch oder Lexikon.

Maßgebend für den Einsatz aller Maßnahmen zur Texthervorhebung sind die folgenden Fragen: Wie schnell und sicher müssen welche Informationen aufgefunden werden? Welche Suchstrategie haben die Leser? Welche Lesekonventionen kann ich bei den Lesern voraussetzen? Außerdem darf selbst ein ausgeklügeltes System der Informationslenkung niemals die folgende Grundbedingung vergessen:

☞ *Damit die Leser mit den gängigen Verzeichnissen (Inhaltsverzeichnis, Stichwortverzeichnis, Bilderverzeichnis, Tabellenverzeichnis usw.) und mit den Randnotizen (Marginalien) überhaupt arbeiten können, müssen Sie die dort verwendeten Wörter kennen und selbst danach suchen! Das bedeutet, dass diese Einträge* ***Antworten*** *sein müssen* ***auf Fragen, die sich die Leser stellen*** *(nicht der Autor).*

In Abschnitt 3.7.3 „Hinweise zu Texthervorhebungen" finden Sie **Tabelle 3-12**, die die typografischen Möglichkeiten zur Texthervorhebung sowie konkrete Anwendungshinweise zusammenfassend darstellt.

Nun einige Hinweise zum **Seitenumbruch**. Es gibt einige Informationseinheiten, die grundsätzlich nicht durch einen Seitenumbruch (Seitenwechsel) getrennt werden dürfen:

- Eine Dokumentteil-Überschrift darf nie allein oder mit nur einer Zeile Text auf der alten Seite stehen bleiben.
- Eine einzelne Zeile eines Absatzes darf weder auf der alten noch auf der neuen Seite allein auftreten, es sei denn, der Absatz besteht nur aus einer Zeile.
- Eine Tabellenüberschrift und die zugehörige Tabelle dürfen nicht durch einen Seitenumbruch voneinander getrennt werden. Auch die einzelnen Zeilen einer Tabelle dürfen nicht einfach durchgeschnitten werden. In diesem Fall ist die Tabelle auf der nächsten Seite mit der gleichen Tabellenüberschrift und einem Fortsetzungsvermerk zu versehen. Alternativ kann ein Textabsatz, der nach der Tabelle stand, nach vorn verschoben werden und umgekehrt.
- Dies gilt auch für Bilder und Bildunterschriften.

Bilder sollen möglichst **auf der gleichen Seite wie der zugehörige Text** oder allenfalls auf der folgenden Seite stehen, damit die Bildinformation *textnah* dargeboten wird. Dies verbessert den Text-Bild-Bezug und erhöht die Verständlichkeit des Technischen Berichts.

Wenn Sie ein Bild jedoch unter keinen Umständen auf der nächsten Seite haben wollen, dann bleibt Ihnen nur das Kürzen von Text, das Verschieben eines Textabsatzes hinter das Bild, das Verwenden kleinerer Leerzeilen (z. B. 10 Punkt statt 12 Punkt) oder die Verwendung der Funktion Format – Absatz – Abstand nach (einem Absatz) anstelle einer Leerzeile.

Am Ende eines Kapitels ist die **letzte Seite vor der nächsten Kapitel-Überschrift** oft nicht ganz gefüllt. Wenn in diesem Fall auf der letzten Seite des vorhergehenden Dokumentteils die Seite mindestens zu 1/3 mit Informationen gefüllt ist, dann kann das so bleiben. Andernfalls können auch einige Absätze von einer Datei in die andere verschoben werden, damit der Seitenumbruch besser passt.

Grundsätzlich steigt die Übersichtlichkeit, wenn ein Kapitel jeweils auf einer neuen Seite beginnt. Bei doppelseitig bedruckten Dokumenten wird es teilweise so gehandhabt, dass ein neues Kapitel jeweils nur auf einer rechten Seite mit einer ungeraden Seitenzahl beginnen darf. Dadurch kann die letzte Seite des vorherigen Kapitels – eine linke Seite – leer bleiben. Im Technischen Bericht wird jedoch überwiegend mit der Berichtsseitenzählung gearbeitet, bei der die Blattrückseiten nicht bedruckt werden. In diesem Fall ist es am Besten, wenn jedes Kapitel (1. Hierarchiestufe!) auf einer neuen Seite beginnt.

Auch der **Zeilenumbruch** kann gezielt beeinflusst werden. Der Begriff Zeilenumbruch umfasst sämtliche Eingriffe eines Autors, die einen neuen Zeilenbeginn hervorrufen. Bei Dokumentteil-Überschriften, Bildunterschriften und Tabellenüberschriften kann es z. B. unerwünscht sein, dass ein Wort automatisch getrennt wird. Dann kann durch die Tastenkombination Umschalt + Eingabetaste eine neue Zeile erzwungen werden, die sich i. Allg. einzeilig an die vorherige anschließt. Auch bei Aufzählungen mit Leitzeichen kann es sinnvoll sein, auf diese Weise eine neue Zeile zu erzwingen, damit der Leser die Informationen in ganz bestimmten Informationsblöcken aufnimmt. Falls **Blocksatz** eingestellt ist, setzen Sie **vor den erzwungenen Zeilenumbruch ein Tabulatorzeichen**, damit die letzte Zeile vor dem Zeilenumbruch linksbündig ist und unschöne Lücken zwischen den Worten vermieden werden. Bei Darstellung nicht druckbarer Zeichen (¶) sieht das so aus: → ↵.

Im Fließtext ist unter Zeilenumbruch vor allen Dingen das **Einfügen von Trennvorschlägen** zu verstehen, wenn die automatische Silbentrennung unerwünschte oder falsche Trennfugen gesetzt hat oder wenn durch fehlende automatische Trennung sehr große Lücken zwischen den Wörtern (im Extremfall sogar zwischen den einzelnen Buchstaben) entstanden sind. Um die Silbentrennung zu beeinflussen, gibt es spezielle Sonderzeichen. Zu diesen Sonderzeichen gehören das geschützte Leerzeichen, der geschützte Bindestrich und der bedingte Trennstrich, in Word erreichbar über Einfügen – Sonderzeichen – Registerkarte „Auswahl 2".

Das **geschützte Leerzeichen** wird beispielsweise zwischen den Komponenten einer mehrteiligen Abkürzung oder zwischen abgekürzten Titeln und Nachnamen verwendet. Es erzeugt einen festen Wortabstand, der bei Blocksatz ggf. kleiner als zwischen normalen Wörtern ist. Außerdem behindert das geschützte Leerzeichen den automatischen Zeilenumbruch, so dass Abkürzungen und Namen wie „i. Allg., i. w. S., z. T., Dr. Meier, Bild 26, 30 °C, 475 MPa usw." nicht getrennt werden, sondern ggf. zusammen auf der neuen Zeile stehen. In Word erzeugen Sie ein geschütztes Leerzeichen mit der Tastenkombination Strg-Umsch-Leertaste.

Der **geschützte Bindestrich** soll – ähnlich wie das geschützte Leerzeichen – eine Trennung verhindern. Er wird verwendet bei Zusammensetzungen von einem Buchstaben und einem Wort, z. B. U-Bahn, E-Lok usw.

Falls Sie Trennstriche eingeben wollen, dann verwenden Sie besser **bedingte Trennstriche** (Tastenkombination Strg und Minus in der normalen Tastatur bei Word). Wenn Sie stattdessen normale Trennstriche (nur Minus in der normalen Tastatur) anwenden und später Texteinfügungen oder Textlöschungen durchführen, dann erscheinen die Trennstriche irgendwo in der Zeile, was dann wieder korrigiert werden müsste, aber oft vergessen bzw. übersehen wird. Sehen Sie sich in diesem Zusammenhang einmal Zeitungen und Zeitschriften aufmerksam an. Dort tritt dieser Fehler ebenfalls häufig auf.

Manchmal treten **zusammengesetzte Wörter** auf, die sich durch Einfügen eines Bindestrichs an logisch passender Stelle gliedern lassen, wodurch die Lesbarkeit und Verständlichkeit Ihres Textes steigt. Das Gliedern durch Bindestrich sollte bei zusammengesetzten Wörtern aus drei und mehr Einzelworten geprüft werden. Verwenden Sie derartige Schreibweisen aber durchgängig im gesamten Technischen Bericht (Berichts-Leitfaden!). Beispiel: „Gummiblockzahnriemen" wird zu „Gummiblock-Zahnriemen".

Beim Editieren wundert man sich gelegentlich über **Automatismen**. Sie sollen helfen, gängige Fehler zu vermeiden, aber manchmal sind sie sehr lästig. Wenn Ihnen so etwas geschieht, schauen Sie in Word nach, wie die Optionen bei Format – AutoFormat und Extras – AutoKorrektur-Optionen gesetzt sind. In der AutoKorrektur-Tabelle können Sie übrigens unerwünschte Einträge löschen und Ihre eigenen, typischen Tippfehler nachtragen, wenn sie automatisch korrigiert werden sollen. Interessant sind auch die Registerkarten „Kompatibilität" und „Rechtschreibung und Grammatik" im Menü Extras – Optionen. Lesen Sie dort genau nach. Meist gibt es für die unerwünschten Effekte eine Option, die man umschalten kann, um auch einmal anders als mit den Standardeinstellungen zu schreiben.

Es ist generell zu empfehlen, größere Dokumente mit **Formatvorlagen** zu formatieren an Stelle von individuellen Zuweisungen für jeden Absatz. Dies betrifft alle **wiederkehrenden Layoutmuster** wie Dokumentteil- und Tabellen-Überschriften, Bildunterschriften, aber auch Aufzählungen, Kennzeichnung von Zitaten usw. Einrückungen sollten nicht mit Leerzeichen, sondern mit Tabulatoren oder Einzügen gestaltet werden. Eine solche Vorgehensweise spart Arbeit und sichert ein einheitliches Layout.

Auch **automatische Querverweise** sparen Arbeit, siehe 3.7.6 und 3.7.8.

Die zurückliegenden Informationen zum Dokument- bzw. Seitenlayout und Absatzlayout haben sich vor allem mit dem Problem befasst, wie die „Druckerschwärze global auf dem Papier verteilt wird" (Makrotypografie). Nun folgen einige allgemeine Informationen und Regeln zur Eingabe der einzelnen Zeichen, die für alle gelten, die mit der Textverarbeitung irgendwelche Texte erstellen (Mikrotypografie).

3.7.2 Typografische Festlegungen aus der DIN 5008

Während beim Schreiben von Hand die Abstände zwischen Wörtern, Satzzeichen, Formelzeichen und Ziffern nur untergeordnete Bedeutung aufweisen, ändert sich dies schlagartig beim Schreiben mit der Textverarbeitung. Dort bewirkt die Leertaste einen definierten Freiraum. Deshalb war es logisch, dass schon vor vielen Jahrzehnten diese Fragen der Mikrotypografie in der Norm DIN 5008 geregelt wurden.

Dort wurden aber auch Festlegungen für den Bereich der Makrotypografie getroffen. Hier sei insbesondere an linken, rechten, oberen und unteren Rand für Geschäftsbriefe erinnert. Auch die Anordnung und Reihenfolge von Teilen eines Geschäftsbriefes ist hier geregelt.

Die DIN 5008 hat grundlegenden Charakter für alles, was mit der Textverarbeitung geschrieben wird. Die DIN 5008 ist im Internet erreichbar unter www.din5008.de. Fügen Sie diese Seite ggf. zu Ihren Favoriten im Internet-Browser hinzu.

Die neue DIN 5008 umfasst ca. 40 Seiten. Deshalb nachfolgend eine kurze Zusammenfassung, in der die für die Erstellung Technischer Berichte wichtigsten Einzelheiten dieser Norm übersichtlich aufgeführt sind, **Tabelle 3-10**.

Tabelle 3-10 Wichtige Festlegungen für Technische Berichte aus der DIN 5008 <wird fortgesetzt>

Ausführungsbeispiel	Zugehörige Regel
… beendet ist. Dadurch … … belastet, so dass …	**Folgende Satzzeichen** werden ohne Leerzeichen direkt an das vorhergehende oder nachfolgende Wort angeschlossen: . , ; : ! ? - (gemeint ist hier ein Binde- bzw. Trennungsstrich, nicht aber ein Gedankenstrich). Nach diesen Satzzeichen folgt grundsätzlich ein Leerzeichen.
Kugellager sind – obwohl Zylinderrollenlager eine wesentlich höhere radiale Tragfähigkeit besitzen – aus Kostengründen stets vorweg zu prüfen.	Vor einem **Gedankenstrich** erscheint immer ein Leerzeichen. Nach einem Gedankenstrich folgt entweder ein Satzzeichen (z. B. Komma oder Punkt) oder ein Leerzeichen und weiterer Text.

Tabelle 3-10 Wichtige Festlegungen für Technische Berichte aus der DIN 5008 <Fortsetzung>

Ausführungsbeispiel	Zugehörige Regel
… (Text) … … [Text] … … {Text} … … <Text> … … /Text/ …	**Klammern** umschließen den Text direkt, also ohne Leerzeichen zwischen Klammer und eingeschlossenem Text. Dies gilt auch bei Verwendung von Schrägstrichen zur Kennzeichnung von Literaturstellen.
3 3/5 Wintersemester 1995/96 und/oder	Wenn der **Schrägstrich** als Bruchstrich oder im Sinne von „und" oder „bzw." verwendet wird, dann erscheint kein Leerzeichen vor oder hinter dem Schrägstrich.
47 cm 16 kg 26 °C	Zwischen **Maßzahl und Maßeinheit** steht grundsätzlich genau ein Leerzeichen. Ausnahme: Winkelgradangaben.
16° oder 16 Grad 5°2' oder 5 Grad 2 Minuten	Bei **Winkelgradangaben** wird entweder ein Gradzeichen direkt an die Maßzahl angeschlossen oder das ausgeschriebene Wort „Grad" mit Leerzeichen verwendet (gilt so auch für Minuten ' und Sekunden ").
CO_2 10^{-3} n_0 $(x+12)^2$	Exponenten und Indizes werden ohne Leerzeichen an die Basis angefügt.
2 + 5 = 7 6 : 3 = 2 -5 × 3 = -15; -5 · 3 = -15	Vor und hinter **Rechenzeichen** steht genau ein Leerzeichen. **Vorzeichen** stehen jedoch unmittelbar vor der Zahl.
80 – 85 m, 65 – 70 kg 4,-- – 4,80 EUR aber: 3- bis 4-mal 09:30 – 13:30 Uhr aber: von 09:30 bis 13:30 Uhr Burgstraße 10 – 12	Das **Erstreckungszeichen zwischen zwei Zahlenwerten** wird durch Gedankenstrich oder durch das Wort „bis" ausgedrückt.
…[17], dies ist insofern … gilt laut DUBBEL [16]. WINTER [19] hat beobachtet, dass …, während SCHIERK [20] entgegengesetzte Versuchsergebnisse vorlegt.	Grundsätzlich kommt vor die **Quellenangabe** [17] (bzw. /17/) immer ein Leerzeichen, egal ob sie im Text oder in einer Bildunterschrift/Tabellenüberschrift erscheint. Ein Satzendepunkt oder ein Komma zum Anschluss eines Nebensatzes wird ohne, normaler Text mit einem Leerzeichen daran angeschlossen. Auch **Auslassungspunkte** werden durch je ein Leerzeichen davor und danach vom Text abgetrennt. Ein Komma folgt ohne Leerzeichen. Die Auslassungspunkte ersetzen ggf. einen Satzendepunkt.
i. Allg., z. B., evtl., ggf., i. A. NATO, UNESCO, USA, EU	**Abkürzungen**, die man wie das ungekürzte Wort spricht, erhalten einen Punkt. Dieser Punkt ersetzt ggf. einen Satzendepunkt. Mehrere aufeinander folgende Abkürzungen werden durch Leerzeichen getrennt. Abkürzungen, die man als Buchstaben oder wie ein eigenes Wort spricht, werden ohne Punkt und ohne Leerzeichen zwischen den Abkürzungs-Buchstaben geschrieben.

Tabelle 3-10 Wichtige Festlegungen für Technische Berichte aus der DIN 5008 <Fortsetzung>

Ausführungsbeispiel	Zugehörige Regel
6-Zylinder-Motor DIN A4-Format Heinz-Piest-Institut 8-mal 4-zylindrig der x-te Versuch die n-te Potenz	**Kopplung von Zahlen und Wörtern mit Bindestrich** **Achtung:** Wenn Word den Bindestrich durch einen Gedankenstrich ersetzt, widerrufen Sie das mit dem Tastaturbefehl Strg-Z.
5fach abgesichert 4,5%ige Erhöhung 1998er Jahrgang	**Kopplung von Zahlen und Wörtern ohne Bindestrich**
Die Lieferung der bestellten Kugellager erfolgt bis spätestens 12. August 2006. Falls Sie mit der gelieferten Ware nicht zufrieden sein sollten, wenden Sie sich bitte an die obige Adresse.	**Zwischen zwei Absätzen** steht genau eine Leerzeile.
50,22 127,85 1.295,33 23,10	**Zahlengruppierungen** werden nach dem Dezimalkomma ausgerichtet. Wenn kein Dezimalkomma vorhanden ist, werden sie rechtsbündig angeordnet. Lange Zahlen mit mehr als drei Stellen vor dem Komma können durch je ein geschütztes Leerzeichen oder einen Punkt in Gruppen mit je drei Ziffern gegliedert werden. Bei automatischem Zeilenumbruch kann eine mit geschützten Leerzeichen gegliederte Zahl nicht zerrissen werden. **Geldbeträge** sollen aus Sicherheitsgründen durch Punkte und das Dezimalkomma gegliedert werden. **In England und Amerika** wird zum Gliedern der Dreiergruppen von großen Zahlen das geschützte Leerzeichen oder das Komma verwendet und ggf. der Dezimalpunkt.
Die von Ihnen am 30. März bestellte Ware umfasst: – 500 Unterlegscheiben DIN 125-A6,4 – 500 Sechskantschrauben DIN 961 M6 × 50–8.8 – 500 Sechskantmuttern ISO 4032–M6–8 Die Lieferung erfolgt zum 15. Mai 1995.	**Aufzählungen** werden vom übrigen Text durch genau eine Leerzeile davor und dahinter abgetrennt. Die Aufzählungsglieder können untereinander (speziell wenn sie mehrzeilig sind) ebenfalls durch genau eine Leerzeile abgetrennt werden.

Mit der DIN 5008 ist festgelegt, „wie“ zu schreiben ist. Dies gilt selbstverständlich auch für Technische Berichte. Es ist außerdem empfehlenswert, sich den Anhang A-H dieser Norm einmal anzuschauen, da hier vieles geregelt ist, was die normale Korrespondenz einschließlich E-Mails und andere, häufig zu erstellende Schriftstücke betrifft. Auch die in der DIN 5008 als Literatur angegebenen verwandten Normen sollten Sie sich einmal anschauen, wenn Sie in der Bibliothek Zeit dazu finden.

Außer den typografischen Festlegungen der DIN 5008 gibt es noch einige andere Schreibweisen, die zwar nicht in der Norm enthalten sind, die sich jedoch eingebürgert haben und deshalb auch eingehalten werden sollten, **Tabelle 3-11**.

Tabelle 3-11 Weitere gängige Abkürzungen und Schreibweisen

Beispiel	Erklärung
€, EUR	Euro
kN	Kilo-Newton (1 000 Newton), das kleine „k“ wird für alle Einheiten außer Byte verwendet
KB	Kilo-Byte (1 024 Byte)
t/a	Tonnen pro Jahr
&	Kaufmanns-und wird in Firmennamen verwendet, ist jedoch im normalen Text als Abkürzung für „und“ nicht erlaubt. Deshalb ist folgendes falsch: „... gegen Herausfallen von Personen & Gerät ...“ Richtig muss es heißen: „... gegen Herausfallen von Personen und Gerät ...“

3.7.3 Hinweise zu Texthervorhebungen

Unter Texthervorhebungen versteht man typografische Mittel, um bestimmte Zahlen, Wörter oder Textpassagen gegenüber dem Fließtext optisch hervortreten zu lassen. Sie sind bei den Hinweisen zum Layout in 3.7.1 zum Teil bereits angesprochen worden. Zur Abrundung erfolgt hier noch einmal eine zusammenfassende Darstellung mit Hinweisen zur Anwendung, **Tabelle 3-12**.

Tabelle 3-12 Typografische Möglichkeiten zur Texthervorhebung mit Anwendungshinweisen <wird fortgesetzt>

Typografische Möglichkeit	Übliche Anwendungsbereiche
fett	Dokumentteil-Nummern und -Überschriften, Titel, Bild- und Tabellennummern, **starke** Hervorhebung im Fließtext.
kursiv	in Formeln: Kennzeichnung von skalaren Größen, *schwache* Hervorhebung im Fließtext, wird auch zur optischen Abtrennung der Kopf- und Fußzeilen sowie der Bildunter- und Tabellenüberschriften vom Text eingesetzt

Tabelle 3-12 Typografische Möglichkeiten zur Texthervorhebung mit Anwendungshinweisen <Fortsetzung>

Typografische Möglichkeit	**Übliche Anwendungsbereiche**
VERSALIEN	Überschriften (aber schwerer lesbar als Groß- und Kleinbuchstaben), Kennzeichnung von AUTORENNAMEN im Fließtext, Hervorhebungen in ASCII-Dateien, laut gerufene/gebrüllte Aussagen in E-Mails
KAPITÄLCHEN	Überschriften (aber schwerer lesbar als Groß- und Kleinbuchstaben), Kennzeichnung von AUTORENNAMEN im Fließtext
unterstrichen Tipps zum Unterstreichen Ort: Rathaus Köln Zeit: 17.05.03, 16:00 Uhr Frequenzen (Radio, TV, CB-Funk usw.)	mittelstarke Hervorhebung, – stärker als *kursiv* und – schwächer als **fett**, Lückenlos von Beginn bis Ende unterstreichen! Ein Doppelpunkt bei Ankündigungen wird mit unterstrichen. Eingeklammerte Zusätze nach Überschriften werden nicht mit unterstrichen.
__wichtig__	Ersatz für Unterstreichung in E-Mails
doppelt unterstrichen	Kennzeichnung von Endergebnissen bei Formeln und Endsummen in Rechnungen
eingerückt	Kennzeichnung von längeren, wörtlichen Zitaten, Merkregeln usw. Rücken Sie nicht zu stark ein, 5 oder 10 mm reicht oft völlig aus.
gerastert (schattiert)	Kennzeichnung von Varianten, Formeln, ggf. Kopfzeilen und Führungsspalten in Tabellen, Abgrenzung richtig/falsch, vorher/nachher usw.
eingerahmt	Beispiele, Merkregeln, Formeln, Zusammenfassungen, Linklisten
andere Schriftart	Schrift für normalen Fließtext = Times New Roman anderer Sachverhalt = oft andere Schrift *Beispiele:* Computerdialog: `Courier New` Dialogfeldanzeige in Bedienungsanleitung: Monospaced Schrift auf Plakaten und Overheadfolien: Arial Formelbuchstaben: Symbol ($\alpha\beta\gamma\delta\varepsilon$)
andere Schriftgröße	Überschriften je nach Hierarchiestufe größer, Bildunter- und Tabellenüberschriften evtl. kleiner als normalen Text

Die verschiedenen typografischen Möglichkeiten sollen **konsistent**, d. h. einheitlich, verwendet werden. Notieren Sie sich im Berichts-Leitfaden, **welche Art von Information mit welchen typografischen Möglichkeiten** dargestellt werden soll.

3.7.4 Papierorganisation

In diesem Abschnitt lernen Sie eine Vorgehensweise kennen, wie verschiedene Deckblattversionen, Entwürfe für die Gliederung, Literaturqellen, Prospekte, Nachschlagewerke, Notizen, Textentwürfe und ähnliche, mit dem Technischen Bericht zusammenhängende Materialien sortiert und aufbewahrt werden können. Jedes Projekt ist allerdings ein bisschen anders aufgebaut und erfordert dadurch auch entsprechend angepasste Techniken der Projektdurchführung und der Papierorganisation.

Legen Sie sich für Ihren Technischen Bericht einen **Berichts-Ordner** an, in dem Sie alles Zugehörige sammeln können. Beschriften Sie den Berichts-Ordner auf dem Rücken mit einem **weichen Bleistift** (B, 2B oder weicher) mit dem Arbeitstitel des Berichts. Dann können Sie den Ordner später wieder abradieren und für andere Zwecke verwenden.

Unterteilen Sie den Berichts-Ordner mit **Trennblättern** aus festem Karton, die rechts überstehen und die Sie wieder mit weichem Bleistift beschriften. Dies hat auch dann Vorteile, wenn Sie noch nicht so tief in Ihr Projekt eingearbeitet sind. Zu diesem frühen Zeitpunkt kennen Sie noch nicht alle Feinheiten, wie die Informationen am Besten gegliedert werden sollten. Daher wird es vorkommen, dass Sie die Trennblätter später anders beschriften wollen. Das können Sie ganz leicht, wenn Sie einen weichen Bleistift und einen Radiergummi verwenden.

Der Berichts-Ordner kann z. B. die folgende Einteilung erhalten:

- Titelblatt und Gliederungsentwürfe, die jeweils neueste Version liegt oben
- weitere Bestandteile der Titelei, z.B. Bilder- und Tabellenverzeichnis – soweit bereits fertig gestellt, ggf. mit handschriftlichen Ergänzungen seit dem letzten Ausdruck
- Papierausdruck von allen Kapiteln des Technischen Berichts, einschl. der Anhänge
- Materialsammlung (Textentwürfe, Notizzettel und Kopien) kapitelweise geordnet
- Notizzettel und weiteres Material, das sich (noch) keinem Kapitel zuordnen lässt
- Titelblattentwürfe, die neueste Version liegt oben
- Berichts-Leitfaden
- Berichts-Checkliste
- Liste mit aufgeschobenen Besorgungen, Tätigkeiten und Korrekturen (To-do-Liste)

☞ *Eine Kopie der aktuellen Gliederung liegt oder hängt auch an ihrem Arbeitsplatz ständig sichtbar bereit.*

Wird bei größeren Arbeiten Ihr Berichts-Ordner zu voll, dann ist es sinnvoll, die bisher erstellten vorläufigen Ausdrucke und die Materialsammlung getrennt in Ordnern einzuheften.

Wenn Sie für Kopien gern **Umweltschutz-Papier** verwenden, dann ist das in Ordnung für Literatur, die Sie nur für sich selbst kopieren und später zitieren wollen. Es ist jedoch schlecht, auf Umweltschutzpapier kopierte Bilder in die Endausdrucke bzw. Kopieroriginale des Technischen Berichts einzukleben und von dort zu vervielfältigen. Beim weiteren Kopieren solcher Kopieroriginale können diese Stellen auf der Kopie grau werden! Das kann soweit führen, dass man die Informationen im Bild nicht mehr lesen kann.

Alle **Unterlagen** aus der Materialsammlung, **die nicht gut abgeheftet werden können**, die aber zitiert werden sollen (Lehrbücher, Bibliotheksbücher, Zahlen-Tabellen, Herstellerunterlagen usw.), werden je nach Volumen auf einen gemeinsamen **Bücherstapel** pro Kapitel, pro Unterkapitel oder pro Abschnitt gelegt. Bei einzelnen kopierten Seiten und dünnen Broschüren, die in Ihrem persönlichen Besitz verbleiben, müssen Sie sinngemäß entscheiden, ob diese Unterlagen mit in dem Bücherstapel oder lieber in Ihrem Berichts-Ordner aufbewahrt werden sollen. Die einzelnen Bücherstapel bekommen ein **Deckblatt** mit Dokumentteil-Nummer und -Überschrift und ein **Trennblatt**, um bereits zitierte Literatur von noch zu bearbeitender zu trennen. Fertig zitierte Literatur kommt nach unten.

Es kommt manchmal vor, dass jemand **in Unterlagen** aus der Materialsammlung Notizen eingetragen hat, und später feststellt, dass die betreffenden Seiten aber als Kopie in den Bericht bzw. als Broschüre in den Anhang aufgenommen werden sollen. Besser ist es, wenn Sie in nicht selbsterstellte Unterlagen **Notizzettel einlegen bzw. Haftnotiz-Zettel aufkleben**.

Wenn Sie viele Dateien haben, können Sie die ausgedruckten Textentwürfe und Grafiken beschriften mit Pfad, Dateinamen, Version und Datum. Dies gilt auch für ausgedruckte Deckblatt- und Gliederungsentwürfe. Für aufzuklebende Bilder/Tabellen bleibt ein entsprechender Freiraum unbedruckt. Die Bilder werden als Kopie vor die jeweilige Seite des Entwurfs eingeheftet, z.B. in einer Prospekthülle, und noch nicht aufgeklebt, weil sich bis zum Endausdruck noch mehrere Entwurfsversionen ergeben können und das Einkleben dann unnütz wäre.

Der Entwurf wird am Besten auf Papier korrekturgelesen, weil man dabei Tippfehler viel besser findet (Schrift ist auf Papier klarer lesbar als auf dem Bildschirm). Außerdem können Textpassagen, wenn sich einmal eine eher unlogische Gedankenfolge ergeben hat, auf Papier deutlich leichter umgruppiert werden als dies am Bildschirm möglich ist. **Korrekturen** werden – auch in die eigenen Entwürfe – am Besten **in Rot eingetragen**. Korrekturen und Bearbeitungsvermerke in dieser Farbe sind beim Eingeben am Bildschirm deutlich besser lesbar als Korrekturen, die mit Bleistift oder mit blauem Kugelschreiber in den schwarz gedruckten Text eingetragen wurden.

Hinweise auf noch zu erledigende Arbeiten, noch zu besorgende Literatur usw. sollten in einer **To-do-Liste** erfasst werden, sobald die Punkte auftauchen. Dies gilt auch für Korrekturen, die Sie erkennen, aber nicht sofort erledigen können oder wollen. Vor dem Endausdruck können Sie die Liste noch einmal ansehen und noch nicht erledigte Punkte bearbeiten.

Bei **Konstruktions- und Projektierungsberichten** hat es sich bewährt, Stückliste und Zeichnungen in den Anhang aufzunehmen, wenn die Unterlagen nicht zu umfangreich sind. Im Anhang erscheint dann als Erstes die Stückliste. Dann folgt die Zusammenbauzeichnung und zuletzt die Einzelteilzeichnungen, sofern vorhanden. A4-Zeichnungen lassen sich problemlos in den Bericht integrieren. Auch A3-Zeichnungen lassen sich durch zweimaliges Knicken gut einbinden. Größere Zeichnungen können mit dem Kopierer auf A4 oder A3 verkleinert und eingebunden werden. Zu diesen im Original größeren Zeichnungen sollte dann das Transparent-Original in einer Zeichnungsrolle oder -mappe mit abgegeben bzw. vorgelegt werden.

3.7.5 Disketten- und Festplattenorganisation

Wenn Sie für Ihren Bericht Texte erstellen, dann ist als Erstes festzulegen, wie Sie die Daten auf Ihrer Festplatte ablegen wollen. Zweckmäßig ist, an beliebiger Stelle in Ihrem üblichen Textverzeichnis, das bei globalen Datensicherungen mit seinem gesamten Inhalt gesichert wird, ein **Unterverzeichnis** einzurichten, das in seinem **Namen den Arbeitstitel des Berichts** ggf. in Kurzform enthält. In diesem Unterverzeichnis erscheinen dann die Dateien, die Ihre Kapitel, Unterkapitel oder Abschnitte repräsentieren. Wählen Sie sinnvolle Namen, an die Sie sich auch später noch gut erinnern.

Für die Vergabe von Dateinamen hat sich unabhängig vom verwendeten Betriebssystem auch der folgende generelle Grundsatz sehr gut bewährt.

☞ *In Dateinamen für Text- und Bilddateien sollten Sie nur Kleinbuchstaben, Ziffern und die Sonderzeichen - und _ verwenden, keine Leerzeichen! Auch die Verwendung von Umlauten in Dateinamen sollten Sie vermeiden und stattdessen ae, oe, ue und ss verwenden.*

Dies gilt speziell, wenn Sie Ihre Dateien in einem heterogenen Netzwerk unter verschiedenen Betriebssystemen (z.B. Windows, Mac-OS und UNIX) bearbeiten, denn dort werden Großbuchstaben in Dateinamen beim Kopieren z.T. willkürlich in Kleinbuchstaben umgewandelt (großer Anfangsbuchstabe, Rest Kleinbuchstaben), Leerzeichen werden durch Sonderzeichen ersetzt (z.B. %20 unter Windows für das Leerzeichen) usw. Von einem anderen Betriebssystem aus ist die gesuchte Datei dann evtl. nicht sofort auffindbar. Links, die auf Internet- oder Intranetseiten verweisen, funktionieren nicht usw.

Da die **Gliederung** während der Ausarbeitung ständig „mitwächst", also ständig weiter verfeinert wird, sollten Sie in der Gliederung **in einer Textzeile** das **Datum der letzten Änderung** notieren. Diese Zeile wird dadurch immer mit ausgedruckt.

Die **Dateinamen**, unter denen die Gliederungsversionen gespeichert sind, sollten darüber hinaus das Datum oder **Monat und Jahr der Erstellung** enthalten. Um die Dateien in der richtigen Reihenfolge zu sehen, muss **das Jahr vorne stehen** und der Monat hinten. Beispielname: `gliederung-2006-09.doc.`

Sie sollten zwei bis drei ältere Fassungen der Gliederung auf Ihrer Festplatte und **alle älteren Fassungen der Gliederung als Papierausdruck aufbewahren.** Bei dieser Vorgehensweise kann gegebenenfalls auf eine frühere Gliederungsversion zurückgegriffen werden. Dies könnte dann nötig werden, wenn für den mit der letzten Gliederungsmodifikation festgelegten neuen Schwerpunkt des Projektes in der verfügbaren Zeit keine Literatur auffindbar ist oder wenn Versuche z. B. wegen Lieferschwierigkeiten oder Defekten ins Stocken geraten oder wenn der Auftraggeber eine frühere Gliederungsversion bevorzugt.

☞ *Um die einzelnen Dateien bei der Anzeige im Dateiauswahlfenster auch in der richtigen Reihenfolge angezeigt zu bekommen, sollten Sie die Kapitel- und ggf. Unterkapitelnummer im Dateinamen vorn angeben, evtl. mit führender Null bei einstelligen Zahlen und danach eine Buchstabenkombination, die den Inhalt beschreibt.*

Durch diese Namenskonvention, bei der die Dateien weitgehend in der gleichen Reihenfolge wie in der Gliederung angezeigt werden, müssen Sie wenig umdenken und die Kapitel der Gliederung prägen sich schnell ein.

Wenn Sie für Ihren Technischen Bericht **Grafikdateien** verwenden, in deren Gestaltung Sie Arbeit investiert haben, dann sollten Sie diese Dateien **nicht nur eingebettet in** Word oder PowerPoint besitzen, sondern **auch im Originalformat, in der Originalgröße und Originalauflösung** und, falls zutreffend, **in einem Vektorformat**.

Für Ihren Technischen Bericht benötigen Sie die Bilddateien oft auch in einem **anderen Format** wie z. B. gif oder jpg oder einer anderen Bildgröße (in Pixeln) für die Publikation in Datennetzen, siehe 3.7.7. Eine **andere Auflösung** kann z. B. vorkommen, wenn die Bilder mit 300 dpi für den Druck in einer Zeitschrift, mit 150 dpi für den Ausdruck des Technischen Berichts und mit 72 bzw 75 dpi (= Bildschirmauflösung) in einer PowerPoint-Präsentation, hier mit dem Ziel „geringe Dateigröße", verwendet werden.

☞ *Die Grafikdateien sollten immer in allen verwendeten Dateiformaten, Bildgrößen und Auflösungen mit archiviert und an andere weitergegeben werden, denn nur so können Sie und andere an den Bilddateien später noch Änderungen vornehmen. Im Fall von Vektordateien ist überhaupt nur im Vektordateiformat das Editieren der Bildobjekte möglich.*

Sicherungskopien Ihrer Daten sollten Sie häufig erstellen! Damit sichern Sie das Ergebnis Ihrer eigenen geistigen Arbeit. Legen Sie sich zusätzlich zu den Dateien auf der Festplatte von allen Dateien Ihres Projekts zwei bis drei Kopien der Dateien auf verschiedenen Disketten oder anderen Datenträgern an: auf USB-Stick, CD, Wechselplattenlaufwerk, Tape usw.

Zur **Komprimierung** und Dekomprimierung der Daten eignen sich WinZip und pkzip/pkunzip. Sie sollten die **Sicherungskopien häufig aktualisieren** (ein- bis zweimal täglich). Dafür haben sich selbstgeschriebene Batchdateien bzw. UNIX-Shellskripte hervorragend bewährt, z. B. eine ASCII-Datei `diplarb.bat` mit folgendem Inhalt: `pkzip buch.zip *.doc`. Dabei wird statt komplizierten Befehlen mit umfangreichen Parametern nur ein leicht merkbares Wort eingetippt, hier `diplarb`, und die Sicherung automatisch gestartet.

Heben Sie sich darüber hinaus den **jeweils letzten Ausdruck Ihrer Dateien im Berichts-Ordner** auf. Das ist *keine übertriebene Vorsicht*, sondern eine aus leidvoller Erfahrung gewonnene Arbeitsregel. Disketten können unbrauchbar werden, auch der Schreib-/Lese-Kopf im Disketten- oder Festplattenlaufwerk kann aufsetzen (Plattencrash), und so etwas passiert fast immer kurz vor dem Abgabetermin!

Wenn Sie **viel im Internet surfen**, speichern Sie sich Ihre Lieblingsseiten als Favoriten und löschen Sie die temporären Internet-Dateien regelmäßig, damit sich nicht erst mehrere MB Daten ansammeln und Ihr Rechner an Leistung verliert, bevor Sie aktiv werden. Im Internet Explorer gibt es dafür mehrere interessante Befehle.

☞ *Führen Sie **mindestens nach jeder größeren Internet-Recherche** folgende Befehle aus:*

- *Öffnen Sie Datei – Importieren und Exportieren und **speichern Sie Ihre Favoriten** in Ihrem Projektverzeichnis als HTML-Datei. Sichern Sie diese Datei regelmäßig mit den anderen Dateien im Projektverzeichnis.*
- *Im Menü Extras – Internet-Optionen bearbeiten Sie folgende Schritte zum Löschen von temporären Dateien: a) Cookies löschen, b) Dateien löschen – einmal mit der Option Alle Offlineinhalte löschen, einmal ohne und c) Verlauf leeren.*

3.7.6 Automatisches Erzeugen von Verzeichnissen, Beschriftungen und Querverweisen mit Word

Erfahrungsgemäß wissen etliche Nutzer, die Word nur gelegentlich benutzen, nicht genau, wie man damit automatisch Verzeichnisse erzeugen kann, speziell wenn die Verzeichnisse aus mehr als einer einzelnen Datei erstellt werden sollen. Online-Hilfe und Programmhandbuch geben hier keine ausreichend klare Auskunft und die Funktion Zentraldokument – Filialdokument wird selten empfohlen. Deshalb soll dieser in Technischen Berichten häufig auftretende Fall der automatischen Verzeichniserstellung genauer erklärt werden. Die folgende Liste zeigt Schritt für Schritt, was zu tun ist. Am Ende dieses Abschnitts folgt eine Darstellung, wie man mit Word Beschriftungen (z. B. Bild- und Tabellennummern) und automatische Querverweise erzeugen kann.

Vorbereitungen

- Öffnen Sie eine neue Datei, z. B. „verz.doc". Gehen Sie in die Normalansicht und schalten Sie die Anzeige nicht druckbarer Zeichen ein mit der Funktion „verborgenen Text anzeigen/verbergen" [¶]. Nicht druckbare Zeichen sind u. a. die Absatzendemarken, die Leerzeichensymbole, Index-Einträge sowie Kommentare, die mit der Funktion „Format – Zeichen“ als verborgener Text gekennzeichnet sind.

- Sagen Sie Word nun, welche Dateien bei der Erzeugung von Verzeichnissen zu berücksichtigen sind. Wählen Sie „Einfügen – Feld – Kategorien: Index und Verzeichnisse – Feldnamen: RD“. Beachten Sie die Beschreibung im Funktionsfenster. Sie lautet „Erstellt einen Index, ein Inhaltsverzeichnis oder ein Abbildungsverzeichnis aus mehreren Dokumenten.“ Wenn Sie den OK-Knopf drücken, fügen Sie ein zunächst leeres RD-Feld ein. Selektieren Sie dieses Feld mit der Maus und achten Sie darauf, dass Sie die begrenzenden Klammern beide mit selektiert haben (im folgenden Beispiel sind diese Klammern unterstrichen dargestellt). Kopieren Sie dieses RD-Feld mit Strg-C und Strg-V so oft, dass für jede zu berücksichtigende Datei ein RD-Feld vorhanden ist. Dann tragen Sie die Dateinamen in die entsprechenden Felder ein, z. B.
  { RD 1-ausgsit.doc } { RD 2-plantb.doc } { RD 3-erstel.doc } usw.

Inhaltsverzeichnis

- Die Voraussetzung für die automatische Erzeugung eines Inhaltsverzeichnisses ist, dass die Kapitel-, Unterkapitel- und Abschnittsüberschriften mit entsprechenden Formatvorlagen formatiert sind. Am besten definieren Sie sich die Formatvorlagen „Überschrift 1, Überschrift 2, Überschrift 3 usw.“ nach Ihrem Bedarf um. Mit diesen Formatvorlagen wird das Erscheinungsbild der Überschriften im Text gesteuert. Bei der automatischen Erzeugung eines Inhaltsverzeichnisses aus Formatvorlagen werden standardmäßig die Absätze, die Sie mit „Überschrift 1, Überschrift 2, Überschrift 3 usw.“ formatiert haben, in das Inhaltsverzeichnis kopiert und dort mit den Formatvorlagen „Verzeichnis 1, Verzeichnis 2, Verzeichnis 3 usw.“ formatiert.
- Eine Dokumentteil-Überschrift, der versehentlich nicht die zugehörige Formatvorlage (z. B. Überschrift 2) zugewiesen wurde, erscheint dann auch nicht im automatisch erzeugten Inhaltsverzeichnis!
- Wenn Sie nicht die Standard-Formatvorlagen „Überschrift n“ verwenden wollen, dann wählen Sie „Einfügen – (Referenz –) Index und Verzeichnisse – Registerkarte Inhaltsverzeichnis, Optionen“ und wählen Sie andere Formatvorlagen aus.
- Sie befinden sich in der Datei verz.doc oder, wenn Ihr Bericht nur aus einer Datei besteht, am Dateianfang, ggf. hinter Deckblatt und Titelei. Öffnen Sie in Word die Registerkarte Inhaltsverzeichnis wie eben beschrieben. Wenn Sie nun den OK-Knopf drücken, wird ein Inhaltsverzeichnis aus allen Dateien erzeugt und an der aktuellen Cursorposition eingefügt.
- Die neuesten Word-Versionen formatieren das Inhaltsverzeichnis mit den Formatvorlagen „Verzeichnis 1, Verzeichnis 2, Verzeichnis 3 usw.“ und weisen den Überschriften anschließend zusätzlich die Formatvorlage „Hyperlink“ zu. Diese Formatvorlage verändert aber nicht die Eigenschaften des Textes wie z. B. Schriftart, Schriftgröße und Einzüge. Um die Eigenschaften zu beeinflussen, müssen Sie nach wie vor die Formatvorlagen „Verzeichnis 1, Verzeichnis 2, Verzeichnis 3 usw.“ editieren.
- Wenn Sie in den Bereich des neu erzeugten Verzeichnisses klicken, erscheint der Text hellgrau hinterlegt (gerastert). Das hat aber keine besonderen Auswirkungen. Durch Einfügen von Leerzeilen und anderen Absatzformatierungen lässt sich der Seitenumbruch optimieren und das Layout weiter verfeinern. Bearbeiten Sie das automatisch erstellte Verzeichnis genauso wie normalen Text. Ersetzen Sie z. B. den Tabulator mit Führungspunk-

ten durch „Leerzeichen, Tabulator, Leerzeichen“. Optimieren Sie danach den Zeilenumbruch. Wenn Sie einen Tippfehler bemerken, sollten Sie dies auch in der jeweiligen Überschrift in den Kapitel-Dateien ändern.

- Für die Gestaltung der Dokumentteil-Überschriften im Inhaltsverzeichnis lesen Sie bitte den Abschnitt 3.1.2 „Gliederung mit Seitenzahlen = Inhaltsverzeichnis“.

Bilderverzeichnis, Tabellenverzeichnis

- Sie befinden sich in der geöffneten Datei „verz.doc“, ggf. hinter dem gerade erzeugten Inhaltsverzeichnis oder, wenn Ihr Bericht nur aus einer Datei besteht, im Anhang. Geben Sie einen Seitenwechsel und z. B. die Überschrift „Bilder“ oder „Tabellen“ ein.
- Ein Bilderverzeichnis oder ein Tabellenverzeichnis entsteht analog zu einem Inhaltsverzeichnis. Formatieren Sie alle Bildunterschriften z. B. mit einer neu definierten Formatvorlage „Bildunterschrift“ und alle Tabellenüberschriften mit „Tabellenüberschrift“. Mit diesen Formatvorlagen legen Sie fest, wie die Bildunterschriften und Tabellenüberschriften im Text aussehen sollen.
- Das Aussehen der zu erzeugenden Bilder- und Tabellenverzeichnisse ändern Sie folgendermaßen: „Format – Formatvorlage(n und Formatierung) – Anklicken der Formatvorlage ‚Abbildungsverzeichnis‘ – Bearbeiten“. Diese Formatvorlage ist standardmäßig nicht in der normalen Formatvorlagen-Liste in der Formatierungsleiste enthalten. Wählen Sie „Anzeigen: Alle Formatvorlagen“, um diese Formatvorlage zu editieren.
- Die neuesten Word-Versionen weisen den Einträgen anschließend zusätzlich die Formatvorlage „Hyperlink“ zu. Diese Formatvorlage verändert aber nicht die Eigenschaften des Textes wie z. B. Schriftart, Schriftgröße und Einzüge. Um die Eigenschaften zu beeinflussen, müssen Sie nach wie vor die Formatvorlage „Abbildungsverzeichnis“ editieren.
- Bei Bedarf können Sie in der Datei „verz.doc“ einen Seitenumbruch einfügen, bevor Sie das Bilderverzeichnis erzeugen.
- Wählen Sie „Einfügen – (Referenz –) Index und Verzeichnisse – Registerkarte Abbildungsverzeichnis“. Stellen Sie unter „Formate“ z. B. „Elegant“ ein und unter „Füllzeichen“ führende Punkte. Unter „Optionen“ können Sie nun „Formatvorlage“ ankreuzen und aus der Liste die relevante Formatvorlage wählen, z. B. „Bildunterschrift“. Wenn Sie danach in der Registerkarte den OK-Knopf drücken, wird ein Bilderverzeichnis erzeugt.
- Wenn Word fragt, ob es das bisherige Verzeichnis löschen soll, antworten Sie mit Nein. Als Resultat haben Sie dann ein Inhaltsverzeichnis und ein Bilderverzeichnis in Ihrer Datei „verz.doc“. Das fertige Verzeichnis können Sie nun an die richtige Stelle in Ihrem Technischen Bericht kopieren, z. B. in das Kapitel Anhang.
- Wenn Sie ein Tabellenverzeichnis erzeugen wollen, dann stellen Sie auf der Registerkarte Abbildungsverzeichnis unter „Optionen“ die Formatvorlage „Tabellenüberschrift" ein und verfahren im Übrigen genauso wie beim Bilderverzeichnis.

Index

- Indexeinträge müssen in Ihren Textdateien an der Stelle eingetragen sein, auf die sie sich beziehen. Wenn Sie einen Indexeintrag einfügen, dann wechselt Word automatisch in den Modus „verborgenen Text anzeigen“.

- Legen Sie in Ihren Textdateien zunächst Indexeinträge fest. Markieren Sie Text, der im Index erscheinen soll und wählen Sie „Einfügen – (Referenz –) Index und Verzeichnisse – Registerkarte Index – Eintrag festlegen". Der gewünschte Text ist als Eintrag vorbereitet. Sie können nun noch die Groß- und Kleinschreibung und Einzahl oder Mehrzahl anpassen, damit die Einträge gut strukturiert sind. Klicken Sie auf „Festlegen", dann wieder ins Textfenster und markieren Sie einen neuen Eintrag. Wahlweise können Sie auch einen Indexeintrag in das Editierfeld im Funktionsfenster eintippen und auf „Festlegen" klicken.
- Word fügt für jeden Eintrag ein XE-Feld in Ihren Text ein. Das können Sie auch mit der Funktion Einfügen – Feld. In einem XE-Feld können durch Doppelpunkt getrennt Untereinträge in bis zu 9 Stufen eingetragen werden (wahlweise vom Funktionsfenster aus oder direkt im XE-Feld). Die Untereinträge werden im Index eingerückt.
- Der Text zwischen den Anführungszeichen im XE-Feld darf max. 64 Zeichen lang sein. Haupteinträge können dadurch im Index hervorgehoben werden, dass die zugehörige Seitenzahl fett oder kursiv gedruckt ist. Hierfür kreuzen Sie im Funktionsfenster die gewünschte Zeichenformatierung an oder tragen Sie im XE-Feld nach dem schließenden Anführungszeichen und einem Leerzeichen „\b" (fett) bzw. „\i" (kursiv) ein. Dies entspricht „bold" und „italic".
- Berücksichtigen Sie bitte, dass sich Ihr Zeilen- und Seitenumbruch ändert, wenn Sie den verborgenen Text ein- oder ausschalten.
- Wenn alle Index-Einträge fertig sind, gehen Sie in der Datei „verz.doc" oder in Ihrer Berichtsdatei ans Dateiende. Geben Sie wieder einen Seitenwechsel und die Überschrift „Index" ein. Um den Index zu erzeugen, wählen Sie „Einfügen – (Referenz –) Index und Verzeichnisse – Registerkarte Index – Typ: Eingezogen – Formate: Formell – Spalten: 2" und klicken Sie auf den OK-Knopf.
- Das Aussehen des zu erzeugenden Index ändern Sie, indem Sie die Absatz-Formatvorlagen „Index 1" bis „Index 9" editieren. Details hierzu sind bei Inhaltsverzeichnis und Abbildungsverzeichnis beschrieben.
- Die neuesten Word-Versionen weisen den Index-Einträgen anschließend zusätzlich die Formatvorlage „Hyperlink" zu. Diese Formatvorlage verändert aber nicht die Eigenschaften des Textes wie z. B. Schriftart, Schriftgröße und Einzüge. Um die Eigenschaften zu beeinflussen, müssen Sie nach wie vor die Formatvorlagen „Abbildungsverzeichnis" editieren.
- Damit Word den Index in der richtigen Größe erzeugt, müssen die Seitenränder sowie die Kopf- und Fußzeilen in der Datei „verz.doc" genauso eingerichtet sein wie in den übrigen Textdateien.
- Ein mehrspaltiger Index wird in Normalansicht einspaltig dargestellt. Wechseln Sie deshalb in die Ansicht Seiten-Layout, um den fertigen Index zu betrachten. Hier können Sie auch den Seitenumbruch optimieren.

Glossar, Verzeichnis der verwendeten Formelzeichen und Einheiten usw.

- Diese Verzeichnisse dienen nicht dazu, Informationen im übrigen Text gezielt zu suchen, sondern sie haben den Charakter von Nachschlagewerken. Deshalb sind in diesen Verzeichnissen in der Regel keine Seitenzahlen vermerkt, und sie werden normalerweise nicht automatisch erzeugt, sondern wie das Literaturverzeichnis oder normaler Text manuell erstellt.

- Wenn Sie dennoch zu Arbeitszwecken eine Übersicht mit Seitenzahlen haben wollen, gehen Sie sinngemäß wie bei Bilder- und Tabellenverzeichnissen vor und verwenden Sie Formatvorlagen wie „Glossar“, „Formel“, „Regel“ usw.

Richtige Seitenzahlen

- Word fügt in Ihre Verzeichnisse nur dann die richtigen Seitenzahlen ein, wenn Sie in jeder Textdatei die nächste fortlaufende Seitenzahl bei „Einfügen – Seitenzahlen – Format – Beginnen bei“ eingetragen haben.

Einsatz der Verzeichnisse zur Kontrolle der eigenen Arbeit

- Die automatisch erstellten Verzeichnisse können Sie – wie beim Inhaltsverzeichnis angegeben – genauso wie normalen Text drucken oder editieren. Sie können diese Verzeichnisse also aus „verz.doc“ herauskopieren und in Ihren Textdateien an der gewünschten Stelle einfügen.
- Das Erzeugen dieser Verzeichnisse ist jedoch nicht nur für die Erstellung des Endausdrucks interessant. Schon während der Entstehungsphase Ihres Technischen Berichts können Sie diese Verzeichnisse sinnvoll einsetzen. Damit Sie einen Überblick haben, welche Bilder Sie überhaupt verwendet haben und auf welcher Seite sich diese befinden, können Sie sich gelegentlich ein Bilderverzeichnis und ein Tabellenverzeichnis erzeugen. Ähnliches gilt für das Inhaltsverzeichnis.

Zu wenig Arbeitsspeicher

- Wenn Ihr Arbeitsspeicher nicht ausreichen sollte, um alle Dateien für die Verzeichniserstellung geöffnet zu halten, dann führen Sie die Verzeichnis-Erzeugung schrittweise durch. Legen Sie sich z. B. die folgenden Dateien an:

  – „verz1.doc“ mit { RD kap1.doc } { RD kap2.doc } { RD kap3.doc } und
  – „verz2.doc“ mit { RD kap4.doc } { RD kap5.doc } { RD kap6.doc } usw.

  Das Gesamt-Inhaltsverzeichnis setzen Sie dann durch Kopieren und Einfügen an einer gemeinsamen Stelle aus den jeweils in verz1.doc und verz2.doc erzeugten Teil-Inhaltsverzeichnissen zusammen. Für die anderen Verzeichnistypen außer für den Index gilt dies sinngemäß. Ein Gesamt-Index, der aus hintereinander angeordneten Teil-Index-Verzeichnissen zusammengesetzt ist, muss zum Schluss noch alphabetisch sortiert werden (in der Normalansicht).

Automatisch erzeugte Beschriftungen und Querverweise:

Automatische Beschriftungen und Querverweise sparen Arbeit. Beispiel: Nummerieren Sie Bilder in den Bildunterschriften mit „Einfügen – (Referenz –) Beschriftung, Kategorie = Abbildung“. Hier ein Beispiel für eine Beschriftung, die mit der Kategorie Abbildung erzeugt wurde:

$$(a+b)^2 = a^2 + 2ab + b^2$$

Abbildung 1: Erste Binomische Formel

Weitere von Word vorgegebene Kategorien sind Gleichung und Tabelle. Automatische Gleichungsnummern erscheinen dabei unterhalb der Gleichungen und nicht, wie allgemein üblich, rechts neben der Gleichung. Sie können beliebige andere Kategorien definieren,

z. B. Bild statt Abbildung (siehe „Neue Kategorie...“). Einen Querverweis können Sie einfügen mit „Einfügen – Querverweis, Verweistyp = Abbildung“. Als Verweistypen stehen auch z. B. Textmarke, Gleichung und Tabelle zur Verfügung. Mit dem Feld „Verweisen auf:“ steuern Sie, was im Querverweis dargestellt wird. Hier einige Beispiele, wie die Querverweis-Felder aussehen können, der automatisch erzeugte Teil ist unterstrichen.

Gesamte Beschriftung:	Abbildung 1: Erste Binomische Formel (leider kann **Abbildung 1:** nicht fett gesetzt werden)
Nur Kategorie und Nummer:	Abbildung 1
Seite:	164

Wenn Sie die Beschriftungen erzeugt haben, können Sie sich im Text Ihres Technischen Berichts durch einen Querverweis auf die obige Abbildung beziehen.
Beispiel: siehe Abbildung 1 auf Seite 164. Für andere Kategorien gibt es andere Einstellungen im Feld „Verweisen auf:“.

Bilder- oder Tabellenverzeichnis bei automatisch erzeugten Beschriftungen:

Beim Erzeugen eines Verzeichnisses aus den automatisch nummerierten Objekten stellen Sie im Menü „Index und Verzeichnisse, Registerkarte Abbildungsverzeichnis“ nicht in den Optionen die zu verwendende Formatvorlage ein, sondern Sie wählen einfach die jeweilige Kategorie und klicken auf OK.

Felder und Verzeichnisse aktualisieren

Verzeichnisse, die nicht automatisch erzeugt sind, enthalten fast immer Fehler (Nicht-Übereinstimmungen zwischen Text und Verzeichnis). Der wesentliche Vorteil der automatischen Beschriftungs- und Verzeichniserstellung ist der, dass die Einträge im Text und im jeweiligen Verzeichnis übereinstimmen und diese Übereinstimmung beim Endcheck nicht mehr durch Aufschlagen aller Textstellen einzeln überprüft werden muss (sofern Sie nicht nach der Erzeugung des Verzeichnisses noch Änderungen am Text oder am Verzeichnis vorgenommen haben!). Sie aktualisieren alle automatischen Beschriftungen und Verzeichnisse durch Drücken der **Funktionstaste F9**. Dies sollte beim Endcheck der erste Handgriff nach dem Öffnen Ihrer Word-Dateien sein.

3.7.7 Vorbereitung des Technischen Berichts für die Publikation in einem Datennetz

Wenn Sie Ihren Technischen Bericht in einem Datennetz, also in einem Intranet oder im Internet publizieren wollen, stehen Ihnen zwei gängige Formate zur Verfügung: HTML und PDF. Das Format PDF (Portable Document Format) wurde von der Firma Adobe definiert. Um PDF-Dateien zu erzeugen, benötigen Sie die kostenpflichtige Software Adobe Acrobat, (der kostenlose Adobe Acrobat Reader reicht dafür nicht aus) oder einen Druckertreiber, der PDF-Dateien erzeugt. Weiter unten ist beschrieben, wie Sie ihren Technischen Bericht mit Adobe Acrobat als PDF-Datei abspeichern können.

Bei PDF handelt es sich um eine Seitenbeschreibungssprache. Jeder Betrachter sieht Ihren Technischen Bericht genauso, wie Sie ihn am Computer gestaltet haben. Der Zeilen- und Seitenumbruch bleibt erhalten. Das ist der wesentliche Vorteil von PDF.

Wenn Sie stattdessen eine Word-Datei in einem Intranet veröffentlichen, geht der Zeilen- und Seitenumbruch in der Regel verloren, weil der aktuell auf dem anderen Rechner installierte

Druckertreiber verwendet wird. Für die korrekte Darstellung des Technischen Berichts benötigt der Betrachter auch die gleichen Schriftarten, wie sie der Autor verwendet hat.

HTML (Hypertext Markup Language) ist die im Internet und in einem Intranet verwendete Seitenbeschreibungssprache. Jeder Betrachter sieht Ihren Technischen Bericht so, wie der von ihm verwendete Browser die Befehle interpretiert. Der Zeilen- und Seitenumbruch bleibt dabei nicht erhalten. Das ist der wichtigste Nachteil von HTML. Der wichtigste Vorteil ist, dass HTML-Dateien kleiner als PDF-Dateien sind und deshalb viel schneller dargestellt werden können. Wir wollen hier keinen HTML-Grundkurs ersetzen und verweisen auf folgende Quellen im Internet:

- Kenntnisse zu HTML vermittelt SelfHTML von Stefan Münz: http://selfhtml.teamone.de/ und das HTML-Handbuch von Stefan Münz und Wolfgang Nefzger, das im Franzis Verlag erschienen ist (ISBN 3-7723-6654-6).
- Ein kostenloser und einfach zu bedienender HTML-Editor ist Phase 5 von Uli Meybohm: http://www.meybohm.de/htmledit.html

Auch wenn Sie nur mit Word, PowerPoint und Excel arbeiten, sollten Sie das Prinzip des Verlinkens von Seiten aus HTML und PDF kennen, denn auch Word, PowerPoint und Excel bieten seit einiger Zeit Funktionen, um Office-Dokumente untereinander und mit externen Dateien zu verlinken. Die folgenden Abschnitte beschreiben die wichtigsten Funktionen.

Automatisch erzeugte Verlinkungen (Hyperlinks):

Bei den in 3.7.6 beschriebenen Funktionen werden von Word zusätzlich zu den für die Publikation auf Papier benötigten Verzeichniseinträgen, Beschriftungen und Querverweisen auch für die Online-Publikation benötigte Verlinkungen automatisch im Hintergrund erzeugt. Erkennbar ist dies u. a. daran, dass alle Hyperlinks das Absatzformat Hyperlink haben. Auch Internet-Adressen werden automatisch in Hyperlinks umgewandelt. Voraussetzung dafür ist, dass die Adresse entweder mit „www." oder mit „http://" beginnt. (Die automatische Umwandlung von Internet-Links funktioniert auch in Excel, PowerPoint, Works usw.) Auch die in 3.7.8 und 5.4.1 beschriebenen Funktionen von Open Office Writer und Open Office Impress erzeugen aus den Internet-Links anklickbare Hyperlinks.

Manuell erzeugte Verlinkungen:

In Word benötigt man die Funktionen „Einfügen – Textmarke" und „Einfügen – Hyperlink", um Seiten zu verlinken. Ein **Hyperlink** ist eine Verknüpfung, ein Verweis bzw. ein Sprung*befehl*. Man kann jedes anklickbare Objekt verlinken, auch Bilder. Wenn man den Hyperlink anklickt, gelangt man an eine andere Stelle innerhalb derselben Datei bzw. es wird ein Programm gestartet und die in dem Hyperlink genannte Datei bzw. Internet-Adresse angezeigt. Das andere Programm kann z. B. PowerPoint sein oder der Real Player. Welches Programm gestartet wird, hängt von der Dateierweiterung ab (siehe Windows Explorer: Extras – Ordneroptionen – Dateitypen). Eine **Textmarke** ist eine Sprung*adresse* innerhalb einer Datei. Probieren Sie es aus, selbst Textmarken und Hyperlinks in einer Word-Datei zu definieren. Rufen Sie ggf. die Online-Hilfe von Word auf.

Wenn Sie mit Excel und PowerPoint Verlinkungen manuell erzeugen wollen, verwenden Sie einfach genauso wie in Word die Funktion „Einfügen – Hyperlink".

Einem Link folgen:

Wenn Sie in einer Word-, PowerPoint- oder Excel-Datei mit der Maus über einen Link fahren, verändert sich der Cursor. Er nimmt die Gestalt einer senkrecht nach oben zeigenden Hand an. Zusätzlich erscheint ein gelb hinterlegter Informationstext. Er gibt entweder die Sprungadresse an – dann können Sie direkt darauf klicken – oder er fordert Sie auf, die

Strg-Taste und die linke Maustaste gleichzeitig zu drücken, um zur Sprungadresse zu gelangen (je nach Programmversion). Dieses Verhalten zeigen die Office-Programme sowohl bei automatisch erzeugten, als auch bei manuell erzeugten Hyperlinks.
Der Cursor ändert sich übrigens genauso, wie wenn Sie in einer HTML- oder PDF-Datei über einen Link fahren. Der gelb hinterlegte Informationstext erscheint allerdings nur bei den Office-Programmen.

Export von Word nach HTML und PDF:
Die Verweise, die Sie in einer Word-Datei manuell definiert haben, und die automatisch von Word erzeugten Verweise bleiben 1 : 1 erhalten, wenn Sie die Datei mit Word mit dem Befehl „Datei - Als Webseite speichern" als HTML-Datei oder mit Adobe Acrobat als PDF-Datei speichern. Beim Export nach HTML entsteht aus jeder Word-Datei eine HTML-Datei. Die Verlinkungen zwischen den einzelnen Dateien (z. B. eine Datei pro Kapitel) müssen Sie von Hand einfügen.
Beim Export nach PDF beachten Sie bitte Folgendes: Je nach Programmversion von Adobe Acrobat galt vorübergehend, dass die PDF-Datei, die anzeigt wird, noch keinen Dateinamen hatte. Wenn Sie diese Version benutzen, müssen Sie sich angewöhnen, die PDF-Datei sofort nach Erzeugung zu speichern, da sie anderenfalls beim Schließen des Acrobat Reader- bzw. Acrobat-Fensters verloren geht. Um die Zugriffsrechte auf die PDF-Datei zu steuern, steht das Menü „Acrobat - Konvertierungseinstellungen ändern – Sicherheit" zur Verfügung. Wenn die fertige PDF-Datei Ihre Überschriften als eine Baumstruktur zum Navigieren am linken Rand enthalten soll, müssen Sie im Menü „Acrobat - Konvertierungseinstellungen ändern – Lesezeichen" angeben, welche Überschriften- und sonstigen Absatzformatvorlagen für die Erzeugung von Lesezeichen verwendet werden sollen.

3.7.8 Texte editieren mit Open Office Writer

Unter Linux können Sie mit Open Office 2.0 Writer ganz **ähnlich** editieren **wie mit Word**. Das Programm hat viele pfiffige Voreinstellungen. Wenn Sie neu mit dem Programm arbeiten, ist die Online-Hilfe ein wichtiger Begleiter. Sie erklärt recht gut die Bedienungsphilosophie der verschiedenen Funktionen. Hervorzuheben ist die Stabilität und Zuverlässigkeit, auch bei 350 Seiten großen Dokumenten.

Ein sehr nützlicher Helfer ist die **Formatvorlagen-Toolbox**, die Sie mit **F11** öffnen. Auf je einer Registerkarte sind die Absatz-, Zeichen-, Rahmen-, Seiten- und Listenformatvorlagen zusammengefasst. Um die einzelnen Einstellungen zu ändern, klicken Sie mit der rechten Maustaste auf eine vorhandene Vorlage. Es erscheint ein Kontextmenü mit den Alternativen Neu und Ändern. Im danach angezeigten Fenster stehen wieder Registerkarten für diverse Einstellungen zur Verfügung. Versehentlich erzeugte Formatvorlagen löschen Sie mit der Taste Entf.

Absatz- und Zeichenvorlagen funktionieren wie in anderen Textverarbeitungs- bzw. DTP-Systemen. Interessant sind bei Zeichenvorlagen zwei Möglichkeiten auf der Registerkarte Position: erstens kann Text um ±90° gedreht angeordnet werden und zweitens ist paarweises Kerning (optimierter Zeichenabstand zwischen benachbarten Buchstaben) möglich, was die Lesbarkeit der Schrift optimiert.

Rahmenvorlagen sind für Objekte gedacht, die Sie in Word in einem Textrahmen positionieren würden. Hier finden Sie Einstellungen für Rahmen (allgemein), Grafik, OLE-Objekte, Formeln, Marginalien, Wasserzeichen und Etiketten. Es sind bereits sehr viele Vorlagen mit meist recht intelligenten Einstellungen definiert. Rahmen lassen sich wahlweise mittig zum Absatztextbereich oder mittig zur Seite platzieren.

Seitenvorlagen helfen, wenn Sie in jedem Kapitel andere Kopfzeilen verwenden wollen. Definieren Sie sich dafür jeweils eigene Seitenvorlagen. Beispielsweise können Sie eine Seitenvorlage „Kapitel 1" erstellen, die in der Kopfzeile die Überschrift von Kapitel 1 anzeigt, und eine weitere Seitenvorlage für Kapitel 2 anlegen.

So **erzeugen** Sie eine **neue Seitenvorlage**:

1. Öffnen Sie ein neues Textdokument, wählen Sie Format – Formatvorlagen und klicken Sie dann auf das Symbol Seitenvorlagen.
2. Klicken Sie auf das Symbol Neue Vorlage aus Selektion.
3. Geben Sie im Feld Vorlagenname einen Namen für die Seitenvorlage ein und klicken Sie dann auf OK.
4. Doppelklicken Sie auf den Namen in der Liste, um die Vorlage auf die aktuelle Seite zu übernehmen bzw. um sie auf die aktuelle Seite anzuwenden.
5. Wählen Sie Einfügen – Kopfzeile und wählen Sie die neue Seitenvorlage aus der Liste.
6. Geben Sie den gewünschten Text für die Kopfzeile ein.
7. Rufen Sie den Befehl Einfügen – Manueller Umbruch auf.
8. Wählen Sie im Bereich Typ die Option Seitenumbruch und anschließend im Feld Vorlage die Vorlage „Standard".
9. Wiederholen Sie die Schritte 2-6, um eine zweite, benutzerdefinierte Seitenvorlage mit einer anderen Kopfzeile zu erstellen.

Auf der Registerkarte **Verwalten** wählen Sie die Folgevorlage, die nach dem Absatzende automatisch voreingestellt ist.

Wenn Sie eine **Formatvorlage zuweisen** wollen, können Sie den Text entsprechend markieren oder den Cursor positionieren und die Vorlage in der Toolbox doppelt anklicken. Alternativ dazu können Sie den **Gießkannenmodus** (Eimersymbol) verwenden, eine Vorlage in der Liste markieren und dann im Text nur noch einfach auf die Objekte klicken, denen die Vorlage zugewiesen werden soll. Im Fenster Formatvorlagen ist unten ein **Drop-Down-Menü**, in dem Sie wählen können, **welche Vorlagen aufgelistet werden**: alle Vorlagen, die aktuell verwendeten Vorlagen oder die benutzerdefinierten Vorlagen. Die Option Hierarchisch zeigt, welche Vorlage auf welcher anderen Vorlage basiert.

Wenn Sie die Seitenvorlagen so definiert haben, wie Sie sie brauchen, können Sie Ihr Dokument mit allen Vorlagen als **Dokumentvorlage** unter einem Namen speichern und ab sofort neue Writer-Dokumente basierend auf dieser Dokumentvorlage erstellen.

Das Verketten von mehreren Dokumenten z. B. von mehreren Kapiteldateien zu einem Buch erfolgt mit der Funktion **Globaldokument**. Es ist hilfreich, wenn das Globaldokument und die Teildokumente auf derselben Dokumentvorlage beruhen. Bitte lesen Sie die Details in der Online-Hilfe nach.

Eine zweite, sehr nützliche Hilfe beim Editieren ist der **Navigator**. Öffnen Sie ihn mit **F5**. Er zeigt Ihre **Dokumentstruktur** an **getrennt nach Überschriften, Tabellen, Textrahmen, Grafiken, OLE-Objekten, Textmarken, Bereichen, Hyperlinks, Referenzen, Verzeichnissen, Notizen und Zeichenobjekten**. Wenn Sie diese Objekte in Ihrem aktuellen Dokument verwendet haben, erscheint vor dem Objekttyp ein Kreuzchen. Klicken Sie es an, um eine Liste mit den Objekten, die Ihr aktuelles Dokument enthält, zu sehen. Das Plus wandelt sich in ein Minus-Symbol, das Sie zum Schließen dieses Objektbaums verwenden können.

Wenn Sie im Navigator auf ein Objekt klicken, springt der Editier-Cursor an die entsprechende Stelle in Ihrem Dokument.

Es gibt im Writer interessante AutoKorrektur-Optionen: Ganz am Ende der Liste kann man einzeilige Absätze zusammenfassen lassen. Bei **AutoFormat** und **AutoKorrektur** unterscheidet der Writer zwischen den Betriebsmodi während der Eingabe, Anwenden und Anwenden und Bearbeiten. Der dritte Modus erinnert an die Überarbeiten-Funktion in Word.

Wenn Sie nach dem Einfügen eines **Bildes** eine **Bildunterschrift** einfügen wollen, klicken Sie das Bild mit der rechten Maustaste an und fügen Sie eine Beschriftung ein, Kategorie Abbildung. Die beiden Objekte werden automatisch beim Seitenumbruch zusammengehalten.

Die Nummerierung beeinflussen Sie unter Extras – Optionen. Links wählen Sie OpenOffice-Org Writer und Auto-Beschriftung, rechts kreuzen Sie OpenOfficeOrg Writer Bild an und ändern die Voreinstellungen. Wenn die Beschriftung statt „Abbildung“ lieber „Bild“ lauten soll, überschreiben Sie einfach die Vorgabe.

Schmuckelemente wie bunte Balken, Bullets und Hintergründe stehen unter Extras – Gallery zur Verfügung. Ziehen Sie das gewünschte Schmuckelement einfach mit der Maus aus der Gallery in Ihr Dokument.

Beim **Einfügen von Querverweisen** hat der Writer eine andere Philosophie als Word. **Zuerst** muss man mit Einfügen – Querverweis – Referenz setzen eine **benanntes Sprungziel definieren**, erst dann kann man mit Einfügen – Querverweis – Referenz einfügen darauf verweisen. Interessant ist die **Option Oberhalb/Unterhalb**. Dabei wird automatisch ein „oben“ oder „unten“ eingetragen, je nachdem wo sich das Sprungziel befindet, d. h. man kann einen Querverweis „siehe oben/unten“ eintragen und bei Textüberarbeitungen wird er automatisch richtig aktualisiert. Das **Einfügen von Hyperlinks** funktioniert ähnlich wie in Word. Wenn sich die Webseite in einem neuen Fenster öffnen soll, wählen Sie bitte bei **Frame** die Option „_blank“. Wenn der Link als **Schaltfläche** erscheinen soll, stellen Sie bitte bei der Option Form „Schaltfläche“ statt „Text“ ein.

Beim **Einfügen eines erzwungenen Seitenumbruchs** können Sie festlegen, welche Seitenvorlage die neue Seite verwenden soll und welche Seitenzahl sie bekommt. Das Einfügen von **Fußnoten** geht wie in Word.

Das Erzeugen eines **Inhalts- und Abbildungsverzeichnisses** ist ebenso einfach wie in Word. Bitte wählen Sie bewusst, ob Sie die manuelle Nachbearbeitung des Verzeichnisses zulassen wollen, um den Zeilen- und Seiten-Umbruch im Verzeichnis zu beeinflussen, oder eben nicht. Ggf. lesen Sie die Details in der Online-Hilfe nach.

Eine Stärke von Open Office ist die Verwaltung von Literaturangaben in einer **Literaturdatenbank**. Man kann dann elegant Querverweise auf Literatur einfügen und ein Literaturverzeichnis in verschiedenen Ausgabeformaten erzeugen lassen (für eine Zeitschrift, das Institut oder die Diplomarbeit). Details finden Sie in der Online-Hilfe.

Der **Datenaustausch mit Word** funktioniert leider nicht immer reibungslos. Wenn Sie Dokumente im Open Office Writer im Format Word speichern und in Word öffnen und nicht das gewünschte Ergebnis erhalten, probieren Sie den Weg über das Format RTF oder nehmen Sie den Text in die Zwischenablage und fügen Sie ihn in ein neues, leeres, von Word erzeugtes Dokument ein. Die Bilder müssen Sie dann meist neu einbinden.

Das **Exportieren** Ihrer Datei **im Format PDF** verläuft reibungslos. Mit der Option Tagged PDF erhalten Sie für jede vorher mit den Formatvorlagen markierte Dokumentteil-Überschrift am linken Rand Vorschau-Seiten und ein Inhaltsverzeichnis mit anklickbaren Verlinkungen

(Lesezeichen). Das **Speichern im Format HTML** ist nicht sehr komfortabel, da die Verlinkungen nicht exportiert werden.

3.8 Die Fertigstellung des Technischen Berichts

Die Phase „Fertigstellung des Technischen Berichts" besteht aus den Tätigkeiten Korrekturlesen, Korrekturen eingeben, Kopieroriginale erstellen, Endcheck sowie Bericht kopieren, binden und verteilen bzw. PDF-Datei erzeugen und in einem Datennetz veröffentlichen. Spätestens vor dem letzten Korrekturlesen sollten Sie mit Ihrem Copy-Shop oder der Druckerei abstimmen, ob Sie die Daten **digital** bereitstellen **oder** ob die **Papieroriginale** kopiert werden sollen. Beim Digitaldruck ist es oft nötig, dass Sie einen speziellen Druckertreiber verwenden. Dadurch verschiebt sich oft der Zeilenumbruch.

3.8.1 Die Berichts-Checkliste sichert Qualität und Vollständigkeit

Diese Phase ist meist durch großen Zeitdruck geprägt. Um trotz des Zeitdrucks in dieser Phase möglichst viele Fehler, die sich eingeschlichen haben, noch zu finden, haben wir aus unserer Erfahrung die folgende Berichts-Checkliste entwickelt, **Checkliste 3-15**, die Sie bei allen Tätigkeiten der Phase „Fertigstellung des Technischen Berichts" begleiten soll. Wenn Sie alle darin enthaltenen Punkte in Ihrem Technischen Bericht überprüfen und ggf. korrigieren, dann ist eine hohe Sicherheit gegeben, dass die häufigen Fehler nicht mehr enthalten sind. Es wird deshalb nachdrücklich empfohlen, den eigenen Technischen Bericht mit der Berichts-Checkliste zu überprüfen. Die so sicher gestellte Qualität lässt sich ohne Anwendung der Berichts-Checkliste kaum erreichen.

Checkliste 3-15 Berichts-Checkliste

Inhaltsverzeichnis:
- Überschrift „Inhalt" (entsprechend DIN 1421)?
- Seitenzahlen vorhanden? Nur Beginnseite des jeweiligen Dokumentteils?
- Seitenzahlen im Inhaltsverzeichnis rechtsbündig?
- Dokumentteil-Nummer, Dokumentteil-Überschrift und Seitenzahl eines Dokumentteils *müssen vorn und hinten übereinstimmen!*
- Ist automatisch erzeugtes Inhaltsverzeichnis auf letzten Stand gebracht worden?

Inhalt:
- Die Namen der Teilfunktionen müssen bei der verbalen Bewertung und im Morphologischen Kasten und an allen anderen Stellen im Technischen Bericht in Anzahl, Benennung und Reihenfolge übereinstimmen.
- Sätze vom Inhalt her reduzieren zwecks Kontrolle auf Logik, d. h. Nebensätze und Einschübe fiktiv weglassen. Ergibt sich noch ein vollständiger Satz?

Besondere Schreibweisen:
- Ist Blocksatz eingeschaltet worden?
- Ist automatische Trennung eingeschaltet worden?
- Erstreckungszeichen zwischen zwei Zahlen ist „bis" oder „–" (nach DIN 5008).
- Kein Leerzeichen vor Punkt, Doppelpunkt, Komma, Semikolon, Ausrufe-/Fragezeichen.
- Stets linksbündigen Tabulator zwischen Leitzeichen und Sachaussage anordnen.
- Leitzeichen auf den verschiedenen Hierarchiestufen überall einheitlich verwendet?

- Zwischen Maßzahl und Maßeinheit steht *immer* ein Leerzeichen.
- Vor und hinter Rechen- und Vergleichsoperatoren (+, –, x, :, <, >, = usw.) steht immer jeweils ein Leerzeichen. Die Vorzeichen + und – werden ohne Leerzeichen an den zugehörigen Zahlenwert angeschlossen.
- Für alle Arten von Klammern, d. h. für (...), [...], /.../, {...} sowie für <...> gilt:
  Der Text wird von den Klammern direkt ohne Leerzeichen umschlossen.
  Dasselbe gilt für ganze und halbe Anführungszeichen.

Bilder und Tabellen:
- Bilder haben eine Bildunterschrift, Tabellen haben eine Tabellenüberschrift.
- Zu dünne Linien (Strichstärke ¼ Punkt) wegen Problemen beim Kopieren eher vermeiden.
- Bildunterschriften und Tabellenüberschriften beginnen stets mit einem Großbuchstaben (auch bei Adjektiven usw.).
- Adjektive in Tabellen und Anforderungslisten einheitlich klein schreiben (mögliche Ausnahmen: Kopfzeile und Führungsspalte).

Technische Zeichnungen:
- Ist das Schriftfeld vollständig ausgefüllt?
- Einzelteil-Zeichnungen: Läßt sich das Teil herstellen? Sind alle für die *Herstellung* erforderlichen Maße vorhanden?
  Zusammenbau-Zeichnungen: Läßt sich alles montieren? Sind alle erforderlichen *Anschlussmaße* eingetragen?

Literaturarbeit:
- Bibliografische Angaben zu zitierter Literatur und Angaben zum Fundort in der Bibliothek am Besten gleich nach dem Kopieren zweckmäßigerweise auf die jeweils erste Seite zusammenhängender Seiten schreiben.
  Diese Angaben vor Rückgabe der Literatur in der Bibliothek noch einmal überprüfen.
- Bibliografische Angaben im Literaturverzeichnis auf Vollständigkeit überprüfen.

Zeilenformatierung:
- Automatische Silbentrennung auf Richtigkeit überprüfen.
- Bei zu großen Lücken zwischen den Wörtern (Blocksatz) [oder zu stark flatterndem Rand (Flattersatz)] ggf. Trennvorschläge von Hand einfügen.
- Nach Trennung möglichst nicht eine Silbe allein auf einer Zeile stehen lassen.

Seitenformatierung:
- Dokumentteil-Überschrift unten auf der Seite und nachfolgender Text auf der nächsten Seite geht nicht.
- Eine Zeile allein am Seitenende oder Seitenbeginn soll nicht sein.
- Das Querformat muss vom Hochformat aus durch eine 90°-Drehung *im Uhrzeigersinn* erreicht werden (dann ist der Heftrand oben).

Sonstiges:
- Im Text vorhandene Hinweise auf Dokumentteil-Nummern, Bildnummern, Tabellennummern, Seitenzahlen, Überschriften usw. auf Richtigkeit überprüfen und mit dem Inhalts-, Abbildungs-, Tabellenverzeichnis usw. vergleichen
- Ausklapptafeln so falten, dass sie beim Beschneiden nicht auseinander fallen.

Fertigstellung des Technischen Berichts:
- Ausreichend Zeit für Korrekturlesen und Endcheck einplanen, Endcheck durchführen!
- In jeder Datei Felder und automatisch erzeugte Verzeichnisse aktualisieren (F9).

- Sind automatisch erzeugte Verzeichnisse und Querverweise auf dem letzten Stand?
- Beim Korrekturlesen Verweise auf Bilder und Tabellen kontrollieren.
- Kopien, die Fototaste erfordern, nicht im Stapel verarbeiten.
- Aufzuklebende Bilder *gerade* und *rechtwinklig* beschneiden und mit Zeichenplatte und Lineal aufkleben.
- Neuen Hefter bzw. Ordner verwenden.

3.8.2 Korrekturlesen und Korrekturzeichen nach DIN 16 511

Beim abschließenden Korrekturlesen, siehe Netzplan auf der folgenden Seite, sollen alle noch im Bericht vorhandenen Fehler gefunden werden. Folgende Fehlerarten treten in diesem Stadium der Ausarbeitung des Technischen Berichts fast immer noch auf: falsche Wortwahl bzw. falsche Vokabeln (bei fremdsprachigen Texten), Rechtschreibfehler, Zeichensetzungsfehler, Grammatikfehler, Stilfehler, inhaltliche Wiederholungen, Fehler im logischen Gedankenfluss, Layoutfehler sowie sonstige Fehler (Lesbarkeit, Absprachen mit der Schreibkraft).

Wenn Sie sich gut konzentrieren können, dann erledigen Sie die Fehlersuche in einem einzigen Durchgang. Ansonsten fassen Sie mehrere Fehlerarten, auf die Sie sich konzentrieren wollen, in Gruppen zusammen und **lesen Sie in mehreren Durchgängen Korrektur**. Für alle obigen Fehlerarten gilt, dass Sie sie auf Papier deutlich besser finden als auf dem Bildschirm. **Auf Papier** ist die Schrift schärfer und die Augen können die Schrift aufgrund der angenehmeren Kontraste entspannter betrachten. Außerdem können Sie auf einer Seite Papier viel mehr Informationen zusammenhängend lesen als auf einer Bildschirmseite und Sie können viel besser vorwärts und rückwärts blättern. Dadurch wird die Suche nach inhaltlichen Wiederholungen und logischen Fehlern stark erleichtert. Übertragen Sie Korrekturen vom Papier möglichst bald in Ihre entsprechenden Textdateien!

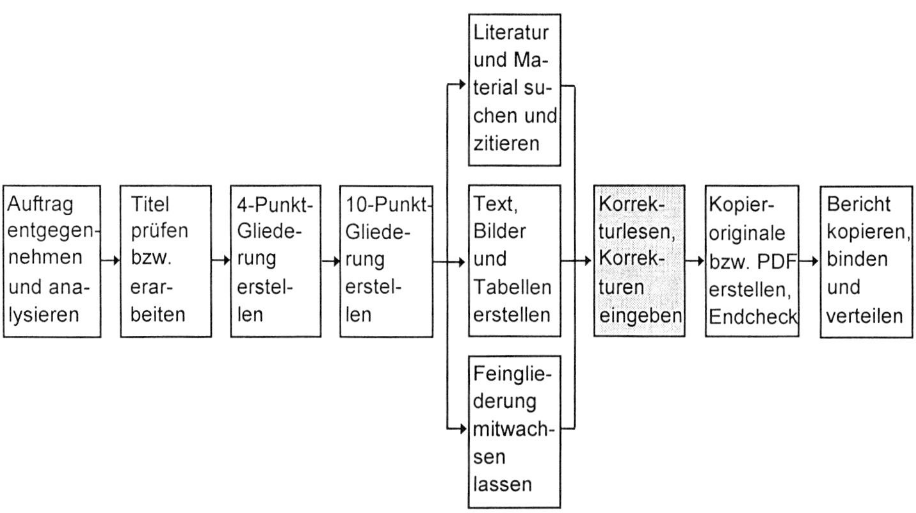

Während des Eingebens von Korrekturen bzw. beim Lesen am Bildschirm finden Sie oft **noch offene Probleme**. Gewöhnen Sie sich deshalb spezielle Vermerke an für Dinge, die Sie später noch kontrollieren wollen, bevor der Endausdruck erstellt wird; die im Moment aber den Lesefluss am Bildschirm zu sehr unterbrechen würden. Verwenden Sie z. B. die

Suchmarkierung „###", die an der entsprechenden Stelle in die Datei eingetragen wird. Sie können diese Suchmarkierung auch mit Abkürzungen ergänzen. Beispiele: „###Rs" = Rechtschreibung/Wörterbuch/DUDEN, „###Lit" = Literaturzitat oder bibliografische Angaben noch einmal prüfen, „###Lex" = Bedeutung unklar (in Fachlexikon oder Fachbuch nachschlagen), „###eS" = einleitender oder überleitender Satz u. ä.

☞ *Notieren Sie sowohl Korrekturvermerke als auch notwendige Arbeiten am Besten sofort in Ihrer To-do-Liste, damit Sie diese Ideen nicht vergessen.*

Mit dem Korrekturlesen wird **auch das Layout überprüft**. Bilder und Tabellen dürfen nicht getrennt bzw. zerschnitten werden, soweit sie nicht ohnehin über mehrere Seiten gehen. Die Bildunterschriften und Tabellenüberschriften müssen auf den gleichen Seiten stehen, wo sich auch die Bilder bzw. Tabellen befinden. Wenn Absätze getrennt werden müssen, dann nicht eine Zeile allein oben oder unten auf der Seite. Auch ist folgendes nicht erlaubt: die Dokumentteil-Überschrift steht unten auf der Seite und der zugehörige erste Absatz beginnt erst auf der nächsten Seite.

Da sich die Seitenzahlen durch Umformatierungen bis zuletzt ändern können, werden die Seitenzahlen im von Hand erzeugten Inhaltsverzeichnis als letzte eingetragen bzw. das automatisch erzeugte Inhaltsverzeichnis zum Schluss noch einmal aktualisiert. Das gilt auch für das Abbildungs-, das Tabellenverzeichnis usw. Die Kopieroriginale des Inhaltsverzeichnisses und der anderen Verzeichnisse werden deshalb als letzte Kopieroriginale ausgedruckt. Vor dem Beginn des Kopierens werden dann bewährterweise noch einmal alle Verweise auf andere Dokumentteile und alle Seitenzahlen der Dokumentteil-Überschriften in allen vorher ausgedruckten Kopieroriginalseiten mit dem Inhaltsverzeichnis verglichen und überprüft.

Korrekturen sollten Sie **immer in rot eintragen**, z. B. mit einem dünnen Faserschreiber oder Kugelschreiber. Dies deshalb, weil Sie dann Ihre eigenen Korrekturen beim Eingeben in den Computer viel deutlicher erkennen können, als wenn Sie z. B. Korrekturen mit Bleistift oder blauem bzw. schwarzem Kugelschreiber vornehmen. Wenn Sie eine Korrektur eingearbeitet haben, dann sollten Sie ein Lineal auf der Seite nach unten schieben bis zu der Stelle, an der Sie die nächste Korrektur einarbeiten wollen. Sie können die Korrekturen auch mit einem andersfarbigen Stift abhaken oder durchstreichen.

Korrekturzeichen sind **besonders wichtig, wenn** der Ersteller des Technischen Berichts die Korrekturen auf dem Papier einträgt und **jemand anderes die Korrekturen in die jeweiligen Dateien einarbeitet**. Die genormten Korrekturzeichen finden Sie an mehreren Fundstellen: in DIN 16 511 „Korrekturzeichen", im Rechtschreib-DUDEN und im Internet z. B. unter: http://e-write.de/mg/downloads/data/pdf/ewrite/korrekturzeichen.pdf. Wir empfehlen hier eine sinnvolle Auswahl an Korrekturzeichen mit gleichzeitiger Vereinfachung, **Tabelle 3-13**.

Vereinfachtes System von Korrekturzeichen

Jede Korrektur wird

a) in der laufenden Zeile durch einen kurzen senkrechten Strich am linken Rand und

b) durch ein Korrekturzeichen im Fließtext markiert.

c) Das Korrekturzeichen wird auf dem rechten Rand wiederholt und rechts daneben die eigentliche Korrektur eingetragen.

d) Die Wiederholung des Korrekturzeichens entfällt, wenn es „selbsterklärend" ist, z. B. die Zeichen für Leerzeichen einfügen bzw. löschen und Absatz einfügen bzw. fortsetzen.

Tabelle 3-13 Vereinfachtes System von Korrekturzeichen nach DIN 16511

Korrekturmarkierung im Fließtext	**Korrektur**
Zu streichende Buchstaben werden auf folgengende Weise gekennzeichnet. Der Buchstabe steht für das lateinische Wort „deleatur“ = „es werde getilgt“.	
Der Erstreckungsstrich mit seitlicher Begrenzung (├──┤) dient aber nicht nur zum Löschen, sondern auch zum Ersatz bestimmter Zeichenfolgen.	von
Zu streichende Textpassagen über mehrere Zeilen werden mit senkrechtem Strich am Anfang und am Ende und dazwischen mit einem z gekennzeichnet.	
Ist nur ein Zeichen zu löschen oder faalsch, dann wird wie korrigiert. Treten nun mehrer solcher Korrekturen in der gleihen Zeile auff, dann sind die Zeichen zu variieren. Jedes Zeichen erscheint in der gleichen Zeile nur einmal.	folgt
Für eine andere Zeichenformatierung wird das betreffende Wort oder die Textpassage mit einer Wellenlinie unterstrichen und am Rand die gewünschte Formatierung genannt, z. B.: k = kursiv, f = fett, u = unterstrichen usw.	K
Manchmal muss eine doch nicht notwendige Korrektur aufgehoben werden.	
Wenn größere Textpassagen als Korrektur eingefügt werden müssen, für die der Platz am rechten Rand nicht ausreicht, verwenden Sie Grafiksymbole, die in der Norm DIN 16 511 nicht enthalten sind. Diese Zeichen werden an einer Stelle wiederholt, wo genug Platz zum Eintragen ist (Seitenrand, Rückseite).	
Sie können folgende Grafiksymbole verwenden: ○, ⊘, □, ⊠, ▽, △ usw.	
Wenn ein Zeichen durch ein Leerzeichen ersetzt werden muss, verwenden Sie das nebenstehende Symbol. Beispiel: VBG-A3.	
Wenn ein Leerzeichen fehlt, dann wird dieseMarkierung eingefügt.	
Wenn ein Leerzeichen zu viel steht , dann muss es entfernt werden.	
Wenn eine Leerzeile fehlt, dann muss dies ebenfalls gekennzeichnet werden. Wenn also hier ein neuer Absatz beginnt, dann fehlt die Leerzeile.	
Dieser Satz sei der letzte Satz eines Absatzes. Der Gedanke wird nun fortgeführt, und der Absatz soll entfallen. Diese Absicht wird dann durch die nach oben führende Schleife gekennzeichnet.	
Es kann auch vorkommen, dass in einen Text ein Absatz eingefügt werden soll. Dies wird dann ebenfalls eindeutig gekennzeichnet. Nach der Vorstellung und Erklärung der Korrekturzeichen folgen nun Hinweise zum Endausdruck.	
Manchmal kommt es vor, dass der Zeilenbeginn sich nicht da befindet, wo er eigentlich hingehört. Die lässt sich selbsterklärend so korrigieren, dass man das falsch eingezogene Wort und den normalen Satzspiegel mit senkrechten Linien kennzeichnet und einen Verschiebungspfeil einträgt.	
Ohne jede Merkhilfe erkennbar ist das Korrekturzeichen, wenn Buchstaben oder Wörter vertauscht sind, wie das nachfolgenden im Teilastz gezeigt wird.	

☞ *Das Zeichen für Leerzeile einfügen „>“ kann noch ergänzt werden zu „eS>“ für einen einleitenden oder überleitenden Satz und zu „SW>“ für einen Seitenwechsel.*

Das hier vorgestellte vereinfachte System von Korrekturzeichen können Sie durch einfaches Durchlesen lernen und sofort anwenden, da alle Zeichen in sich logisch und deshalb gedanklich leicht ableitbar sind. Diese Korrekturzeichen haben sich in der Praxis sehr gut bewährt.

Außer diesen Korrekturzeichen können Sie auch Bearbeitungsvermerke verwenden, die später noch abgearbeitet werden sollen. Während der Phase „Korrekturlesen“ werden Sie sicher die noch vorhandenen „###“-Markierungen im laufenden Text durch entsprechende Korrekturen abarbeiten und dann die Markierungen löschen sowie die Texte vom Stil her überarbeiten. Dennoch kommt es vor, dass einige Dinge sich immer noch nicht klären lassen, z. B. weil spezielle Fachbücher oder Lexika erst beim nächsten Bibliotheksbesuch eingesehen werden können.

Strukturieren Sie die Phase **Einarbeiten der Korrekturen** wie folgt:

- **Kennzeichnen Sie** im Korrekturausdruck **am linken Rand** – möglichst mit einem auffallenden Schreiber oder Textmarker **die Zeilen, in denen** die bereits genannten Vermerke **„###Rs“, „###Lit“, „###Lex“ und „###eS“ vorkommen**, tragen Sie zusätzlich am Rand entsprechende Hinweise ein, z. B. in welchem Buch Sie die betreffende Stelle noch einmal nachlesen wollen. Durch diese Hervorhebungen können Sie die Bearbeitungsvermerke in der durch Zeitdruck gekennzeichneten Endphase schnell wiederfinden.
- **Streichen Sie die senkrechten Striche am linken Rand durch, wenn die Korrektur** in die zugehörige Datei **eingetragen ist**, möglichst mit andersfarbigem Stift, z. B. in grün.
- **Notwendige Arbeiten** sollten Sie nach Kategorien **geordnet in eine Datei als To-do-Liste übertragen** und ausdrucken, abgearbeitete Punkte in der Liste streichen, dies in Ihrer Datei nachtragen usw.
- Bearbeiten Sie die letzten Punkte Ihrer To-do-Liste oder klären Sie mit Ihrem Auftraggeber oder Betreuer ab, dass die letzten Änderungen nun doch nicht mehr nötig sind.

Lassen Sie den Technischen Bericht **möglichst auch von anderen lesen**. Man selbst wird nach einigen Wochen bzw. nach häufigem Lesen der eigenen Texte „betriebsblind“ gegenüber den eigenen Formulierungen. Hier kommen folgende Personen in Betracht: Vater/ Mutter, Partner, Freund/Freundin, Kommilitonen, Betreuer, Professor, Auftraggeber usw. Sie sollten mindestens eine der beiden folgenden Qualifikationen mitbringen:

- Fachmann für das Projekt/*Spezialist* und
- Fachmann für Rechtschreibung bzw. Fremdsprachen/*Generalist.*

Für den anderen Bereich sollte dann ggf. eine andere Person korrekturlesen.

☞ *Wenn Sie die Korrekturen eingearbeitet haben, räumen Sie die alten Blätter auf. Zu viele Textversionen geraten oft durcheinander. Sie sollten nur die letzte Korrekturversion behalten und nach dem Erstellen des Endausdrucks gleich wegwerfen.*

Wenn Sie die **letzte Korrektur eingearbeitet** haben, wenn keine unerledigten Bearbeitungsvermerke mehr offen sind und wenn Sie kurz vor der Erstellung des Endausdrucks sind, dann **kontrollieren Sie den Zeilenumbruch** noch einmal am Bildschirm! Es passiert oft, dass durch Textänderungen Trennstriche mitten im Text erscheinen, oder dass das Setzen der Trennfugen vergessen wird und der Blocksatz unschöne Lücken zwischen einzelnen Worten hervorruft. Legen Sie fest, ob Ihre Textverarbeitung automatisch oder halbautomatisch

(Trennvorschläge) trennen soll. Automatisches Trennen führt gelegentlich zu Fehlern, siehe 3.6.5 „Häufige Fehler in Technischen Berichten".

Außerdem sollten Sie die Seitenvorschau mit einem Zoomfaktor verwenden, bei dem Sie jeweils die ganze Seite sehen können, um den **Seitenumbruch und** das **Layout** noch einmal zu überprüfen. Bilder und Tabellen dürfen nicht an den falschen Stellen vom Seitenwechsel durchschnitten werden. Die Abstände vor und nach Formeln, Beispielen, Bildunterschriften, Tabellenüberschriften usw. sollen möglichst einheitlich sein. Der jeweilige Titel soll nahe bei dem Objekt (z.B. Tabelle, Bild) angeordnet sein, auf das er sich bezieht. Der restliche Text hat deutlich größeren Abstand. Wenn Sie nun auch Zeilen- und Seitenumbruch optimiert haben, dann ist der Text fertig für den Endausdruck.

3.8.3 Endausdruck, Erstellung der Kopieroriginale und Endcheck

Der Text, die Tabellen und Bilder sind nun fertig gestellt. Sie haben die Entwürfe korrekturgelesen und sie ggf. auch anderen zum Korrekturlesen gegeben. Die Korrekturen sind eingearbeitet und der Endausdruck könnte nun eigentlich beginnen.

Doch bevor Sie damit beginnen, sollten Sie bei Ihrem **Copy-Shop** anrufen und Ihren **Kopierauftrag avisieren**. Kündigen Sie an, wie viele Kopien der Auftrag etwa umfassen wird und wann Sie mit den Originalen vorbeikommen können. Außerdem sollten Sie fragen, wie lange es dauert, die Bindung herzustellen (Kalt-Leimbindungen brauchen ≥ 1 Tag Zeit zum Trocknen). Wenn Sie für größere Arbeiten bzw. hohe Auflagen das Kopieren mit dem Copy-Shop geklärt haben, dann können Sie mit dem Erstellen der Kopieroriginale beginnen. Im Netzplan ist dies die vorletzte Phase der Erstellung des Technischen Berichts.

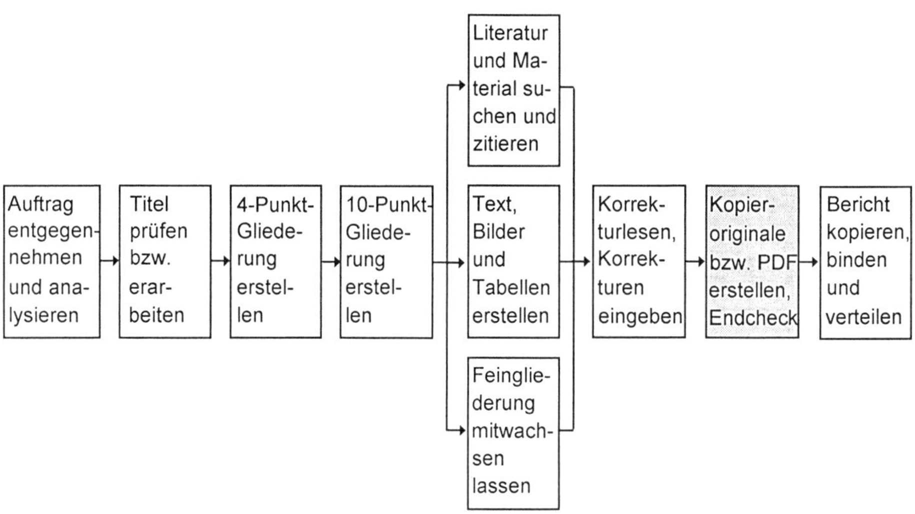

Während für Entwürfe nahezu jedes beliebige Papier verwendet werden kann, kommt es beim Endausdruck darauf an, möglichst **hochwertige Kopieroriginale** zu erhalten. Hochwertig bedeutet hier, dass die Kopieroriginale möglichst **kontrastreich** erstellt werden. Das heißt zunächst, dass das **Druckerpapier möglichst rein weiß** sein soll. Das gilt auch für Bilder, die aus einer anderen Quelle herauskopiert und in den eigenen Bericht übernommen werden sollen. Das Papier darf auch nicht durchscheinen. Daher verwenden Sie am besten Papier mit einem Flächengewicht von 80 g/m^2.

Für **Tintenstrahldrucker** sollten Sie möglichst **glattes Papier** verwenden, eventuell auch Spezialpapier. Wenn Sie einige kopierte Seiten mit in den Bericht integrieren wollen oder kopierte Bilder aufkleben wollen, dann sollten Sie auch dafür dasselbe Papier verwenden. Füllen Sie den Kopierer also ggf. mit Ihrem eigenen Papier. Verwenden Sie **auf keinen Fall** in Ihrem Drucker rein weißes Papier und **im Kopierer Umweltschutz- oder Recyclingpapier**. Sonst entsteht ein vermeidbarer uneinheitlicher Eindruck. Farbkopien dürfen natürlich auf anderem Papier vorliegen, da Sie hier die Papierqualität normalerweise nicht beeinflussen können.

Selbstgezeichnete Bilder (Freihandzeichnungen oder mit Linealen und Schablonen gezeichnet) wirken besonders schön und kontrastreich, wenn sie **größer gezeichnet** und anschließend **mit dem Kopierer verkleinert** werden. Kleine Unregelmäßigkeiten und Patzer verschwinden dabei. Die Linien werden viel schärfer.

Das manuelle Zeichnen nimmt in seiner Bedeutung zwar ab, aber es hat gegenüber dem Einsatz von Grafik- und CAD-Programmen noch immer einen gewissen Stellenwert. Die Phasen „kreatives Skizzieren“ und „ins Reine Zeichnen“ schließen sich beim Zeichnen von Hand mit Druckbleistift nahtlos aneinander an und man kann leicht und schnell radieren. Der Kopierer holt bei richtig weißem Papier und bei entsprechender Einstellung zusätzliche Schwärze heraus. Speziell wenn Sie gegen Ende Ihres Projektes in Zeitnot kommen, sollten Sie diese Alternative ernsthaft in Erwägung ziehen.

Wenn kopierte oder ausgeschnittene Bilder bzw. Tabellen aufgeklebt werden sollen, verwenden Sie bitte immer **Zeichenplatte und Lineal**. Spannen Sie das Blatt ein, und richten Sie den Blattrand aus. Dann legen Sie das Bild lose auf. Entscheiden Sie sich, ob die Bilder linksbündig oder zentriert oder regelmäßig um einige Zentimeter eingerückt werden sollen. Prägen Sie sich die ungefähre Bildposition ein. Bestreichen Sie dann das Bild sparsam mit Klebstoff, und kleben Sie es auf. Mit dem Lineal können Sie nun kontrollieren, ob das Bild gerade ist. Wenn nicht, dann verschieben Sie es vorsichtig. Bewährt hat sich **(Pritt-)Klebestift**. Er hat gegenüber Alleskleber den Vorteil, dass man die Bilder notfalls mit einem Messer wieder abheben kann, um Sie neu auszurichten oder in anderem Zusammenhang nochmals zu verwenden.

Der **Montagekleber „Fixogum“** hat den Vorteil, dass man die Bilder sehr gut wieder abheben kann. Sogar Zeitungspapier lässt sich wieder ablösen. Dieser Kleber hat aber den Nachteil, dass sich nach vier bis fünf Jahren alle aufgeklebten Bilder von ihrer Unterlage lösen, und das Papier an den Klebstoffflecken dunkelgelb wird!

Transparentpapier hat den Nachteil, dass der Kleber durchscheint (evtl. Transparentpapier auf reinweißes Papier kopieren und dies dann einkleben).

Beim **Kopieren** sind die **Kanten** der aufgeklebten Bilder eventuell **sichtbar**, dann haben Sie zwei Möglichkeiten: Ändern Sie den Kontrast am Kopierer oder – wenn die Kopien nicht mehr heller werden dürfen – decken Sie die Kanten auf dem Kopieroriginal mit Korrekturflüssigkeit ab. Sie können aber auch eine gute, kräftig geschwärzte Kopie erstellen und dort die unerwünschten Kanten mit Korrekturflüssigkeit abdecken. Die so bearbeitete Kopie wird nun zum neuen Kopieroriginal.

Für das Zeichnen von Bildern, für sämtliche Beschriftungen, die Sie von Hand vornehmen wollen, und für die farbige Hervorhebung von Informationen (z. B. Kennzeichnung der Varianten im Morphologischen Kasten, farbige Unterstreichungen usw.) gelten einige Regeln bei der Auswahl der Zeichenstifte, soweit nicht der Farbtintenstrahl-Drucker verwendet wird.

Filz- und Faserschreiber färben das Papier im Allgemeinen durch. Besser sind Textmarker, Bleistift, Buntstift, Kugelschreiber und farbige Tusche. Kugelschreiber „spucken" aber oft (besonders vor dem Leerwerden der Mine) und erzeugen am Anfang und Ende der Linie teilweise dicke Kleckse, die nur sehr langsam trocknen und daher leicht verwischt werden. Auch *nachgefüllte* Textmarker spucken oft! Tuscheschreiber erzeugen zwar die akkuratesten Ergebnisse; da man aber zwischendurch immer warten muss, bis die Tusche getrocknet ist, erfordern Sie viel Geduld.

Die **Farben gelb, hellbraun, hellgrün, hellblau** usw. sind **mit Schwarz-Weiß-Kopierern schlecht kopierbar**. Sie werden in der Kopie entweder ignoriert oder hellgrau abgebildet. Die Farben dunkelblau, dunkelgrün, rot usw. lassen sich gut kopieren. Sie werden dunkelgrau bis schwarz abgebildet.

Wenn **nur das Original des Technischen Berichts farbige** Hervorhebungen erhalten soll, dann arbeiten Sie mit kräftigen Farben und unterschiedlichen Linienarten. Auf den kopierten Exemplaren sind dann die unterschiedlichen schwarzen Linienarten gut unterscheidbar.

Sollen jedoch **alle kopierten Exemplare** des Technischen Berichts **von Hand** mit Farbstift **koloriert** bzw. beschriftet werden, dann machen Sie das **vor dem Binden** des Technischen Berichts. Für das Kolorieren von Hand hat sich folgende Arbeitstechnik gut bewährt.

- Im Kopieroriginal werden die zu kolorierenden Linien mit Bleistift gezeichnet.
- In der Kopie werden die jeweiligen Linien mit Buntstift oder mit der Spitze eines Textmarkers farbig nachgezogen.

Durch diese Arbeitstechnik kann man sowohl den schwarzen Linienverlauf als auch die Farbcodierung sehr gut erkennen.

Wenn Sie **Beschriftungstexte in Bilder einkleben** wollen, lassen Sie mindestens zwei Leerzeilen auf Ihrem Papierausdruck Platz. Dann schneiden Sie die Beschriftungen aus und kleben Sie sie auf. Gehen Sie dabei genauso vor, wie es weiter vorn für das Aufkleben von Bildern beschrieben ist. Beim Aufkleben von Beschriftungen sollten Sie auf jeden Fall Klebestifte verwenden. Flüssigklebstoffe fließen seitlich an den schmalen Papierstreifen heraus und überschüssiger, nicht rechtzeitig entfernter Klebstoff würde die Kopieroriginale zusammenkleben bzw. auf den Kopien zu sehen sein.

Bilder und Tabellen können auch **größer als DIN A4** sein. Dies nennt man „Ausklapptafel". Bereiten Sie für ein derartiges Bild eine leere Seite als Kopieroriginal vor („Trägerseite"). Auf dieser **Trägerseite** erscheint eine ganz normale Kopfzeile mit einer fortlaufenden Seitennummer und die Bildunterschrift oder Tabellenüberschrift. Bild oder Tabelle werden in einer eigenen Datei erzeugt und ausgedruckt oder auf dem Farbkopierer kopiert oder geplottet. Vor dem Kopieren des Technischen Berichts wird die **erste Seite der Ausklapptafel auf die Trägerseite aufgeklebt.** Die **Folgeseiten** der Ausklapptafel werden nach der Trägerseite in den Papierstapel eingefügt und **mit kopiert**.

Nun kleben Sie alle Ausklapptafeln so zusammen, dass alle **linken Knickkanten** deutlich **außerhalb des Bindungsbereichs** liegen. Die **rechten bzw. unteren Knickkanten** sollen etwa **fünf (bis zehn) Millimeter vom Rand** des Blätterstapels **entfernt** sein, da bei manchen Bindungsarten nach dem Binden oben, rechts und unten noch mit der Hydraulikschere beschnitten wird. Wäre die rechte Knickkante bündig mit dem rechten Rand der Blätter DIN A4, dann würde die sorgfältig zusammengeklebte Ausklapptafel durch das Beschneiden des rechten Randes in mehrere Teile zerschnitten!

Beim **Aufkleben** achten Sie darauf, dass keine Klebstoffreste hervorquellen. Dies könnte dazu führen, dass andere Seiten des Blätterstapels mit Ihrer Trägerseite zusammengeklebt werden und sich beim Rütteln nicht richtig in den Blätterstapel einordnen.

Wenn Sie in Ihrer Konstruktion ein technisches Bauteil oder eine Baugruppe aus einem **Herstellerprospekt** verwenden, dann ist es für das Verständnis der Leser sinnvoll, dass Sie den Prospekt, den sie verwendet haben, **in den Anhang** Ihres Technischen Berichtes aufnehmen. Wenn Sie dies tun, dann ist ein weiterer Schritt sehr empfehlenswert. Erleichtern Sie Ihren Lesern das schnelle Auffinden der von Ihnen **verwendeten Formel, gewählten Abmessung usw.**, indem Sie diese im Prospekt im Anhang **mit einem Textmarker hervorheben**.

Wenn nun alle Bilder und Tabellen aufgeklebt sind, alle Beschriftungen von Hand erledigt sind, und alle Korrekturarbeiten abgeschlossen sind, dann erfolgt die Endkontrolle:

Liegen die Seiten in der **richtigen Reihenfolge**? Liegen die Seiten richtig herum? **Blätter im Querformat** liegen dann richtig, wenn der für den Heftrand vorgesehene obere Seitenrand sich im Blattstapel auf der linken Seite befindet und die Blätter von rechts gelesen werden können. Haben sich **veraltete Ausdrucke** eingeschlichen? Gehen Sie hierzu auch die **Berichts-Checkliste** durch, **Checkliste 3-15**.

Wenn alles kontrolliert ist – und auch die Seitenangaben im Inhaltsverzeichnis noch einmal anhand der Kopieroriginale überprüft sind –, dann können Sie **zum Copy-Shop fahren**.

3.8.4 Kopieren, Binden oder Heften und Verteilen des Technischen Berichts

Das Kopieren, Binden oder Heften und Verteilen des Technischen Berichts ist im Netzplan zur Erstellung Technischer Berichte der letzte Arbeitsschritt.

Wenn Sie Ihren Technischen Bericht online verteilen bzw. veröffentlichen wollen, müssen Sie die letzte Fassung Ihrer Daten noch einmal im Format PDF (oder HTML) abspeichern, siehe 3.7.7, und die entstandenen Dateien an Ihren Webmaster weiterleiten.

Wenn Sie Ihren Technischen Bericht in Papierform verteilen bzw. veröffentlichen wollen, wird er zunächst vervielfältigt. Da die Auflage klein ist, wird meistens kopiert. Dabei sollen alle Kopien auf dem gleichen Kopierpapier angefertigt werden. Dies gilt auch, wenn mehrere Autoren bei der Erstellung des Technischen Berichts zusammenarbeiten. Eine einzige Ausnahme ist zulässig: In Ihrem Technischen Bericht treten Farbkopien auf. In diesem Fall ist i. Allg. verfahrensbedingt anderes Papier vom Prozess des Farbkopierens her erforderlich und damit auch zulässig.

Nach der Vervielfältigung wird der Bericht gebunden. Dadurch wird er zu einem lesbaren Dokument, das je nach Umfang und Bindungsart eher den Charakter von Skript, Heft oder Buch haben kann.

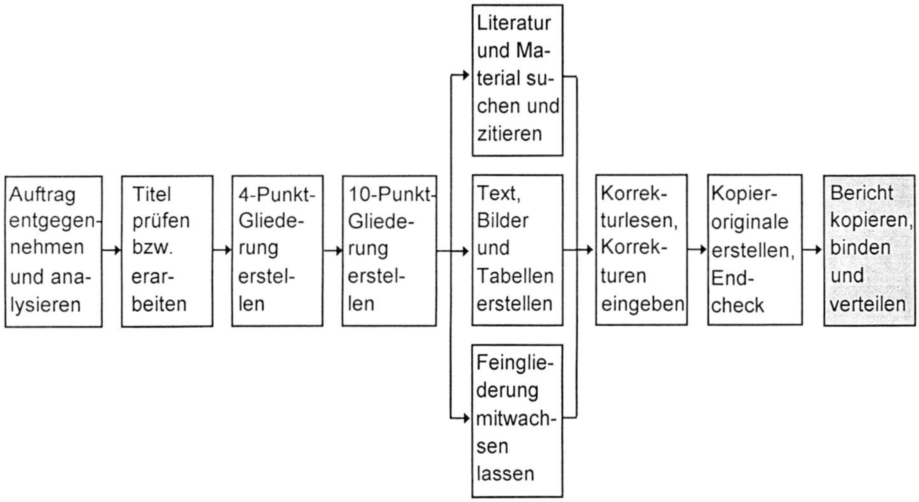

Im Copy-Shop sollten Sie möglichst dabei stehen bleiben und für Rückfragen zur Verfügung stehen. Es treten immer wieder Fragen auf wie: Sollen wir den Außentitel etwas anders ausrichten oder etwas vergrößern? Welche Bindung wird gewünscht? Welchen Kartondeckel mit welcher Struktur und Farbe sollen wir verwenden? usw.

Es stehen die folgenden Heftungs- und Bindungsarten zur Verfügung:

- Heftklammer/Büroklammer
- Rücken-Drahtheftung (= Bindungsart von Zeitschriften)
- Schnellhefter
- Heftstreifen (= Plastikstreifen mit Metallzungen)
- Klemmhefter
- Klemmschiene
- Ordner
- Ringbuch
- Plastik-Effektbindung (Spiralbindung mit Plastikspiralen)
- Wire-O-Bindung (Spiralbindung mit Drahtspiralen)
- Klammerbindung
- Kalt-Leimbindung
- Heiß-Leimbindung
- Buchbindung

Diese Heftungs- und Bindungsarten unterscheiden sich in Preis und Gebrauchseigenschaften erheblich. Um die jeweils zweckmäßigste Bindung auswählen zu können, werden zunächst die Punkte aufgeführt, die vor der Bindung noch zu erledigen sind und danach die verschiedenen Bindungen kurz besprochen. Für die Auswahl der Bindungsart sprechen Sie am besten mit Ihrem Auftraggeber.

Vor der Bindung beachten:

- Wenn Sie Ausklapptafeln einbinden wollen: sind die rechts liegenden Knicke so weit innen (≥ 5 mm), dass sie beim Beschneiden nicht zerschnitten werden? Beim Rütteln im Copy-Shop muss darauf geachtet werden, dass die Seiten mit Ausklapptafeln richtig mit nach innen rutschen (zur Bindungsseite hin)! Dies gilt besonders bei Leimbindung. Um

Probleme beim Heften zu vermeiden, sollten Sie eine DIN A4-Trägerseite verwenden, die normal mit eingebunden wird, und die Ausklapptafel erst nach dem Binden auf die Trägerseite aufkleben.

- Wenn Sie viele Zeichnungen haben, die größer als DIN A 4 sind, müssen Sie vor dem Binden einige Punkte beachten:
  - Die ungefalteten Original-Zeichnungen werden immer in einer Mappe oder Rolle mit abgegeben.
  - Sollen Kopien der Zeichnungen in den Technischen Bericht eingebunden werden? Dann gilt: Originalzeichnungen in DIN A2 und DIN A3 können Sie problemlos auf DIN A4 kopieren und normal einbinden.
    Größere Zeichnungen verkleinern Sie mit dem Kopierer um maximal zwei DIN-Stufen (z. B DIN A0 auf DIN A2) und falten die Kopien nach DIN 824 auf die Papiergröße DIN A4.
  - Bei DIN A 3-Zeichnungen haben Sie die Wahl, ob Sie sie fest mit einbinden wollen oder ob Sie sie ggf. zusammen mit Zeichnungen in anderer Größe in einem Ordner zusammenfassen wollen. Wenn die Zeichnungen eingebunden werden sollen, falten Sie nach folgendem Schema.

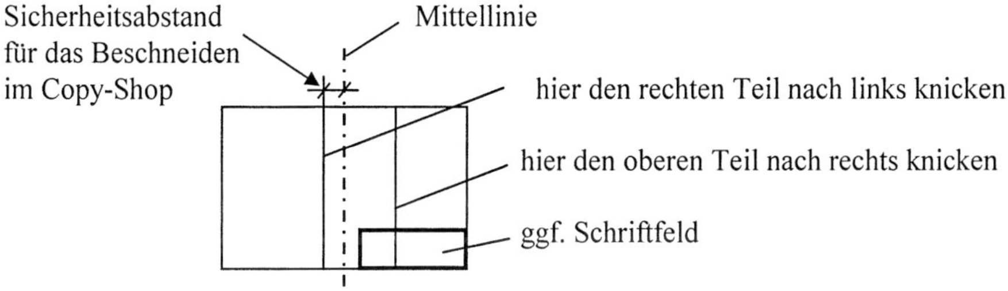

Faltung einer DIN A3-Zeichnung als DIN A4-Ausklapptafel

Diese Art der Faltung entspricht nicht der DIN 824! Wenn Sie nach DIN 824 falten wollen, können die Zeichnungen nur in einen Ordner eingeheftet und nicht mit beliebigen anderen Verfahren gebunden werden. Grund: Die nach DIN 824 gefalteten Zeichnungen würden beim Beschneiden in viele Einzelteile zerfallen.
Wenn die Zeichnungen nicht eingebunden, sondern in einem Ordner präsentiert werden sollen, falten Sie nach DIN 824 wie folgt.

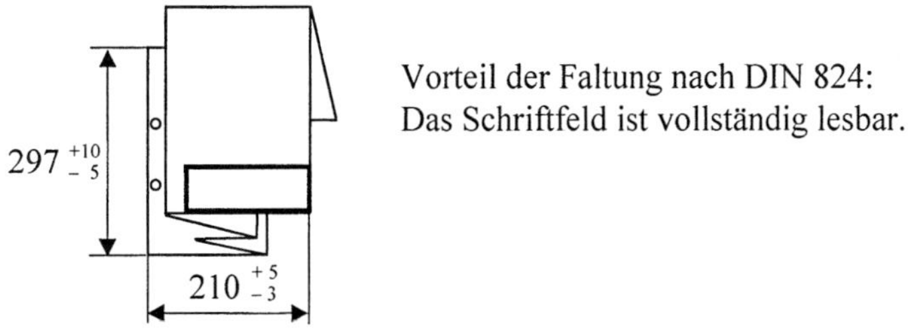

Faltung einer DIN A1-Zeichnung nach DIN 824, Form A

Das Faltgut muß in geheftetem Zustand entfaltbar und wieder faltbar sein. Handelsübliche Lochverstärkungen sind empfehlenswert. Einzelheiten siehe DIN 824.

- Wenn Sie Fotos oder Bilder aus anderen Druckschriften (Zeitungen, Broschüren usw.) aufkleben wollen, dann tun Sie das bitte vor dem Binden!
- Wenn Sie Klarsichthüllen verwenden wollen, dann nehmen Sie unbedingt nur solche Hüllen, die an drei Seiten geschlossen und oben offen sind.
- Bei der Klammerbindung, den Leimbindungen und bei der Buchbindung können keine Klarsichthüllen mit eingebunden werden, weil diese beim Beschneiden zerstört würden. Dies ist sinnvoll nur möglich bei Schnellheftern, Heftstreifen, Ordnern und Ringbüchern.
- Ist die eidesstattliche Versicherung nach dem Kopieren eigenhändig mit dokumentenechtem Stift (z. B. Kugelschreiber oder Füllfederhalter) unterschrieben? Die Unterschrift muss in allen Exemplaren im Original geleistet werden.
- Die Bindungsarten Heftklammer/Büroklammer, Heftstreifen und Klemmschiene stellen keinen Schriftgutbehälter zur Verfügung. Wenn Sie sich für die Heftklammer bzw. Büroklammer entschieden haben, können Sie die Unterlagen in einer Plastikhülle abgeben. Bei Heftstreifen und Klemmschiene kann als oberstes und ggf. unterstes Blatt eine Bindefolie mit eingebunden werden. Das macht einen saubereren Eindruck und es schützt das Papier.
- Für die Bindungsarten Schnellhefter, Klemmhefter, Ordner und Ringbuch gilt, dass bei der Abgabe des Berichts keine „alten“ Schriftgutbehälter (mit Gebrauchsspuren) verwendet werden sollen.

Oft ist es zweckmäßig, umfangreiche Anlagen wie Prospekte, Firmenschriften, Messprotokolle, Programmlistings, Schaltpläne u. ä. einen separaten Ordner einzuheften oder separat zu binden. Dieser separate Ordner gehört mit zum Bericht. Die Unterlagen werden im Literaturverzeichnis des Berichts mit aufgeführt. Im Inhaltsverzeichnis werden diese Dokumente, wenn es nur wenige sind, mit dem Hinweis „(in separatem Ordner)“ erwähnt. Wenn Sie viele Unterlagen mit diesem Hinweis kennzeichnen müssten, ist es sinnvoller, das Inhaltsverzeichnis zu teilen in eines für Band 1 und eines für Band 2. Beide Inhaltsverzeichnisse werden dann in beide Bände des Technischen Berichts aufgenommen. Doch nun zu den Bindungsarten.

Heftklammer/Büroklammer

Vorteile: Extrem preiswert, nach Entfernen der Klammer können die Unterlagen gelocht und in das Ablagesystem integriert werden, gut im Stapelverfahren kopierbar.

Nachteile: Nur für dünne Unterlagen geeignet, die den Charakter von Skript, Besprechungsvorlage, Protokoll, Vortrags-Begleitunterlagen usw. haben, zum Lesen der inneren Seiten muss man die Ecken umknicken, wenn viele Unterlagen mit Heftklammern oder Büroklammern in einem Ordner sind, wird die linke obere Ecke sehr dick.

Rücken-Drahtheftung (zwei Heftklammern im Rücken einer Broschüre)

Vorteile: Diese Bindung wird für Zeitschriften, Broschüren und Hefte aller Art verwendet, ist extrem preiswert und setzt voraus, dass der Technische Bericht beim Kopieren (von DIN A4 auf DIN A5) verkleinert und doppelseitig kopiert wird.

Nachteile: Diese Bindung wird mit einem Hefter mit verlängertem Arm hergestellt, danach wird der gesamte Bericht einmal in der Mitte gefaltet. Es lassen sich etwa maximal 20 Blatt (80 Seiten) auf diese Weise verarbeiten. Beim Kopieren ist Handauflage auf den Kopierer erforderlich, wenn der Bericht nicht auseinander genommen werden soll.

Schnellhefter

Vorteile: Diese Bindung ist sehr preiswert und schnell herstellbar. Klarsichthüllen lassen sich leicht einfügen. Mit dieser Bindungsart lassen sich bis zu etwa 100 Blatt binden; bei höherer Blattzahl wird der Bericht immer unhandlicher.

Nachteile: Um die inneren Seiten zu lesen, muss man die Seiten nach links umknicken, weil der Bericht sonst nicht aufgeklappt liegen bleibt. Die Metallzungen sind meist scharfkantig, bei häufigerem Lesen fransen die Löcher aus. Da die Blätter leicht wieder voneinander getrennt werden können, lässt sich der Bericht gut mit Stapelverarbeitung kopieren, falls die Heftlöcher nicht zu sehr ausgefranst sind. Diese Bindungsart sollte darum nur für Eigenbedarf oder für untergeordnete Zwecke eingesetzt werden.

Heftstreifen

Vorteile: Heftstreifen sind deutlich billiger als Schnellhefter. Sie sind von der Handhabung her dem Schnellhefter sehr ähnlich.

Nachteile: Der Heftstreifen ist kein Schriftgutbehälter, er kann nur mit seinem Papp- oder Plastikstreifen, auf den die Seiten draufgeheftet sind, in einen Ordner eingeheftet werden. Heftstreifen sind ungeeignet, um Ihren Bericht optisch wirksam zu präsentieren. Heftstreifen sollten deshalb nur für Eigenbedarf oder untergeordnete Zwecke eingesetzt werden.

Klemmhefter

Vorteile: Klemmhefter gibt es in unterschiedlichen Ausführungen. Die Blätter werden nicht gelocht, sondern nur in eine schützende Plastikhülle eingelegt und mit einer geschlitzten Plastikschiene zusammengeklemmt. Die Klemmschienen sind in verschiedenen Stärken erhältlich. Wenn Originale nicht gelocht, aber dennoch optisch ansprechend präsentiert werden sollen, dann ist diese Bindungsart (ebenso wie Klarsichthüllen) gut geeignet. Weitere Kopien lassen sich sehr leicht in Stapelverarbeitung anfertigen.

Nachteile: Die Anzahl der Blätter ist begrenzt auf ca. 30 bis 40 Blatt. Klarsichthüllen lassen sich nur schlecht mit einklemmen, weil sie zu glatt sind. Der gebundene Bericht bleibt nicht aufgeschlagen liegen, sondern klappt wieder zu.

Klemmschiene

Vorteile: Die Klemmschiene ähnelt dem Klemmhefter, ist jedoch deutlich billiger, weil sie keine Plastikhülle besitzt.

Nachteile: Die Klemmschiene ist kein Schriftgutbehälter, sondern sie stellt nur einen lösbaren Verbund der Blätter her.

Ordner

Vorteile: Man kann gut umblättern, die Seiten bleiben offen liegen, Klarsichthüllen lassen sich gut integrieren, Kopien können in Stapelverarbeitung angefertigt werden, es lassen sich relativ viele Seiten binden (bei 8 cm Rückenbreite ohne Heft- und Büroklammern bis zu 500 Blatt).

Nachteile: Ordner verbrauchen im Regal relativ viel Platz und sind im aufgeklappten Zustand recht sperrig. Außerdem können bei häufigem Umblättern die Heftlöcher ausfransen. Dagegen hilft eigentlich nur das Aufkleben von (Kunststoff-)Verstärkungsringen. Wenn Sie die Gefahr, dass die Löcher ausreißen, vermindern wollen, dann verwenden Sie lieber ein Ringbuch.

Für Präsentationszwecke sind Ordner nicht sehr attraktiv. Sie sollten Ihren Bericht also auf andere Weise binden und einen Ordner höchstens für einen Anhang mit gebundenen Prospekten und Herstellerunterlagen verwenden. Auch für Lichtpausen oder Kopien ihrer Original-Zeichnungen, die größer als DIN A3 sind und nach DIN 824 gefaltet wurden, sollten Sie einen Ordner verwenden.

Transparentoriginale werden *nie* geknickt! Sie werden in Rollen oder Mappen gelagert und transportiert. Bei Besprechungen können die Originale im Besprechungszimmer auf einer Klemm- oder Magnetleiste aufgehängt werden (aber auch dort sind Lichtpausen oder Kopien besser bzw. sicherer).

Ringbuch

Vorteile: Ringbücher haben in Deutschland vier Metallringe, die zum Einlegen bzw. Entnehmen der gelochten Blätter geöffnet werden können. Sie ermöglichen eine optisch ansprechende Präsentation kleinerer Technischer Berichte. Üblicherweise werden Klarsichthüllen verwendet und die Blätter in die oben offenen Hüllen so eingelegt, dass man sie wie ein Buch betrachten kann. Dabei sollten die Blätter mit ungerader Seitenzahl beim Blättern rechts zu sehen sein und die mit gerader Seitenzahl links.

Nachteile: Ringbücher sind i. Allg. teurer als Ordner.

Plastik-Effektbindung (Spiralbindung mit Plastikspiralen)

Vorteile: Diese Bindungsart ist relativ kompakt und preiswert. Man kann auf dem Rücken der Spirale einen beschrifteten Aufkleber anbringen, und die **aufgeschlagenen Seiten bleiben liegen**, man kann den gehefteten Bericht sogar ganz umschlagen.

Nachteile: Die Blätter müssen sorgfältig gestapelt sein, bevor sie gelocht werden, und beim Lochen in der Maschine sorgfältig angelegt werden, damit die Löcher nicht zu weit am Rand sind und dadurch ausreißen. Achtung! Lochen Sie nicht zu viele Blätter gleichzeitig. Wenn Sie zum Lochen zu viel Kraft aufwenden müssen, gefährden Sie die Maschine!

Üblicherweise wird bei dieser Bindung ein **durchsichtiges Klarsicht-Deckblatt** (eine Folie, dicker als Overhead-Folien) vor dem Titelblatt verwendet. Achtung! Dieses Blatt muss auf jeden Fall separat gelocht werden. Anderenfalls verschiebt sich die Folie gegen die mit zu lochenden Papierblätter und die Lochung wird irreparabel falsch.

Im Copy-Shop werden die Blätter auf einer Maschine gerüttelt. Dort ist es auch möglich, den gebundenen Technischen Bericht am rechten Rand zu beschneiden, denn die Seiten liegen nicht exakt aufeinander, sondern sie passen sich dem Verlauf der Spirale an.

Wenn die Spirale nicht groß genug ist, knicken die Blätter im Bereich der rechteckigen Heftlöcher leicht und dadurch kann man nicht mehr so gut umblättern. Wenn die Spirale aber deutlich dicker ist als der Bericht, dann bleibt der Bericht im Regal nicht gut stehen.

Die Plastikspiralen sind an den Ecken der Rückenschiene oft scharfkantig. **Runden Sie scharfe Ecken am Besten mit einer Schere ab.** Wenn man keine Maschine zum Herstellen der Bindung und zum Öffnen und Schließen der Spiralen hat, dann kann man Kopien nur im Handauflageverfahren herstellen. Mit entsprechenden Spiralen lassen sich bis zu etwa 500 Blatt binden.

Wire-O-Bindung (Spiralbindung mit Drahtspiralen)

Vorteile: Die Wire-O-Bindung ist sogar noch kompakter als die Plastik-Effektbindung und etwa genauso teuer, aber die **Blätter knicken beim Umblättern weniger**, weil die Heftlöcher rund sind. Mit dieser Bindungsart lassen sich Bücher am weitesten umschlagen. Dadurch ist diese Bindung für Handbücher gut geeignet.

Nachteile: Eine Rückenbeschriftung ist hier nicht möglich. Die Ausführungen bzgl. Klarsicht-Deckblatt gelten hier genauso wie bei der Plastik-Effektbindung. Auch bei der Wire-O-Bindung kann man sich am oberen und unteren Rand des Berichtes am Draht verletzen. **Brechen Sie scharfe Kanten mit einer Feile.** Kopien lassen sich nur im Handauflageverfahren herstellen. Mit dieser Bindungsart lassen sich bis zu etwa 350 Blatt binden.

Klammerbindung

Vorteile: Diese Bindungsart ist etwas preiswerter als die Spiralbindungen. Der Kopienstapel wird maschinell gerüttelt. Dann werden fünf Heftklammern durch die Kopien gestochen und auf der Rückseite umgebogen. Dann wird ein Gewebeband aufgeklebt, das die Heftklammern, einen schmalen Streifen auf der Vorder- und Rückseite des Buches und den Buchrücken bedeckt. Anschließend wird das Buch an den drei offenen Rändern mit der Hydraulikschere beschnitten. **Diese Bindungsart ist extrem stabil.** Es entsteht der Eindruck, dass man ein richtiges Buch in Händen hält. Aufgrund der Stabilität und des guten Aussehens kann diese Bindungsart für Technische Berichte empfohlen werden. Für Diplomarbeiten und kleinere Arbeiten ist die Klammerbindung die Standardbindung.

Nachteile: Die Blätter bleiben beim Lesen nicht offen liegen. Deshalb wird oft nur die Vorderseite der Blätter bedruckt. Kopien lassen sich nur im Handauflageverfahren herstellen. Mit dieser Bindungsart lassen sich bis zu etwa 200 Blatt binden.

Kalt-Leimbindung

Vorteile: Diese Bindungsart ist etwas preiswerter als die Spiralbindungen. Der Kopienstapel wird maschinell gerüttelt. Danach wird die Rückseite mit Leim bestrichen, der ein bis zwei Tage trocknen muss. Dann wird auf den Buchrücken ein Gewebeband aufgeklebt, das einen schmalen Streifen auf der Vorder- und Rückseite des Buches und den Buchrücken bedeckt. Alternativ dazu kann vorn, hinten und auf dem Buchrücken ein gedruckter Umschlag aus

Karton aufgeklebt werden, dessen Buchrücken man gut beschriften kann. Anschließend wird das Buch an den drei offenen Rändern mit der Hydraulikschere beschnitten. Es entsteht der Eindruck, dass man ein richtiges Buch in Händen hält. Mit dieser Bindungsart lassen sich nahezu beliebig viele Seiten binden. Aufgrund der Möglichkeit, auch dicke Bücher zu binden und einen Kartonumschlag vorzusehen, sowie aufgrund des guten Aussehens kann diese Bindungsart für Technische Berichte empfohlen werden.

Nachteile: Je nach Steifigkeit der Leimschicht bleiben die Blätter beim Lesen nicht gut offen liegen. Kopien lassen sich nur im Handauflageverfahren herstellen. Diese Bindungsart ist nicht sehr stabil. Oft gehen einige Blätter „aus dem Leim“, speziell beim Kopieren.

Heiß-Leimbindung

Vorteile: Bei dieser Bindungsart werden die kopierten Blätter in eine Mappe eingelegt, in der sich am Buchrücken ein fester Leimstreifen befindet. Die Mappe wird mit den eingelegten Blättern in eine Maschine eingelegt, die den Leim aufheizt und dabei zähflüssig macht. Anschließend wird die Mappe herausgenommen und mit dem darin liegenden Papier mit dem Buchrücken zuunterst auf einer harten Unterlage aufgestoßen, so dass das Papier noch tiefer in den Leim einsinkt. Nun muss der Leim einige Minuten abkühlen, um wieder fest zu werden. Diese Bindungsart ist sehr attraktiv für dünnere Berichte, z. B. Seminarunterlagen.

Nachteile: Siehe Nachteile der Kalt-Leimbindung.

Buchbindung

Vorteile: Diese Bindungsart ist die „edelste“ Bindungsart. Sie ist stabil, die Buchseiten bleiben offen liegen und gehen nicht aus dem Leim. Die Seiten sind beschnitten und der Buchumschlag kann beliebig bedruckt oder geprägt werden.

Nachteile: Diese Bindungsart ist sehr teuer. Daher kommt sie normalerweise für Technische Berichte nicht in Frage. Allenfalls wird sie für ein Exemplar einer Diplom- oder Doktorarbeit verwendet, das z. B. mit schwarzem Umschlag und Goldbuchstaben hergestellt wird.

4 Zweckmäßige Verhaltensweisen bei der Erstellung des Technischen Berichts

In diesem Kapitel werden einige bewährte Informationen und Verhaltensweisen vorgestellt, die zur Erhöhung Ihrer Arbeitseffektivität beitragen können.

In diesem Zusammenhang möchten wir Ihnen die Lektüre des Kapitels 9 „Glossar – Fachbegriffe der Drucktechnik", empfehlen. Es enthält nicht nur Erklärungen der in diesem Buch verwendeten Fachbegriffe, sondern auch viele Definitionen von **Fachbegriffen aus dem Druckereiwesen**, die Ihnen bei der Zusammenarbeit mit Copy-Shops, Computerläden, Druckereien sowie Zeitschriften- und Buchverlagen begegnen können.

Hier noch einige interessante **Links ins Internet**, die Sie bei der Erstellung von Technischen Berichten sicher gebrauchen können:

www.din5008.de: neue Norm, neue Rechtschreibung und Lernprogramm Tastschreiben,
www.duden.de: neue Rechtschreibung und Service – Duden-Newsletter,
www.leo.org: deutsch-englisches Wörterbuch und
www.systranbox.com/systran/box: Übersetzung von kurzen Texten in verschiedenen Sprachrichtungen, allerdings z. T. zu sehr Wort für Wort-Übersetzung.

In den nun folgenden Abschnitten erfolgen Hinweise zur Zusammenarbeit mit dem Betreuer oder Auftraggeber, Hinweise zur Zusammenarbeit in einem Autorenteam oder einer Arbeitsgruppe, Hinweise zur Bibliotheksarbeit und Hinweise zur persönlichen Arbeitstechnik während der Erstellung Ihres Technischen Berichts.

4.1 Zusammenarbeit mit dem Betreuer

Versuchen Sie stets, Gespräche mit Ihrem Betreuer gut vorzubereiten und vorweg zu planen. Dazu gehört vor allem anderen dies: nehmen Sie *grundsätzlich* außer dem **Text** in der aktuellen Fassung auch die aktuelle **Gliederung** Ihres Technischen Berichts zu Gesprächen mit dem Betreuer mit. Er kann seine Betreuungsarbeit dadurch wesentlich besser ausführen, da er sich schneller in den jeweils aktuellen Stand Ihres Technischen Berichts bzw. Ihres Projektes hineindenken kann.

Notieren Sie sich vor dem Gespräch **Fragen**, die Sie stellen wollen, und haken Sie während des Gesprächs bereits besprochene Fragen auf dem Notizzettel ab, damit Sie nichts vergessen. Wenn Sie viele Unterlagen und Gegenstände zu dem Gespräch mit Ihrem Betreuer mitnehmen wollen, dann ist u. U. eine **Checkliste** hilfreich, auf der alle für das Gespräch erforderlichen **Unterlagen** und **Dateipfade** zu Dateien, die mit dem Betreuer am Bildschirm durchgesprochen werden sollen, festgehalten sind.

Beim Aufstellen der Checkliste sollten Sie auch **erforderliche Geräte** berücksichtigen wie: Brauche ich zur Präsentation meiner bisherigen Ergebnisse einen Beamer, einen Overhead-Projektor, einen Dia-Projektor, ein Flipchart, eine Klemmleiste oder Magnetschiene zum Befestigen von Plänen oder Zeichnungen usw.? Organisieren Sie das Gespräch so, dass alle notwendigen Geräte rechtzeitig zur Verfügung stehen. Wenn Sie Bilder projizieren wollen, dann sorgen Sie dafür, dass der Besprechungsraum abgedunkelt werden kann, und probieren Sie die Projektionsverhältnisse vor Gesprächsbeginn aus. Kann jeder Gesprächsteilnehmer die Bilder gut sehen?

Sie sollten auch überlegen, ob eine umfangreichere Präsentation der bisherigen Ergebnisse erforderlich ist. Falls dies zutrifft, dann planen Sie bitte diesen Teil entsprechend den Hinweisen in 5 "Das Präsentieren des Technischen Berichts".

Bei der Diskussion mit dem Betreuer sollten Sie stets die **Ja-Aber-Technik** verwenden. Das heißt, selbst wenn Sie anderer Meinung sind, stimmen Sie erst einmal zu, damit keine Schärfe oder Ablehnung in dem Gespräch entsteht. Nach weiteren zwei oder drei Sätzen können Sie dann vorsichtig auf "Nein" umstellen und die Reaktion Ihres Betreuers abwarten.

☞ *Gehen Sie keine Kompromisse ein. Auch wenn der Betreuer nicht sofort, sondern erst später nachschauen wird, gilt folgendes. Da, wo man selbst zweifelt, hakt fast immer der Betreuer bzw. Auftraggeber ein. Denken Sie stets an diese vielfach bestätigte Tatsache und belassen Sie deshalb keine Formulierungen, an denen Sie selbst zweifeln, bloß weil Zeitdruck besteht oder eine Recherche erst beim nächsten Bibliotheksbesuch möglich ist.*

Wenn Sie sich bei einer Sachaussage unsicher sind, denken Sie an den Grundsatz: "Was nicht da steht, kann auch nicht falsch sein." Nehmen Sie diese Sachaussage dann entweder nicht mit in den Technischen Bericht auf, oder recherchieren Sie genau, um die Unsicherheiten auszuräumen.

Wenn Sie den Technischen Bericht zur **Korrektur** vorlegen, dann können folgende **Unterlagen** erforderlich sein, ggf. in Dateiform: schriftliche Aufgabenstellung, Vorlagen aus technischen Unterlagen, Konstruktionszeichnungen, von denen Sie ausgehen, Hersteller-Prospekte, bisherige Entwürfe (auf Karton oder als CAD-Zeichnung), bisherige schriftliche Ausarbeitungen (ggf. mit den Korrekturen des Betreuers) usw. Nehmen Sie lieber auch Unterlagen mit zur Vorlage bzw. Korrektur, von denen Sie denken, dass Sie sie nicht brauchen werden. Aber legen Sie Ihren Technischen Bericht bitte *nicht* in Klarsichthüllen vor oder halten Sie andernfalls wasserlösliche Folienschreiber bereit.

Während des Gesprächs **notieren Sie sich Hinweise**, die der Betreuer gibt, zusätzlich zu ihren eigenen **zu erledigenden Arbeiten**. Überlegen Sie auch, ob sich diese Hinweise auf eine sinnvolle Vertiefung Ihres Projektes, auf weitere Literaturstellen oder neue Informationsquellen anwenden lassen und machen sich entsprechende Kurz-Notizen.

Gegen Ende des Projektes sollten Sie versuchen, nur noch die Hinweise Ihres Auftraggebers zu bearbeiten, die nicht so viel Arbeit verursachen. Bei arbeitsintensiven Punkten sollten Sie rechtzeitig auf Konsequenzen hinweisen und sich überlegen, zu wie viel Mehrarbeit Sie noch bereit sind. Verhandeln Sie jedoch möglichst *offen und frühzeitig* mit Ihrem Auftraggeber.

4.2 Zusammenarbeit im Team

Hier soll auf Probleme eingegangen werden, die nur dann auftreten, wenn mehrere Autoren unterschiedliche Teile des Technischen Berichts schreiben. Sie können zu Beginn Ihres Projekts in der Gruppe die folgenden Leitfragen besprechen: Unter welchen Rahmenbedingungen arbeiten wir? Was wollen wir erreichen? Wer macht bei uns was? Wer hat wofür welche Verantwortung übernommen? Was können die einzelnen Beteiligten? Wer muss was lernen? Wer muss was besorgen? Wie sind unsere Arbeitsabläufe? Was, wie und mit wem kommunizieren wir nach innen und außen?

Bei Gruppenarbeiten ist die Verwendung von Berichts-Checkliste und Berichts-Leitfaden besonders wichtig. Sonst schreibt ein Gruppenmitglied "Bild 3 bis 8" und ein anderes "Bilder 3 bis 8" und diese Inkonsistenzen wirken für die Leser zumindest störend.

Einigen Sie sich vor Beginn des Schreibens auf eine Gliederung, möglichst schon feiner als eine 10-Punkt-Gliederung. Änderungen an der Gliederung sollten möglichst bald an alle Gruppenmitglieder weitergegeben werden.

Bitte verwenden Sie auch gemeinsame Fonts, damit nicht Sonderzeichen und Symbole auf dem Computer, auf dem der fertige Bericht gedruckt werden soll, ganz anders aussehen. Dies gilt übrigens auch für PowerPoint-Präsentationen, und hier insbesondere für die Leitzeichen.

Wenn Sie alle mit der gleichen Version des Textverarbeitungs-Programms und mit denselben Formatvorlagen arbeiten, sind Sie untereinander schon weitgehend kompatibel. Zusätzlich sollten Sie für den (endgültigen) Zeilen- und Seitenumbruch auch noch denselben Druckertreiber verwenden.

Falls Berechnungen auftreten, sollten Sie vorher festlegen und ggf. mit Ihrem Betreuer absprechen, wie viele Nachkommastellen Sie in den Formeln verwenden.

Die Seitennummerierung passt oft nicht zusammen, da jeder aus der Gruppe einzeln nummeriert. So ergeben sich doppelt auftretende Seitenzahlen oder Lücken in der Seitennummerierung und fehlerhafte Querverweise. Das muss vor der endgültigen Erstellung der Inhalts-, Abbildungs- und Tabellenverzeichnisse angeglichen werden.

Auf jeden Fall empfehlen wir, dass derjenige aus der Gruppe, der am meisten Computerkenntnisse hat, die von unterschiedlichen Personen verfassten Einzelteile des Berichts zusammenspielt und den Bericht dann ausdruckt, damit er Fehler der anderen noch korrigieren kann.

4.3 Hinweise für die Bibliotheksarbeit

Im Unterkapitel 3.5 wurde bereits dargelegt, dass das Arbeiten mit Literatur wichtig ist, um eigene Meinungen zu bestätigen oder sie zu widerlegen, um andere Ideen zu erhalten und um sich mit dem jeweiligen Stand der Technik auseinander zu setzen. Literaturarbeit ist aber eine sehr zeitintensive Angelegenheit. Daher sollten Sie versuchen, die dafür erforderliche Zeit durch geschickte Planung und Organisation zu minimieren. Dazu hier einige Hinweise.

Wenn Sie sich in Ihrer ortsansässigen Bibliothek noch nicht so gut auskennen, dann hat es sich bewährt, dass Sie an einer **Führung** teilnehmen. Dabei lernen Sie, wie die verschiedenen Arten von Literatur gesucht werden (Online-Kataloge, Mikrofiche-Kataloge, Karteien für Altbestände usw.), wo die Literatur entsprechend der Standortangabe und der Signatur steht (Handapparat oder Magazin, welcher Gang für welches Sachgebiet) und ob, wann und wie die Literatur ausgeliehen werden kann (computerunterstütztes Leihverfahren, Magazinbestellungen, Fernleihe, Kurzleihe usw.).

Zeitschriften jüngeren Datums können in der Regel nicht ausgeliehen werden. Artikel daraus müssen in der Bibliothek kopiert werden. Auch das Referenzexemplar von begehrten Büchern ist in der Regel nicht verleihbar. Sie sollten daher rechtzeitig beginnen, **Münzen** zu sammeln, damit sie in der Bibliothek verfügbar sind. Legen Sie sich dafür z. B. eine leere **Filmdose** zu. Auch eine Dose für **Büroklammern** ist nützlich. Die braucht man ständig, um mehrere Kopienstapel voneinander zu trennen. Nehmen Sie darüber hinaus mindestens zwei **gut funktionierende Schreibstifte** und die für den nächsten Bibliotheksbesuch gesammelten **Notizen** mit in die

Bibliothek. Diese Notizen stecken Sie zu Hause zweckmäßigerweise in einen stabilen DIN C4-**Briefumschlag**, den Sie mit dem Wort **"Bibliothek"** beschriftet haben.

Wenn Sie in der Bibliothek angekommen sind, dann erledigen Sie die Arbeiten am Besten in der folgenden Reihenfolge:

- Innenmagazinbestellungen (dauern ca. 1 Stunde: Mitnehmen möglich!)
- Außenmagazinbestellungen (dauern ca. 1 Tag: Mitnehmen nicht möglich!)
- Literatursuche im Handapparat (die Bücher stehen im Regal)
- evtl. Literatursuche im Dissertationsarchiv, Suche nach Literatur auf Mikrofiche (dabei sind die Bibliotheksangestellten gern behilflich), Rückvergrößerungen von einem Mikrofiche herstellen (lassen) usw.
- Besuch in der Normenauslagestelle (die Bibliotheksangestellten sind Ihnen dort sicher gern dabei behilflich, Technische Regeln und ggf. Patente zu finden)
- Literaturstudium, Kopien anfertigen
- Notizen aus dem Umschlag "Bilbliothek" abarbeiten und weitere Arbeit am Manuskript Ihres Technischen Berichts, um Wartezeiten zu überbrücken

In der Bibliothek stehen für diese Zwecke in der Regel Arbeitsplätze zur Verfügung. Sie können von jedermann unter der Voraussetzung benutzt werden, dass er sich an die international gültige Regel hält, dass in Bibliotheken möglichst Ruhe zu bewahren ist. Bitte schalten Sie Ihr Handy aus!

Beim **Fotokopieren** in der Bibliothek ist ein *ganz wichtiges Arbeitsprinzip*, dass **sofort alle bibliografischen Angaben** und die Angaben zum Fundort in der Bibliothek **notiert** werden sollten. Schreiben Sie mindestens Autor und Jahr auf die Vorderseite, falls dies nicht bereits dort steht, und die restlichen bibliografischen Angaben ggf. auf die Rückseite des ersten Blatts eines zusammengehörigen Kopienstapels. Dann heften Sie den Stapel mit einer Büroklammer zusammen, markieren den Autorennamen auf der ersten Seite mit andersfarbigem Stift (weil die Namen bei jeder Publikation woanders stehen) und kopieren dann die nächste Literaturquelle bzw. den nächsten Zeitschriftenartikel. Wenn Sie so vorgehen, dann haben Sie beim Erstellen des Literaturverzeichnisses zu Hause oder im Büro alle benötigten Informationen beieinander und können die Kopien leicht alphabetisch in Ordner einsortieren.

Geben Sie die Literatur nun nicht gleich wieder ab. Zuerst sollten Sie die **Kopien** daraufhin **prüfen, ob eine Seiten fehlen**. Erst wenn feststeht, dass alle Seiten, die Sie kopieren wollten, auch richtig herum und in der richtigen Reihenfolge vorhanden sind und wenn Sie noch einmal nachgesehen haben, dass alle **bibliografischen Angaben** und Angaben zur Fundstelle in der Bibliothek **vollständig notiert** sind, können Sie die Literatur beruhigt zurückgeben. Prüfen Sie auch noch einmal, ob noch unerledigte Notizen in Ihrem Briefumschlag "Bibliothek" sind, die Sie noch bearbeiten wollen.

Zu Hause können Sie die kopierte Literatur dann entweder auf die Bücherstapel zum jeweiligen Kapitel oder Unterkapitel legen oder Sie lochen die Kopien und fügen sie in Ihrem Berichts-Ordner an der richtigen Stelle ein, siehe Abschnitt 3.7.4 "Papierorganisation".

Mit der hier empfohlenen Arbeitsweise sparen Sie vor allem Zeit. Außerdem legen Sie mit dieser Arbeitsweise den Grundstein dafür, dass Sie zum Schluss ein einwandfreies Literaturverzeichnis zusammenstellen können, ohne noch einmal in die Bibliothek fahren zu müssen, bloß weil Ihnen einige Angaben fehlen. In der dadurch gewonnenen Zeit können Sie die anderen erforderlichen Arbeiten sorgfältiger durchführen und intensiver Korrekturlesen.

4.4 Persönliche Arbeitstechnik

Es gibt in der Literatur viele Hinweise über persönliche Arbeitstechnik. Für die Erstellung Technischer Berichte gelten diese Hinweise im Prinzip ebenfalls. Durch die Beschäftigung mit "Technik" ergeben sich jedoch einige Besonderheiten. Die wichtigste Regel lautet: Ausreichend Zeitreserven einplanen!

☞ *Der Arbeitsaufwand für die tatsächliche Fertigstellung des Technischen Berichts wird regelmäßig (selbst bei sorgfältigen, konservativen Schätzungen erfahrener Autoren) zu knapp kalkuliert. Schätzen Sie deshalb den erforderlichen Zeitbedarf realistisch ab und multiplizieren Sie das Ergebnis mit zwei. Auf diese Weise planen Sie ausreichend große Zeitreserven ein.*

Als Student planen Sie den Abgabetermin für Ihren Technischen Bericht am besten so, dass Sie sich frühzeitig im Semester die Aufgabenstellung (z. B. für eine Konstruktions- oder Projektierungsaufgabe) holen. Dann können Sie das Projekt so rechtzeitig beenden, dass Sie zur Klausurenzeit den Kopf wieder für die Klausuren frei haben.

Wenn Sie den Technischen Bericht während der vorlesungsfreien Zeit beenden, dann kaufen Sie sich – falls der **Papierverkauf** während dieser Zeit geschlossen ist – rechtzeitig vor Berichtsabgabe bzw. vor Beginn von Feiertagen, Ferien und vorlesungsfreien Zeiten Papier, Karton, Tintenpatronen bzw. Toner, Disketten, CDs, Formulare, Transparent-Vordrucke usw.

Auch die von Ihrem betreuenden Professor angebotenen **Dateivorlagen** für Stücklistenvordrucke, beispielhafte Eintragungen in Stücklisten usw. sollten Sie sich so rechtzeitig kopieren, dass Sie nicht in Terminprobleme während der Weihnachtspause oder entsprechenden Zeiten am Ende des Sommersemesters geraten. Diese Vorgehensweise gilt für alle Vorgaben des Betreuers, also auch für Musterberechnungen, spezielle Diagramme, Arbeitsblätter usw.

Wenn Sie für Ihr Projekt viel im **Internet** recherchieren, speichern Sie sich interessante Adressen als **Favoriten**. Sie sollten die Favoriten nach Themen sortiert **in Unterordnern verwalten**. Es lohnt sich, ab und zu Ihre Favoriten zu **exportieren** (im Internet Explorer: Datei – Importieren und Exportieren). Sie erhalten eine HTML-Datei mit anklickbaren Links, in die Sie Kommentare und gliedernde Zwischenüberschriften einfügen können. Diese Datei können Sie auch gut in **Teambesprechungen** oder im nächsten **Gespräch mit Ihrem Auftraggeber oder Betreuer** einsetzen.

Während der **Anfangsphase** sollten Sie nicht zu viel Arbeit in die "Optik" des Technischen Berichtes stecken. Die Überarbeitung von Zeilen- und Seitenumbruch erfolgt am Besten nur einmal am Ende und dafür richtig! Das Formulieren von Text und das Aussuchen bzw. Erstellen von Bildern und Tabellen sollte immer parallel verlaufen. Das Zeichnen von Bildern dauert leider ziemlich lange! Wenn Sie diese Arbeit bis zum Schluss aufschieben, sind Zeitprobleme vorprogrammiert!

Handschriftliche **Notizen und Skizzen** reichen in der Anfangsphase völlig aus, um erst einmal die Anfangshürden des "Zusammenschreibens" zu überwinden und ein Gefühl dafür zu bekommen, welche Inhalte in welchem Dokumentteil erscheinen sollen. Wenn der Technische Bericht dann in einer ersten Version auf dem PC vorliegt, können Sie sich unfertige Textstellen besonders markieren. Unfertige Textstellen treten z. B. auf, wenn Sie Inhalte später noch einmal nachlesen oder überprüfen wollen, im Moment jedoch mit der Texterstellung fortfahren möchten. Hier hat sich die *einheitliche* Verwendung der **Markierung "###"** bestens bewährt. Diese Markierung ist mit der Funktion Bearbeiten – Suchen problemlos auffindbar. Verwenden Sie diese Markierung überall dort, wo später noch Details nachgeschlagen bzw. nachgetragen werden müssen. Auch wenn Sie mit Ihren Formulierungen noch nicht endgültig zufrieden sind und an dieser Stelle später noch genauer formulieren bzw. Ihren Text überarbeiten wollen, dann ist es sinnvoll, den Text mit der Markierung "###" zu versehen.

Da, wo Sie in Ihren eigenen Texten Stellen gefunden haben, die noch überarbeitet werden müssen, diese Stellen aber *aus Zeitmangel* nicht überarbeitet haben, hakt später mit fast absoluter Sicherheit der Nächste ein. Deshalb ist es besser, wenn Sie *keine Kompromisse mit sich selber schließen* und Textstellen, mit denen Sie selbst nicht zufrieden waren, im Bericht sofort korrigieren oder andernfalls sofort mit der oben besprochenen Markierung für noch erforderliche Korrekturen versehen, also "###" einfügen.

Irgendwann im Verlaufe des Zusammenschreibens sollten Sie sich einen **Termin setzen**, ab dem keine neuen Literaturquellen mehr besorgt und ausgewertet und keine neuen Informationen mehr aufgenommen werden sollen. Dieser Termin sollte bei etwa 4/5 der Zeit des Zusammenschreibens liegen. Wenn Sie danach noch wichtige Quellen finden, können Sie sie selbstverständlich noch mit aufnehmen, dies sollten dann aber nur noch wirklich wichtige Beiträge bzw. vom Betreuer eindringlich empfohlene Literatur sein.

Wenn Sie eine längere Pause machen und deshalb den Computer ausschalten oder für diesen Tag die Bearbeitung des Technischen Berichts beenden wollen, dann sollten Sie vor dem Speichern und dem Abschalten des Computers irgendeine Kennzeichnung in Ihre z. Z. bearbeitete Datei eintragen. Diese Kennzeichnung sollte möglichst nur an der Stelle in Ihrem Bericht auftauchen, an der Sie unterbrochen hatten. Hierfür hat sich das englische Wort "break" (Pause) gut bewährt. Wenn Sie die Datei später wieder öffnen, dann können Sie mit der Funktion "Suchen" Ihrer Textverarbeitung in Sekunden die Stelle wiederfinden, an der Sie unterbrochen hatten.

Bei **Gruppenarbeiten** muss das Layout des Textes, die Gliederung des Technischen Berichts und die Terminologie innerhalb des Projektes am Anfang für alle Gruppenmitglieder verbindlich festgelegt werden. Wenn Sie diese Grundregeln nicht beachten, kann es zu unschönen Inkonsistenzen kommen. Beispiele:

- Innerhalb einer Arbeit treten verschiedene Systeme der Seitennummerierung auf.
- Die verschiedenen Kapitel des Technischen Berichts haben verschiedene Kopfzeilen (verschiedene Schriftgröße, mit und ohne Unterstreichung) und sie arbeiten mit verschiedenen Arten der Texthervorhebung (fett, kursiv, eingerückt).
- Innerhalb einer Arbeit werden Bauteile je nach Kapitel unterschiedlich bezeichnet.
- Die Hierarchie der Dokumentteil-Überschriften ist nicht einheitlich.
- Die grafische Sprache in Zeichnungen (Verwendung von Kästen, Balken, Linien, Pfeilen, schraffuren oder Füllmustern) ist nicht einheitlich.

Um einen konsistenten Bericht zu erzeugen, haben sich die Instrumente "Berichts-Leitfaden" (Unterkapitel 2.5) und "Berichts-Checkliste" (Abschnitt 3.8.1) hervorragend bewährt.

Besonders in der Anfangsphase eines Projektes fällt es oft schwer, die gängigen Fachbegriffe richtig und einheitlich zu verwenden. Um eine einheitliche Terminologie-Verwendung sicherzustellen, sollten Sie die für Ihr Projekt wichtigen Fachbegriffe (ggf. mit Synonymen, die in der Literatur ebenfalls verwendet werden, und mit einer kurzen Erklärung) in den "Berichts-Leitfaden" oder in eine "Terminologie-Liste" aufnehmen. Diese Listen bzw. Dateien werden mit fortschreitender Projektdauer ständig aktualisiert. Falls mehrere Gruppenmitglieder den Bericht schreiben, müssen die Aktualisierungen wöchentlich oder öfter ausgetauscht werden.

Folgende Regeln haben sich beim *Schreiben* bewährt:

- Behalten Sie die Gliederung stets in der neuesten Fassung in Sichtweite (sie ist der "rote Faden", der beim Ausformulieren des Textes Führung und Hilfestellung gibt).
- Nehmen Sie beim Formulieren und Gestalten des Technischen Berichts gedanklich die Position des zukünftigen Lesers ein.
- Das Entwerfen von Bildern und Tabellen macht Texte i. Allg. besser verständlich, kostet aber auch viel Zeit. Erstellen Sie Bilder und Tabellen parallel mit dem laufenden Text. Wenn Sie diese Arbeit zu lange vor sich herschieben, sind Zeitprobleme vorprogrammiert.
- Wenn Sie einen Prospekt einheften oder die für den Technischen Bericht relevanten Bilder ausschneiden und aufkleben wollen, dann dürfen Sie den Prospekt nicht mit Notizen versehen. Verwenden Sie getrennte Notizzettel, die Sie in den Prospekt einlegen oder Post-it-Notizzettel.
- Das Erstellen einer Seite im Literaturverzeichnis dauert zwei- bis dreimal so lange wie das Erstellen einer Textseite. Lassen Sie das Literaturverzeichnis deshalb mit dem laufenden Text in einer eigenen Datei mitwachsen.
- Man wird betriebsblind gegenüber den eigenen Formulierungen. Lassen Sie Ihren Technischen Bericht deshalb von jemand anderem lesen, der zwar technisch ausgebildet ist, sich aber mit Ihrem speziellen Projekt nicht auskennt.
- Wenn Sie in Rechtschreibung und Zeichensetzung nicht sehr fit sind, lassen Sie Ihren Technischen Bericht auch von jemand anderem lesen, der sich mit Rechtschreibung gut auskennt. Kaufen Sie sich ggf. einen Duden und/oder ein Rechtschreibhilfe-Programm für den PC oder eine aktuelle Word-Version.
- Formulieren Sie Einleitung und Zusammenfassung mit besonderer Sorgfalt.
  Diese beiden Kapitel liest praktisch jeder Leser besonders genau!
- Heben Sie sich genug Zeit auf für die Phasen Korrekturlesen, Kopieroriginale erstellen und Endcheck. Dadurch wird Ihr Bericht in sich konsistent und erreicht ein hohes Qualitätsniveau.
- Und denken Sie immer daran: noch nicht erledigte Dinge auf ein Blatt, in eine To-do-Liste oder in ein Heft *aufschreiben*! Die Gefahr des Vergessens ist sonst einfach zu groß!

Am Ende prüfen Sie kritisch, ob Sie die Aufgabenstellung erfüllt haben und ob der Bericht inhaltlich und optisch "rund" ist. Überprüfen Sie formale Aspekte möglichst mit der Berichts-Checkliste und dem Berichts-Leitfaden. Dadurch wird Ihr Bericht in sich konsistent, und er erreicht ein hohes Qualitäts-Niveau.

Nachdem der schriftliche Technische Bericht nun fertig vorliegt, können Sie sich an die mündliche Präsentation Ihres Themas heranwagen.

5 Das Präsentieren des Technischen Berichts

Heutzutage nützt der beste Technische Bericht nur demjenigen, der ihn erfolgreich präsentieren kann. Alles Wichtige im Beruf – im Geschäftsleben oder in der Politik – wird durch **persönlichen Kontakt**, letztendlich durch das gesprochene Wort entschieden, sei es auch schriftlich noch so gut vorbereitet.

Darum gilt: Wollen Sie Erfolg haben, kommen Sie um das Präsentieren nicht herum.

5.1 Einführung

Die folgenden Seiten führen Sie an **Wesen, Sinn und Hintergründe des Präsentierens** am Beispiel des Vortrages heran. Anschließend wird eine Systematik dargestellt, mit deren Hilfe Sie zeit-, geld- und nervensparend **Vorträge planen, ausarbeiten und durchführen**. Ohne Systematik und nur mit guter Redegabe sind gute Vorträge nicht zu halten.

Bedenken Sie, dass man auch im Vortrag wie bei der Zauberei „nur das aus dem Ärmel schütteln kann, was man zuvor hinein getan hat“!

5.1.1 Zielbereiche Studium und Beruf

Sie sind ein Student vor Ihrem Diplomvortrag oder eine Doktorandin vor dem Präsentieren Ihrer Dissertation? Sie wollen als Ingenieur(in) Ihrer Firma oder auf einer Fachtagung einen Vortrag halten?

Wenn ja, dann hilft Ihnen das folgende Kapitel, das Präsentieren vor wichtigen Leuten, z. B. vor Ihrem Professor, vor Ihrer Geschäftsleitung oder vor einem öffentlichen Publikum, neu zu lernen oder zu verbessern.

Die folgenden Regeln, Hilfen und Tipps beziehen sich zwar aus Platzgründen auf **Beispiele aus dem Hochschulbereich** wie z. B. Studienarbeit, Diplomarbeit oder Dissertation, sie gelten aber ebenso beispielsweise für den mündlichen Sachstandsbericht in der Abteilungsbesprechung („Meeting”) wie auch für eine Messepräsentation eines neuen Produktes.

Student(in) oder Ingenieur(in) in der Praxis –
Wollen Sie sich in beide Rollen hineinversetzen?

Dann leuchtet Ihnen sicher dieses ein: Was Sie in diesem Buchteil erfahren, ist **sowohl für den Hochschulalltag, als auch für die Berufspraxis gültig**. Schließlich präsentieren Sie in allen Lebensbereichen für ein Publikum aus *Menschen*, und die sind sich in ihren Erwartungen und Verhaltensweisen meist viel ähnlicher als angenommen wird. Glauben Sie nicht? Probieren Sie es aus!

5.1.2 Worum geht es?

„Mein Bericht ist endlich fertig – dann ist ein Vortrag darüber wohl kein Problem!"

Oder doch?

Nein, der Vortrag oder die Präsentation sind keine Probleme, zumindest keine unüberwindlichen!

Schließlich haben Sie, liebe Leserin und lieber Leser, doch eine lange, arbeitsreiche Zeitspanne hindurch so viele Texte, Tabellen, Diagramme und Bilder erstellt, dass diese Menge wohl für einen Vortrag oder eine Präsentation von 20, 30 oder 45 Minuten Dauer ausreichen müsste.

Aber – ist das der Stoff, aus dem selbstverständlich ein guter, erfolgreicher Vortrag gemacht ist? **Warum** werden **Vorträge** überhaupt gehalten, **wo doch jeder Interessierte alles lesen kann** in Ihrem Technischen Bericht? Diese und ähnliche Fragen sollen im Folgenden angesprochen und praxisbezogen geklärt werden:

- Welche **Daseinsberechtigung**, Sinn und Zweck hat das **Präsentieren** Technischer Berichte im modernen Berufsleben?
- **Was muss vorher alles abgeklärt werden**, z. B.
  - welche Adressaten,
  - welche Redezeit,
  - welche Hilfsmittel?
- Wie **planen** Sie Erarbeitung und Durchführung Ihres Vortrags?
- Wie **strukturieren** Sie Ihren Vortrag, welche Stoffmenge und welches Stoffniveau wählen Sie?
- **Worauf kommt es an**, damit Sie nach dem Vortrag eine gute Note, Lob oder Anerkennung erhalten?

Damit sind wir wieder bei der Frage: Warum werden Vorträge überhaupt gehalten? Wozu die Mühe – es kann doch jeder alles nachlesen!? Was bringt es, einen Vortrag vorzubereiten und zu präsentieren? Die Antwort finden Sie im folgenden Abschnitt 5.2. Doch zunächst zu den Vorteilen, die Sie selbst davon haben.

5.1.3 Was nützt mir das?

Ganz einfach – durch die Präsentation Ihres Berichtes

- haben Sie als Persönlichkeit eine viel größere Wirkung,
- kommt der Inhalt Ihres Berichtes besser zur Geltung,
- haben Sie mehr Erfolg,
- haben Sie mehr Spaß.

Zunächst zum Spaß: Alle präsentierenden Damen und Herren werden Ihnen verraten (wenn sie ehrlich sind), dass es ein **Hochgefühl von eigenem Können**, Lebensfreude und auch von ein wenig Macht ist, Menschen einen Inhalt erfolgreich zu vermitteln. Natürlich stellt sich dieses Gefühl nicht beim ersten Präsentieren ein, das verhindert das Lampenfieber, das alle Rednerinnen und Redner anfangs quält und das sich nie ganz verliert.

Aber mit der Routine empfinden auch Sie, die Sie hier zu lesen begonnen haben, ein Gefühl der **Zufriedenheit und Genugtuung**, mit einer Zuhörerschaft zu „kommunizieren" („mit der

Zuhörerschaft etwas auszutauschen und es dann gemeinsam zu besitzen"). Sie werden Freude und Spaß dabei haben, im Berufsalltag eine willkommene Abwechslung zu finden, die Sie außerdem noch menschlich und fachlich weiterbringt, Ihnen also persönlichen und **beruflichen Erfolg verschafft**.

Mit Ihrem Präsentieren wird der **Inhalt lebendiger**, weil er **durch Ihre persönliche Erscheinung** und Ihre frei gesprochenen Erläuterungen viel stärkere Wirkung entfaltet. Vereinfacht ausgedrückt, spricht Ihr schriftlicher Bericht meist „den Kopf", das Gehirn, den Verstand Ihrer Leser an, während Ihre Präsentation besonders „den Bauch", das Gefühl, das Unbewusste in Ihren Zuhörern erreicht. Erst die sich ergänzenden Gesamteindrücke von Gefühl (zuerst) und Verstand (danach) vermitteln ein geschlossenes und einprägsames Erlebnis Ihrer Arbeit und Ihrer Person, die hinter aller Arbeit steckt. Aus der Psychologie stammt die Erkenntnis: Wo das Gefühl Nein sagt, überzeugen keine noch so guten Fakten und Argumente.

Denn wenn Sie schon so lange an Ihrem Bericht gearbeitet haben, dann soll sich diese Mühe doch auch in einer guten Note, in mehr Euro im Portmonee und in besseren Aufstiegschancen auszahlen! Wäre das kein Erfolg?

5.1.4 Wie gehe ich vor?

Erinnern Sie sich an „Die Feuerzangenbowle"?

> *„Da stelle mer uns janz dumm und da sage mer so:*
> *Wat wolle de Leut' von mir?"*

So oder ähnlich frei nachempfindend sollten Sie an Ihre Präsentation herangehen. Die **Präsentation** Ihres Berichtes ist **etwas völlig anderes als** das Vortragen oder gar Vorlesen von Teilen Ihres **schriftlichen Technischen Berichts**! Es leuchtet ein, dass die mühevolle, oft hoch qualifizierte Arbeit von vielen Tagen, Wochen, Monaten oder bei Dissertationen von Jahren sich nicht auf die vergleichsweise lächerlich kurze Zeit von 20, 30 oder 60 Minuten komprimieren lässt.

Also können Sie nur einen Bruchteil Ihres Technischen Berichts auswählen, sozusagen einen Blick durchs Schlüsselloch. Aber welchen Blick?

Für diese Entscheidung benötigen Sie drei wichtige Phasen:

Phase 1: Sie gehen so weit wie möglich **geistig** auf **Abstand** zu Ihrem Bericht.

Phase 2: Sie versetzen sich in die Lage Ihrer **Hörerschaft** einschließlich Professor, Chef und anderer Experten und versuchen deren **Vorwissen**, deren **Einstellung** und deren **Erwartungen vorauszuahnen**.

Phase 3: Sie nehmen sich vor, genau diese **Erwartungen** Ihrer Hörerschaft bestmöglich zu **erfüllen**.

„Muss das alles sein?" werden Sie sich fragen, „Wie soll mir das gelingen und wie groß ist mein Aufwand, um das zu schaffen?"

Die Antworten finden Sie auf den folgenden Seiten, außerdem Grundregeln, Hilfen, Tipps und Tricks, die Ihnen helfen, Fehler zu vermeiden, Zeit zu sparen und Erfolg zu haben. Lassen Sie sich überraschen, steigen Sie ein!

5.2 Warum überhaupt Vorträge?

In diesem Abschnitt sollen die Charakteristika herausgearbeitet werden, die einen Vortrag bzw. eine **Präsentation** vom **Technischen Bericht unterscheiden**. Außerdem werden **Vortragsziele** und **Vortragsarten** vorgestellt. Doch zunächst lassen Sie uns ein paar Begriffe klären, die oft verwechselt werden.

5.2.1 Definitionen

präsentieren	vorstellen, zeigen, gegenwärtig machen (Präsent = Geschenk, Präsens = Gegenwart)
Vortrag	Mündliche Rede (20...60 min) über ein Thema oder aus einem Anlass mit Wissensübermittlung und/oder Beeinflussung
Präsentation	Mittellanger Vortrag (10 bis 15 min) über ein Projekt oder ein Produkt mit **Wissensübermittlung** und **Beeinflussung.**
Statement	Kurzvortrag (5 bis 10 min) zu einem Thema, zum Beispiel **Stellungnahme,** **Standpunkt,** **eigene Meinung.**
Information	1. Kürzestvortrag zur reinen Inkenntnissetzung 2. Anderes Wort für **Wissensübermittlung** (sollte immer sachlich neutral sein!)

Diese Begriffe sind natürlich **nicht scharf voneinander zu trennen**, sondern haben auch **gemeinsame Merkmale**, wie zu erkennen ist. Der **Vortrag** ist dabei die **Mutterform** aller Reden und am aufwändigsten durchzuführen. Alle anderen genannten Formen lassen sich vom Vortrag ableiten und haben mehr oder weniger gemeinsame Elemente. Wir sollten daher besonders den Vortrag kennen lernen, auch wenn er dann als Präsentation oder in Form des Statements verkürzt dargeboten wird. *Sprechen wir also vom Vortrag, so sind auch die abgeleiteten Redeformen ganz oder teilweise mit angesprochen.*

5.2.2 Vortragsarten und Vortragsziele

Den Vortragsarten und Vortragszielen vorangestellt sei zunächst eine hilfreiche Deutung des Begriffs „präsentieren" und zwar in dreifacher Hinsicht: Damit *erstens* der ***Inhalt*** eines Vortrages „rüberkommt", also für das Publikum **präsent** wird, sollte *zweitens* ein guter Redner durch die ***Wirkung seiner Persönlichkeit*** **präsent** sein, z. B. durch Ausstrahlung und Engagement, und er sollte *drittens* seinem Publikum mit seinem ***Vortrag*** ein Geschenk (**Präsent**) machen. Geschenke macht man sich unter Freunden. Deswegen sollte, zumindest für die Dauer des Vortrages und der anschließenden Diskussion, **zwischen Redner und Publikum** eine **freundschaftliche** Grundhaltung (Beziehungsebene) existieren.

Wir wollen vier wichtige Vortragsarten definieren, **Tabelle 5-1**.

Tabelle 5-1 Vortragsarten

Vortragsart	Eigenschaften
1. Sachvortrag	• Vorrang hat die reine Information! • Sachlichkeit ist Trumpf. • Hauptinhalt: Technik, dennoch ansprechend dargeboten. • Adressaten müssen nur im Rahmen der guten verständlichen Wissensübermittlung angesprochen werden, also indirekt.
2. Zielvortrag	• Vorrang hat die Überzeugung mit technischen und auch nicht-technischen Argumenten. • Technische Sachlichkeit nur soweit wie erforderlich. • Besonders ansprechend, überzeugend, evtl. auch unterhaltend darzubieten. • Adressaten müssen sehr gezielt angesprochen werden, also direkt.
3. Präsentation	• Vorrang hat meist die Beeinflussung. • Dennoch wird erhebliche Sachinformation geboten.
4. Gelegenheitsrede	• Vorrang haben eindeutig Beeinflussung, Unterhaltung und Emotion. • Wenig sachliche Information (Nebensache).

Die Übergänge zwischen diesen Vortragsarten sind fließend!

Vortragsziele
Ein Vortrag hat immer, natürlich unterschiedlich gemixt, drei Ziele:

Ziel 1: Informieren
Technisches Wissen
- *dokumentieren*
  (festhalten, speichern in Schrift, Zahl und Bild) und
- *transferieren*
  (übermitteln an andere Personen)

Ziel 2: Überzeugen
Überzeugen der Adressaten (Zuhörerschaft)
- von der Qualität des Wissens
- der Effizienz der geleisteten Arbeit
- der Kompetenz des/der Bearbeiter/innen.

Ziel 3: Beeinflussen
Beeinflussen der Adressaten zu eigenem Handeln:
- Geldbewilligung
- Kauf
- Projektfortsetzung
- positive Entscheidung
- gute Note

5.2.3 „Risiken und Nebenwirkungen" von Präsentationen und Vorträgen

Im technischen Berufsalltag gibt es nach wie vor schriftliche und mündliche Formen der Wissensübermittlung bzw. der Kommunikation, wobei unter „schriftlich" auch die elektronische

Kommunikation in Datennetzen zu verstehen ist. Warum genügt nicht die eine oder die andere Kommunikationsform? Die Antwort ist: Beide Kommunikationsformen haben Vor- und Nachteile, vergleichbar mit den so oft gehörten „Risiken und Nebenwirkungen". Sehen wir uns beide Kommunikationswege mit allen Stärken und Schwächen an.

Die schriftliche Kommunikation (Dokumentation) geschieht z. B. durch Notizen, Berichte, elektronische Mitteilungen oder durch schriftliche Angebote.

Die mündliche Kommunikation umfasst das Argumentieren und das Präsentieren, z. B. durch das Gespräch, in einer Besprechung oder eben in der Präsentation und im Vortrag.

Beide Formen, sowohl die schriftliche als auch die mündliche, müssen Stärken und Schwächen haben, sonst gäbe es nicht beide nebeneinander, **Tabelle 5-2**.

In diesem Vergleich erkennen Sie, dass **beide Kommunikationsformen ungefähr gleich viele Vor- und Nachteile** besitzen. Im technischen Berufsalltag braucht man daher beide Formen und deswegen vermittelt Ihnen dieses Buch nach dem Technischen Bericht auch die zugehörige Präsentation.

Tabelle 5-2 Vor-/Nachteile von schriftlicher und mündlicher Kommunikation

	Vorteile	**Nachteile**
Schriftliche Kommunikation: Dokumentieren, also „Notiz" bis „Angebot", auch als E-Mail	Zeitunabhängigkeit, Bearbeitung tags und nachts möglich: Stoff bildhaft sichtbar; „Leser" kann sein Lesen steuern, wiederholen; Stoff steht fest; „Schreiber" kann in Ruhe arbeiten, Stück für Stück, Pausen machen; Qualität gut steuerbar. Ständige Rückversicherung möglich.	Leser kann nicht nachhaken, unpersönlicher, unflexibel; keine Kontrolle über die Wirkung, welcher Adressat unter welchen Bedingungen liest, keine Rückmeldungen; Geschriebenes lässt sich schwer wieder zurücknehmen/ entschärfen/verstärken.
Mündliche Kommunikation: Argumentieren, Präsentieren, also „Gespräch" bis „Vortrag"	Guter Redner ist angenehm für Adressaten; „Redner" hat Kontakt, erhält „feedback", kann seine Person überzeugend einsetzen; kann sich korrigieren, kann flexibel reagieren, kann Stimmungen und Gefühle nutzen/steuern (bis hin zu Demagogie und Manipulation); gesprochenes Wort, sichtbares Bild und unmittelbare körperliche Anwesenheit des Redners bewirken zusammen den stärksten Eindruck.	Fehlende Reproduzierbarkeit, hoher Bedarf an physischer/psychischer Kraft, Nerven, aktivem Wissen, Disziplin, Geist, Schlagfertigkeit, Menschenkenntnis, Sensibilität, Wortgewandheit, Auftreten, positiver Ausstrahlung, Tagesform! Störbarkeit durch Einreden oder Fragen oder bewusste Störungen; Möglichkeit von Missverständnissen, Risiko von Denkfehlern beim Formulieren immer vorhanden, ständiger Zeitdruck, Lampenfieber, Selbstzweifel.

Die anfangs gestellte Frage „Warum überhaupt Vorträge?" lässt sich jetzt beantworten:

☞ *Um* ***Menschen*** *von technischen Inhalten zu* ***überzeugen und*** *sie* ***in gewünschter Weise*** *zu* ***beeinflussen****, bedarf es mehr als schriftlicher Kommunikation. Menschen sind keine*

„Scanner" (das würde für den reinen Informationsgehalt Ihres Berichtes ausreichen), sondern als Entscheidungsträger auch Wesen mit Kopf und Bauch. Über das reine Aufnehmen Ihres Berichtes in der „Scanner-Funktion" hinaus wollen die Sinne ***„Hören"*** *und* ***„Sehen"*** *und nicht zuletzt soll das* ***intuitive Fühlen Ihrer Persönlichkeit*** *durch Sprache und Bilder angesprochen werden, um restlos überzeugt und beeinflusst zu werden.*

Sprache und Bilder sind aber die **Grundelemente und** die **Stärken des Vortrags**, sie machen den Vortrag unentbehrlich, wenn es um Wichtiges geht. Nicht ohne Grund spielen Reden im Parlament, der mündliche Unterricht in der Ausbildung und die Vorlesung im Studium eine dominante Rolle.

Noch ein letzter, nicht unwichtiger Aspekt:

Die Persönlichkeit des/der Vortragenden übt über die Sprache hinaus durch nonverbale Signale wie z. B. **Haltung, Mimik, Gestik und Ausstrahlung starke Wirkung** auf die Zuhörerschaft aus, die jedem Bericht oder Buch fehlt. Deswegen sollten wir hinter dem Rednerpult von diesen Zusammenhängen, Vorgängen und Wirkungen wissen und unseren Vortrag ganz anders aufbauen als unseren Technischen Bericht.

☞ *Der* ***Vortrag ist*** *eine* ***neue Kreation*** *– auf der Grundlage unseres Berichtes, aber* ***mit ganz anderen Inhaltsanteilen, Darstellungen und Stilmitteln*** *– wenn er erfolgreich sein soll.*

Nun haben Sie das Hintergrundwissen und genug Motivation, Ihren Vortrag zu planen.

5.3 Vortragsplanung

So schön ein kreatives Chaos ist – ganz ohne Planung kommen Sie mit dem Termin Ihrer Präsentation schnell in Bedrängnis. Darum beschreiben die folgenden Seiten die Schritte der Erarbeitung eines Vortrages und geben Hinweise zum Zeitbedarf.

5.3.1 Erforderliche Arbeitsschritte und ihr Zeitbedarf

Bild 5-1 zeigt einen Netzplan, in dem die erforderlichen Schritte in ihrer zeitlichen Reihenfolge dargestellt sind. Dieser Plan empfiehlt sieben Schritte, die von sehr unterschiedlichem Umfang sind. Auch laufen diese Tätigkeiten nicht alle streng nacheinander ab. Mehr Information gibt das Balkendiagramm, **Bild 5-2**. Alle Schritte und Zeitempfehlungen beziehen sich auf die entscheidende, möglichst perfekte Präsentation, von deren Erfolg viel abhängt, z. B. Examen, Bewerbung oder Projektverlängerung.

„Normale" Fachvorträge im Tagesgeschäft können natürlich mit wachsender Routine freier und schneller erarbeitet werden. Der **Zeitrahmen** geht davon aus, dass etwa **zwei Arbeitswochen mit zwei Wochenenden** zur Verfügung stehen. Das bedeutet, die Vortragserarbeitung findet statt neben dem Beruf und teilweise am arbeitsfreien Wochenende.

Die **Wochenenden** werden vor allem **für Schritt 3** „Die kreative Phase: Abstand gewinnen! Roten Faden überlegen" **und für Schritt 6** „Probevortrag, Änderungen" benötigt. Besonders **Schritt 3** bedarf einer gewissen Ruhe und Abgeschiedenheit zur Entfaltung der Kreativität, die am Arbeitsplatz wohl meist nicht herrscht. Das Balkendiagramm stellt demnach folgende Empfehlungen zum Zeitbedarf dar, **Checkliste 5-1**.

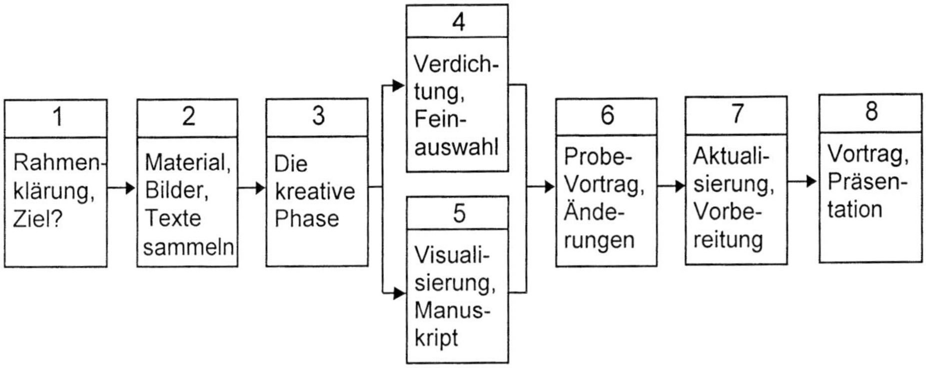

Bild 5-1 Netzplan zur Erstellung eines Vortrags

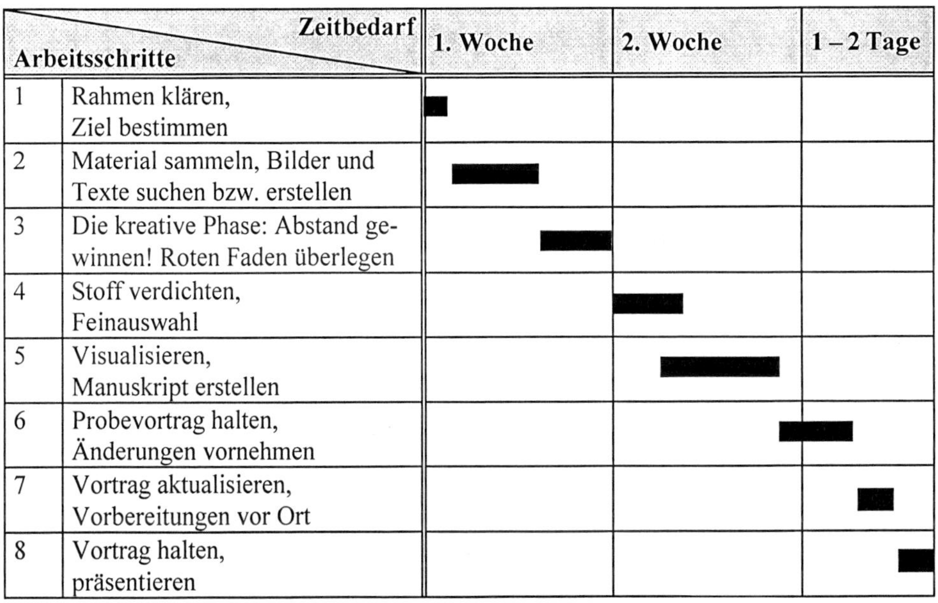

Bild 5-2 Balkendiagramm zur Erstellung eines Vortrags

Die **Bilder 5-1 und 5-2** sowie **Checkliste 5-1** bedürfen einiger Erläuterungen:

Die Zeitangaben sind in „Brutto-Tagen" ausgedrückt. Diese Situation ist nach Erfahrungen des Autors die häufigste, das heißt, die **Erarbeitung eines Vortrags** im Berufsalltag **erfordert immer Arbeits- und Freizeit**. Letztere muss dem Privatleben entzogen werden, dafür kann ein erfolgreicher Vortrag einen Karrieresprung einleiten.

Checkliste 5-1 Zeitbedarf für die Erstellung eines Vortrags

Schritt 1:	Rahmenklärung und Zielbestimmung	1 Tag
Schritt 2:	Materialbeschaffung, Bilder und Texte suchen	3-5 Tage
Schritt 3:	Die kreative Phase	2-3 Tage
Schritt 4:	Verdichtung des Stoffes, Feinauswahl	2-3 Tage
Schritt 5:	Visualisierung, Manuskripterstellung	3-4 Tage
Schritt 6:	Probevortrag halten, entsprechende Änderungen	1-2 Tage
Schritt 7:	Aktualisierung, Vorbereitungen vor Ort	1-2 Stunden
Schritt 8:	Präsentation Ihres Vortrages	20-60 Minuten

Die genannten Tätigkeiten (Schritte 1 bis 8) werden in den nächsten Abschnitten detailliert erläutert.

5.3.2 Schritt 1: Rahmenklärung und Zielbestimmung

Im Rahmen der Planung folgen zunächst Schritt 1 „Rahmenklärung und Zielbestimmung" und Schritt 2 „Materialbeschaffung". Mit dem Schritt 1 stellen Sie Ihren Vortrag auf feste Füße, indem Sie vor Ihren weiteren Arbeiten alle wichtigen **Rahmenbedingungen klären und die Ziele Ihres Vortrags festlegen**. Dies hilft, einen Misserfolg zu vermeiden und Zeit zu sparen. Folgende Rahmenbedingungen und Ziele sollten Sie erfragen, absprechen oder für sich festlegen, **Checkliste 5-2**.

Checkliste 5-2 Rahmenklärung für die Präsentation

- Worüber spreche ich? (Thema)
- Wie soll der Titel meines Vortrags lauten?
- Was für einen Vortrag halte ich? (Vortragsart)
- Wer hört mir zu? (Zuhörerschaft, Adressaten, Zielgruppe)
- Was ist der Anlass zu meinem Vortrag?
- Was will ich mit meinem Vortrag erreichen? (Ziele)
- Wozu will ich das erreichen? (Zweck)

Wenn Sie diese Fragen (möglichst schriftlich) restlos geklärt haben, fühlen Sie sich etwas sicherer und Ihr Vortrag kann nicht mehr ganz schief gehen. Im Folgenden werden diese Fragen detaillierter betrachtet.

Worüber spreche ich? (Thema)

Ganz einfach – über Ihren Technischen Bericht!

Dennoch kann der Titel Ihres Vortrags vom Titel Ihres Technischen Berichts abweichen, wenn letzterer z. B. zu lang ist (häufig) oder für ein Vortragsthema zu kompliziert klingt oder wenn Ihnen ein besserer Titel eingefallen ist.

Im Berufsalltag halten Sie öfter Vorträge über beliebige, wichtige Inhalte. Dann sind Thema und Inhalt möglichst exakt festzulegen mit Ihrem Auftraggeber, z. B. dem Chef oder einem Tagungsleiter auf einer Messe. Dazu gehören auch (schriftliche) **Festlegungen über**

- Titel, Untertitel
- Adressaten (Niveau, Interessenlage, Erwartungshaltung)
- Exakter Zeitrahmen ohne/mit Diskussion
- Vorgänger- und Nachfolgevortrag
- Vortragsart, Raumgröße, Hilfsmittel.

Besonders wichtig für Ihre Karriere sind **Abstimmungen über Titel und Inhalt mit**

- dem **Chef**
- dem **Auftraggeber** (Kongress-, Tagungsleitung, Professor, Betreuer)
- der eigenen **Verkaufs- und der Werbeleitung**!

Warum sollten Sie unbedingt in jedem Fall mit der Verkaufsleitung und der Werbeabteilung sprechen?

> *Ein Beispiel:*
> *Ihre Firma, ein bekannter Autohersteller, hat ein superschnelles Sportcoupé entwickelt und will dieses Wunderwerk mit einer teuren PR-Show auf der nächsten Messe vorstellen. 14 Tage vorher präsentieren Sie als junger, begeisterter Entwicklungsingenieur auf einer Fachtagung die wichtigsten Motor- und Fahrwerksdetails. Unter den Fachleuten sitzt ein Pressevertreter, und am nächsten Tag bringt dieser Ihr Insider-Wissen groß heraus. Welche Konsequenzen ergäben sich für Ihre Firma, für Sie und Ihren Arbeitsplatz?*

Doch nun zurück zu den zu klärenden Rahmenbedingungen.

Was für einen Vortrag halte ich? (Vortragsart)

Ist ein **reiner Sachvortrag oder** ein **spezieller Zielvortrag** zweckmäßig? Erwarten die Zuhörer und Zuhörerinnen reine trockene Fakten Ihres Berichtes oder wollen Sie Einblicke bekommen, die sie vorher nicht hatten? Wollen sie einen **Überblick oder Feinheiten**?

Wie mischen Sie zweckmäßig **Fakten, Beeinflussung und Emotion**, vielleicht mit einem Schuss Unterhaltsamkeit? Dies hängt ab von Ihrer eigenen Marschrichtung, aber auch von den Adressaten und vom Vortragsanlass. Daher sollten Sie auch die folgenden vier Fragen klären.

Wer hört mir zu? (Zuhörerschaft, Adressaten, Zielgruppe)

Sind es Ihre Professoren oder Betreuer? Sind es Techniker, Banker oder Journalisten, sind es Experten oder unbekannte Besucher, sind es Ihre Chefs einschließlich Geschäftsführung oder sind es Kollegen aus Nachbarabteilungen? Nach diesen Gegebenheiten oder – mangels besserer Vorinformationen – notfalls für ein buntes Gemisch von Adressaten bereiten Sie Ihren Vortrag zweckmäßigerweise vor. Wie – darauf kommen wir bei den Stichworten „Stoffmenge" und „Stoffniveau" zu sprechen (siehe Tabellen 18 und 19 sowie Bilder 61 und 62).

Was ist der Anlass zu meinem Vortrag?

Geht es um einen Diplomvortrag oder um eine Promotion? Ist es ein reiner Bericht an die Kollegen oder eine Präsentation vor Kunden? Handelt es sich um die Gewinnung von Geldgebern (Banken, Deutsche Forschungsgemeinschaft, Bundesministerien) oder um die Überzeugung eines Arbeitskreises zur Normung oder um Aussagen vor Gericht? An diese Anlässe wird sich Ihr Vortrag in seiner Ausrichtung mehr oder weniger anpassen müssen, wenn er Erfolg haben soll – und darum halten Sie ihn!

Was will ich mit meinem Vortrag erreichen? (Zielbestimmung)

Diese Frage behandelt das Vortragsziel. Damit ist gemeint, ob und in welchem Mix Sie folgende Effekte erreichen wollen:

- **Technisch-wissenschaftliche Wissensübermittlung** (um die Adressaten schlauer zu machen) oder
- **Herbeiführung eines positiven Eindrucks** (vom technisch-wissenschaftlichen Vorgehen, vom Vortragenden oder von dessen Unternehmen) oder
- **Emotionalisierung der Zuhörerschaft** (in einer gewünschten Richtung).

Natürlich verfolgen Sie diese Ziele nicht zu offensichtlich, sondern klug abgemischt und zweckmäßig kaschiert - Ihre Zuhörerschaft sollte Ihre Taktik möglichst nicht oder zumindest nicht bewusst wahrnehmen können. Solange Ihr Vorgehen nicht in plumpe Manipulation ausufert, ist **gegen eine dezente Vortragstaktik nichts einzuwenden.**

Wozu will ich das erreichen? (Zweck)

Es geht hier um den Zweck Ihres Vortrages.

Heiligt der Zweck die Mittel ???   Sagen wir vorsichtig: Manchmal Ja!

Ein Beispiel:
Von Ihrem Vortrag hängt die künftige Finanzierung Ihrer Projektgruppe ab. Es geht also um Sein oder Nichtsein der Arbeitsplätze Ihrer Mitarbeiter und vielleicht auch um Ihren Arbeitsplatz - ist das nicht den vollen Einsatz wert?
Solche Zwecke vor Augen, werden Sie in Ihrem Vortrag vermutlich alle legalen Register ziehen, um Erfolg zu haben, oder?

Dazu gehört zu entscheiden, inwieweit Sie überzeugen, beeinflussen oder sogar unterhalten wollen. Diese Elemente eines guten Vortrags gilt es geschickt zu mischen und zweckmäßig einzusetzen. Das erfordert vor allem **Vorarbeit**, denn aus dem Stegreif gelingt die richtige Abmischung der genannten Ziele bzw. Mittel nur wenigen Routiniers.

Vorarbeiten heißt, darüber nachzudenken, festzulegen und auszuprobieren.

Zur Verdeutlichung des Schrittes 1 „Rahmenklärung und Zielbestimmung“ und auch der folgenden Schritte 2 bis 8 soll ein frei erfundenes **Beispiel von jetzt an ständig „mitlaufen“**, so weit es sich im Rahmen dieses Buches beschreiben oder wenigstens skizzieren lässt.

Anmerkung: Die Studienarbeit, aus der die Beispiel-Präsentation abgeleitet wurde, ist im Literaturverzeichnis aufgeführt. Die Tagung und der Vortrag haben so nie stattgefunden. Das „Institut für Schweißtechnik“ gibt es nicht an der Universität Hannover. Die Abläufe sind frei erfunden, um Ihnen die grundsätzliche Vorgehensweise zu erläutern. Das Beispiel wird im folgenden in kursiver Schrift gesetzt.

Der **Titel des Technischen Berichts** in unserem Beispiel heißt:

Verbesserung des Arbeitsschutzes beim Schweißen durch
Einsatz brennerintegrierter Absaugdüsen –
Effektivität und Qualitätssicherung

Große Studienarbeit an der Universität Hannover

Dieser Technische Bericht zu einer Großen Studienarbeit umfasst **135 Seiten** und **soll in 20 Minuten präsentiert** werden. Wie kann das gelingen?

Die Verfasserin macht sich mutig ans Werk und klärt im **Schritt 1**:

- **Thema:** *Die genannte Studienarbeit soll im Rahmen einer Tagung über Schweißtechnik präsentiert werden.*
- **Titel:** *„Brennerintegrierte Absaugtechnik beim Schweißen"*
  Dieser Titel ist klarer, kürzer und einprägsamer als der Berichtstitel, damit attraktiver und dennoch zutreffend.
- **Zielgruppe:** *Institutsleiter (Professor), betreuender Assistent, Studierende als Seminarteilnehmer, ein Industrievertreter, ein Fachjournalist, weitere Teilnehmer mit unbekanntem fachlichem Hintergrund.*
  Aus dieser Zielgruppe gehen die verschiedensten Wissensniveaus, Interessenlagen und Erwartungshaltungen hervor, die es geschickt zu berücksichtigen gilt. Niemand sollte überfordert oder gelangweilt werden!
- **Zeitrahmen:** *20 Minuten Vortrag mit anschließender Diskussion.*
- **Vorgängervortrag:** *„Arbeitsschutz im Handwerk"*
  (Vertreter der Berufsgenossenschaft)
- **Nachfolgevortrag:** *„Automatisiertes Brennschneiden"*
  (Firma Messer-Griesheim)
  Mit diesen Vortragenden müssen Abstimmungen durchgeführt werden, um Überschneidungen oder womöglich Widersprüche zu vermeiden!
- **Vortragsart:** *Technischer Fachvortrag (Sachvortrag)*
- **Raum:** *Hörsaal 32, 30 Plätze, Tische*
- **Hilfsmittel:** *Tageslichtprojektor und Elektronischer Projektor (Beamer) vorhanden*
- **Abstimmung mit Professor und Betreuer:** *Vorbesprechung: Grobauswahl des Stoffes, Strategie gegenüber der Industrie und ggf. auch gegenüber der Presse.*

Aufbauend auf diesen Rahmenbedingungen entwirft die Rednerin ihren „Schlachtplan". Insbesondere die **Mischung aus Sachinformation, Überzeugung und Beeinflussung** überlegt sie sich **anhand der folgenden Kriterien**:

- **Zielgruppe:** *„Die genannte, recht unterschiedliche Zuhörerschaft erfordert von mir einen Balanceakt zwischen Experten (Professor, Betreuer) und den übrigen Adressaten."*
  Dieser Balanceakt lässt sich aber mit taktisch kluger Stoffauswahl realisieren (siehe 5.3.4 „Die kreative Phase").
- **Anlass:** *Seminar bzw. Tagung „Aktueller Stand der Schweißtechnik", Pflichtveranstaltung für Studierende, öffentlich. Hintergrund sind dabei auch mögliche Drittmitteleinwerbung aus der Industrie und Imageverbesserung des Institutes.*
- **Ziele:** *Der Vortrag soll überwiegend der Technisch-Wissenschaftlichen Wissensübermittlung dienen (70 %), jedoch auch die Kompetenz des Institutes zeigen (20 %) und etwas Lockerheit und Humor in den trockenen Stoff einbringen (10 %).*

- **Zweck:** *Hauptzweck: Gute Note!*
  Gewünschte Nebeneffekte:
  – *Interesse wecken bei Industrie und Handwerk*
  – *Gute Presse-Resonanz erzielen*
  – *Wissenszuwachs und Motivation der Studierenden.*

Mit diesen Beispielen soll Schritt 1 abgeschlossen sein. Wenden wir uns dem Schritt 2 „Materialbeschaffung“ zu.

5.3.3 Schritt 2: Materialbeschaffung

In diesem **Schritt 2** gilt es, zwei Situationen zu unterscheiden:

Fall 1: Das **Material** (der Stoff, der Inhalt) der geplanten Präsentation **liegt bereits vor**, z. B. in Form des Technischen Berichts.

Fall 2: Das **Material muss** erst einmal **gesammelt, recherchiert, erarbeitet werden**.

Gehen wir zunächst im **Fall 1** von der günstigen Situation aus: **Der Bericht liegt fertig vor.** Dann gilt es, aus der Menge der **Berichtsinformationen** die vortragstauglichen **auszuwählen**. Vortragstauglich soll heißen, dass diese Informationen vom Inhalt her **wesentlich**, **aussagekräftig** und kennzeichnend bzw. **repräsentativ** für die nicht ausgewählten übrigen Fakten und Aussagen sind. Die Materialbeschaffung besteht also im Fall 1 vor allem im Auswählen geeigneten Stoffes. Genaueres dazu finden Sie im Abschnitt 5.3.4 „Die kreative Phase“.

Der **Fall 2**, d. h. ein fertiger Bericht liegt nicht vor, bedeutet eine erhöhte Schwierigkeit: Das **Material muss erst gesammelt werden**, z. B. aus Ordnern im eigenen Arbeitszimmer, aus Archiven, Bibliotheken oder aus dem Internet. Diese Arbeiten können schon **3-5 Tage** dauern. Sollte diese Zeit nicht reichen, sind Sie nicht „fachnah“ genug, dann können Sie diesen Stoff nicht überzeugend präsentieren und es sollte besser jemand anders den Vortrag übernehmen.

Haben Sie genügend **Material** zusammen, (gefunden, ausgedruckt, kopiert), so sollten Sie es zunächst **sichten**, d. h. von vornherein das weniger wichtige Material an Texten und Bildern aussortieren und als Reserve beiseite legen.

Alles **übrige Material** sollten Sie **ordnen** nach:

- Literaturstellen (durchnummerieren),
- Sachkomplexen (siehe Abschnitt 2.4.4, Checkliste 6, 3. Schritt)
- und/oder Verfassern.

Hierfür lohnt sich das Anlegen eines Verzeichnisses oder einer **Kartei**.

Damit wären die Routinearbeiten für Ihren Vortrag abgeschlossen.

5.3.4 Schritt 3: Die kreative Phase

Im **Schritt 3** findet die entscheidende, **schwierigste, aber auch spannendste Phase** auf Ihrem Weg zum erfolgreichen Vortrag statt:

- **Abstand gewinnen** zum Stoff, Übersicht herstellen
  aus dem Blickwinkel der Zielgruppe (Zuhörerschaft) und

- Finden (Kreieren) eines **Roten Fadens**, der sowohl dem relevanten Inhalt als auch den Erwartungen Ihrer Zuhörerschaft gerecht wird.

Das ist ein nicht geringes Kunststück. Obwohl Sie Experte in Ihrem Stoff sind, den Sie selbst erarbeitet und dokumentiert haben, treten Sie geistig neben sich und versetzen sich in die Lage Ihrer Zuhörer und Zuhörerinnen. Auf deren Erwartungen zugeschnitten, entwickeln Sie möglichst locker und schöpferisch für Ihren Vortrag ein **Konzept**, eine **Grundidee der Darstellung**, vielleicht mit einem besonderen Gag, mit einem **Spannungsbogen** – soviel Wissenschaft wie nötig, soviel Anschaulichkeit wie möglich ...

Wie weit Sie sich dabei von Ihrem Technischen Bericht und dessen Gliederung entfernen (dürfen), hängt ausschließlich von den Zielen und dem Zweck Ihres Vortrags ab. Dadurch entsteht unter Umständen eine ganz neue Gliederung des Stoffes, die aber den Vortrag entscheidend prägt und seinen Erfolg sichert.

Diese kreative Phase darf **2 bis 3 Tage** dauern – sie macht das Besondere des Vortrags aus. Betrachten wir wieder die Rednerin im Beispiel „Brennerintegrierte Absaugtechnik beim Schweißen".

*Die **Große Studienarbeit** hat folgende **Gliederung**:*

1. Einleitung	*(2 Seiten)*
2. Grundlagen (Schweißverfahren, Schadstoffe, Entsorgung)	*(29 Seiten)*
3. Optimierung der brennerintegrierten Absaugung	*(24 Seiten)*
4. Schweißversuche mit der optimierten Absaugung	*(68 Seiten)*
5. Zusammenfassung und Ausblick	*(4 Seiten)*

Diese Gliederung eines Technischen Berichtes ist solide und informativ, aber nicht besonders geeignet als Roter Faden eines Vortrags. Warum?

Eine **Vortragsgliederung** benötigt eher **wenige, kurze**, anregende **Gliederungspunkte**, die sich gut merken lassen und die möglichst einen Spannungsbogen ergeben.

*Unsere Rednerin entwirft folgenden **Roten Faden für den Vortrag**:*

Einleitung: *Arbeitsschutz kontra Nahtqualität? („Aufreißer")*
Hauptteil:
- *Absaugtechniken (Aktueller Stand)*
- *Brennerintegrierte Absaugung*
- *Konstruktive Optimierung*
- *Versuche zur Schweißraucherfassung (Isotachenmessung)*
- *Versuche zur Nahtqualität (zerstörend und zerstörungsfrei)*

Schluss: *Zusammenfassung, Antwort auf „Aufreißer"*

So oder ähnlich kann ein Technischer Bericht oder ein anderer technischer Inhalt in 20 Minuten „rübergebracht" werden. Natürlich darf ein solches Vortragskonzept nicht in Richtung Verkaufspräsentation abrutschen. Hier kommt es auf Ihr Fingerspitzengefühl an, nicht nur den notengebenden Professor zu überzeugen durch erkennbare **seriöse Wissenschaft**, sondern auch allen anderen Zuhörern durch **Verständlichkeit, Anschaulichkeit und persönliche Ausstrahlung** zu einem Lernerfolg und zu einer **positiven Einstellung gegenüber dem Stoff** zu verhelfen.

Umsetzung des Roten Fadens

Nun gilt es, den **Roten Faden** umzusetzen, d. h. mit **Aussagen und Inhalten, Texten und Visualisierungen lebendig** zu **machen**. Dabei sollen alle Adressaten, vom Professor oder Experten bis zum zufälligen Gast, „etwas mitnehmen" aus Ihrem Vortrag – sie alle sollen Ihre Präsentation wenigstens teilweise als Geschenk (Präsent) empfinden. Ist diese Aufgabe lösbar?

Ja, sie ist lösbar - mit dem Wörtchen teilweise! Teilweise bedeutet hier: **Jeder Adressat** erhält **seinen Teil** des Vortragsinhaltes, aber natürlich nicht den ganzen Vortrag hindurch. Das Geheimnis liegt in der geschickten, auf die jeweiligen Erwartungen der verschiedenen Adressaten abgestimmten Verteilung des Inhalts:

- Bekanntes, Alltägliches für alle Adressaten („Bekanntes")
- Wissenschaftlich-Komplexes für die Experten („Wirres")
- Verständliches, neues Fachwissen für die Mehrheit („Neues")

Die Drittel-Regel

Als Vortragender dürfen Sie nur selten mit einem ideal homogenen Publikum als Zielgruppe rechnen; denn selbst unter lauter Experten gibt es große Unterschiede, je spezieller unser modernes Wissen wird. Sie wollen Ihren Vortrag auch nur einmal gründlich vorbereiten und möglichst für mehrere Anlässe zur Verfügung haben. Darum wenden Sie am besten die Drittel-Regel an, **Tabelle 5-3**.

Tabelle 5-3 Drittel-Regel (Dreiteilung) zum Vortragsaufbau

Anteil	Erläuterung	Zweck
1/3 „**Bekanntes**"	Hautnahes, Alltägliches, was jeder kennt.	Gemeinsame Basis, Selbstbestätigung der Adressaten
1/3 „**Wirres**"	Spezielles Fach- und Detailwissen, das nur Experten verstehen.	Wissenszuwachs für Experten (Insider), Image-Aufbau für den/die Redner(in)
1/3 „**Neues**"	Fachliches Wissen auf angemessenem Niveau, verständlich für die Mehrheit	Fachlicher Wissenszuwachs für die Mehrheit, evtl. auch für Fachfremde.

Die **Dritttel-Regel** wirkt vielleicht etwas trickreich, aber sie ist die **beste Möglichkeit**, die angesprochene Quadratur des Kreises zu finden, die ein **stark gemischtes Publikum** erfordert. Außerdem hat sie sich schon **vielfach bewährt** – bilden Sie sich Ihr eigenes Urteil, probieren Sie sie aus!

Die **Realisierung** der Drittel-Regel verläuft jedoch nicht einfach nach den Mengenanteilen, sondern etwas differenzierter. Auch wird ein Vortrag zweckmäßigerweise nicht in drei exakte Drittel aufgeteilt, wohl aber in drei Abschnitte. Damit kommen wir zu einem Kernpunkt des Präsentierens – der **Dreiteilung**.

Die Dreiteilung erkennen und anwenden

Diese Dreiteilung findet sich in der Biologie des täglichen Lebens und in der Technik wieder, wie die nachfolgenden Beispiele zeigen, **Bilder 5-3 und 5-4**.

A. Biologische Vorgänge

Die menschliche Biologie benötigt seelisch, geistig und körperlich für alle wichtigen Vorgänge eine bestimmte optimale Abfolge.

Beispiel 1: **Essen**

Suppe, Vorspeise (leicht verdaulich, appetitanregend) →	Hauptgang (schwerer verdaulich, sättigend) →	Nachspeise (süß/leicht, abschließend)

Beispiel 2: **Liebesleben**

Vorspiel (Einstimmung, Spannungsaufbau) →	Vereinigung (Höchstspannung, Ekstase) →	Nachspiel (Spannungsabbau, Nachklingphase)

Bild 5-3 Vergleichsvorgänge zum Vortrag (Biologie)

B. Vorgänge in der Technik

Beispiel 3: **Verbrennungsmotor**

Starten, Warmlauf →	Dauer- und Höchstleistung →	Nachlaufen, langsames Abkühlen

Beispiel 4: **Linienflug**

Starten, Warmlauf und Abheben →	Aufsteigen und Dauerflug in großer Höhe →	Absteigen, Landung, Ausrollen

Bild 5-4 Vergleichsvorgänge zum Vortrag (Technik)

Diese Dreiteilung wird in einem reinen Sachvortrag dadurch realisiert, dass man das Stoffniveau geschickt variiert, um möglichst allen Einzelpersonen im Publikum gerecht zu werden, **Tabelle 5-4**.

Zugegeben – die genaue Mengenaufteilung des Hauptteils wirkt etwas künstlich und konstruiert. Aber als Anhaltspunkt und Empfehlung hat sie Sinn, vor allem durch die Aufteilung in Drittel bzw. Sechstel gemäß der Drittel-Regel. Was steckt dahinter?

Nach dem Kontaktvorlauf und der Kontaktaufnahme, die im Abschnitt 5.8 erläutert werden, soll am Anfang mit den Phasen **„Ziel und Vorgehen"** und **„Einführende Beispiele" für alle Adressaten** des Publikums ein Überblick und eine sachliche Plattform geschaffen werden. Hiermit soll das gesamte Publikum angeregt („angewärmt") und für das Vortragsthema interessiert werden.

Tabelle 5-4 Aufbau des Sachvortrags

Phase	Zeitanteil	Inhalte	Informationsziel und Anteil gemäß Drittel-Regel
Einleitung	ca. 20%	Kontaktvorlauf, Kontaktaufnahme, Ziel und Vorgehen	Einstiegsphase
Hauptteil	ca. 70%	Einführende Beispiele, Überblick, sachliche Plattform	1/3 Bekanntes
		Wissenszuwachs	1/6 Neues
		Vertiefung, Details, Spezialitäten	1/3 Wirres
		Verdichtung, Wertung	1/6 Neues
Schluss	ca. 10%	Zusammenfassung (Ausblick)	Abschlussphase

Im Anschluss daran folgen **fachliche Inhalte** auf einem angemessenen Niveau, **die von der Mehrheit der Zuhörerschaft verstanden werden** – eben das erste Sechstel des „Neuen". Bevor jetzt die Experten im Publikum sich zu langweilen beginnen, sprechen Sie in der **Vertiefung** das **„Wirre"**, also die speziellen, komplizierteren Zusammenhänge, Details und Spezialitäten an, die eigentlich nur von einem oder wenigen **Experten** z. B. von Ihrem Professor und seinen Kollegen verstanden werden. Hier sollten aber selbst diese Experten noch etwas lernen können.

Während der Drittelphase „Wirres" haben die **Nicht-Experten**, d. h. die Mehrheit des Publikums, immer mehr Mühe, dem Vortrag zu folgen. Sie verharren in respektvollem Staunen vor der fachlichen Brillanz des Redners oder **schalten teilweise sogar ab**. Bevor nun das hohe fachliche Niveau beginnt, die Mehrheit völlig zu frustrieren, gehen Sie als Redner **zurück auf ein gemäßigtes Niveau** im letzten Sechstel **„Verdichtung und Wertung"**, dem nun die Mehrheit wieder folgen kann. Hier gewinnen auch die Nicht-Experten neues Wissen, Einsicht und Durchblick, so dass sich der Vortrag auch für sie gelohnt hat.

Eine **knappe**, aber aussagefähige **Zusammenfassung** der wichtigsten Ergebnisse und Kernpunkte des Vortragsinhaltes, evtl. ein kurzer Ausblick, jedoch **ohne neue**, wesentliche **Aussagen**, und freundliche verbindliche Sätze stellen den **Schluss** des Vortrags dar.

Dieser **Jongleursakt** mit drei Kugeln bezüglich des Stoffniveaus ist das Kunststück, das vom guten Redner erwartet wird, wenn er **alle Mitglieder seiner Zielgruppe zufrieden stellen** will. Jeder im Publikum soll etwas gelernt haben, was er in seinem Reisebericht festhalten kann. Keiner sollte denken oder schreiben: „Kannte ich alles schon“ oder „War mir alles zu hoch“ – das ergäbe als Resultat: „Außer Spesen nichts gewesen!“.

Im grafischen Modell kann der oben geschilderte Vortragsaufbau ungefähr so aussehen, wie in **Bild 5-5** dargestellt.

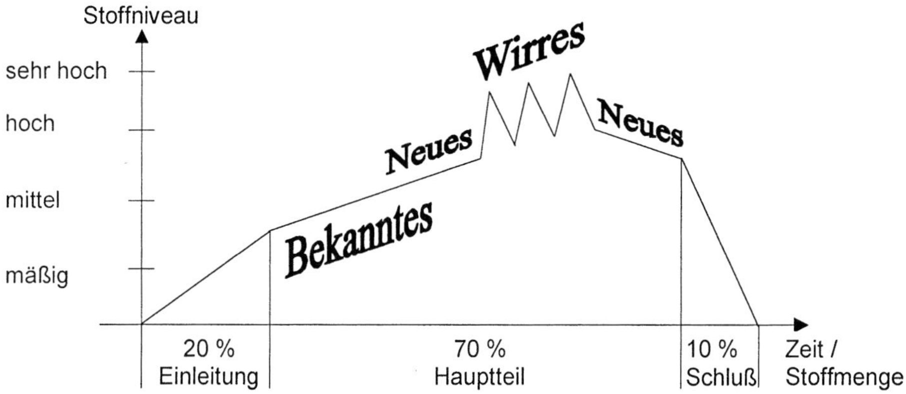

Bild 5-5 Modellverlauf des Stoffniveaus

In diesem Modellverlauf kommen alle Zuhörer und Zuhörerinnen auf ihre Kosten. Nach raschem, stetigem Anstieg des Niveaus erfahren die Meisten etwas Neues, dann werden die Experten informiert auf hohem bis höchstem Niveau. In dieser Phase kehren die Niveau-Spitzen immer wieder kurzzeitig auf das Mehrheitsniveau zurück, um auch die Nichtexperten „bei der Stange zu halten“ und um Transparenz zu gewährleisten. Kurz vor Ende des Hauptteils ist das Niveau recht hoch, jeder soll an diesem Vortragshöhepunkt etwas Wertvolles mitnehmen. Das ist auch wichtig für die in der Regel folgende Diskussion, die ohne ein Mindestverständnis für Nicht-Experten sonst sinnlos ist.

Die Rednerin unseres Beispieles „Brennerintegrierte Absaugtechnik beim Schweißen“ führt die Dreiteilung für Ihren Vortrag durch, **Tabelle 5-5**.

Tabelle 5-5 Dreiteilung und Stoffzuordnung im Beispielvortrag <wird fortgesetzt>

Hauptphase (mit Zeitanteil)	**Unterphase** (mit Zeitanteil)	**Inhalte**
4 Minuten Einleitung	Kontaktvorlauf, Ziele, Überblick	• Ist die Nahtqualität wichtiger als der Arbeitsschutz? (provokative Frage, bringt Spannung) • Beispiele zur Problematik (anschaulich)

Tabelle 5-5 Dreiteilung und Stoffzuordnung im Beispielvortrag <Fortsetzung>

Hauptphase (mit Zeitanteil)	**Unterphase** (mit Zeitanteil)	**Inhalte**
14 Minuten Hauptteil	4 Minuten „Bekanntes“ (Stand der Technik)	• Entsorgung von Schadstoffen beim Schutzgasschweißen – Beispiel Hallenabsaugung – Beispiel Einzelplatzabsaugung – Beispiel brennernahe Absaugung
	2 Minuten „Neues“ (Fortschritt)	• Brennerintegrierte Absaugung (Funktion, Bauteile, Probleme) • Optimierung der VACUMIG-Schweißpistole (Sauggeometrie, Nahtqualität)
	5 Minuten „Wirres“ (Spezialwissen)	• Absaugversuche (Versuchsdetails, Kombination der Saugringe, Versuchsergebnisse) • Schweißversuche (Versuchsdetails, Programmplan, Messprotokollbeispiel) • Versuchsergebnisse
	3 Minuten „Neues“ (Konsequenzen)	• Absaug-Auswertung • Schweiß-Auswertung • Fehlerdiskussion • Technische Konsequenzen
2 Minuten Schluss	Zusammenfassung (Ausblick)	• Kurzfassung der Ergebnisse • Zukünftiges Vorgehen

Inwieweit sich dieser zunächst theoretisch konstruierte Modellaufbau in der begrenzten Zeit praktisch umsetzen lässt, ist Gegenstand des Unterkapitels 5.4 „Vortragsausarbeitung“. Besonders der **unabdingbare Probevortrag** bringt das in 20 Minuten Machbare und Nicht-Machbare unbarmherzig an den Tag.

5.4 Vortragsausarbeitung

Das Konzept steht – nun folgt die Feinarbeit! Es gilt, das erarbeitete Inhalts- und Zeit-Skelett zu einem lebendigen, erfolgreichen Vortrag zu machen.

5.4.1 Allgemeine Hinweise zur Foliengestaltung und Tipps zur Erstellung von Folien mit PowerPoint und Open Office Impress

In diesem Abschnitt finden Sie allgemeine Hinweise zur Foliengestaltung und – eingestreut in den Text – Tipps zur praktischen Umsetzung Ihrer Ideen mit PowerPoint 97 bzw. 2000, danach Tipps zu Open Office 2.0 Impress. Das vorliegende Buch kann dabei nur die grobe Richtung aufzeigen. Detailliertere Hinweise geben die Online-Hilfe, die im Literaturverzeichnis genannten Quellen und weitere einschlägige Fachliteratur.

Grundlayout der Folien

Sie sollten zunächst die **Grundeinstellungen für die Vortrags- und Titelfolien** vorzunehmen. In PowerPoint dient hierzu das Menü **Ansicht – Master – Folienmaster**. Hier beeinflussen Sie das Layout des Objektbereichs „Aufzählung“ bzw. „Text“, der in den vorgegebenen Folienlayouts Aufzählung, Zweispaltiger Text, Text und ClipArt usw. verwendet wird.

Auf dem Folienmaster wählen Sie nun

- Schriftart, -farbe und -größe (Format – Zeichen),
- Sprache (Extras – Sprache),
- Tabulatoren,
- Form und Farbe der Leitzeichen für Aufzählungen (Format – Aufzählungszeichen) und
- Zeilenabstand (Format – Zeilenabstand).

Sie sollten auf jeden Fall den linken **Rand des Textbereichs und des Titelbereichs verschieben**, um **Platz für Ihre Gliederung** zu gewinnen. Nun können Sie **gliedernde Linien mit den Werkzeugen der Symbolleiste Zeichnung** erzeugen. Die Hintergrundgestaltung erledigen Sie am besten über Format – Hintergrund. Dort wählen Sie die Hintergrundfarbe, -grafiken, -verlaufsmuster und binden ggf. das Firmen- oder Institutslogo ein.

Bei PowerPoint 97 werden die Einstellungen für die Titelfolie im Menü Ansicht – Master – Titelmaster festgelegt, d. h. Sie müssen sie dort noch einmal wiederholen.

Wenn Sie beim späteren Erstellen der Folien feststellen, dass etwas Grundsätzliches an den Textfeldern oder an systematisch wiederkehrenden Elementen auf Ihren Folien (noch) nicht stimmt, ändern Sie dies vorzugsweise im Folienmaster.

Schriftart und -größe

Es hat sich bewährt, für Vortragsfolien serifenlose Schriften wie z.B. Arial zu verwenden. Die Schriftgröße sollte nicht kleiner als 18 Punkt sein, größer wäre besser.

Verwendung von Farbe

Farbe kann als Textfarbe, Hintergrundfarbe und Objektfarbe in Bildern auftreten. Sinnvoll eingesetzt **helfen Farben beim kennzeichnen, betonen, gliedern, einordnen und unterscheiden**. Farben steuern Reaktionen, stimulieren Vorstellungsvermögen und Einbildungskraft, wecken **Gefühle**, Erinnerungen und Assoziationen. Kennzeichnen Sie Gleiches mit gleichen Farben und wenden Sie Farbe **konsistent** an! Sparsam eingesetzt wirkt Farbe als „Hingucker“ und hilft, Wichtiges hervorzuheben.

Allerdings **setzt** Farbe den **Kontrast** zwischen Vordergrund und Hintergrund **herab** und reduziert die Erkennbarkeit. Optimal erkennbar ist schwarz auf weiß. Bei dunkelblau, dunkelgrün und dunkelrot auf weiß muss Schrift bereits 1,5 mal so groß geschrieben und Linien entsprechend breiter sein, um gleiche Lesbarkeit zu erhalten. Zu viele und nicht erklärbare Farben fördern die Reizüberflutung und belasten eher die Gesamtwirkung der Darstellung.

Lesbarkeitskontrolle

Zeigen Sie zur Kontrolle eine kritische Folie an im Modus Bildschirmpräsentation. Messen Sie die Breite Ihres Bildschirms mit einem Zollstock, nehmen Sie den Wert mal 6 oder nach DIN 19045 sogar mal 8 und stellen Sie sich in diesem Abstand vor Ihren Bildschirm. Wenn Sie dann noch alles lesen können, ist es OK.

Vortrags-Rahmenfolien

Es hat sich bewährt, dass jeder Vortrag zur Transparenzsicherung drei Rahmenfolien hat:

- die **Titelfolie** (Vortragstitel, Name des Vortragenden, Name des Instituts/der Firma),
- eine Folie, die die **Gliederung** zeigt (kann entfallen, wenn die Gliederung auf einem Flipchartblatt oder Plakat an der Wand ständig sichtbar ist) und
- die **Abschlussfolie** (enthält eine Grafik oder ein Foto zur Anregung der Diskussion und die Kontaktdaten des Vortragenden).

Transparenzsicherung

Transparenzsicherung ist die Möglichkeit, mit Hilfe der Visualisierung fortlaufend die **aktuellen Gliederungspunkte** wie Einleitung, Hauptteil mit Unterpunkten und Schluss auf den Folien darzustellen, **Bild 5-6**, und damit die Transparenz der Präsentation zu gewährleisten. Eine moderne, selbstbewusste Zuhörerschaft will ständig wissen, wo sie sich im Vortragsablauf befindet. Sie kann sich dadurch besser auf die jeweiligen Themenpunkte einstellen und gerät nicht „ins Schwimmen" innerhalb des Vortrags.

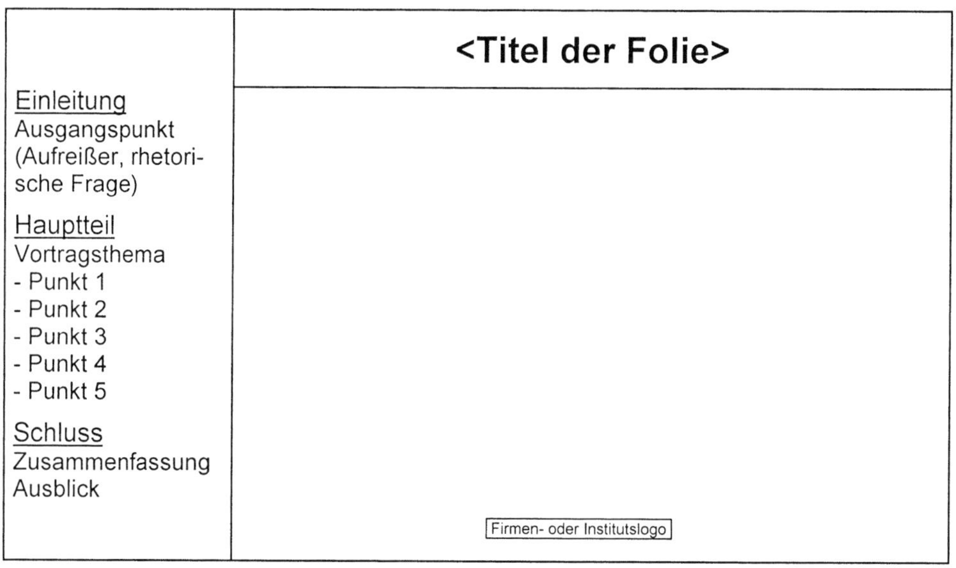

Bild 5-6 Transparenzsicherung durch Randleiste (Folienschema)

Zur Orientierung sollte die Vortragsgliederung Ihrer Zuhörerschaft **möglichst stets vor Augen** sein. Auf diese Struktur sollte die/der Vortragende daher ab und zu spürbar hinweisen. Dies kann umgesetzt werden durch

- wiederholten Bezug zur Gliederung und Hinweis auf die momentane Position durch abhaken der erledigten Punkte am Flipchart, auf einem Plakat bzw. an der Tafel oder
- durch eine Strukturleiste auf jeder Visualisierung (= Randleiste, die abgetrennt vom Bildinhalt ständig die möglichst knapp gehaltene Gliederung zeigt, mit Hervorhebung des aktuellen Unterpunktes, links oder oben, max. ¼ der Fläche). Dies ist die einzige Möglich-

keit, wenn im Vortragsraum keine Tafeln und kein Flipchart und keine Befestigungsmöglichkeit an der Wand zur Verfügung stehen.

- Die Gliederung kann auch als Begleitunterlage vor dem Vortrag verteilt werden.

Voraussetzung für eine solche Randleistentransparenz ist allerdings eine sehr kompakte Gliederung mit kurzen Gliederungsstichworten!

Gestaltung der Folien, Texteingabe, Einfügen von Bildern

Es gilt für die Foliengestaltung generell das Motto **„Weniger ist mehr!"**. Vermeiden Sie auf Ihren Folien oder Beamer-Projektionen alles Überflüssige, was die Aufmerksamkeit der Zuhörerschaft durch Ablenkung schwächen kann, z. B.:

- ständige Wiederholung des Vortragstitels,
- ständige Wiederholung Ihres Namens und des Namens der Institution,
- ständige Wiederholung des Datums und Anlasses,
- ständige Wiederholung von Copyright-Hinweisen,
- ständige Wiederholung von eigenen Verwaltungshinweisen (z.B. „Folie 8 von 31") u.ä.

Nervt Sie das „ständige Wiederholung" nicht auch?

Zugegeben, mit dem Rechner ist das einfach und kostengünstig herzustellen. Aber das Publikum – so neugierig wie es ist – wird alle diese Dinge immer wieder lesen (müssen), um festzustellen, ob sich nicht vielleicht doch etwas geändert hat ...

Nutzen Sie bei der **Texteingabe** den **vorgegebenen Objektbereich von PowerPoint** mit den Leitzeichen. Das Eingeben eines Gedankenstrichs erfolgt in Word ja mit Strg + Minuszeichen im Ziffernblock. In PowerPoint verwenden Sie hierfür die Tastenkombination Alt + 0150. Die Einrücktiefe Ihrer Aufzählungen ändern Sie mit den Schaltflächen ⇨ und ⇦ in der Symbolleiste Format. Sie können nun Ihre **Folientexte** mit der Funktion Datei – Senden an – Microsoft Word **an Word übergeben** und aus den Folientexten ein Handout oder Skript erstellen.

Eine andere nützliche Möglichkeit, die nur funktioniert, wenn Sie mit den vorgegebenen Objektbereichen arbeiten, ist die **schnelle Eingabe von Textfolien in der Gliederungsansicht**. Mit Enter erzeugen Sie eine neue Folie. Wenn Sie dann Text eingeben, erstellen Sie damit den Folientitel. Drücken Sie nochmals Enter. Es erscheint eine zweite neue Folie. Diese Folie markieren Sie und rücken sie mit der Schaltfläche Pfeil nach rechts ein. Nun können Sie Text für Ihre erste neue Folie eingeben. Unterpunkte rücken Sie wieder mit der Pfeiltaste nach rechts ein.

Zum **Einfügen von Bildern** stehen sehr viele Möglichkeiten zur Verfügung, die hier nur ansatzweise dargestellt werden können. Klicken Sie z.B. auf einer Folie mit der rechten Maustaste und wählen Sie im Kontextmenü Folienlayouts. Wählen Sie das Layout Text und ClipArt, geben Sie links Ihren Text ein, und fügen Sie rechts eine ClipArt-Grafik ein.

Wenn Sie eine **Bildschirmabbildung einfügen** wollen, fügen Sie wie eben beschrieben eine neue Folie ein, markieren Sie den Objektbereich für die ClipArt und löschen Sie ihn mit der Taste Entf. Wechseln Sie in das andere Programm, „fotografieren" Sie die Szene mit der Tastenkombination Alt-Druck, wechseln Sie nach PowerPoint und fügen Sie die Bildschirmabbildung ein mit Strg-V. Klicken Sie auf die eingefügte Abbildung und skalieren Sie sie wie gewünscht. Fassen Sie die Abbildung nur an den Ecken an, um proportional zu skalieren. Numerische Kontrolle haben Sie, wenn Sie die Grafik mit der rechten Maustaste anklicken, den Menüpunkt Grafik formatieren auswählen und zur Registerkarte Größe wechseln.

Wenn Sie ein **Bild zuschneiden** wollen, geht das mit dem Zuschneiden-Werkzeug der Symbolleiste Grafik. Damit werden Bildbereiche unsichtbar gemacht, sie sind aber noch da. Die **Bildgröße ändern** Sie mit Menü Format – Grafik – Registerkarte Größe.

Eingabe der Gliederung am linken Rand der Folien

Dieses Objekt erzeugen Sie am besten als Textfeld (Symbolleiste Zeichnung). Fügen Sie das Feld ein, geben Sie Ihre Gliederung ein, formatieren Sie die Schrift wie gewünscht und verschieben Sie das Objekt dann an die gewünschte Position. Wenn Sie in das Textfeld klicken, wird es markiert und ist mit einem schraffierten Rand umgeben. Klicken Sie auf den Rand und die Schraffur ändert sich in viele kleine Punkte. Nun können Sie ihr Textfeld mit den Pfeiltasten positionieren. Noch feineres Positionieren ist möglich, wenn Sie die Strg-Taste drücken, gedrückt halten und dann die Pfeiltasten verwenden. Wenn die Textfeldmarkierung mit den vielen Punkten aktiv ist, können Sie ein Textfeld auf einer Folie mit Strg-C kopieren und auf der nächsten Folie mit Strg-V an derselben Stelle einfügen. Außerdem können Sie es mit der Entf-Taste löschen.

Fußzeilen

Man sieht häufig, dass in den Fußzeilen der Titel der Präsentation, der Name des Vortragenden und eine Seitennummerierung, im Extremfall „Folie 8 von 23“ erscheinen. Ihr Publikum liest dies laufend mit. Dieses Mitlesen von inhaltlich irrelevanten Nebensachen verbraucht einen Teil der Gehirntätigkeit, der dem Verständnis fehlt und Zeit kostet, die i. d. R. ohnehin knapp bemessen ist. Außerdem nervt das Ihre Zuhörer einfach nur!

Das bedeutet, dass die **Fußzeilen von Folien** aus den eben erwähnten Gründen **so wenig Information wie möglich** enthalten sollten. Wenn Sie Ihre Präsentation mit dem Beamer zeigen, sind die Seitenzahlen überflüssig. Sie sind nur hilfreich, wenn Sie Ihre Folien mit dem Overhead-Projektor zeigen. Jedoch keine Regel ohne Ausnahme: Zu Werbe- und Image-Zwecken und aus juristischen Erwägungen heraus haben viele Institute und Firmen „Hausregeln“ erlassen, die bestimmte Mindestinhalte auf jeder Präsentationsfolie vorschreiben. So ist es üblich, das Logo einzublenden, um das „corporate identity“ der Firma wiederzuspiegeln. Das haben wir in der Beispielpräsentation ebenfalls getan. Copyright-Vermerke können im Rahmen der Urheberrechtssicherung vorgeschrieben sein. Dies ist aber eher selten. Manchmal bleiben nach Ausfüllen der Bildfläche mit solchen Formsachen nur noch 50 % oder weniger Fläche für die eigentlich interessante Aussage übrig. Versuchen Sie, daran mitzuwirken, dass diese „Nebenlasten“ möglichst minimiert bzw. eliminiert werden. Ein aufmerksameres Publikum dankt es Ihnen.

Für Notizenseiten und Handzettel sollten Sie aber **Fußzeilen** verwenden (Menü Ansicht – Kopf- und Fußzeile, Registerkarte Notizen und Handzettel), weil Sie an dieser Stelle Ihren Lesern z. B. durch die Seitenangabe die **Papierverwaltung erleichtern**!

Präsentationen erstellen mit Open Office Impress

Unter **Linux** gibt es u. a. Open Office 2.0 Impress für die Erstellung von Präsentationen. Diese Version des Programms ist Microsoft PowerPoint sehr ähnlich. Nachfolgend finden Sie die Besonderheiten bei der Erstellung einer einfachen Präsentation mit Impress, die einem routinierten Windows-Benutzer zunächst auffallen.

Nach dem Programmstart führt Sie ein Assistent. Öffnen Sie eine **leere Präsentation**. Bei **Folienhintergrund wählen** belassen Sie es bei der Einstellung „<Original>“ und Bildschirm und bei **Folienwechsel** wählen Sie „kein Effekt". Es öffnet sich eine leere Präsentation. Links ist die Foliensortierung zu sehen, in der Mitte der Arbeitsbereich und rechts der Aufgabenbereich mit den Menübereichen Masterseiten, Layouts, Benutzerdefinierte Animation und Folienübergang. Zu Beginn ist der Bereich Layouts geöffnet.

Neue Folien einfügen geht genauso wie in PowerPoint über Menü Einfügen – Seite, einen Tastaturbefehl gibt es dafür leider nicht. Das Arbeiten in der **Gliederungsansicht** ist **fast identisch** wie in PowerPoint.

Neue Folien werden nicht standardmäßig im Layout Titel und Text, sondern **im zuletzt verwendeten Layout eingefügt**. Voreingestellt ist das Layout „Leere Folie". Das Zuweisen eines neuen Layouts zur aktuellen Folie erfolgt durch Anklicken eines Layouts im Arbeitsbereich. Schauen Sie daher links in den Bereich Folien, wählen Sie links eine Folie durch Anklicken in der Foliensortierung, und wählen Sie dann rechts ein Layout durch Anklicken im Aufgabenbereich. Dieses Layout wird auf die aktuelle Folie im Arbeitsbereich angewendet.

Die **Namen der Schriftarten** sind anders. Arial entspricht Helvetica, Times New Roman entspricht, New Century Schoolbook und Webdings ist ähnlich wie Zapf Dingbats. Die Standardeinstellungen führen tendenziell zu ruhigeren und seriöseren Präsentationen.

Das **Editieren von Text im** vorgegebenen **Layoutbereich** (hier: im Aufzählungsfeld) funktioniert wie gewohnt, jedoch stehen standardmäßig neun Einrückebenen in den Aufzählungen zur Verfügung.

Die zur **Transparenzsicherung** ständig am linken Rand mitlaufende **Gliederung** wird auf der ersten Textfolie nach der Titelfolie und der Gliederungsfolie als Textfeld erzeugt. Das Textfeld lässt sich aber nicht als Grafikobjekt wählen, auf der einen Folie kopieren und auf der anderen an exakt der gleichen Stelle einfügen. Sie müssen daher den Text im Textfeld markieren, kopieren, auf einer anderen Folie ein neues leeres Textfeld erzeugen und dort den Text aus der Zwischenablage einfügen.

Der **Formeleditor** ist gewöhnungsbedürftig. Bei Einfügen – Bild steht leider nur „Aus Datei..." zur Verfügung, die aus Microsoft Office bekannten **ClipArts fehlen**. Das Drucken, Speichern und Exportieren als PDF funktionieren gut, wenn die entsprechenden Peripheriegeräte unter Linux konfiguriert sind.

Wenn Sie eine **andere Masterseite anwenden** wollen, öffnen Sie rechts im Aufgabenbereich das Menü für die Masterseiten. Die aktuell verwendete Masterseite wird dicker umrandet dargestellt. Wenn Sie eine andere Masterseite anklicken, wird Sie auf die gesamte Präsentation angewendet. Um den **Folienmaster** einzusehen und die **Grundeinstellungen** für Schriftart und -größe, Leitzeichen, Einrücktiefe usw. zu **ändern**, öffnen Sie das Menü Ansicht – Master – Folienmaster.

Um eine **benutzerdefinierte Animation** zuzuweisen, wählen Sie im Arbeitsbereich ein zu animierendes Objekt, z.B. ein Textfeld aus, der gesamte Text sollte markiert sein. Klicken Sie rechts im Aufgabenbereich auf Hinzufügen und wählen Sie eine Animation aus, z. B. Erscheinen. Standardmäßig wird nun der gesamte Text auf einmal eingeblendet. Um die Menüpunkte einzeln einzublenden, klicken Sie sie rechts im Aufgabenbereich in der Liste die Aufzählungspunkte nacheinander an, und ändern Sie die Option Starten von „Mit Vorheriger" in „Beim Klicken". In der Liste erscheinen Symbole, wie Sie das aus PowerPoint gewöhnt sind. Das Zuweisen von **Folienübergängen** funktioniert identisch wie in PowerPoint.

Wenn Sie **Grafikobjekte** mit den Funktionen der **Symbolleiste Zeichnen** erstellt haben, können Sie deren Aussehen im Menü Format ändern, und zwar in den Untermenüs Fläche und

Linie. **Grafik- und Textobjekte sowie Layoutbereiche duplizieren** Sie mit der Menüfunktion Bearbeiten – Duplizieren.

Doch nun zurück zur Feinarbeit an Ihrer Präsentation.

5.4.2 Schritt 4: Verdichtung und Feinauswahl

Schritt 4 enthält die praktische Umsetzung des bisher Geplanten. Was gehört in die 4-minütige **Einleitung**? Allgemein gesagt, die **Zielbestimmung** und die **Vorgehensweise** im Vortrag. Außerdem wird hier eine klare Abgrenzung gegeben, welche Aspekte der Redner nicht behandeln kann bzw. will. Die Vorgehensweise erläutert der Redner am besten mit Hilfe seiner projizierten **Gliederung**, die er oft auch als Begleitunterlage (hand-out) verteilt hat (das erste „Geschenk" bzw. Präsent!). Über diese Vortragsgliederung (im Gegensatz zur Berichtsgliederung in Abschnitt 2.4.4) wurde schon im Abschnitt 5.3.4 gesprochen. **Bild 5-7** zeigt ein Gliederungsentwurfsschema, das anschließend auf das Beispiel „Brennerintegrierte Absaugtechnik beim Schweißen" bezogen wird.

Vortragsstruktur			20 Min. Präsentation	60 Min. Vortrag
Titel:	....	klar, kurz, vereinfa-		
	....	chend, dennoch tref-		
	....	fend, einprägsam!		
Vortragende(r):	....	(Titel)		
	....	Vor- und Zuname,		
	....	Ort (Firma)		
Einleitung:	....	informativ,	4 Min.	8 Min.
	....	anregend,		
	....	abgrenzend!		
Hauptteil:	1.	klar untergliedert,	14 Min.	48 Min.
	2.	nicht zu viele Unter-		
	3.	punkte, gut nachvoll-		
	4.	ziehbar, logisch,		
	5:	konsequent,		
	6.	spannungsorientiert!		
Schluss:	....	zusammenfassend,	2 Min.	4 Min.
	....	harmonisierend,		
	....	nichts Neues!		

Bild 5-7 Gliederungsentwurfsschema für 20 bis 60 Vortragsminuten

Wichtig ist hierbei, dass Sie auf den Folien **alles Unnötige weglassen**: Kein „Vortragender", kein „Präsentationsvortrag", kein „Inhalt", keine „Gliederung", keine „Begrüßung", keine „Vorstellung", kein „Schlusswort", keinen „Dank"! Vor allem soll diese **Gliederung** keine Inhaltsangabe oder Kurzfassung des Vortrags sein – eben **nur eine grobe Orientierung** für die Zuhörerschaft. Nun folgt die Gliederung für das Beispiel „Brennerintegrierte Absaugtechnik beim Schweißen".

Brennerintegrierte Absaugtechnik beim Schweißen

Franziska Fleißig, Hannover

Einleitung: *Arbeitsschutz kontra Nahtqualität?*

Hauptteil: *Brennerintegrierte Absaugtechnik –*
- *brenner-integriert*
- *konstruktiv optimiert*
- *experimentell verifiziert*

Schluss: *Zusammenfassung, Ausblick*

Wenn Verfasserin und Vortragende nicht dieselbe Person sind, wird dies natürlich angegeben!

Mit dieser knappen Gliederung ist das Publikum schnell vertraut und die Rednerin kann diese Gliederung vollständig im Kopf und stets vor Augen haben, was ihren Vortrag geschlossener wirken lässt. Die **grafische Gestaltung dieser Gliederung** kann **je nach Geschmack** beliebig variiert werden – solange sie **nicht überladen** wird. Die wenigen, recht vagen Punkte der Gliederung haben auch den Vorteil, die Rednerin nicht zu stark festzulegen – das Publikum kontrolliert die Einhaltung der Punkte gnadenlos.

Darum sollte die weitere Stoffverdichtung sich genau in diesem Rahmen bewegen, und **alle Übergänge** innerhalb der Gliederung sollten **für das Publikum spürbar** sein. Abgearbeitete Punkte der Gliederung können am Flipchart abgehakt werden, der aktuelle Gliederungspunkt kann in einer Randleiste hervorgehoben dargestellt werden. Ein so *transparenter* Vortrag macht nicht nur den Vortragenden, sondern auch die Zuhörerschaft sicherer, weil sie sich daran immer orientiert und als „Herrin der Lage" fühlt.

Die **Feinauswahl** beinhaltet die Selektion der exakt geeigneten Stoffanteile, **Fakten und Aussagen zum jeweiligen Gliederungspunkt**. Beschränken Sie sich auf das Notwendige und lassen Sie alle Abschweifungen beiseite, so interessant sie Ihnen auch sein mögen! Parallel zu diesen Auswahlarbeiten kann die Visualisierung und die Manuskripterstellung stattfinden (Schritt 5).

Wenn Sie zu unserem Beispiel zurückgeblättert haben, fällt Ihnen sicher die Diskrepanz zwischen dem genauen, recht reichhaltigen Roten Faden unserer Beispiel-Studienarbeit und der knappen, fast oberflächlichen Vortragsgliederung auf. Das ist so gewollt – die Rednerin hat sich viel vorgenommen, aber sie zeigt nicht alle ihre Karten und bleibt so freier und flexibler.

Die Vortragsausarbeitung beinhaltet als wichtigen **Schritt 5** die Visualisierung und das Manuskript, deren Besonderheiten im folgenden Abschnitt behandelt werden.

5.4.3 Schritt 5: Visualisierung und Manuskript

Fachvorträge, insbesondere technische Vorträge, sind ohne Abbildungen (Visualisierungen) nicht durchführbar. Dies gilt hier genau wie für den Technischen Bericht, dessen Visualisierung im Unterkapitel 3.4 eingehend beschrieben wird. Allerdings gelten beim Präsentieren noch weitergehende Regeln und Empfehlungen, die nachfolgend vorgestellt werden.

Im Gegensatz zu Leserinnen und Lesern eines Berichts, die jede einzelne Visualisierung unter selbstgewählten Bedingungen wahrnehmen und diese beliebig lange, gründlich, in allen Details und mit Texterläuterungen studieren können, kann eine Zuhörerschaft nur **passiv**, d. h. *fremdbestimmt konsumieren*, was ihr in der Präsentation vorgeführt wird. Dabei sollen Hörerinnen und Hörer auch noch die Rede verfolgen und deren Aussagen geistig verarbeiten. **Checkliste 5-3** zeigt die Einflussgrößen auf die Berichtsvisualisierung und ihre Haupteigenschaften.

Die Visualisierung soll „plakativ" sein. Was bewirkt plakative Gestaltung? Welche Eigenschaften hat ein gutes Plakat?

- Es spricht an.
- Es wirkt schnell.
- Es vermittelt einfache Botschaften.

Checkliste 5-3 Visualisierung für die Präsentation

Die vier Hauptunterschiede zwischen der Berichtsvisualisierung und der Visualisierung für die Präsentation sind:

- Zeitfaktor
  Die Betrachtungs-(„Einwirk"-)zeit der einzelnen Visualisierungen wird allein vom Redner bestimmt und ist meist relativ kurz.
- Abbildungsqualität
  Sie ist naturgemäß niedriger durch zwischengeschaltete Übertragungsmittel wie Projektor, Beamer und Projektionswand.
- Entfernungsvervielfachung
  Gegenüber der Leseentfernung von 30 bis 40 cm sind es mehrere Meter bis 10 m und mehr.
- Ablenkungseinflüsse
  Sie entstehen durch Mithörer, Vorderleute und Raumeinflüsse wie zu helle Beleuchtung, Blendung oder Hindernisse im Sichtfeld der Projektionsfläche, z. B. kann der Redner selbst oder der Projektorarm die Sicht stören.

Diese veränderten Bedingungen erfordern eine präsentationsgerechte Visualisierung mit folgenden Eigenschaften:

- Minimaler Inhalt
  Beschränkung der Bildaussage auf das absolute Minimum, keine Sätze oder gar Lesetexte, keine komplexen Darstellungen.
- Plakative Gestaltung
  Verstärktes, evtl. übertriebenes Layout mit kräftigen Strichstärken, vereinfachten Darstellungen und übergroßer Beschriftung.

Nun sollen Ihre Visualisierungen sicher nicht einer Werbeserie für Zigaretten oder Autos ähneln, aber deren durchdachte Gestaltung sollte Ihnen ein gewisses Vorbild für die präsentationsgerechte Erstellung Ihrer Visualisierungen sein.

Aus den genannten Gründen lassen sich daher Visualisierungen aus Büchern, Zeitschriften und Berichten meist nicht direkt in Präsentationen verwenden, es sei denn (das ist die Ausnahme), sie wurden bereits präsentationsgerecht erstellt!

Visualisierungstipps

Es gibt kein „Patentrezept“ für die erfolgreiche Präsentationsvisualisierung, aber eine grundsätzliche Zielrichtung, siehe **Checkliste 5-3**.

1. „Abspecken“! = Minimierung der Bildaussage auf das Wesentliche!
2. „Aufmachen“! = Plakatives Gestalten und Hervorheben

Das **„Abspecken“** bedarf vor allem starker Objektivität und Kreativität, um das Wesentliche zu finden und griffig und knapp zu formulieren. Das nennt man didaktische Reduktion, siehe auch **Bild 3-14**.

Das **„Aufmachen“** beinhaltet die Umsetzung folgender Tipps:

Überschrift:	auffallend, aussagekräftig; enthält zentrale Aussage; kurzes, treffendes Sprechdeutsch!!
Aufbau:	Logische Anordnung von 5 bis 7 Elementen (Worte, Zeichen, Figuren)
Lesedynamik:	Blickfänger = Startpunkt: wenn nicht links oben, dann hervorgehoben durch Form, Farbe, Größe oder durch „Wolke“; klare Lesereihenfolge vorgeben (Richtung, Umlaufsinn); Schlusspunkt rechts unten, sonst hervorheben.
Farbeinsatz:	Wo immer sinnvoll, aber gezielt! Jede Farbe muss erklärbar sein! Farb-Psychologie beachten! (Kein Farbrausch = Reizüberflutung)
Schriftgröße:	Zwischen 2 Größen variieren, aber nie zu klein!

☞ *Als Test jeder guten Visualisierung dienen zwei Prüfpunkte:*
Wirkt die Visualisierung in DIN-A4-Größe aus 1,8 m Entfernung und nach 3 bis 5 sec Betrachtung?
(Legen Sie die Visualisierung auf den Boden und betrachten Sie sie aus Stehhöhe.)

Nach diesen Regeln und Testkriterien ein weiterer wichtiger Tipp:

Die Visualisierung darf die präsentierende Person nicht überflüssig machen!

Was heißt das im Einzelnen?

1. Wörtliches Ablesen von Bildtexten langweilt (das können die Zuhörer selbst).
2. Die Visualisierungsbeschriftung lässt Raum für Erläuterungen des Vortragenden!
3. Als Folientexte keine Sätze, nur Stichworte verwenden!
4. Keine persönlich geprägten Dinge auf Folien!

Zu 1. und 2.: Der Vortrag soll durch die Visualisierung begleitet und verstärkt, aber nicht ersetzt werden. Die Balance zwischen Rede- und Bildinformation muss sorgfältig beachtet werden.

Zu 3.: Vergleichen Sie die Folien im Visualisierungsbeispiel! Die Ausnahme stellt die letzte Folie dar, hier in der Zusammenfassung können kurze Merksätze sinnvoll sein.

Zu 4.: Worte, Sätze oder Redeformeln, wie „Guten Morgen, ...“, „Noch Fragen?“ oder „Vielen Dank fürs Zuhören!“ gehören unbedingt gesagt und nicht gezeigt. Schließlich sind dies wichtige Mittel für Ihren persönlichen Kontakt zum Publikum.

Diese Hinweise in Kurzform sollen die Empfehlungen des Unterkapitels 3.4 unterstreichen bzw. ergänzen. Zusätzlich soll noch eine Spezialität der Präsentationsvisualisierung angesprochen werden: die Animation.

Animation

Unter *Animation* (lat. Beseelung, Belebung) verstehen wir alles Lebendige, also alles sich Bewegende bei Visualisierungen während der Präsentation. Im Bericht sind naturgemäß nur ruhende, statische Abbildungen enthalten. Die Präsentation wird zumindest durch den Bildwechsel, häufig aber auch durch Belebung von Bildteilen oder -elementen aufgelockert, verstärkt und verbessert (wenn dies nicht übertrieben wird).

Zwei gute Beispiele für Animationen:

1. *Wortaussagen erscheinen rechnergesteuert nacheinander oder sie blinken auf oder verändern ihre Farbe, wenn sie angesprochen werden.*
2. *Komplizierte oder zeitabhängige, diskontinuierliche Zusammenhänge oder Abläufe, z. B. das Ablaufschema einer Motorenfertigung, die Kinematik einer Nähmaschine oder der Stoffstrom in einem Kraftwerk lassen sich anschaulich (aber aufwändig) darstellen, indem die aktuelle Phase durch Hinterlegung mit einem Raster, einem Rahmen oder kräftigen Farben hervorgehoben wird oder aufblinkt.*

Aber: Vermeiden Sie zeitgesteuerte Animationen, wenn Sie mit Lampenfieber zu kämpfen haben! Klicken Sie besser jeden Schritt selbst an (drahtlose Maus)!

Schlechte Animationen:

Ständige Bewegung auf der Projektionswand, fortwährende Reizüberflutung durch Aktionen und Formen und womöglich noch Begleitgeräusche wie Zischen, Brummen oder Musikfetzen, die die Präsentation eher zur Filmvorführung und den Vortragenden überflüssig machen.

Folgerung:

Je mehr Möglichkeiten der modernen Präsentation zur Verfügung stehen, umso mehr Fingerspitzengefühl des/der Vortragenden ist nötig, damit die Hauptwirkungen der Präsentation – der persönliche Eindruck und die Ausstrahlung des Menschen – nicht verloren gehen!

Zwei Hinweise noch zur Präsentation mit Laptop und Beamer:

a) Die Benutzung von Laptop und Beamer ist bereits heute und erst recht in der Zukunft kein Qualitätsmerkmal einer guten Präsentation mehr. Die anfängliche Faszination weicht der Gewöhnung. Was zählt, sind im Endeffekt doch wieder die fachlichen und menschlichen Inhalte Ihrer Präsentation.

b) Technik kann versagen. – Nehmen Sie für wichtige Präsentationen immer einen Not-Foliensatz für den Overhead-Projektor mit!

Ein kleiner Trick noch, der Ihnen helfen kann im Falle der rechnergesteuerten Beamer-Präsentation: Lassen Sie rechts unten eine **programmgesteuerte Zeituhr** mit Start bei 00:00:00 Uhr mitlaufen, dann haben Sie eine exakte **Kontrollanzeige** im Blickfeld, die Ihnen den Kampf gegen die Zeit erleichtert. Sie aktivieren die Uhr in PowerPoint im Menü **Bildschirmpräsentation – „Neue Einblendezeiten testen"**. Am Ende Ihrer Präsentation beantworten Sie die Frage, ob die Einblendezeiten gespeichert werden sollen, mit Nein.

Visualisierungsbeispiel

Nun folgt die Visualisierung unseres Beispiels *„Brennerintegrierte Absaugtechnik beim Schweißen"* in elf Folien.

Das Grundlayout der Folien für unser Visualisierungsbeispiel soll die Gliederung am linken Rand enthalten. Dabei wird der aktuelle Punkt der Vortragsgliederung fett hervorgehoben. Die Hervorhebung kann auch in anderer Farbe, z. B. rot erfolgen. Auf der Titelfolie und der Gliederungsfolie können die Vortragsgliederung und die Kopfzeile entfallen. Die gliedernden Linien können ebenfalls weggelassen werden.

Brennerintegrierte Absaugtechnik
beim Schweißen

Vortrag von Dipl.-Ing. Franziska Fleißig

Institut für Schweißtechnik
Universität Hannover

anläßlich der DVS-Tagung
„Aktueller Stand der Schweißtechnik“
am 27.10.2006 in Hannover

Universität Hannover

Titelfolie (Folie 1 des Vortragsbeispiels)

Gliederung

Brennerintegrierte Absaugtechnik
beim Schweißen

Franziska Fleißig, Hannover

Einleitung: Arbeitsschutz kontra Nahtqualität?

Hauptteil: Absaugtechnik
- brenner-integriert
- konstruktiv optimiert
- experimentell verifiziert

Schluss: Zusammenfassung, Ausblick

Universität Hannover

Gliederungsfolie (Folie 2 des Vortragsbeispiels)

Einleitung
Arbeitsschutz kontra Nahtqualität ?
Hauptteil
Absaugtechnik –
- brenner-integriert
- konstruktiv optimiert
- experimentell verifiziert

Schluss
Zusammenfassung
Ausblick

40 Jahre Arbeit im Schweißrauch?

Universität Hannover

Einstiegsfolie (Folie 3 des Vortragsbeispiels), „Bekanntes“

Einleitung
Arbeitsschutz kontra Nahtqualität ?
Hauptteil
Absaugtechnik
- brenner-integriert
- konstruktiv optimiert
- experimentell verifiziert

Schluss
Zusammenfassung
Ausblick

Schadstoffe beim Schweißen

- Stäube und Gase
- entstehen durch
  - Verbrennen
  - Verdampfen
  - Chemische Reaktionen
- von
  - Bauteilwerkstoffen
  - Schweißzusatzwerkstoffen
  - Schweißhilfsstoffen
- allein, untereinander und mit der Atmosphäre

Universität Hannover

Schadstoffentstehung (Folie 4 des Vortragsbeispiels), „Bekanntes“

Hinweise zur Gestaltung von Folie 4:
Knapp, aber übersichtlich werden alle unbekannten Begriffe im Vortrag kurz erläutert, d. h. die Folien sollten nicht total selbsterklärend sein und möglichst keine ganzen Sätze enthalten. Wozu braucht man Sie sonst noch als Vortragende(n)?

Hinweise zur Präsentation von Folie 4 in PowerPoint:
Mit „Bildschirmpräsentation – Voreingestellte Animation" erreichen Sie dynamische Effekte: Erst erscheint „Stäube und Gase", dann wird in der Präsentation die Leertaste gedrückt oder die drahtlose Maus geklickt, es erscheint „• entstehen durch – Verbrennen ....", danach „• von – Bauteilwerkstoffen ..." und zum Schluss „• allein, untereinander ...". Mit „Bildschirmpräsentation – Animationsvorschau" können Sie den Effekt kritisch begutachten. Doch, wie gesagt, Vorsicht! Oft bringt weniger „action" mehr Aufmerksamkeit!

Hinweise zur Gestaltung von Folie 5:
Die Gestaltung ist klar und aufgeräumt, die Textkästen sind aufeinander abgestimmt (Versätze würden die Ästhetik stören). Bei der Erklärung der Abkürzungen für die Stoffe lässt sich, wenn es angebracht ist, die Zuhörerschaft aktiv beteiligen (wer die Abkürzungen kennt, freut sich; wer nicht, lernt etwas). Folie 5 des Vortragsbeispiels kann aber auch entfallen oder in die Reservehaltung kommen, wenn die Zeit knapp wird.

Hinweise zur Gestaltung von Folie 5 in PowerPoint:
Die Darstellung besteht in PowerPoint aus umrahmten Textfeldern, die mit „AutoFormen – Verbindungen" in der Symbolleiste „Zeichnung" verbunden sind. Alternativ (innerhalb einer Tabelle in Word) können Sie den Text ganz normal in einen Absatz schreiben, mit Tabulatoren anordnen und Rechtecke und Linien darüber malen.

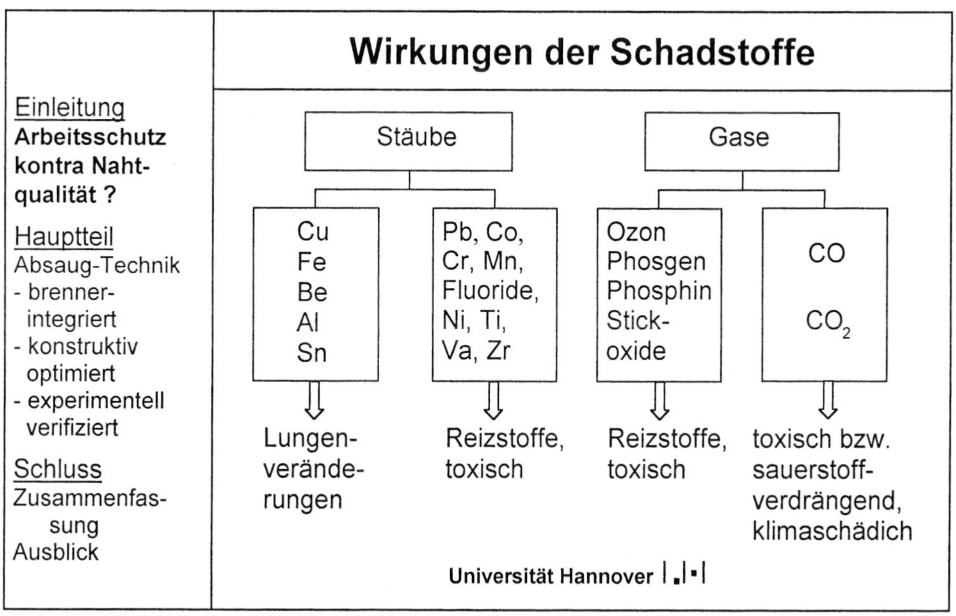

Schadstoffwirkungen (Folie 5 des Vortragsbeispiels), „Neues"

Einleitung
Arbeitsschutz kontra Naht- qualität ?

Hauptteil
Absaugtechnik
- brenner- integriert
- konstruktiv optimiert
- experimentell verifiziert

Schluss
Zusammenfassung
Ausblick

Absaugverfahren

Verfahren	Absaugvolumen
• stationär	800 – 1500 m^3/h
• teilstationär	180 – 400 m^3/h
• mobil	60 – 80 m^3/h
• brennerintegriert	25 – 30 m^3/h

Universität Hannover

Absaugverfahren (Folie 6 des Vortragsbeispiels), „Neues“

Hinweise zur Erstellung von Folie 6 in PowerPoint

Wenn Sie für eine zweispaltige Abbildung eine Animation einrichten, baut sich zuerst der erste Punkt der linken Spalte „Verfahren“ auf, nach Drücken der Leertaste der zweite bis vierte Punkt und dann erst die vier Absaugvolumina der rechten Spalte. Falls sich bei einer zweispaltigen Folie erst die rechte Spalte (= das rechte Textfeld) aufbaut, tauschen Sie die Textfelder und die Texte in den Textfeldern entsprechend um. Alternative: Verwenden Sie ein einspaltiges Textfeld und einen Tabulator vor den Ansaugvolumina.

Einleitung
Arbeitsschutz kontra Naht- qualität ?

Hauptteil
Absaugtechnik
- brenner- integriert
- konstruktiv optimiert
- experimentell verifiziert

Schluss
Zusammenfassung
Ausblick

Brennerintegrierte Absaugung

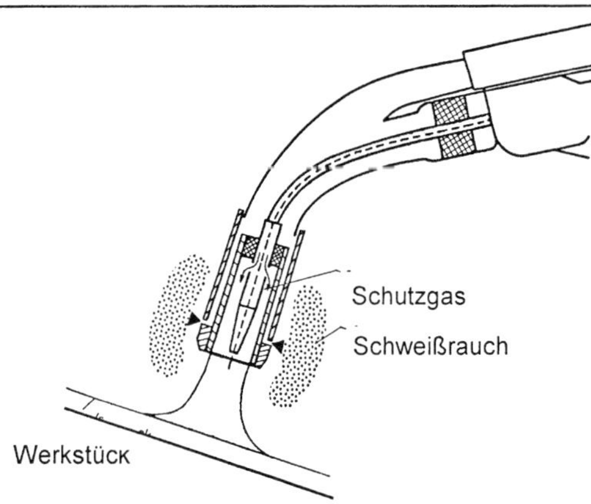

Universität Hannover

Originaldüse (Folie 8 des Vortragsbeispiels), „Neues“

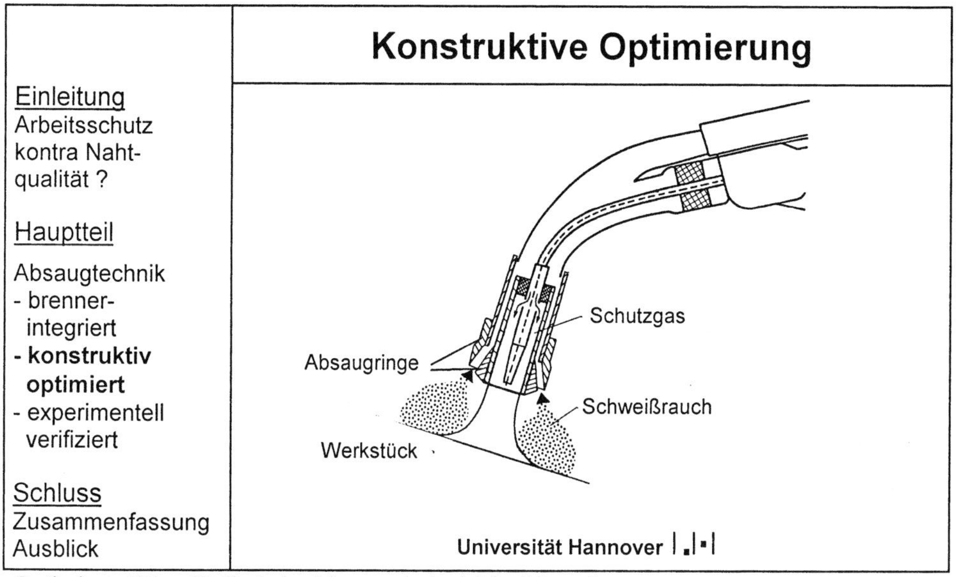

Optimierte Düse (Folie 9 des Vortragsbeispiels), „Neues"

Weitere Folie (hier nicht abgebildet):
Folie 7 des Vortragsbeispiels erläutert die Verfahren der konventionellen Schadstoffabsaugung (Halle, Arbeitstisch, nachzuführende Absaugdüse) in Form von groben Skizzen.

Hinweis zur Gestaltung der Folien 8 und 9:
Die Schnittdarstellungen des Brenners mit der Originaldüse und der optimierten Düse können gar nicht groß und deutlich genug sein!

Hinweise zur Gestaltung der Folien 8, 9 und 11 mit PowerPoint:
Zum Einfügen der Abbildungen in Folie 8, 9 und 11 können Sie z. B. das AutoLayout „Nur Titel" verwenden. Dann werden mit „Einfügen – Grafik – Aus Datei" die Bilddateien eingelesen. Beides ist möglich: gescannte Pixeldateien oder mit einem Grafikprogramm gezeichnete Pixel- bzw. Vektordateien einbinden. Generell gilt: Wenn Sie Pixeldateien einbinden, sollten Sie die Grafik möglichst nicht mit den Anfassern skalieren, sondern mit „Format – Grafik – Größe". Durch gleiche Werte für x- und y-Richtung vermeiden Sie Verzerrungen. Wenn im Ausdruck eigenartige Moiré-Muster entstehen, skalieren Sie die Originalgrafik mit den Vielfachen von zwei (25 %, 50 %, 200 %, usw.).

Weitere Folie (hier nicht abgebildet):
Folie 10 des Vortragsbeispiels erläutert die Variation der Absaugringe in Form von groben Skizzen.

Isotachen-Messung

Einleitung
Arbeitsschutz kontra Naht-qualität ?

Hauptteil
Absaugtechnik
- brenner-integriert
- konstruktiv optimiert
- **experimentell verifiziert**

Schluss
Zusammenfassung
Ausblick

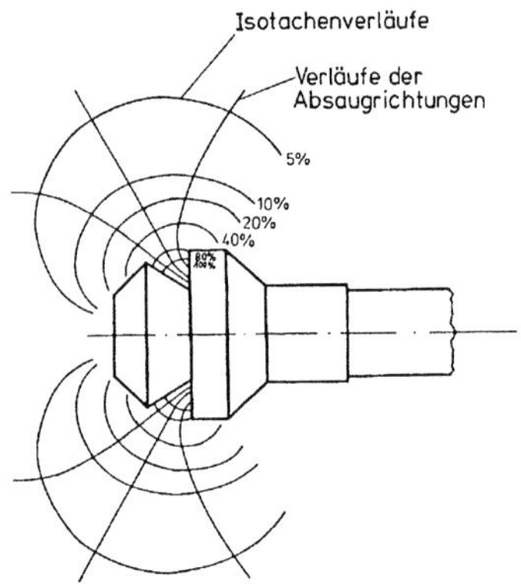

Universität Hannover

Isotachen-Messung (Folie 11 des Vortragsbeispiels), „Wirres“

Hinweise zur Gestaltung der Folie 11:
Folie 11 des Vortrags und weitere, hier nicht mehr dargestellte Folien sollen den theoretischen, komplexen Vortragsteil für die Experten („Wirres“) bilden. Auf solchen Abbildungen soll es schon reichhaltiger und komplexer zugehen. Die Experten finden sich auch in vielen Zahlen, Elementen und Symbolen zurecht. Eine deutlich höhere Informationsdichte ist hier ein Teil der Vortragstaktik: Die Experten studieren und lernen die Details und Feinheiten, während die Mehrheit eine nicht zu lange Zeitdauer eher überfordert ist und ehrfürchtig abwartet.

Ergebnisse der Schweißraucherfassung

Einleitung
Arbeitsschutz kontra Naht-qualität ?

Hauptteil
Absaugtechnik
- brenner-integriert
- konstruktiv optimiert
- **experimentell verifiziert**

Schluss
Zusammenfassung
Ausblick

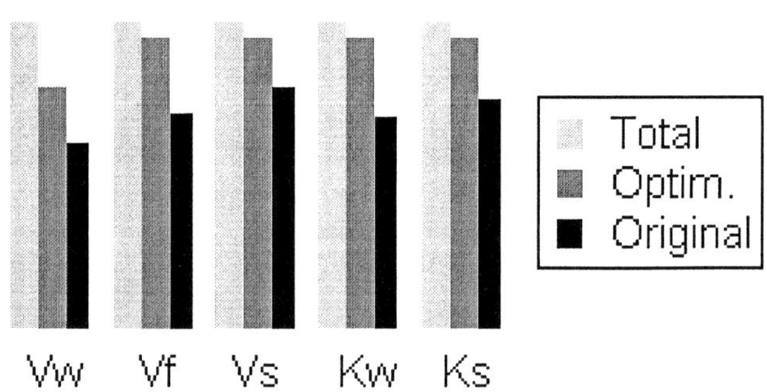

Universität Hannover

Ergebnisse der Schweißraucherfassung (vorletzte Folie des Vortragsbeispiels), „Neues“

Weitere Folien (hier nicht abgebildet):
Wie erwähnt, wurden 2-3 Folien mit anspruchsvollem Inhalt („Wirres") und 1-2 Folien, die die Versuchsanordnung und -durchführung zeigen („Neues"), hier nicht abgebildet. Die vorletzte Folie bildet das Ende des Hauptteils des Vortrags und bringt allen Zuhörern neue, klare Erkenntnisse.

Hinweis zur Gestaltung der letzten Folie:
In der Zusammenfassung sollten alle handfesten Ergebnisse bzw. Kernaussagen des Vortrags stehen und durchgesprochen werden, ohne dass etwas wesentlich Neues auftaucht. Mit diesen Punkten sollten das Gesamtverständnis des Vortragsinhaltes und der Einstieg in die Fachdiskussion sichergestellt werden.

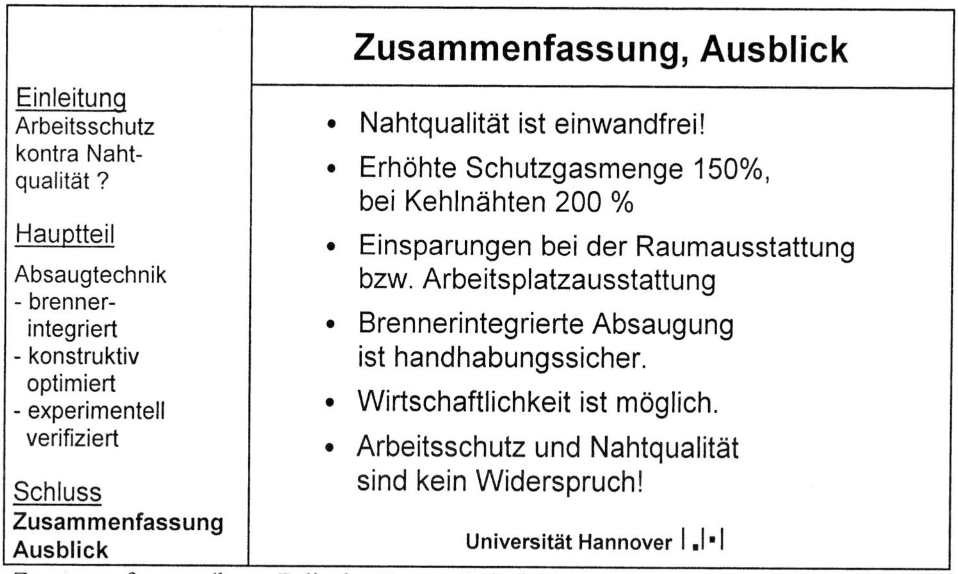

Zusammenfassung (letzte Folie des Vortragsbeispiels), „Nichts Neues!"

Mit diesen Beispielen von Visualisierungen wurde Ihnen ein kleiner Ausschnitt aus der Fülle von Möglichkeiten gezeigt. Alles Weitere ist eine Frage Ihres Geschmacks, Ihrer Software und der Rahmenbedingungen Ihrer Präsentationsaufgabe.

Vortragsmanuskript

Dies wird ein kurzer Abschnitt, denn eigentlich sollten Sie gar kein **Vortragsmanuskript** haben und frei sprechen (beste Wirkung). Aber das gelingt nicht jedem, schon gar nicht am Anfang der Karriere. Wählen Sie diejenige Form von Vortragsmanuskript, die Sie als Gedankenstütze brauchen. Folgende Möglichkeiten stehen zur Verfügung, **Checkliste 5-4**:

Checkliste 5-4 Mögliche Formen eines Vortragsmanuskripts

- **Ausformulierter (Fließ-)Text**
  Dies ist abzulehnen, denn es ist eher ein Sprechhindernis. Ausnahme 1: Sie lesen alles wortgetreu vor – das wäre schade um Ihre Präsentation. Ausnahme 2: Sie verwenden einen

vorformulierten Text nur für den Einstieg und die Schlusssätze, falls Sie eine schlechte Tagesform haben, sowie für wörtliche Zitate.

- **Kernsätze auf DIN A4-Papier**
  Mittelgut, da immer noch Lesearbeit vor dem Sprechen, Papiergeraschel und Gestikbehinderung auftreten.

- **Verkleinerte Folien und dazu passende Notizen auf DIN A5-Papier**
  In PowerPoint können Sie mit „Ansicht – Notizblatt" Kernsätze oder Stichwörter unter die Folien schreiben. Der Ausdruck erfolgt dann im Menü „Datei – Drucken", unten im Fenster wird eingestellt: „Drucken: Notizenseiten". Diese Notizenseiten können Sie mit dem Kopierer auf DIN A5 verkleinern und dann als Manuskript verwenden. Sehr sinnvoll ist diese Funktion auch, wenn Sie in einer Fremdsprache vortragen wollen, die Sie nicht perfekt beherrschen, weil Sie in Ruhe zu Hause relevante Vokabeln heraussuchen und zu den Folien dazuschreiben können.

- **Stichworte auf Karten DIN A 6**
  Ziemlich gute bis gute Variante, denn die Karten sind gut austauschbar beim Manuskript-Erstellen und nach einiger Übung gut „handhabbar". Die Handhabung der Karten ist geräuscharm und beinhaltet nur z. T. eine Gestikbehinderung.

- **Stichworte auf den Visualisierungen**
  Gute bis sehr gute Variante, wenn die Stichworte auf abklappbaren Papp- oder Kunststoffstreifen direkt auf die Folien geschrieben und dadurch für das Publikum nicht klar erkennbar sind. Sie können so den Eindruck vermitteln, dass Sie ganz „frei" sprechen.

Aus diesen Möglichkeiten sollten Sie die Ihnen sympathische wählen, probieren und mit der Zeit perfektionieren. Die Kartenmethode DIN A6, siehe **Bild 5-8**, ist für den Anfang recht empfehlenswert und dies mit folgenden Hinweisen:

- Ihr Vortrag lässt sich mosaikmäßig kombinieren, umstellen, verlängern und verkürzen.
- Für einen neuen Vortrag können Sie alte und neue Karten verwenden (nur die Vorderseiten!).
- Pro Karte können Sie etwa 5 Stichworte oder Zahlen in möglichst großer (Druck-)Schrift notieren (dicker Stift/Fettdruck).
- Die Kopfzeile enthält den Gliederungspunkt und rechts oben eine laufende Nummer (mit Bleistift geschrieben!).
- Rechts unten steht die laufende Minute, nach der die Karte abgearbeitet sein sollte.
- Die Karten sind gelocht zum Abheften.

Bewährt hat sich auch ein **Farbsystem** der folgenden Art:

- **Blaue Karten:** „Regie-Karten" für Begrüßung, Zwischenwiederholungen (Redundanz) und Schlusssätze
- **Rote Karten:** „Muss-Karten" für Einleitungsworte, Hauptteil und Zusammenfassung sowie für alle unverzichtbaren Fakten und Zahlen
- **Gelbe Karten:** „Soll-Karten" für Ergänzungen zum Hauptteil und zur Zusammenfassung
- **Grüne Karten:** „Kann-Karten" als Reservestoff mit Zusatzinformationen und Details

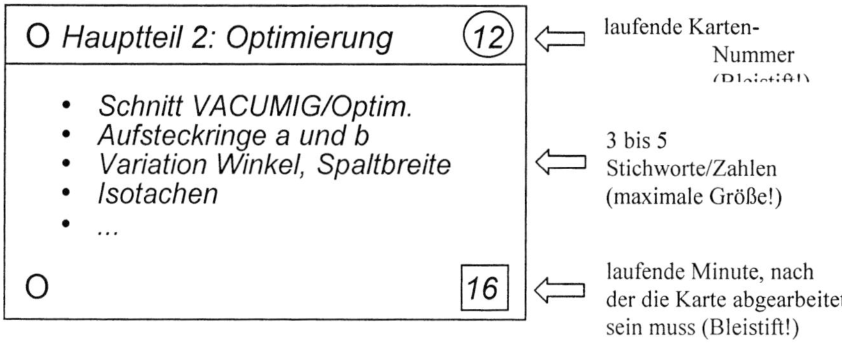

Bild 5-8 Manuskriptkarte

Das System funktioniert so:

- **Blaue (Regie-) und Rote (Muss-) Karten** sind unverzichtbar, sie müssen abgearbeitet werden. Daher sollen es auch nur so viele sein, wie im Zeitrahmen mit Sicherheit verwendet werden können.
- **Gelbe (Soll-) Karten** sollten möglichst angesprochen werden, können aber bei Zeitknappheit weggelassen (übersprungen) werden.
- **Grüne (Kann-) Karten** sind der Reservestoff für den Fall von Zeitüberschuss (kommt auch vor) und für spezielle Fragen.

Die Farben helfen, während des laufenden Vortrags rasch umzudisponieren, ohne dass der Vortragskern verloren geht (Thema verfehlt ...).

Vortragsbegleitunterlagen

Der Übergang zwischen Vortragsmanuskript und -begleitunterlagen ist fließend. Je nach Ihrem Informationsziel können Sie folgende Dokumente verteilen:

- die **Gliederung**,
- **kopierte Folien** in Originalgröße oder verkleinerte Folien (in PowerPoint: Datei – Drucken – Handzettel: 2/3/6 Folien je Seite),
- **Notizenseiten**, wenn Sie nicht nur knappe Stichwörter, sondern ausführlichere Informationen zu den Folien aufgeschrieben haben (Datei – Drucken – Notizenseiten),
- **Kopien von diversen Unterlagen**, die mit dem Vortragsthema etwas zu tun haben, z. B. Kopien von wichtigen Abbildungen oder Tabellen aus dem Technischen Bericht, die sich schlecht projizieren lassen und/oder
- eine **ausführliche Teilnehmerunterlage.**

Das Verteilen von **Handzetteln mit 2 Folien pro Seite** ist dabei das am meisten verbreitete Verfahren. **PowerPoint** lässt **standardmäßig** einen **sehr breiten Rand um die Folien** herum und nutzt das Papier nicht gut aus.

Um dies zu **ändern**, öffnen Sie das Menü Datei – Seite einrichten und wählen Sie Papierformat: Benutzerdefiniert. Dann stellen Sie die Papierbreite auf 60 oder 75 cm ein und die Papierhöhe auf 40 oder 50 cm (Breite : Höhe = 3 : 2). Im Menü Drucken stellen Sie nun Drukken – Handzettel und Folien pro Seite: 2 ein. Zum Schluss aktivieren Sie noch die beiden

Kontrollkästchen „An Papiergröße anpassen“ und „Folienrahmen“. Nun können Sie die Handzettel mit größeren Folien ausdrucken.

Nach der Vortragsausarbeitung folgen nun in Schritt 6 die Generalprobe bzw. der Probevortrag und die nötigen Vorbereitungen, bis die eigentliche Präsentation stattfindet.

5.4.4 Schritt 6: Probevortrag und Änderungen

Jede einigermaßen wichtige Präsentation braucht einen Probevortrag, wenn sie erfolgreich sein soll. Dieser läuft nach folgenden Regeln ab:

- Alle Redeteile, Bilderklärungen und eventuelle Vorführungen von Filmen, Videos oder von Gegenständen müssen **vollständig** und **wirklichkeitsgetreu** durchgeführt werden (keine Auslassungen, normales Sprech- und Vorführtempo).
- Mindestens eine Zuhörerin oder ein **Zuhörer** zum ...
- ... Führen eines **Protokolls** und zur Zeitnahme aller Vortragsteile und der Gesamtzeit.

Optimal ist natürlich der spätere Tagungsraum mit seinen Eigenheiten, aber es nützt auch jeder andere Raum. Das Protokoll sollten Sie anschließend ehrlich und objektiv auswerten und danach die Präsentation überarbeiten, **Checkliste 5-5**.

Checkliste 5-5 Auswertung des Probevortrags

- Wo ist was zu streichen (bei Zeitüberziehung)?
- Wo sind Ergänzungen zum Verständnis nötig?
- Welche Bilder sind zu klein, zu voll, zu kompliziert?
- Welche Stichworte, Sätze, Reizworte oder Gags sind gut,
  welche sind geschmacklos oder verwirrend? (Ironie vermeiden!)
- Welchen Stoff muss ich hinzufügen? Brauche ich Reservestoff?

Ihre Zuhörerinnen oder Zuhörer müssen keine Fachleute sein, um einen Vortrag beurteilen zu können. Gesunder Intellekt, Interesse und Ehrlichkeit genügen in den meisten Fällen, um Ihrer Präsentation auf die Sprünge zu helfen.

Die richtige Konsequenz aus dem Probevortrag und seinem Protokoll ist, dass Sie auch wirklich bereit sind, alles zu ändern, was nicht überzeugt hat. Erst dann haben Sie das Gefühl, alles für das Gelingen Ihrer Präsentation getan zu haben. Mehr noch, das Gefühl guter Vorbereitung bringt Ihnen Sicherheit (weniger Lampenfieber), weil Sie ein gutes Produkt vorweisen können. Auch wenn viel zu ändern ist – tun Sie es, soweit es Ihnen möglich ist.

Auch zwei und mehr Probevorträge sind z. B. bei Promotions-, Habilitierungs- und Berufungsvorträgen für Professorenstellen **keine Seltenheit**. Denn es kommt leicht dazu, dass eine radikale Kürzung infolge des ersten Probevortrags sich im zweiten Probevortrag als übertrieben herausstellt und eine erneute Aufstockung erfordert usw.

5.4.5 Schritt 7: Aktualisierung und Vorbereitungen vor Ort

Die heiße Phase kurz vor der Präsentation erfordert zunächst das Aktualisieren des Vortrags und die Vorbereitungen vor Ort.

Aktualisierung des Vortrags
Oft laufen die Erstellungsarbeiten für einen Vortrag über längere Zeit. Dennoch soll der Inhalt des Vortrags, vor allem für die Experten, wirklich aktuell sein. Dies erfordert

- eine letzte Überprüfung des Vortragsinhalts, vor allem der Expertenkapitel,
- möglicherweise einige Blicke in die neuesten Ausgaben der Fachzeitschriften, am besten auch in die Tageszeitung sowie
- ein Gespräch mit dem Professor, Auftraggeber, Chef oder der Tagungsleitung: es könnten ja neue Umstände eingetreten sein!

Vorbereitungen vor Ort
Am Tag Ihrer Präsentation sollten Sie **gute zwei Stunden früher** am Ort des Geschehens eintreffen, denn es gibt noch vier Aufgaben:

- die persönliche Vorbereitung,
- die technische Vorbereitung,
- die Raumvorbereitung und
- die inhaltliche Vorbereitung.

Die **persönliche Vorbereitung** beinhaltet

- Früh genug da sein (siehe oben – Staus und verpasste Züge sind keine Ausreden!),
- gut ausgeschlafen bzw. körperlich fit sein,
- frische Luft in der Lunge (Spaziergang),
- einwandfreies Äußeres (Spiegel!) und
- ruhige und sichere Ausstrahlung (versuchen).

Im Rahmen der **technischen Vorbereitungen** kümmern Sie sich vorher um

- **die Bildtechnik** (erproben, ein/ausschalten, Bildgröße optimieren, evtl. Projektor verschieben, scharf stellen, Bildhelligkeit und Bildfolge erproben; Ersatzlampe!),
- **die Pultposition** (günstig zum Sprechen, richtige Höhe, nicht im Sichtfeld der Visualisierung; für Rechtshänder am besten vom Publikum gesehen rechts von der Projektionswand; Ablage für Manuskript, Folien, Laptop, Stifte, Zeiger, Uhr),
- **die Sprechtechnik** (Fest-Mikrofon positionieren, einstellen auf Sprechrichtung, Richtcharakteristik beachten, notfalls erfragen; Ansteckmikrofon anstecken, Sender umhängen, einstecken, einschalten, Lautstärke unbedingt vortesten!) sowie
- **ggf. die Modell-/Vorführtechnik** (aufbauen, ausprobieren, dann zur Spannungserhöhung wieder abdecken).

Die **Raumvorbereitungen** zielen darauf ab, eine angenehme Zuhöratmosphäre zu schaffen. Sie umfassen folgende Tätigkeiten:

- **Raumhelligkeit** so steuern (lassen), dass die Bilder brillant sind, dass aber am Zuhörerplatz noch gelesen und geschrieben werden kann,
- **Raumluftqualität** durch Lüften sicherstellen (sonst schlafen die Zuhörer eher ein),
- **Raumtemperatur** einstellen (lassen),
- **Tafeln säubern**, Flipcharts freimachen,
- in der Nähe des **Vortragspultes** alles Ablenkende entfernen,
- für **Sauberkeit und Ordnung** sorgen und
- **akustische Störungen abschalten**, entfernen (lassen), z. B. eine laute Lüftung, Lärm im Nachbarraum, Fenster schließen gegen Straßenlärm etc.

Sie wenden vielleicht ein: „Wozu gibt es einen Hausmeister?!" Richtig, bitten Sie ihn, aber die Verantwortung bleibt für die Dauer Ihrer Präsentation bei Ihnen selbst!

Die **inhaltliche Vorbereitung** umfasst vorher

- das Ablegen/Verteilen von Begleitunterlagen und
- evtl. das Zeigen eines Einstimmungsbildes (wie z. B. Folie 3 des Beispielvortrags) bzw. einer Pausen- oder Begrüßungsfolie.

5.4.6 Schritt 8: Vortrag, Präsentation

Dieser Schritt bedeutet die Durchführung des Vortrags unter Berücksichtigung aller Merksätze und Hinweise. Er wird im folgenden Unterkapitel 5.5 nochmals unterteilt in die Phasen Kontaktvorlauf und Kontaktaufnahme, Beziehungsebene herstellen, Richtiges Zeigen und das Umgehen mit Zwischenfragen.

5.5 Vortragsdurchführung

Endlich geht es los. – Die fast unerträgliche Spannung kann sich lösen. – Aber wie stellen Sie dies an? Wie machen Sie sich warm? Wie kommen Sie über die ersten kritischen fünf Minuten hinweg? Lesen und probieren Sie die folgenden Erfahrungen, Regeln und Tipps.

5.5.1 Kontaktvorlauf und Kontaktaufnahme

Mit dem Kontaktvorlauf und der Kontaktaufnahme beginnt Ihr Vortrag.

Kontaktvorlauf: *Die Rednerin tritt gut gekleidet, ausgeruht, straff, entschlossen ans Rednerpult. Sie startet die Stopp-Uhr auf dem Pult (wird oft vergessen!). Nehmen Sie keine Armbanduhr mit Echtzeit, diese erfordert ständiges, ablenkendes Umrechnen auf die Vortragszeit. Die Rednerin blickt dann einmal in die gesamte Runde, freundlich und respektvoll lächelnd, schaut in die erste Zuhörerreihe und sagt:*

Kontaktaufnahme: *Herr Doktor Gärtner (Präsident des Deutschen Verbands für Schweißtechnik), Herr Professor Hauser (Institutsleiter), meine sehr geehrten Damen, meine Herren, auch ich sehe die Sonne draußen scheinen! Umso mehr freue ich mich, dass Sie zu meinem Vortrag dennoch so zahlreich erschienen sind!"*

Mit diesen Handlungen „Kontaktvorlauf" und „Kontaktaufnahme" sollen **eine positive optische Wirkung** und damit **Akzeptanz der Person und Aufnahmebereitschaft für den Vortragsinhalt** erzielt werden.

Diese beiden Phasen sind nicht zu unterschätzen: Wer hier chaotisch, arrogant oder sehr schüchtern auftritt, hat sich schon das erste Vorurteil, also den ersten Minuspunkt und damit das erste Erfolgshindernis eingehandelt.

Wichtig ist bei der Begrüßung die Einhaltung der wichtigen und auch heute unvermeidlichen richtigen **Rangfolge der Prominenten und des Publikums**:

- die „Hauptperson" zuerst begrüßen
  (die Dame vor dem Herrn, den Landrat vor dem Bürgermeister usw.)
- maximal 5-7 Einzelnennungen, sonst zusammenfassen: „Meine sehr geehrten Herren Abgeordneten, meine Damen und Herren Professoren"
- „Hauptperson" bzw. „Prominente" sind auch alle Zuhörer, die irgendwie herausragen: eine Dame unter lauter Herren, ein Herr unter lauter Damen.
- Politiker immer namentlich erwähnen (sie wollen bemerkt werden!)
- Niemanden nennen, der nicht anwesend ist! (peinlich, Minuspunkt für schlechte Organisation, vgl. Aktualisierung Abschnitt 5.4.5!)
- Titel nennen, aber nicht übertreiben (schleimen)

Im Zweifelsfalle sprechen Sie den Tagungsleiter oder die Sekretärin an, um die richtigen Titel der Prominenten und deren Reihenfolge sicherzustellen – man wird Sie gern unterstützen. Im negativen Fall sind die „wichtigen" Leute, die ja oft auch Entscheidungsträger sind, gleich zu Beginn in ihrer Eitelkeit beleidigt und rebellieren innerlich von nun an gegen Ihren Vortrag. Außerdem schließt man von Ihrer Weltgewandtheit auch auf die Potenz Ihrer Firma. Vor Experimenten sei hier dringend gewarnt!

Die Präsentation sollte nun mit der Vorstellung der Rednerin, des Vortragsziels und der Vorgehensweise anhand der Gliederung beginnen.

Begrüßung: *„Mein Name ist Franziska Fleißig, ich bin seit einem Jahr Hilfsassistentin am Institut für Schweißtechnik der Universität Hannover.*
Das Ziel meines Vortrags ist, Ihnen allen die neuesten Fortschritte in der brennerintegrierten Absaugtechnik beim Schweißen vorzustellen.
Als Vorgehensweise habe ich mir folgende Gliederung gedacht:
(Folie 2 erscheint und wird locker erläutert, ohne wörtlich vorzulesen)

Dieser sachliche Einstieg ist immer richtig, wenn Ihnen nichts Aufregenderes einfällt. Sollten Sie mit einem Gag („Paukenschlag") beginnen wollen, planen und testen Sie diesen Einstieg sorgfältig vor ehrlichen, kritischen Prüfpersonen. (Nebenbei: Bei der Vorstellung wird niemals der eigene Titel genannt, es sei denn, Sie haben dies nötig ...)

Den obigen Einstieg können Sie wörtlich vorformulieren, um ihn bei „Startproblemen" notfalls abzulesen. Die Begrüßungsreihenfolge sollten Sie *immer* schriftlich fixieren und danach auch vorgehen.

5.5.2 Beziehungsebene herstellen

Unerlässlich in der menschlichen Kommunikation, also auch beim Präsentieren selbst der trockensten Technikinhalte, ist das **Herstellen** einer **Beziehungsebene zwischen Redner(in) und Zuhörerschaft**. Wenn zwischen beiden Seiten nichts „läuft", kommt der Vortrag nicht gut „rüber"!

Diese Erfahrungstatsache wird gerade von Technikern/innen oft vernachlässigt, weil sie von der Qualität ihres Faches und ihrer Qualifikation so überzeugt sind, dass sie „der Form" keine Beachtung schenken. Eben diese „Form" ist aber mehr als nur die Verpackung technischer Inhalte. Die Form, die **Menschenbehandlung** im weitesten Sinne, ist der **Schlüssel, um Technik zu vermitteln** und bei Entscheidungsträgern durchzusetzen. Deswegen steht ein wenig Psychologie auch Ingenieuren/innen ganz gut an; im Gegenteil, je arbeitsteiliger, d. h. teambestimmter unser Berufsleben wird, desto notwendiger sind diesbezügliche Schlüsselqualifikationen.

Wie können Sie eine solche Beziehungsebene zu Beginn Ihrer Präsentation aufbauen? Es gibt kein Patentrezept, aber eine Empfehlung: **Freundlichkeit, Offenheit und Interesse für das Publikum** lassen bei den Zuhörenden Sympathie und dadurch wiederum Offenheit und Aufnahmefähigkeit (Akzeptanz) für Ihre Person und Ihre Vortragsinhalte entstehen. Mittel und Wege für den Aufbau einer positiven Beziehungsebene sind zum Beispiel:

- eine gelungene, gut abgewogene Begrüßung,
- die Ansprache der gemeinsamen Situation („schöner Saal", „interessante Tagung", „allgemeine Müdigkeit"),
- Einbau von Inhalten aus dem Vorgängervortrag, Lob des Vorgängervortrags (wenn berechtigt) und Werbung für den Nachfolgevortrag,
- verbindliche, positive, menschliche Einführungssätze,
- Aufforderung zu Zwischenfragen, Regelung der Pause, Angebot der Diskussion,
- Austeilen einer Begleitunterlage (1. Geschenk),
- Ankündigen/Versprechen eines Umdrucks oder einer kleinen Überraschung am Ende des Vortrags oder
- was Ihnen sonst Positives einfällt ...

Bedenken Sie, dass in jedem Menschen, auch in Ihnen, ein Kind steckt, das gestreichelt werden möchte – dann ist es viel offener für die Botschaft Ihrer Präsentation.

Dank und Einleitung

Unsere Rednerin bedankt sich beim Institutsleiter sowie bei ihrem betreuenden Assistenten und bei einigen Laboringenieuren für die fachlich und menschlich gute Betreuung. Nach diesem Einstieg arbeitet die Rednerin die vollständige Einleitung ab, indem sie Ihre Folie3 zeigt und die Notwendigkeit des Arbeitsschutzes beim Schweißen herausstellt. Um Betroffenheit in der Zuhörerschaft herzustellen, stellt sie z. B. die rhetorische Frage, wer im Publikum seinen Vater, Bruder oder Sohn so rauchumhüllt ein Arbeitsleben hindurch leiden lassen würde.

5.5.3 Richtiges Zeigen

Beim Erläutern der Bilder gehen Sie so vor, dass Sie möglichst **viel Blickkontakt zum Publikum** halten, d. h. Sie zeigen entweder mit einem **Zeiger** (Kunststoffhand, spitzes flaches Lineal, spitzer, nicht rollender Stift) oder mit dem **Mauspfeil** (Cursor) auf dem Display des Laptops. (Wer den Beamer benutzt, kann beim Zeigen nicht auf den Cursor verzichten.) Gerade das Zeigen mit Blick zu den Zuhörern war die Geburtsidee des Tageslichtprojektors! **Teleskopstab und Laserpointer bleiben** am besten in der Schublade **daheim**, dann besteht weniger Gefahr, dass Sie „mit der Leinwand reden".

Wenn Sie beim Zeigen auf der Folie den Zeiger hinlegen, loslassen und zum weiteren Zeigen nur kurz verschieben, kann das Publikum die Zeigerrichtung länger, schärfer und besser sehen. Behalten Sie aber den Zeiger in der Hand und tippen damit auf die Folie, so sieht die Zuhörerschaft genüsslich das Zittern Ihrer Hand (stark vergrößert) und kann sich so ein genaues Bild von Ihrem Lampenfieber machen. Letzteres gilt erst recht für den meist wild tanzenden roten Punkt des Laserpointers.

Nun kommt die erste Zwischenfrage aus der Zuhörerschaft. Was tun?

5.5.4 Umgehen mit Zwischenfragen

Allgemein gilt, dass ein modernes Publikum keinen Maulkorb tragen will. Zwischenfragen lassen sich, obwohl sie zur Vortragszeit zählen, nicht rigoros verbieten (wirkt unsicher, unflexibel und autoritär; also Zeit dafür einplanen!). Es gibt zwei große Kategorien von Fragen: Echte Fragen und Unechte Fragen.

Echte Fragen können Fragen nach der Organisation, Verständnisfragen, Problemfragen oder schwierige Fragen sein.

- Fragen nach der **Organisation** (z. B. Raumlicht einschalten) und **Verständnisfragen** (z. B. Wort oder Zahl nicht verstanden) sollten Sie **sofort, freundlich und kurz** lösen bzw. **beantworten**.
- **Problemfragen**, die eine umfangreiche Beantwortung erfordern, sollten Sie prüfen, ob Sie diese sofort oder besser nach dem Vortrag beantworten. **Gewinnen Sie zunächst Zeit**, indem Sie die Frage wiederholen für das gesamte Publikum. Antworten Sie dann kurz und treffend oder bitten Sie, die **Frage nach dem Vortrag beantworten** zu können (Frage notieren!).
- **Schwierige Fragen**, die Sie überfordern, beantworten Sie lieber nicht oder nennen Sie ausdrücklich nur eine Einschätzung oder Vermutung („Bitte nageln Sie mich darauf nicht fest!“). Geben Sie die Frage **offen an das Publikum – oft weiß es jemand.**

Unechte Fragen sind keine Fragen, sondern Meinungsäußerungen, Selbstdarstellungen, Einwände oder reine Störmanöver, z. B. der Konkurrenz. Behandlung und Abhilfe:

- rechtzeitig erkennen (Übungssache), höflich, aber bestimmt reagieren,
- je nach Sachlage „antworten“, abwiegeln oder zurückweisen,
- nicht provozieren lassen,
- notfalls das Publikum abstimmen lassen und auf jeden Fall ...
- **das Gesetz des Handelns in der Hand behalten!**

Schluss *Unsere Rednerin zeigt die letzte Folie, erklärt diese und sagt, während sie zur Abschlussfolie mit Ihren Kommunikationsdaten weiterblättert: „Meine sehr geehrten Damen und Herren, ich freue mich, dass Sie mir so gespannt zugehört haben. Dieses war meine erste Präsentation, ich war zu Beginn sehr aufgeregt; aber jetzt fühle ich mich gut. Ich danke Ihnen für Ihre Aufmerksamkeit und stehe für alle Ihre Fragen zur Verfügung. Vielen Dank!“ - - - Beifall braust auf - - - jetzt verteilt die Rednerin ihre ausführliche Teilnehmerunterlage.*

Setzen Sie immer einen klaren Schlusspunkt und lassen Sie Ihre Präsentation nicht am Schluss „zerlaufen“! Das Publikum braucht ein klares Signal für seinen Applaus, und dieses sollte von Ihnen kommen.

5.6 Vortragsbewertung und -auswertung

Lässt sich eine so vielschichtige und facettenreiche Leistung wie eine Präsentation bewerten? Kommt es mehr auf den Inhalt oder auf die Form der Darbietung, die Rhetorik an?

Hier sind die Ansichten der Experten sicher geteilt. Dennoch soll hier der Versuch gemacht werden, eine sachgerechte, trennscharfe und möglichst objektive Bewertung durchzuführen und sei es auch nur zu Ausbildungszwecken. Grundgedanke des folgenden Bewertungsschemas ist die ausgewogene Gewichtung aller Vortragselemente eines technisch-naturwissenschaftlichen Fachvortrags:

• Durchführung (mit Rhetorik)	30 %	Gewicht
• Inhalt (Menge und Niveau)	30 %	Gewicht
• Organisation	20 %	Gewicht
• Wirkung (subjektiv)	20 %	Gewicht
	100 %	Bewertung

Diese Zahlen wurden aus der Erfahrung heraus gewählt: sie haben sich gut bewährt. Die Aufteilung besagt, dass die Rhetorik allein oder der Inhalt für sich noch nicht die Gesamtqualität eines Vortrags ausmacht. Ähnlich wie bei der Beurteilung einer menschlichen Persönlichkeit zählt auch hier die Summe aller Eigenschaften. Diese Tatsache ist auf der einen Seite keine leichte Aufgabe, weil gleichzeitig auf so viele Dinge zu achten ist. Andererseits liegt hier eine Chance für jeden Redner und jede Rednerin, ihre Stärken auszuspielen und damit Schwächen auszugleichen.

Das folgende Schema sähe für andere Disziplinen, z. B. geisteswissenschaftliche Fächer sicher anders aus. Gleichzeitig stellt es eine Anforderungsliste oder Checkliste dar, nach der die Präsentation eines Vortrags vorbereitet werden kann. Die 25 Kriterien seien nachfolgend kurz definiert, **Checkliste 5-6**:

Checkliste 5-6 Vortragsbewertung

Durchführung

- Atmosphäre: Zwischenmenschliche und räumliche Bedingungen
- Einstieg: Kontaktaufnahme, einleitende Sätze, ggf. der „Aufreißer“
- Rhetorik:
  - Sprachfluss: Redetempo, Sprachvariation, Pausentechnik
  - Lautstärke: zu leise, angenehm, zu laut
  - Verständlichkeit: Deutlichkeit der Aussprache, Betonung
  - Mimik: Gesichtsausdruck, Mienenspiel
  - Gestik: Einsatz von Hand-, Kopf- und Körperbewegungen
  - Stand: Standruhe, Körperhaltung
  - Blickkontakt: Augenkontakt und Kontrolle der Zuhörer
  - Ausstrahlung: Wirkung bezüglich Persönlichkeit, Engagement und Überzeugungskraft
- Spannung: Spürbarer Spannungsverlauf
- Flexibilität: Reaktion auf Fragen, Pannen, Störungen
- Abschluss: Erkennbarkeit, Harmonie, Aussage

Inhalt

- Stoffmenge: zu viel, gut angepasst, zu wenig (kein Reservestoff)
- Stoffniveau: zu hoch, gut angemessen, zu niedrig (schlechte Abmischung)

Organisation

- Vorbereitung: Materialauswahl, Aufwand, Planung
- Strukturierung: Gliederung, logischer Aufbau

• Transparenz:	Klarheit, Überschaubarkeit, Erkennbarkeit der Gliederungselemente
• Visualisierung:	Bildhafte Darstellung wichtiger Sachverhalte
• Medieneinsatz:	Auswahl und Handhabung der Medien (Tafel, Folie, Laptop und Beamer, Modelle)
• Redundanz:	Einfügen von Wiederholungen und Zwischenresümees
• Zeiteinteilung:	Dauer der Vortragsteile, Einhaltung der unteren/oberen Zeitgrenze

Wirkung (subjektiv)

• Lernerfolg:	„Mein Zuwachs an Wissen und Verständnis: ..."
• Identifikation:	„Materie, Aussagen und Argumente habe ich mir in folgendem Maße zu Eigen gemacht: ..."
• Motivation:	„Mein Wunsch und Wille, mich mit diesem Thema zu beschäftigen, mehr zu lernen und mich ggf. dafür einzusetzen: ..."

Für diese Kriterien können Noten gegeben werden:

• sehr gut, sehr häufig, exakt:	Note 1
• gut, recht häufig, recht genau:	Note 2
• durchschnittlich, mäßig, etwas ungenau:	Note 3
• knapp, selten, niedrig, recht ungenau:	Note 4
• nicht akzeptabel, nicht erkennbar, sehr ungenau:	Note 5

Auswertung

Diese Bewertungsmethode hat bei über 800 Vorträgen bisher folgende Resultate bzw. Schwachstellen erbracht:

- Es sollte immer eine **Tischvorlage** mit der Gliederung vor jedem Zuhörenden liegen!
- Der Weg zu einem seriösen, erfolgreichen Fachvortrag führt immer wieder über **gute Kleidung**.
- Zum Einstieg ist neben der korrekten Begrüßung aller Prominenten und der übrigen Zuhörenden wichtig, durch Ankündigungen, Versprechungen oder Fragen eine **gute Spannung** aufzubauen. Diese kommt nicht von selbst!
- Über jedem Bild an der Wand sollte die jeweilige Kapitelüberschrift aus der Gliederung zu finden sein, allein das gibt beruhigende **Transparenz**.
- Die Rhetorik ist meist gut, krankt aber manchmal an ständigem oder zu häufigem Ablesen (nur Stichworte und Zahlen ins Manuskript!) und fehlender Mimik und Gestik (infolge von Lampenfieber, zu hoher Konzentration auf den Stoff und mangelnder Lockerheit). Das sind typische Technikerfehler beim Präsentieren.
- Der Inhalt enthält häufig **nicht die drei Niveaus** – Bekanntes, Wirres und Neues (Details, Besonderheiten, Insider-Erfahrungen). Dann ist der Inhalt entweder zu oberflächlich (enthält kein Expertenwissen) oder er setzt zu viel „Verständliches" voraus (enthält **zu viele Abkürzungen und zu viel Fachjargon**).

- Der Vortragsstoff enthält oft zunächst zu viel Theorie und **zu wenig Beispielhaftes, Anschauliches** (besser zuerst Praxis und Anschauung, die dann Appetit auf die Theorie machen!).
- Die **Redundanz** (das Zusammenfassende, kurze Wiederholungen zwischen den Kapiteln) kommt fast immer zu kurz – sie **muss ins Manuskript** ausdrücklich **eingestrickt sein!**
- Häufig ist kein oder **zu wenig Reservestoff** vorbereitet, mit dem ein zu kurz geratener Vortrag unauffällig auf das richtige Zeitmaß gestreckt werden kann.
- Die Organisation krankt häufig an mangelnder Transparenz, fehlender Redundanz und Zeitproblemen.

Aber: Ein Schritt nach dem anderen! Bis zur Perfektion bedarf es vieler Übung und manch bitterer Erfahrung aus eigenen Vorträgen und Präsentationen. Nach Ihrer Präsentation tun Sie daher gut daran, alle Pluspunkte und alle Schwächen, die Ihnen einfallen, sofort niederzuschreiben. Wenn Sie diese Punkte beim nächsten Vortrag beachten, machen Sie ständig Fortschritte und haben immer mehr Erfolg und Freude beim Präsentieren.

5.7 57 Rhetorik-Tipps von A bis Z

Auf vielfachen Wunsch unserer Leser folgen nun noch einige Rhetorik-Tipps von A bis Z, die den drei am Ende dieses Abschnitts aufgelisteten Büchern entnommen sind.

Atmen sollten Sie nicht mit der Atemtechnik eines Sängers, sondern unmerklich; das heißt, so kurz und so häufig wie möglich und dabei "schnell, geräuschlos und mühelos". /1/ S.14

Arroganz ist auch für den totalen Experten fehl am Platz. Sie macht unsympathisch und stört die Akzeptanz (Aufnahmewilligkeit) des Publikums.

Aussprache von Schlüssel- und Fremdwörtern: Sie sollten übertrieben deutlich und in Betonungspausen eingeschlossen gesprochen werden.

Ausstrahlung des/der Vortragenden: Sie beruht auf spürbarer Fachkompetenz, Engagement, Souveränität und dabei auf Offenheit und Freundlichkeit.

Beeinflussung ist ein Ziel guter Rhetorik. Die Zuhörenden sollen zum Verständnis, zu positiver Entscheidung (Bewilligung, Kauf...), zu persönlichem Vertrauen und zur Wertschätzung des/der Vortragenden motiviert werden.

Begrüßung ist der erste verbale Kontakt zum Publikum. Sie sollte sorgfältig geplant werden (Prominente...) und locker und gewinnend die erste Brücke bilden.

Beobachtung einerseits aller Reden und Vorträge in der Öffentlichkeit (Fernsehmoderatoren, Politiker, Experten...) helfen zu eigenen Verbesserungen, andererseits sollte der Redner sein Publikum immer auf dessen Reaktionen hin im Auge behalten.

Bescheidenheit ist das Gegenteil von Arroganz; zu viel davon wird aber auch als Schüchternheit (Unsicherheit) gedeutet. Ideal sind die bescheidene Selbstsicherheit oder die selbstsichere Bescheidenheit ("Ich weiß viel, kann aber nicht alles wissen").

Betonung, und zwar die richtige, ist unabdingar für eine lebendige Vortragsweise und für das Verständnis, insbesondere bei Fremdwörtern und Eigennamen (im Zweifelsfall nachschlagen, sich schlau machen).

Blick ist die erste Brücke zum Publikum, die Kontakt, Respekt und Vertrauen schafft; nur so entsteht Akzeptanz im Publikum.

Chance, sie besteht bei jedem rhetorisch gelungenen Vortrag: eine gute Kritik, ein Kredit, ein Auftrag oder ein Karriereschritt können folgen.

Dialekt ist menschlich und fast überall hörbar; er sollte weder unterdrückt noch übertrieben werden; er sollte das Verständnis des jeweiligen Publikums nicht stören, nicht lächerlich wirken und nicht trennen. Ideal ist "gedachtes Hochdeutsch".

Demagogie ("Volksverführung") sollte niemals Ziel eines Vortrags oder einer Rede sein, also keine unwahren oder unfairen Inhalte vortragen!

Eindruck ist das Bild, mit dem Sie beim Publikum ankommen. Hierzu dürfen Sie auch mal übertreiben, sich selbst etwas anders geben oder in Maßen schauspielern.

Formulierung ist das wichtigste Mittel zum Verständnis. Bilden Sie klare, kurze Sätze in persönlichem Sprech- (Umgangs-)deutsch unter Vermeidung eines allzu hochwissenschaftlichen oder beamtendeutsch geprägten Sprachstils.

Fragen sind das Salz der Suppe, können einen Vortrag aber versalzen (Vgl. 5.5.4). Nehmen Sie sie als sportliche Herausforderung und legen Sie sich notwendige Antworten im Voraus zurecht.

Fremdwörter sollten Sie immer (locker nebenbei) erklären bzw. übersetzen, ehe jemand die Stirn runzeln kann, das kostet nur Sekunden und vermeidet Fragen. Fremdwortgebrauch ist aber keine Garantie für Wissenschaftlichkeit.

Füße sind meist sichtbar und auch Teil der Körpersprache. Stellen und benutzen Sie sie natürlich und unauffällig.

Gestik ist die Verstärkung des Vortragsinhalts durch die Körpersprache. Die Hände in Bauchnabelhöhe sind die beste und lockerste Ausgangsposition für eine inhaltsbezogene, ungezwungene optische Unterscheidung wichtiger (nicht aller) Vortragspunkte.

Haltung ist das optische Mittel, mit der Sie zugleich Sicherheit, Entschlossenheit und Bescheidenheit signalisieren sollten, also aufrecht und straff, aber dennoch lebendig und immer möglichst frontal zum Publikum stehen.

Hände sind nur anfangs ein Problem. Sie sollten immer sichtbar und so oft wie möglich frei von Gegenständen (Karten, Zeiger, Maus) sein, um gestikulieren zu können.

Hemmungen bauen Sie ab durch exzellente fachliche Vorbereitung (Probevorträge) und beste körperliche Verfassung (Schlaf, Kleidung, Pünktlichkeit).

Humor ist das Kräutersalz der Suppe; er sollte nie ganz fehlen (auch der selbstkritische Humor), stets gut erprobt sein und nie unter die Gürtellinie gehen oder rassistisch sein.

Intelligenz mißt das Publikum nicht an Ihrer Wissenschaftlichkeit, sondern an Ihrer Flexibilität, Schlagfertigkeit und Menschenbehandlung.

Klangfarbe, das heißt, Tonhöhe und -intensität, sollten sich im Laufe des Vortrags einige Male ändern, um Monotonie zu vermeiden.

Kleidung ist der erste optische Eindruck; sie zeigt Ihr Engagement für das Publikum; sie sollte dem Anlaß, dem Inhalt und Ihrer Person angemessen, im Zweifelsfall eher traditionell und besser als alltäglich sein.

Kontakt zum Publikum ist der entscheidende Vorteil des Redners im Gegensatz zum Buch oder Video. Gestalten Sie ihn bewußt durch Begrüßung, Blickkontrolle, Fragen und persönliche Bemerkungen. Tun Sie dies niemals durch Bilder! ("Vielen Dank für Ihre Aufmerksamkeit" auf der Schlußfolie ist kontraproduktiv).

Kontrolle des Redners über sich selbst und über das Publikum sind mühsam, aber unabdingbar: Zeitstand, Aufmerksamkeit des Publikums sowie Bild- und Sprachqualität müssen ständig überwacht werden.

Körpersprache durch Gestik und Mimik macht aus dem Vortrag ein Ereignis und Erlebnis für das Publikum, das nachwirkt.

Lächeln sollte den ganzen Vortrag würzen, wo es passt, ohne schmierig zu wirken. Auch fachliche und ernste Fakten kommen mit freundlicher Miene besser ‚rüber. Selbst bei Störungen sollten Sie immer freundlich (= sympathisch) bleiben, selbst wenn Sie innerlich kochen.

Lampenfieber, siehe Hemmungen!

Lautstärke (Ihrer Rede) richtet sich nach der Raumgröße und der Publikumsmenge; sie sollte eher höher sein, aber von Zeit zu Zeit etwas variieren (vgl. Mithören).

Mimik ist die Sprache Ihrer Gesichtszüge; sie soll lebendig und natürlich sein, d.h. öfter wechseln von freundlich zu neutral oder ernst, je nach Vortragsinhalt.

Mithören ist das Rezept für die unauffällige Kontrolle der eigenen Sprache, der Deutlichkeit, der Lautstärke und des Sprechtempos: Hören Sie sich öfter mal bewusst selbst zu, während Sie sprechen, dann regeln sich die obigen Probleme fast von selbst.

Nachbereiten ist klug, um aus jedem Misserfolg oder Erfolg zu lernen; nur so kommen Verbesserung und Routine.

Pannen kommen vor, rechnen Sie mit ihnen! (Versprecher, Technikausfall, Bildverwechslung...) Kleine Pannen nicht aufbauschen, größere Pannen ansprechen und Verständnis erbitten.

Pausen sind das Schönste an der Arbeit. Auch im Vortrag sind Augenblicke der Stille gut: Denkpausen, Hervorhebungspausen, Nachwirkungspausen, aber möglichst keine zu langen Verlegenheits- oder Absturzpausen (und keinesfalls Füllgeräusche wie ähm, und, also, eigentlich...) /2/ S.131

Persönlichkeit ist das Hauptkapital für den Erfolg eines guten Fachvortrags. Nicht nur was man weiß, sondern wer man ist bzw. wie man wirkt, ist entscheidend.

Pointe ist der Gipfel des Humors; sie sollte wirklich geistreich, passend und erprobt sein, sonst wird sie eher zum Minuspunkt. /3/ S. 103

Publikum ist Ihr Gegenüber, sind die Adressaten Ihres Vortrags, aber auch Mitwirkende und Partner, die so behandelt werden wollen, vor allem wie Menschen und nicht wie Scanner. Andernfalls streikt das Publikum und Sie reden gegen eine Wand.

Satzbau sollte einfach und leicht verständlich sein und keine Schachtelsätze enthalten (vgl. Formulierung)

Spannung innerhalb des Vortrags kann, wenn sie nicht inhaltlich hineingeplant wurde, auch durch stimmliche Mittel, Mimik und Körpersprache erzeugt werden.

Sprechdeutsch bedeutet nicht Geplauder oder Geschwätz, nicht den Sprachstil einer Betriebsanleitung, eines Gesetzestextes oder einer Regierungserklärung, sondern eine gewählte, allgemeinverständliche Sprache des Alltags.

Sprichwörter lassen sich, wenn sie zum Thema passen, sehr gut einbauen. Insbesondere kann die erste Hälfte gut zur Spannungserzeugung dienen, wenn die zweite Hälfte erst gegen Ende des Vortrags verwendet wird (z.B. Thema Mähdrescher: dazu die Bauernregel: "Steht im November noch das Korn,...", "... dann ist es wohl vergessen wor'n!")

Stand des/der Vortragenden zeigt deren Zustand. Er sollte natürlich sein, also weder stocksteif noch ständig wechselnd, dann lenkt er am wenigsten ab vom Vortrag.

Stimmlage kennzeichnet ein Komma im Satz mit erhöhter Tonlage, einen Punkt immer mit deutlicher und entschlossener Stimmsenkung. Vor allem ein guter Schlußsatz endet in völlig gesenkter Tonlage. (vgl. auch Klangfarbe)

Tempo der Sprache sollte dem Inhalt und dessen jeweiliger Bedeutung angepaßt sein; im Zweifelsfall eher etwas langsamer als gewohnt sprechen und durch das eigene Mithören kontrollieren!

Üben ist wichtiger als ein sprachgewandtes Mundwerk; häufige Vorträge und Reden mit ehrlicher Rückmeldung von Zuhörenden schaffen Erfahrung und Routine.

Überzeugung durch gesprochene und durch Gestik und Mimik unterstützte Vortragsweise sind das Ergebnis guter Vorträge – man muss Ihnen glauben können, was Sie sagen.

Verlegenheitslaute und -wörter sind völlig entbehrlich und zeugen nicht von gedanklicher Disziplin! Statt mit "Also..." zu beginnen, statt "ähm", "und..." und "eigentlich..." machen Sie lieber eine Pause.

Vertrauen zu erzeugen, ist ein wesentliches Ziel Ihres Vortrags, sowohl in dessen Inhalt als auch in Ihre Person und Ihre Firma.

Wiederholung von wichtigen Inhalten, Zahlen und Fakten verstärken Verständnis und Merkfähigkeit.

XLR5 sagt nicht Jedem etwas – erklären Sie jede Abkürzung, sonst ernten Sie Nachfragen.

Yuppy sein ist cool, aber stellen Sie Ihren Sprachstil eher auf die Mitte der Gesellschaft ein – dort sitzen die Entscheidungsträger!

Zeitdruck ist der größte Feind des/der Vortragenden. Es helfen nur eine Stoppuhr und viel Übung, um diesen Feind zu besiegen.

Zeigen sollten Sie beim Reden nie an der Wand, sondern unter Beibehaltung der Publikumskontrolle mit einem spitzen Lineal auf dem Projektor oder mit der Maus auf dem Bildschirm des Laptops! – Zeigen Sie ruhig und länger andauernd, es schauen nicht alle Zuhörer in der gleichen Sekunde nach vorn!

Zwischenfragen erledigen Sie freundlich, erschöpfend und rasch, umsoweniger Zeit kosten sie.

Diese Auswahl ist natürlich nicht erschöpfend. Weitere wertvolle Tipps finden Sie unter vielen anderen guten Büchern wie diesen:

- /1/ *Herrman, Paul:* Reden wie ein Profi. München, Orbis, 1992
- /2/ *Jung, Hans:* Versammlung und Diskussion. München, Goldmann, 1980
- /3/ *Brehler, Reiner:* Modernes Redetraining. München, Falken, 1995

6 Zusammenfassung und Ausblick

Nun ist praktisch alles, was bei der Erstellung und beim Vortrag Technischer Berichte an Regeln und Verhaltensweisen zu beachten ist, ausführlich dargelegt worden. Unser Netzplan zur Erstellung Technischer Berichte ist von der Entgegennahme des Auftrags bis zur Präsentation bzw. zur Verteilung des fertigen Berichts vollständig abgearbeitet worden.

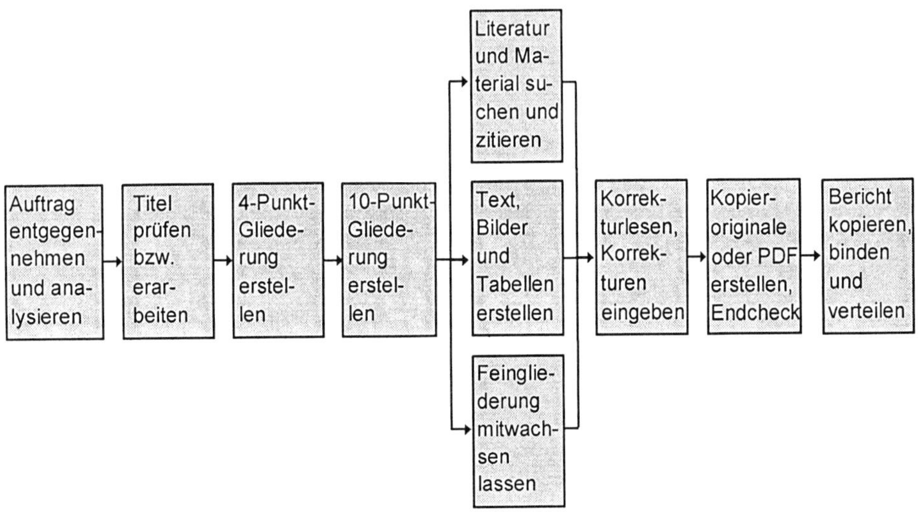

Bei allen Schritten ist aber stets der folgende übergeordnete Grundsatz zu beachten. Es ist vom Ersteller des Technischen Berichts zu prüfen, ob vom Auftraggeber oder innerhalb der eigenen Institution bereits Regeln vorliegen, wie Technische Berichte zu verfassen sind. Für den Gebrauch des vorliegenden Buches gilt daher: Vorgegebene Regeln (Institutsnormen, „Prof."-Normen, Werksnormen) haben grundsätzlich Vorrang vor den obigen, im Buch gegebenen Hinweisen.

Liegen derartige Regeln nicht oder nicht vollständig vor, dann sollten Sie die hier gegebenen Hinweise und Anregungen verwenden. Die konsequente Anwendung der im Buch beschriebenen Sachverhalte und Vorgehensweisen wird Ihre zukünftigen Technischen Berichte vermutlich qualitätsmäßig besser werden lassen als Ihre bisherigen. Wir wünschen Ihnen deshalb zum Abschluss noch folgendes:

☞ *Mögen Ihre zukünftigen Technischen Berichte und deren Präsentation zu Ihrem persönlichen Erfolg beitragen!*

7 Literatur

Bücher, Aufsätze u.ä.

Ammelburg, G.: Rhetorik für den Ingenieur. 5. Aufl. Düsseldorf: VDI-Verlag, 1991

Baker, W. H.: How To Produce and Communicate Structured Text. In: Technical Communication. 41 (1994), p. 456-466

Bargel, H.-J.; Schulze, G.: Werkstoffkunde. 7. Aufl. Berlin: Springer, 2000

Beitz, W., Grote, K.-H. (Hrsg.): Dubbel – Taschenbuch für den Maschinenbau. 21. Aufl. Berlin (u.a.): Springer, 2005

Böttcher, P.: Böttcher/Forberg, Technisches Zeichnen. Hrsg. v. DIN – Deutsches Institut für Normung, 23. Aufl. Stuttgart: Teubner, 1998

Brehler, R: Modernes Redetraining. Niedernhausen/TS: Falken, 1995

Decker, K.-H.: Maschinenelemente: Tabellen und Diagramme. 15. Aufl. München: Hauser, 2000 (außerdem ist ein Aufgabenbuch erhältlich)

Scholze-Stubenrecht, W.; Wermke, M.: Der Duden: Das Standardwerk zur deutschen Sprache. Hrsg. v. wissenschaftlichen Rat der Dudenredaktion, Band 1: Die deutsche Rechtschreibung. Hrsg. v. der Dudenredaktion auf der Grundlage der neuen amtlichen Rechtschreibregeln, 23. Aufl. Mannheim: Dudenverlag, 2004

Fritz, A. H.; Schulze, G.: Fertigungstechnik. 5. Aufl. Berlin: Springer, 2001

Grünig, C.; Mielke, G.: Präsentieren und überzeugen. Planegg/München: Haufe, 2004, ISBN 3-448-05649-9

Hering, H.: Verbesserung des Arbeitsschutzes beim Schweißen durch Einsatz brennerintegrierter Absaugdüsen: Effektivität und Qualitätssicherung. Große Studienarbeit, betreut vom Institut für Fabrikanlagen der Universität Hannover und dem Heinz-Piest-Institut für Handwerkstechnik an der Universität Hannover, 1987

Hering, H.: Berufsanforderungen und Berufsausbildung Technischer Redakteure: Verständlich schreiben im Spannungsfeld von Technik und Kommunikation. Dissertation, Universität Klagenfurt, 1993

Hering, L.: Computergestützte Werkstoffwahl in der Konstruktionsausbildung: CAMS in Design Education. Dissertation, Universität Klagenfurt, 1990

Hering, L; Hering, H.; Kurmeyer, U.: EDV für Einsteiger. 2.Aufl. Hemmingen, 1995

Hering,L.; Hering, H.; Köhler, N.: Der TEXTdesigner: Computergestützte Analyse und Optimierung der Verständlichkeit von Sachtexten aller Art. Computerprogramm und Handbuch. Hemmingen, 1994

Herrmann, P.: Reden wie ein Profi. München: Orbis, 1991

Hermann, U.; Götze, L.: Die neue deutsche Rechtschreibung. München: Bertelsmann Lexikon Verlag in Lizenz des Lexikographischen Instituts, 1999

Hoischen, H.: Technisches Zeichnen: Grundlagen, Normen, Beispiele, darstellende Geometrie. 30. Aufl. Berlin: Scriptor, 2005

Holzbaur, U; Holzbaur, M.: Die wissenschaftliche Arbeit. München: Hanser, 1998

Rehbinder, M; Hubmann, H.: Urheberrecht. 14. Aufl. München: Beck, 2005

Ilzhöfer, V.: Patent-, Marken- und Urheberrecht – Leitfaden für Ausbildung und Praxis. 6. Aufl. München: Vahlen, 2005

Klein, M.: Einführung in die DIN-Normen. hrsg. vom DIN, bearb. v. K.G. Krieg 13. Aufl. Stuttgart: Teubner und Berlin: Beuth, 2001

Labisch, S.; Weber, Chr.: Technisches Zeichnen: Intensiv und effektiv lernen und üben. 2. Aufl. Wiesbaden: Vieweg, 2005

Marks, H.E.: Der technische Bericht: Ein Leitfaden zum Abfassen von Fachaufsätzen sowie zum Vorbereiten von Vorträgen. 2. Aufl. Düsseldorf: VDI-Verlag, 1975

Melezinek, A.: Unterrichtstechnologie. Wien, New York: Springer, 1982

Melezinek, A.: Ingenieurpädagogik – Praxis der Vermittlung technischen Wissens. 4. Aufl. Wien: Springer, 1999

N. N.: Intensivkurs Neue Rechtschreibung. Köln: Serges Medien, 1998

Nordemann, W.; Vinck. K.; Hertin, P.W.: Urheberrecht: Kommentar zum Urheberrechtsgesetz und zum Urheberrechtswahrnehnungsgesetz. 8. Aufl. Stuttgart: Kohlhammer, 1994

Reichert, G.W.: Kompendium für Technische Anleitungen. 6. Aufl. Leinfelden-Echterdingen: Konradin, 1989

Reichert, G.W.: Kompendium für Technische Dokumentationen. 2. Aufl. Leinfelden-Echterdingen: Konradin, 1993

Roloff, H., Matek, R.: Maschinenelemente. 17. Aufl. Wiesbaden: Vieweg, 2005 (hierzu ist außerdem ein Tabellenbuch und eine Aufgabensammlung erhältlich)

Seifert, J. W.: Visualisieren – Präsentieren – Moderieren. 21. Aufl. Offenbach: Gabal, 2004

Theisen, M.: Wissenschaftliches Arbeiten. 12. Aufl. München: Vahlen, 2005

Thiele, A.: Überzeugend Präsentieren. Düsseldorf: VDI-Verlag, 1991

EDV-Literatur

Engel, R.: Microsoft Outlook 2000 auf einen Blick. Unterschleißheim: Microsoft Press, 1999 (ISBN 3-86063-876-9)

Feig, M.: UNIX von Anfang an. Frankfurt: Fischer, 1993

Gretschmann, M.; Zankl, M.: Das große Buch PDF mit Acrobat & Co. Düsseldorf, Data Becker, 2004 (ISBN 3-8158-2521-0)

Herdt: Seminarunterlagen zum Erlernen der Programmbedienung der gängigen Office-Programme, die sich z. T. auch für das Selbststudium eignen, sind erhältlich bei www.herdt.de.

Holland, H.-J. und Bernhardt, J.: Excel für Techniker und Ingenieure: eine grundlegende Einführung am Beispiel technischer Problemstellungen. 3. Aufl. Braunschweig, Wiesbaden: Vieweg, 1998. (für Office 97 und die Excel-Versionen 5.0 und 7.0)

Hütter, H. und Degener, M.: Praxishandbuch PowerPoint-Präsentation. Wiesbaden: Gabler, 2003

Kersken, S.: Praxiswissen Flash 8. 2. Aufl. Köln: O'Reilly, 2006 (inkl. CD-ROM)

Kommer, I.; Reinke, H.: Mind Mapping am PC: für Präsentationen, Vorträge, Selbstmanagement mit MindManager 4.0. 2. Aufl. München: Hanser, 2001 (ISBN 3-446-21651-0)

Koch, St.: Java Script: Einführung, Programmierung, Referenz. 2. Aufl. Heidelberg: dpunkt Verlag, 1999

Thalmayr, D.: Umsatteln auf Linux. Köln, O'Reilly, 2005 (inkl. DVD mit SUSE 9.3)
Münz, St. und Nefzger, W.: HTML Handbuch. Studienausgabe: Überarbeitete und aktualisierte Neuauflage des Standardwerks. Poing: Franzis, 2005 (inkl. CD-ROM)
Niedermair, E.: LATEX Das Praxishandbuch. 2. Auflage. Poing: Franzis, 2005 (inkl. DVD 9 TEX-Collection)
Siegel, D.: Das Geheimnis erfolgreicher Websites: Business, Budget, Manpower, Lizenzen, Design. München: Markt&Technik, 1999, Doppelbandausgabe von www.zweitausendundeins.de
Siegel, D.: Web-Site Design: Killer-Websites der 3. Generation. Frankfurt: Zweitausendundeins, 1999, mit freundlicher Genehmigung von Markt&Technik Software Verlag München, übersetzt von Frank Baeseler, Nik Schwarten, ISBN 3-86150-313-1
von Wilmsdorff, C.: Praxishandbuch Word, Wiesbaden: Gabler, 2003

Normen, Richtlinien u.ä.

Beim Eintrag „mehrere Teile (oder Blätter)" besteht die Norm oder Richtlinie aus mindestens zwei Teilen (oder Blättern), so daß kein Ausgabedatum angegeben werden kann, weil die Teile (oder Blätter) der Norm oder Richtlinie i. d. R. zu verschiedenen Zeitpunkten erschienen sind.

DIN, Deutsches Institut für Normung (Hrsg.): Berlin: Beuth

DIN	108	Diaprojektoren und Diapositive, mehrere Teile
DIN	199	Technische Produktdokumentation – CAD-Modelle, Zeichnungen und Stücklisten, mehrere Teile, u. a. Teil 1: Begriffe, 03/02
DIN	406	Technisches Zeichnen – Maßeintragung, Teil 11: Grundlagen der Anwendung, 12/92
DIN	461	Graphische Darstellungen in Koordinatensystemen, 03/73
DIN	616	Wälzlager, Maßpläne, 06/00 <Anm. d. Verf.: Anschlußmaße von Wälzlagern>
DIN	623-2	Wälzlager; Grundlagen; Teil2: Zeichnerische Darstellung von Wälzlagern, 06/00
DIN	824	Technische Zeichnungen – Faltung auf Ablageformat, 03/81
DIN	1301	Einheiten, mehrere Teile, u. a. Teil 1: Einheitennamen, Einheitenzeichen, 10/02
DIN	1302	Allgemeine mathematische Zeichen und Begriffe, 12/99
DIN	1303	Vektoren, Matrizen, Tensoren – Zeichen und Begriffe, 03/87
DIN	1304	Formelzeichen, mehrere Teile, u.a. Teil 1: Allgemeine Formelzeichen, 03/94
DIN	1338	Formelschreibweise und Formelsatz, 08/96
DIN	1421	Gliederung und Benummerung in Texten, 01/83
DIN	1422	Veröffentlichungen aus Wissenschaft, Technik, Wirtschaft und Verwaltung, Teil 1: Gestaltung von Manuskripten und Typoskripten, 02/83, Teil 2: Gestaltung von Reinschriften für reprografische Verfahren, 04/84, Teil 3: Typografische Gestaltung, 04/84, Teil 4: Gestaltung von Forschungsberichten, 08/86
DIN	1426	Inhaltsangaben von Dokumenten; Kurzreferate, Literaturberichte, 10/88

DIN 1505	Titelangaben von Dokumenten, mehrere Teile, u. a. Teil 1: Titelaufnahme von Schrifttum, 05/84 und Teil 2: Zitierregeln, 01/84
DIN 5007	Ordnen von Schriftzeichenfolgen (ABC-Regeln), 08/05
DIN 5008	Schreib- und Gestaltungsregeln für die Textverarbeitung, 05/05
DIN 5473	Logik und Mengenlehre – Zeichen und Begriffe 07/92
DIN 5483	Zeitabhängige Größen, mehrere Teile
DIN 6774-4	Technisches Zeichnen; Ausführungsregeln; Gezeichnete Vorlagen für Druckzwecke, Teil 4, 04/82
DIN 6780	Technische Zeichnungen; Vereinfachte Darstellung und Bemaßung von Löchern, 10/00
DIN 16 511	Korrekturzeichen, 01/66
DIN 19 045	Lehr- und Heimprojektion für Steh- und Laufbild, mehrere Teile
DIN 30 600	Grafische Symbole – Registrierung – Bezeichnung, 11/85, sehr viele Beiblätter mit nach Technikbereichen sortierten, genormten Bildzeichen
DIN 31 001	Sicherheitsgerechtes Gestalten technischer Erzeugnisse; Schutzeinrichtungen; Begriffe, Sicherheitsabstände für Erwachsene und Kinder 04/83
DIN 31 051	Grundlagen der Instandhaltung, 06/03
DIN 31 623	Teil 1, Indexierung zur inhaltlichen Erschließung von Dokumenten; Begriffe, Grundlagen, 09/88
DIN 32 520	Grafische Symbole für die Schweißtechnik, mehrere Teile
DIN 32 541	Betreiben von Maschinen und vergleichbaren technischen Arbeitsmitteln – Begriffe für Tätigkeiten, 05/77
DIN 32 830	Grafische Symbole – Gestaltungsregeln für grafische Symbole an Einrichtungen, Teil 1 aus 01/92 und weitere Teile
DIN 55 301	Gestaltung statistischer Tabellen, 09/78
DIN 66 001	Informationsverarbeitung, Sinnbilder und ihre Anwendung, 12/83
DIN 66 261	Sinnbilder für Struktogramme, 11/85
DIN EN 62079	Erstellen von Anleitungen; Gliederung, Inhalt und Darstellung (IEC 62079:2001), 11/01
DIN ISO 128	Technische Zeichnungen; Allgemeine Grundlagen der Darstellung, mehrere Teile, u. a. Teil 20: Linien, Grundregeln, 12/02, Teil 50: Grundregeln für Flächen in Schnitten und Schnittansichten, 05/02
DIN ISO 1101	Beiblatt 1: Technische Zeichnungen; Form- und Lagetolerierung, Tolerierte Eigenschaften und Symbole, Zeichnungseintragungen, Kurzfassung 11/92
DIN ISO 2768	Allgemeintoleranzen ... ohne einzelne Toleranzeintragung, mehrere Teile aus 1991
DIN ISO 5456	Technische Zeichnungen; Projektionsmethoden, mehrere Teile aus 1998

VDI, Verein Deutscher Ingenieure (Hrsg.): Düsseldorf, Berlin: Beuth

VDI 2222-2225	Konstruktionsmethodik, mehrere Blätter
VDI 4500	Technische Dokumentation – Benutzerinformation, Blatt 1: Begriffsdefinitionen und rechtliche Grundlagen, 12/04, Blatt 2: Organisieren und Verwalten, 09/05, Blatt 3: Empfehlung für die Darstellung und Verteilung elektronischer Ersatzteilinformationen, 12/01

tekom (Hrsg.): Stuttgart, info@tekom.de

Technische Dokumentation beurteilen. tekom (Hrsg.), Stuttgart, 1992
Richtlinie zur Erstellung von Sicherheitshinweisen in Betriebsanleitungen. tekom (Hrsg.), Stuttgart, 2005

ISO, International Organisation for Standardization (Hrsg.)

ISO 4	Information und Dokumentation – Regeln für das Kürzen von Wörtern in Titeln und für das Kürzen der Titel von Veröffentlichungen, 12/97
ISO 690	Documentation – Bibliographic references – Content, form, and structure, 08/87
ISO 832	Information and documentation – Bibliographic description and references – Rules for the abbreviation of bibliographic terms, 12/94
ISO 2145	Documentation – Numbering of divisions and subdivisions in written documents, 12/78
ISO 5776	Graphic technology – Symbols for text correction, 12/83
ISO 7144	Documentation – Presentation of theses and similar documents, 12/86

BSI, British Standards Institution:London

BS 1629	Recommendations for references to published materials, 1989

8 Anhang

8.1 Bilderverzeichnis

8.2 Tabellenverzeichnis

8.3 Checklistenverzeichnis

9 Glossar – Fachbegriffe der Drucktechnik

Nachfolgend vermitteln wir Ihnen wichtige Begriffe aus der Drucktechnik, die Ihnen beim Gestalten Ihrer Technischen Berichte und beim Kontakt mit Copy-Shop, Computerladen, Druckerei sowie Zeitschriften- und Buchverlag helfen können.

A

Ein **Abschnitt** ist ein Dokumentteil der dritten Hierarchiestufe in Gliederungen bzw. Inhaltsverzeichnissen. In DIN 1421 wird dieser Begriff einerseits ebenfalls als Unterbegriff für Dokumentteile der dritten Hierarchiestufe und andererseits als Oberbegriff für alle Dokumentteile wie Kapitel, Unterkapitel, Abschnitte und Unterabschnitte verwendet.

B

In einer **Bewertungstabelle** werden solchen Bewertungsaspekten, die sich nicht in Zahlen ausdrücken lassen, Punktwerte zugeordnet. Diese Punktwerte werden mit den Gewichtungsfaktoren multipliziert und über alle Bewertungskriterien aufsummiert. Dies liefert die Gesamtpunktzahl der jeweiligen (Konzept-)Variante. Bewertungstabellen werden häufig eingesetzt beim Vergleich verschiedener Konzeptvarianten in der Konstruktion sowie beim Standortvergleich für die Neuplanung eines Wirtschaftsunternehmens.
Ein „geschützter Bindestrich" ist ein **Bindestrich**, an dem das Textverarbeitungs-Programm unter keinen Umständen trennt. So kann verhindert werden, dass bei zusammengesetzten Wörtern wie z. B. „EU-Einfuhrzölle" die Abkürzung allein auf der alten Zeile steht.
Bold ist ein Schriftattribut und bedeutet dasselbe wie „fett".

C

Character ist das englische Wort für „Zeichen", also für Buchstabe, Zahl oder Sonderzeichen.
cpi (engl. **c**haracters **p**er **i**nch = Zeichen pro Zoll). 10 und 12 cpi sind gängige Teilungen bei Schriften mit festem Schreibschritt (Schreibmaschine bzw. Courier, Letter Gothic usw.).

D

dpi (engl. **d**ots **p**er **i**nch = Punkte pro Zoll). 300 und 600 dpi sind übliche Auflösungen für Laser- und Tintenstrahldrucker.
Dokumentteil ist der Oberbegriff für alle Teile eines Dokuments unabhängig von ihrer Hierarchiestufe in der Gliederung. Er umfasst Kapitel, Unterkapitel, Abschnitte, Unterabschnitte usw.
DTP (engl. **D**esk**t**op **P**ublishing = druckfertiges Vorbereiten von Dokumenten auf dem Schreibtisch) mit Hilfe geeigneter DTP-Programme, die Text und Grafik mischen können. Damit wird zwei- und mehrspaltiger Satz erstellt, die Bildpositionierung lässt sich genauer steuern als mit einem Textverarbeitungsprogramm und für den Druck werden → CMYK-Farbauszüge erstellt. Quark Express und PageMaker sind bekannte seitenorientierte DTP-Programme, mit FrameMaker kann man sehr effizient auch sehr große Dokumente bzw. dicke Bücher erstellen.
DTV (**D**idaktisch-**T**ypografisches **V**isualisieren) nach REICHERT ist Visualisieren mit „Textbildern". Hier werden Aufzählungen, Umrahmungen u. ä. typografische Mittel eingesetzt. Zu DTV gehört auch die Darstellung der logischen und ggf. hierarchischen Abhängigkeit von Textblöcken durch gezielten Einsatz von Linien, die meist nur senkrecht und waagerecht verlaufen. DTV füllt die Lücke zwischen konventionellem Langtext und grafischer Visualisierung und ermöglicht leichtes Erstellen, interessiertes Lesen und spontanes Verstehen der jeweiligen Sachaussage.

E

Editieren ist das Erstellen bzw. Modifizieren von Text, Tabellen und Grafiken mit dem Textverarbeitungs-Programm oder anderen Programmen.

F

Fixed spacing ist die englische Benennung für Schriften mit fester Teilung (Courier usw.). Bei einer Fixed spacing-Schrift ist der Abstand von der Mitte eines Buchstabens bis zur Mitte des nächsten Buchstabens konstant. Dadurch bleibt rechts und links von schmalen Buchstaben etwas Platz frei.
Ein **Font** ist eine Schriftart mit eigenem Namen (Times New Roman, Arial, Symbol usw.)
Führungspunkte im Inhaltsverzeichnis zwischen Dokumentteil-Überschrift und Seitenzahl helfen dem Auge beim Halten der Zeile und führen das Auge so sicher zur Seitenzahl. Sie werden auch bei allen anderen Verzeichnissen mit Seitenzahlen eingesetzt.
Führungsspalte ist bei Tabellen die erste Spalte von links gesehen. Sie enthält die Oberbegriffe für die Einträge in den Zeilen. Deshalb wird sie häufig typografisch hervorgehoben (z. B. durch eine Doppellinie abgetrennt oder durch Rasterung).

G

Gesperrt ist ein Schriftattribut. Dabei wird nach jedem Zeichen ein Leerzeichen gesetzt. Das Leerzeichen nicht gesperrt geschriebener Schrift wird bei gesperrter Schrift durch drei Leerzeichen dargestellt. Bei Proportionalschrift kann man festlegen, um wieviele typografische Punkte die Zeichen gesperrt werden sollen.
Die **Gliederung** enthält jeweils Dokumentteil-Nummer und Dokumentteil-Überschrift, jedoch keine Seitenzahlen. Sie enthält die Ablauflogik, den sog. „roten Faden". Sie ist ein Zwischenergebnis und wächst mit bei der fortschreitenden Erstellung des Technischen Berichts über die Stadien 4-Punkt-Gliederung und 10-Punkt-Gliederung bis zur fertig ausgearbeiteten Feingliederung.
Glossar ist der aus dem Griechischen abgeleitete, internationale Name (γλωττα = Zunge, Sprache) für ein alphabetisch geordnetes Verzeichnis von Fachbegriffen mit Erklärungen dieser Begriffe.

H

Halbtonbild ist ein Bild mit stufenlosen Übergängen der jeweiligen Grauwerte oder Farbwerte.
HTML (Hypertext Markup Language) ist die im Internet und in einem Intranet verwendete Seitenbeschreibungssprache. Jeder Betrachter sieht Ihren Technischen Bericht so, wie der von ihm verwendete Browser die Befehle interpretiert. Der Zeilen- und Seitenumbruch bleibt dabei nicht erhalten.
Ein **Hyperlink** ist eine Verknüpfung, ein Verweis bzw. ein Sprungbefehl. Wenn man den Befehl anklickt, gelangt man an eine andere Stelle innerhalb derselben Datei bzw. es wird ein Programm gestartet und die in dem Hyperlink genannte Datei angezeigt.

I

Ein **Inch** (= Zoll) ist eine Längeneinheit. 1 Inch = 25,4 mm = 2,54 cm. Die Auflösung von Bildern, Druckern, Kopierern und Scannern wird in → **dpi** (engl. dots per inch = Punkte pro Zoll) angegeben.
Index ist der aus dem Englischen abgeleitete, internationale Name für das Stichwort- (bzw. Fachwort-) Verzeichnis mit Seitenzahlen zum schnellen Auffinden dieser Begriffe im Text.
Das **Inhaltsverzeichnis** enthält jeweils Dokumentteil-Nummer, Dokumentteil-Überschrift und Seitenzahl und ermöglicht das schnelle Aufsuchen von Kapiteln, Unterkapiteln, Abschnitten usw.
Italic ist ein Schriftattribut und bedeutet dasselbe wie „kursiv".

K

Kapitälchen ist bzw. sind ein Schriftattribut, bei dem keine Kleinbuchstaben sondern nur normalgroße und etwas kleinere Großbuchstaben auftreten.

Konsistenz in Technischen Berichten bedeutet, dass gleichartige Sachverhalte bezüglich Rechtschreibung, Zeichensetzung und Typografie im gesamten Bericht einheitlich ausgeführt werden.
Kopfzeile ist bei Tabellen die oberste Zeile. Sie enthält die Oberbegriffe für die Einträge in den Spalten. Deshalb wird sie häufig typografisch hervorgehoben (z. B. durch eine Doppellinie abgetrennt oder durch Rasterung).
Korrekturzeichen werden zur Textkorrektur verwendet und sind in DIN 16 511 genormt. Sie stehen auch im Rechtschreib-Duden.

L

Unter dem Begriff **Layout** werden alle Maßnahmen zusammengefasst, die das Erscheinungsbild von Informationen auf dem Papier beeinflussen. Hierunter fallen zum Beispiel die Festlegung der Seitenränder, die Wahl der Schriftart und Schriftgröße für Dokumentteil-Überschriften, Text, Bildunterschriften, Tabellenüberschriften, Einrückungen, Texthervorhebungen, die Verwendung von Leitzeichen in Aufzählungen sowie die Festlegung, wie Bildbeschriftungen und Tabellen gestaltet werden. Layout-Maßnahmen, die sich auf eine gesamte Seite beziehen (z. B. Verwendung einer Kopfzeile), werden auch Dokument-Layout bzw. Seiten-Layout genannt. Wenn sich die Layout-Maßnahme nur auf einen einzelnen Absatz bezieht (z. B. die Kennzeichnung eines größeren Zitats durch Einrücken und Kursivschrift), heißt dies auch Absatz-Layout.
Das „geschützte" **Leerzeichen** wird z. B. zwischen den Komponenten einer mehrteiligen Abkürzung oder zwischen abgekürzten Titeln und Nachnamen verwendet. Es erzeugt einen festen Wortabstand, der bei Blocksatz ggf. kleiner als zwischen normalen Wörtern ist, und es behindert den automatischen Zeilenumbruch an dieser Stelle, so dass Abkürzungen und Namen wie „i. Allg., i. w. S, z. T., Dr. Meier" entweder auf der alten oder auf der neuen Zeile zusammen stehen.
Legende ist eine Erläuterung für Tabellen und Bilder, die immer *unterhalb* der Tabelle bzw. des Bildes steht.
Leitzeichen treten bei Aufzählungen auf, z. B. folgende Zeichen: •, ●, -, –, — usw.
Lesehilfen sind alle Verzeichnisse und Beschriftungen eines Dokumentes, die über den reinen Text mit Bildern und Tabellen hinausgehen. Lesehilfen sind z. B. sämtliche Arten von Verzeichnissen, Randnotizen (Marginalien), Register-Markierungen und Spaltenüberschriften.
lpi (engl. lines **p**er **i**nch = Linien pro Zoll). 6, 4 und 3 lpi bedeutet 1-zeilig, 1½-zeilig und 2-zeilig. Dies ist eine nicht mehr so übliche Angabe des Zeilenabstandes aus der Schreibmaschinenzeit.

M

Ein **Makro** ist ein Kurzbefehl in einem Computer-Programm, der die aufeinander folgende Eingabe von mehreren anderen Befehlen (oder Zeichen in einem Textverarbeitungs-Programm) ersetzt.
Eine **Matrix** ist eine Anordnung von Informationen in Zeilen und Spalten.
Der **Morphologische Kasten** ist ein zentrales Element der Konstruktionsmethodik. Im Morphologischen Kasten werden den Teilfunktionen einer Konstruktion konstruktive Teilfunktionslösungen zugeordnet. Durch Kombination von jeweils einer Teilfunktionslösung pro Teilfunktion entsteht ein konstruktives Gesamtkonzept.
Multimedia ist die Kombination von Text, Tabellen, Bildern, Ton und Filmsequenzen (einschließlich Computer-Animationen) zu einer neuen Form der Informationsdarstellung. Wenn ein Mensch derartige Informationen wahrnimmt, werden gleichzeitig mehrere Sinne angesprochen. Dadurch erhöht sich die Lern- und Behaltensleistung.

P

PDF (Portable Document Format) ist eine Seitenbeschreibungssprache, die von der Firma Adobe definiert wurde. Der Zeilen- und Seitenumbruch bleibt erhalten, d. h. der Betrachter sieht die Seiten auf seinem Computer genau so, wie sie der Autor gestaltet hat.
Wenn ein Bild als **Pixelgrafik** vorliegt, dann setzt sich die Bildinformation aus einzelnen Bildpunkten zusammen. für jeden einzelnen Bildpunkt wird gespeichert, welche Farbe er hat. Dadurch wächst die Dateigröße bei Pixelgrafiken mit der Bildfläche schnell an.

Proportionalschrift = englische Benennung für Schriften mit variabler Teilung (Times New Roman, Arial usw.). Bei einer Proportionalschrift ist – vereinfacht ausgedrückt – der Abstand vom Ende eines Buchstabens bis zum Anfang des nächsten Buchstabens konstant.
Punkt: Maß im grafischen Gewerbe für die Buchstabenhöhe und die Strichstärke von Linien.

R

Mit einer **Rasterfolie** kann ein Halbtonbild beim Kopieren oder ein Negativ beim Vergrößern in Bildpunkte zerlegt werden.
Rasterung ist die Zerlegung von Halbtonbildern in Bildpunkte z. B. mit Rasterfolien. Rasterung ist aber auch das Hinterlegen von Flächen mit Grau- bzw. Farbraster unterschiedlicher Intensität. In Textverarbeitungs-Programmen wird diese Rasterung oft als „Schattierung" bezeichnet.
Rigorosum ist die mündliche Prüfung („Verteidigung") einer Doktorarbeit bzw. Dissertation. An manchen Universitäten wird dies auch anders genannt, z. B. Disputation.

S

Sachwortverzeichnis siehe Index.
Satzspiegel ist der Bereich einer Druckseite, in dem sich „Druckerschwärze", also Texte, Bilder, Kopf- und Fußzeilen, Tabellen usw. befinden (dürfen). Bei mehrspaltigem Text ist der Satzspiegel für jede Spalte durch Weißraum abgegrenzt.
Schattierung siehe Rasterung.
Schriftattribute sind verschiedene Ausführungsarten von Buchstaben und Wörtern einer bestimmten Schriftart. Schriftattribute sind z. B. **fett**, *kursiv*, unterstrichen einfach, doppelt und punktiert, aber auch ~~durchgestrichen~~, hochgestellt, tiefgestellt, KAPITÄLCHEN und GROSSBUCHSTABEN.
Serifen sind die kleinen Abschlussquerstriche an den Buchstaben mancher Schriften, z. B. aus der Times-Familie. Beim Lesen erleichtern sie dem Auge das Halten der Zeile.
Bei **skalierbaren** Schriftarten ist die Größe der Schrift im Textverarbeitungs-Programm wählbar. Sie wird in der typografischen Maßeinheit „Punkt" angegeben.
Der **Style Guide** ist eine Sammlung von bestimmten Schreibweisen, Fachbegriffen sowie Layout-Vorschriften für ein größeres Dokument (ab ca. 20 Seiten). Er stellt sicher, dass innerhalb einer größeren Arbeit gleiche Sachverhalte immer gleich ausgedrückt (Terminologie) bzw. dargestellt (Layout) werden, dass also die Arbeit in sich *konsistent* ist.
SW ist die Abkürzung für Schwarz-Weiß und tritt z. B. in den Begriffen SW-Drucker, SW-Kopierer, SW-Bild auf.

T

Terminologie ist das logisch geordnete System der Fachbegriffe eines Wissensgebietes.
In **Textbildern** wird Text bildhaft so angeordnet, dass die Erfassung der Sachaussage leichter ist und die Behaltensleistung steigt. Textbilder werden oft auf Folien angewendet. Siehe auch DTV.
Textformatierung siehe Layout.
Eine **Texttabelle** ist eine Tabelle, die (weitaus überwiegend) Text enthält.
Ein „bedingter Trennstrich" ist ein **Trennvorschlag**, der dem Textverarbeitungs-Programm gegeben wird, um falsche Trennungen zu verhindern oder zu große Abstände zwischen den Wörtern zu vermeiden. Er wird in Word mit Strg und „-" in der normalen Tastatur eingegeben. Wenn der bedingte Trennstrich durch Texteinfügungen oder Textlöschungen in die Mitte der Zeile verschoben wird, ist er nicht zu sehen. Ein von Ihnen gesetzter, normaler Bindestrich müsste über die Tastatur gelöscht werden, was aber oft übersehen bzw. vergessen wird.
Typografie ist die Anordnung der Druckerschwärze auf dem Papier. Es wird zwischen Makrotypografie (auf Text- bzw. Seitenebene) und Mikrotypografie (auf Zeichenebene) unterschieden.

U

Eine **URL** (Unified Ressource Locator) ist eine Adresse im Internet, z. B. http://www.vieweg.de. Die Microsoft Office-Programme erkennen die Eingabe einer URL an dem vorangestellten „www." oder „http://" und wandeln die Adresse automatisch in eine Verknüpfung (einen Hyperlink) um.

V

Wenn ein Bild als **Vektorgrafik** vorliegt, dann setzt sich die Bildinformation aus skalierbaren Geometrie-Informationen zusammen (z. B. Mittelpunktskoordinaten und Radius eines Kreises). Für diese Geometrie-Objekte wird auch Linien- und Füllfarbe, Linienart, Füllmuster usw. gespeichert. Die Dateigröße ist bei Vektorgrafiken deutlich kleiner als bei Pixelgrafiken.

Versalien ist bzw. sind ein Schriftattribut. Dabei werden zum Schreiben nur Großbuchstaben verwendet. Schrift mit Versalien ist schlechter lesbar als Schrift mit Groß- *und* Kleinbuchstaben.

W

Ein **Webmaster** erstellt und aktualisiert Internet- und/oder Intranet-Seiten.

Weißraum ist ein weißer Bereich auf der Seite, wo sich keine alphanummerischen Zeichen befinden, z. B. die Leerzeile zwischen zwei Absätzen oder der weiße Raum, der sich zwischen Tabellenzellen und -zeilen befindet (wenn die Zellen nicht durch Linien abgegrenzt sind).

Z

Eine **Zahlentabelle** ist eine Tabelle, die (weitaus überwiegend) Zahlen enthält.

Durch das Textverarbeitungs-Programm erfolgt automatisch ein neuer **Zeilenumbruch**, wenn die Seitenränder verändert werden. Ein Zeilenumbruch kann auch von Hand ausgelöst werden durch das Drücken der „↵-Taste“. Dies erfolgt z. B. bei mehrzeiligen Über- und Unterschriften aller Art sowie bei Aufzählungen, um die Informationsaufnahme-Einheiten logisch zu gliedern.

Zelle ist in Textverarbeitungs- und Tabellenkalkulations-Programmen die Bezeichnung für ein Feld in einer Tabelle, das vom Benutzer definiert werden kann.

Ein **Zoll** (engl. inch) ist eine Längeneinheit. 1 Zoll = 25,4 mm = 2,54 cm. Die Auflösung von Bildern, Druckern, Kopierern und Scannern wird in → **dpi** (engl. dots per inch = Punkte pro Zoll) angegeben.

10 Sachwortverzeichnis (Index)

I

K

L